復刊

リーマン面

及川廣太郎 著

共立出版株式会社

緒　　言

この本は，これからリーマン面を勉強しようという人の手引書となれるよう，リーマン面の基礎的な事柄を解説したものである．

読者の予備知識としては，複素関数論の基礎と，代数，解析，トポロジーのごく初歩的な事項を仮定した．平面領域での複素関数論を全く知らないでリーマン面を学ぶことは，あまり有意義とは思われないので，その基礎（大体，大学で半年間に学ぶ程度のこと）は理解されていることを期待する．しかし，基幹的でない事柄については，人によって知識の精疎があると思われるので，それの現れたときは主として吉田洋一氏の本（文献表の [70]）に記載されているページを示しておいた．複素関数論以外には，代数学（群など），解析学（可測集合，積分など），トポロジー（Hausdorff 空間とか，コンパクト集合など）のごく標準的な基礎事項を説明なしに使った．

この本の第1，2章は，いわばお膳立てである．そのなかで，曲面のトポロジーをどう扱うかということは，むずかしい問題であった．この本は入門書ではあるが，self-contained（自給自足）なものにすることは断念し，Jordan の曲線定理，種数が位相的に不変であること，基本群の生成系，その他については，結果のみ述べて証明は省略することにした．このあたり，すべてを基礎から論じて，主題に入る前に読者を退屈させることを恐れたからである．

第1章の第6節（リーマン面の構成）も，恐らく退屈であろうと思われるので，初めてリーマン面を学ぶ読者は飛ばしてもよい．この節では，“切込みの入った2平面を切込みに沿ってつなぐ”とか，“同じもの（レプリカ）を2つ用意”してそれらを貼り合わせるということなどに定義を与え，基本事項を定理としてまとめてある．このようなことは，直観的に理解することが始めから容易であるので，この節を飛ばしても，以下の章の学習のさまたげにはならないであろう.

第3，4，5章では，リーマン面上の正則・有理型・調和な関数・微分形式の構成と性質を解説した.

第6，7章で，被覆リーマン面，解析形成体，商リーマン面など，リーマン面の諸相を述べた.

さらに進んだことを学びたい読者への参考書は，本文中の各所で触れてある．とくに，近時注目されている Teichmüller 空間や Klein 群については，7.2.**F** と 7.3.**F** で挙げておいた.

末筆ながら，このようなリーマン面の本を書く機会を与えて下さった，京都大学の一松 信先生に感謝の意を表したい．同時にお詫びも申し上げたい．というのは，同先生からこの本の執筆をおすすめ頂き，お引き受けしてから，20年以上も経ってしまっているからである．その間，この本について全く忘却したわけではなかったが，小生の怠惰のせいで浪費した日時が大部分であったというのが正直のところであった.

また，陰に陽に小生を鼓舞し続けて下さり，数々の御援助を給わった共立出版社の佐藤邦久氏，組版に際してお世話いただき，ことに綺麗な図版を作ることに御尽力下さった同社の寺岡輝重氏にも厚く御礼を申し上げたい.

1987年　処暑

著　　者

目　　次

第1章　リーマン面の導入

第2章　三角形分割

第3章　関数の存在

第4章　閉リーマン面

第5章　放物型リーマン面

第6章　被　覆　面

第7章　リーマン面の一意化

凡　例

記号や用語は慣用のを用いたつもりであるが，誤解を避けるため，いくつか述べると，

近傍とは開近傍のこと，

成分とは連結成分のことである．

$f|A$ は写像（関数）の集合 A への制限のこととする．これを単に f と表すこともある．

可算個とは，有限個または可算無限個の意味．

文中で角括弧を，例えば“……をみたす正［負］の数が偶数［奇数］個存在する”のように用いることがあるが，これは，“……をみたす正の数が偶数個あり，負の数が奇数個ある”という意味である．

“性質Aをもつ点aが存在する”といいたいとき，Aの記述があまり長いと，文章が明瞭性を欠くことがある．このようなとき，“点aが存在して性質Aをもつ”とか，“点aで性質Aをもつものが存在する”などの文章を用いる．このような，数学特有のいいまわしには，読者はもう慣れていることとは思うが，念のため述べた．

最後に，引用で p. 328 などとあるのは“328ページ”の意味，また pp. 328–347 は“328 ページから 347 ページまで”，さらに pp. 328 ff は“328ページおよびそれ以後”の意味である．

第1章　リーマン面の導入

1.1　リーマン面の定義

A.　複素関数論の初歩では，多価関数を1価な関数として表すためにリーマン面を導入する．そこでは，リーマン面とは平面を多重に覆う面のことと定義され，切込みを入れた何枚かの平面を重ね，つなぎあわせたものによって，平面の覆い方を記述する．例えば，右図は多価関数 $w=\sqrt{z}$ を表すのに用いられるものである（竹内[61]，pp. 152—156の説明は詳しい）．

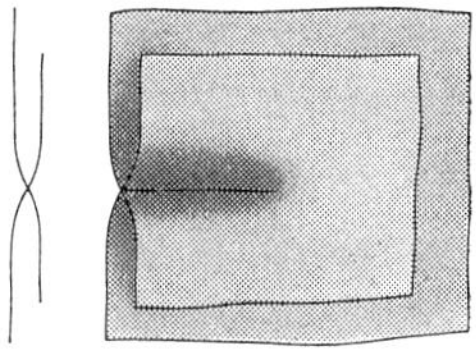

図 1.1

けれども，今後の議論を進めやすくするためには，リーマン面の導入は別な方法をとった方が都合のよいことが多い．以下に述べる定義は，今日多くの人によって採用されているものであるが，要約すれば“リーマン面とは正則関数や有理型関数が定義できるような構造を持った空間のことである”というのである．前に触れた“初歩的な定義”とは，結局は同値であるということが，6.5.C で示される．

位相空間 S において，つぎの条件をみたす族 $\mathcal{A}$ のことを，S の上の**等角構造** (conformal structure)（または**複素1次元解析構造**）という：

（a）　$\mathcal{A}$ の元 φ は S の開集合 U_φ から複素平面の開集合の上への位相写像である；

（b）　$\bigcup_{\varphi\in\mathcal{A}} U_\varphi=S$；

（c）　$\varphi,\psi\in\mathcal{A}$ が $U_\varphi\cap U_\psi\neq\phi$ ならば

（＊）　$\begin{cases} \psi\circ\varphi^{-1} \text{ は } \varphi(U_\varphi\cap U_\psi) \text{ から } \psi(U_\varphi\cap U_\psi) \text{ の} \\ \text{上への等角写像である；} \end{cases}$

（d）　S の開集合 U_ψ から複素平面の開集合の上への位相写像 ψ で，$U_\varphi\cap U_\psi$

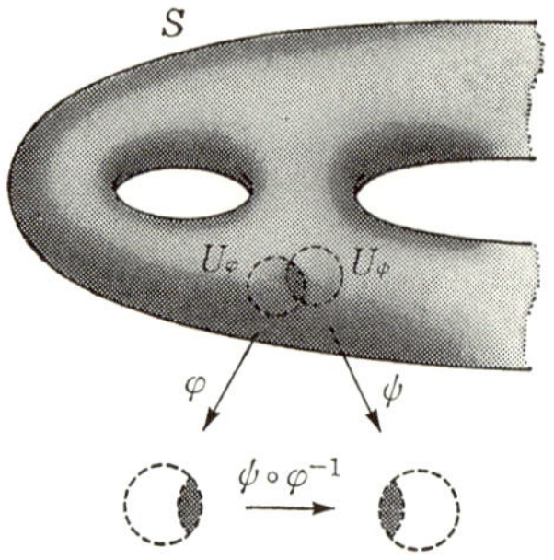

図 1.2

$\neq\phi$ であるようなすべての $\varphi\in\mathcal{A}$ に対して（*）をみたすものは，つねに $\psi\in\mathcal{A}$ である．

ここで，“等角写像”とは，正則関数による1対1写像のことである．

定義 連結な Hausdorff 空間 S と，その上の等角構造 $\mathcal{A}$ から成る対 $(S,\mathcal{A})$ のことを**リーマン面**という．

S がコンパクトのとき $(S,\mathcal{A})$ を**閉** (closed) リーマン面といい，そうでないとき**開** (open) リーマン面という習慣である．

$\mathcal{A}$ の元 φ を**局所座標**という．

S のことをリーマン面 $(S,\mathcal{A})$ の**基底空間**という．

今後，混乱のおそれのないときは，リーマン面 $(S,\mathcal{A})$ のことを“リーマン面 S”と略称する．リーマン面 S の（部分）集合 E（記号で $E\subset S$）も，リーマン面の基底空間の部分集合という意味である．リーマン面の点 $P\in S$，リーマン面 S から X への写像 $f:S\to X$ なども，同様である．

つぎに，リーマン面 S の集合 E で定義された複素数値関数とは，E から複素平面の中への写像のこととする．

定義 リーマン面 S の点 P_0 の近傍で定義された複素数値関数 f が P_0 で**正則**であるとは，$P_0\in U_\varphi$ であるような局所座標 φ に対して，$f\circ\varphi^{-1}$ が点 $\varphi(P_0)$ で（通常の意味で）正則なことである．

この条件は局所座標 φ の選び方によらない．$P_0\in U_\varphi$ であるような1つの φ に対して $f\circ\varphi^{-1}$ が $\varphi(P_0)$ で正則なら，$P_0\in U_\psi$ であるような任意の局所座標 ψ に対して，$f\circ\psi^{-1}=(f\circ\varphi^{-1})\circ(\varphi\circ\psi^{-1})$ は $\psi(P_0)$ で正則である．つまり，定義における φ は“ある φ”としても“すべての φ”としても同じことである．

リーマン面 S の開集合 D で定義された複素数値関数は，D の各点で正則なとき，“Dで正則”という；また“Dの上の正則関数”などともいう．

$E\subset S$が開集合でないときは，Eを含むある開集合で正則な関数のことを，“Eで正則”な関数という習慣である．

有理型関数fも，$f\circ\varphi^{-1}$が通常の意味で有理型であることによって定義する．

このようにして，平面の複素関数論の諸概念のうち，局所的であり，しかも独立変数の等角写像による変換で不変なものは，局所座標を用いて，リーマン面上で定義できる．調和関数なども全く同様である．これに反して，例えば“$f\circ\varphi^{-1}$が多項式である”という性質はφの選び方によるので，“リーマン面上の多項式”などをこの形で定義することはやらない．

B． Hausdorff空間は，各点が平面の開集合と位相同型な近傍を持つとき（実）**2次元位相多様体**と呼ばれる．

これは，もし連結なら，弧状連結である．

リーマン面（の基底空間）は，あきらかに連結な2次元位相多様体である．

一般に，位相空間において，可算個の開集合から成る族があり，任意の開集合はこの族の元の合併として表せるとき，空間は**可算基底**を持つ（または**第2可算公理**をみたす）という．連結な2次元位相多様体は必ずしも可算基底を持つとは限らない（反例は，例えば，田村[65]）．ところが，つぎの定理の示すように，等角構造が存在すると必然的に可算基底を持つことになるのである（これは可微分構造や高次元の複素解析構造と大きく異なることである）：

定理 1.1 リーマン面（の基底空間）は可算基底を持つ．

証明は3.2.Cで与える．もちろん，そこでは，それ以前にこの定理から導かれる命題は用いない．

定理1.1の結論から下記の（i），（ii）が比較的簡単に導かれる（じつは，連結な位相多様体に対しては可算基底を持つことと同値である．証明は，例えば，一松[33]，p.247）：

（i） 開集合O_n ($n=1,2,\cdots$) を適当にとると，$\bar{O}_n$はコンパクト，$\bar{O}_n$

$\subset \mathrm{O}_{n+1}$, $S=\bigcup_{n=1}^{\infty}\mathrm{O}_n$;

(ii) パラコンパクトである，すなわち任意の開被覆は局所有限な細分を持つ．

可算基底を持つ連結な2次元位相多様体のことを**面** (surface) と呼ぶ．リーマン面はその名のとおり，面である．

注意 "面"の定義は文献によって少しずつ異なり，連結な2次元位相多様体の同義語であったり，三角形分割（2.1.**B**参照）の存在を仮定するものなどがある．

リーマン面の任意の点Pに対し，$P\in U_\varphi$であるような局所座標φが存在する．U_φをPの**座標近傍**という．またφを"Pの局所座標"と呼ぶこともある．

とくに$\varphi(P)=0$, $\varphi(U_\varphi)$が原点中心の開円板，しかも$\bar{U}_\varphi\subset U_\psi$で$\varphi=\psi|U_\varphi$（$\psi$の$U_\varphi$への制限）であるような局所座標$\psi$が存在するとき，$U_\varphi$を$P$の（または$P$中心の）**座標円板**という．また$\varphi$を$P$の**標準局所座標**と呼ぶ．任意の$P$に対してこのようなものが存在することは，容易にたしかめられよう．

つぎに，一般に，位相空間Sにおいて，**A**の条件(a),(b),(c)をみたす族$\mathscr{A}$のことを，等角構造の**基底**（または等角**地図** (atlas)）という．そのようなもの$\mathscr{A}_1$が与えられたとき，それを含む等角構造がつねにただ1つ存在する．じっさい，任意の$\psi\in\mathscr{A}_1$に対して**A**の条件(*)をみたすφの全体から成る族が求める等角構造となる；一意性はあきらかであろう．

リーマン面$(S,\mathscr{A})$で定義された関数fが正則［有理型］であるためには，$\mathscr{A}$に含まれる1つの等角構造の基底$\mathscr{A}_1$に属するすべてのφに対して$f\circ\varphi^{-1}$が正則［有理型］であれば十分である．

C． リーマン面Sからリーマン面S'の中への写像hは，つぎの2条件をみたすとき**正則写像**という：

(a) hはSからS'の中への連続写像；

(b) Sの局所座標φ, S'の局所座標ψでその定義域V_ψが$h(U_\varphi)\cap V_\psi\neq\phi$をみたすものに対し，$\psi\circ h\circ\varphi^{-1}$は$\varphi(U_\varphi\cap h^{-1}(V_\psi))$において，通常の意味の正則関数．

また，h が S から S' の上への位相写像で，h と h^{-1} がそれぞれ正則写像のとき，h は S から S' の上への**等角写像**という．定義からあきらかなように，このとき，h^{-1} は S' から S の上への等角写像である．

S から S' の上への1対1正則写像は，必然的に等角写像でなければならない．このことは平面における正則関数の性質（例えば吉田[70]，pp. 143 ff）からすぐわかる．

リーマン面 S と S' は，一方から他方の上への等角写像が存在するとき，**等角同値**であるという．

定義からつぎのことがただちに導かれる：連結な Hausdorff 空間 S の上に2つの等角構造 $\mathscr{A}, \mathscr{A}^*$ が一致するための必要十分条件は，S から S の上への恒等写像が，リーマン面 $(S, \mathscr{A})$ から $(S, \mathscr{A}^*)$ の上への等角写像となっていることである．

リーマン面 S から S' の中への単射的な正則写像 h のことを，S から S' の**中への等角写像**と呼ぶこともある．像 $h(S)$ は，1点から成るときを除き，領域である．

つぎに，リーマン面 S から S' の中への連続写像が，条件（b）において"$\psi\circ h\circ\varphi^{-1}$ が正則"という代りに"$z\longmapsto\overline{\psi\circ h\circ\varphi^{-1}(z)}$ が正則"（上線は共役複素数を表す）としたものをみたすとき，反正則写像という．そして，S から S' の上への位相写像 h は，もし h と h^{-1} が反正則写像のとき，**反等角写像**（または**間接** (indirect) 等角写像）という．

注意 われわれが正則写像，等角写像と呼ぶ2つの概念は，文献によってはつぎのような呼び方をするから注意を要する：正則写像の代りに"解析写像"，"等角写像"など；等角写像の代りに"解析写像"，"双正則写像"など．

D． 簡単な，しかし重要な，リーマン面の例を5つばかり挙げよう．

例 1 複素平面 $\mathbb{C}$ は通常の位相に関して連結な Hausdorff 空間であるが，$\mathbb{C}$ から $\mathbb{C}$ への恒等写像 ι ただ1つから成る $\mathscr{A}_1$ は $\mathbb{C}$ の上の等角構造の基底となっている．これを含む等角構造を $\mathscr{A}$ として，リーマン面 $(\mathbb{C}, \mathscr{A})$ が得られる．

これは開リーマン面である．$\mathscr{A}$ は，$\mathbb{C}$ の開集合 U_φ から $\mathbb{C}$ の開集合の上への（通常の意味の）等角写像φの全体から成る．このリーマン面の点の近傍で定義された正則関数とは，その点で通常の意味で正則な関数のことである．また，あるリーマン面Sからこのリーマン面（$\mathbb{C},\mathcal{A}$）の中への正則写像は，Sの上の正則関数にほかならない．

今後，とくにことわらない限り，**複素平面**というときにはつねにこのリーマン面を意味するものとし，単に記号$\mathbb{C}$で表す．

例 2　リーマン球面$\hat{\mathbb{C}}=\mathbb{C}\cup\{\infty\}$．$\mathbb{C}$から$\mathbb{C}$への恒等写像$\iota$と，$0<|z|\leqq\infty$から$\mathbb{C}$への位相写像$\varphi_1(z)=1/z$（ただし$\varphi_1(\infty)=0$）の2つから成る$\mathcal{A}_1$は$\hat{\mathbb{C}}$の上の等角構造の基底である．これを含む等角構造を$\mathcal{A}$として，リーマン面（$\hat{\mathbb{C}},\mathcal{A}$）が定まる．

これは閉リーマン面である．この上の正則関数，有理型関数は，それぞれ，定数，有理関数に限られる（吉田[70]，p. 128）．また，あるリーマン面Sからこのリーマン面への正則写像で$f(S)=\{\infty\}$ではないものは，Sの上の有理型関数にほかならない．

今後，とくにことわらない限り，**リーマン球面**とはこのリーマン面のこととし，記号$\hat{\mathbb{C}}$で表すことにする．

例 3　部分リーマン面．リーマン面（$S,\mathcal{A}$）の基底空間Sの領域（＝連結開集合）Dは，相対位相に関して連結なHausdorff空間である．

$$\mathcal{A}_D=\{\varphi\in\mathcal{A}\,|\,U_\varphi\subset D\}$$

とおくと，容易にわかるように，これは$D\cap U_\varphi\neq\phi$であるような$\varphi\in\mathcal{A}$の制限$\varphi|(U_\varphi\cap D)$の全体と一致する．したがって$D$の上の等角構造であることがただちにわかる．リーマン面$(D,\mathcal{A}_D)$をSの“領域Dの定める，リーマン面（$S,\mathcal{A}$）の部分リーマン面”という．

今後，“リーマン面Sの**領域**D”といったときは，つねにこの意味のリーマン面として考えることにする．

複素平面$\mathbb{C}$の領域，リーマン球面$\hat{\mathbb{C}}$の領域という語も同様な使い方をする．

例 4　リーマン面（$S,\mathcal{A}$）と，Sから位相空間S'の上への位相写像hが与えられたとき，

$$\mathcal{A}'=\{\varphi\circ h^{-1}\,|\,\varphi\in\mathcal{A}\}$$

はS'の上の等角構造である．hはリーマン面（$S,\mathcal{A}$）からリーマン面（$S',\mathcal{A}'$）の上へ

の等角写像となる．$\mathscr{A}'$ はこの性質を持つ S' の等角構造として一意的に定まる．これを“S の等角構造 $\mathscr{A}$ を h で**移したもの**”とか，“h がリーマン面 $(S,\mathscr{A})$ からの**等角写像となるような** S' の等角構造”などという．

例えば $\mathbb{C}$ の部分領域としてのリーマン面 $\varDelta=\{z\,|\,|z|<1\}$ の等角構造を位相写像 $z\longmapsto z/(1-|z|)$ によって（位相空間としての）複素平面に移すことができる．これは，例1で述べた $\mathbb{C}$ の等角構造とは異なるものである．なぜならば $\mathbb{C}$ と $\varDelta$ の間に等角写像は存在しないからである．

例 5 リーマン面の裏側．リーマン面 $(S,\mathscr{A})$ において，$\varphi\in\mathscr{A}$ ごとに写像

$$\bar{\varphi}: U_\varphi\ni P\longmapsto\overline{\varphi(P)}\quad (=\varphi(P)\text{ の共役複素数})$$

を考える．$\mathscr{A}'=\{\bar{\varphi}\,|\,\varphi\in\mathscr{A}\}$ は S の上の等角構造である．リーマン面

$$(S,\mathscr{A}')$$

をリーマン面 $(S,\mathscr{A})$ の**裏側**（または鏡像）という．

S から S の上への恒等写像は，リーマン面 $(S,\mathscr{A})$ から $(S,\mathscr{A}')$ の上への反等角写像であり，$\mathscr{A}'$ はそのような等角構造として一意的に定まる．

E． リーマン面の一種の拡張として，境界付きリーマン面というものがある．

複素上半平面を記号 $\mathbb{H}_+$ で表す．すなわち

$$\mathbb{H}_+=\{z\in\mathbb{C}\,|\,\mathrm{Im}\,z>0\}.$$

また $\bar{\mathbb{H}}_+=\{z\in\mathbb{C}\,|\,\mathrm{Im}\,z\geqq 0\}$ とおく．$\partial\mathbb{H}_+=\mathbb{R}$ である．

定義 連結な Hausdorff 空間 T と，つぎのような族 $\mathscr{B}$ から成る対 $(T,\mathscr{B})$ を，**境界付きリーマン面**（または**ふち** (border) **付きリーマン面**）という：

（a） 各 $\varphi\in\mathscr{B}$ は T の開集合 U_φ から $\bar{\mathbb{H}}_+$ の開集合の上への位相写像である；

（b） $\bigcup_{\varphi\in\mathscr{B}} U_\varphi=T$；

（c） $\varphi,\psi\in\mathscr{B}$ が $U_\varphi\cap U_\psi\neq\phi$ ならば

（＊） $\left\{\begin{array}{l}\psi\circ\varphi^{-1}\text{ は }\varphi(U_\varphi\cap U_\psi)\cap\mathbb{H}_+\text{ から }\psi(U_\varphi\cap U_\psi)\cap\mathbb{H}_+\\ \text{の上への等角写像である；}\end{array}\right.$

（d）　T の開集合 U_ψ から $\bar{\mathbb{H}}_+$ の開集合の上への位相写像 ψ で，$U_\varphi \cap U_\psi \neq \phi$ であるような任意の $\varphi \in \mathcal{B}$ に対して（＊）をみたすものは，すべて $\mathcal{B}$ に含まれる．

$\mathcal{B}$ を境界付きリーマン面の**等角構造**といい，（a），（b），（c）のみをみたす族をその**基底**という．

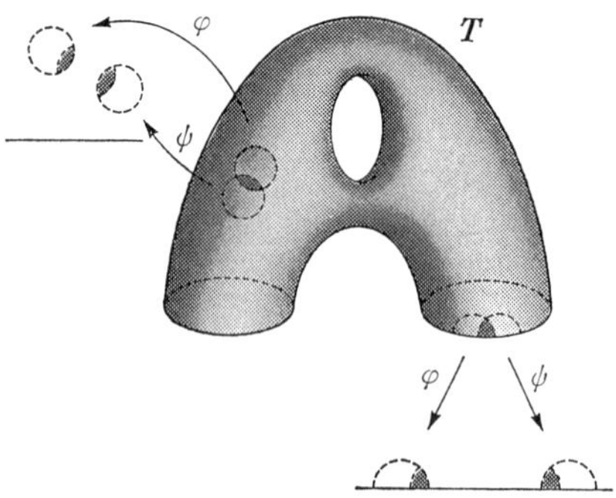

図 1.3

$\mathcal{B}$ の元を**局所座標**という．とくに $\varphi(U_\varphi) \cap \mathbb{R} \neq \phi$ のとき，φ を**境界局所座標**という．

T を境界付きリーマン面（T, $\mathcal{B}$）の**基底空間**という．

集合 $\{P \in T | P \in U_\varphi$ であるような $\varphi \in \mathcal{B}$ に対して $\varphi(P) \in \mathbb{R}\}$ を T の**境界**という．記号 B で表す．$P \in U_\varphi$ であるような $\varphi \in \mathcal{B}$ に対して $\varphi(P) \in \mathbb{R}$ ということは，φ によらない性質である．じっさい，$P \in U_\psi$ のとき，$\psi \circ \varphi^{-1}$ は $\varphi(U_\varphi \cap U_\psi) \to \psi(U_\varphi \cap U_\psi)$ の位相写像，$\varphi(U_\varphi \cap U_\psi) \cap \mathbb{H}_+ \to \psi(U_\varphi \cap U_\psi) \cap \mathbb{H}_+$ の等角写像であるから，$\varphi(P) \in \mathbb{R}$ なら $\psi(P) \in \mathbb{R}$ でなければならない．

任意の $P \in$ B に対し，つぎの**標準境界局所座標** $\varphi \in \mathcal{B}$ が存在する：$\varphi(P) = 0$，$\varphi(U_\varphi)$ は $\{z \in \bar{\mathbb{H}}_+ | |z| < r\}$ の形の上半円板であり，しかも $\bar{U}_\varphi \subset U_\psi$ で $\varphi = \psi | U_\varphi$ であるような $\psi \in \mathcal{B}$ が存在する．U_φ を**境界座標半円板**と呼ぶ．

つぎに，$\mathcal{B}$ の中で，境界局所座標でないもののみを集める：$\mathcal{A}_1 = \{\varphi \in \mathcal{B} | \varphi(U_\varphi) \subset \mathbb{H}_+\}$．すると $\mathcal{A}_1$ は $S = T -$ B の上の等角構造の基底である．ところで，S は（容易にわかるように）連結な Hausdorff 空間であるから，等角構造 $\mathcal{A} \supset \mathcal{A}_1$ によってリーマン面 $(S, \mathcal{A})$ が定まる．これを $(T, \mathcal{B})$ の**内部**という．

とくに B$= \phi$ のときは，$S = T$，$\mathcal{A}_1 = \mathcal{B}$ である．逆にリーマン面 $(S, \mathcal{A})$ に対して $\mathcal{B} = \{\varphi \in \mathcal{A} | \varphi(U_\varphi) \subset \mathbb{H}_+\}$ とおくと $(S, \mathcal{B})$ は境界付きリーマン面で B$= \phi$ である．このような事情から，ふつうの（1.1.**A** で定義された）リーマン面を“**境界のない**リーマン面”と呼ぶこともある．

B$\neq \phi$ であるような境界付きリーマン面では，今後，混乱のおそれのない限り，つぎの記号を用いる：

$$T\text{の代りに}\ \bar{S}\ ;\ \mathrm{B}\text{の代りに}\ \partial S\ ;\ T\text{の内部を}\ S.$$

注意 以上の名称や記号は，かなり慣用のものである．しかし，もともとTは何かの部分集合というわけではないから，始めから境界とか内部とかいうのは正当ではない(だから，境界 (boundary) なる語を避けてふち付き (bordered) リーマン面という名を使う人もいるのである)．しかし，Tの内部をSと表して，Tにおける閉包や境界を考えれば，$T=\bar{S}$や$\mathrm{B}=\partial S$は成り立っている．

F. 境界付きリーマン面の重要な例は，つぎのものである．

定義 リーマン面Sの部分領域Dは，もし各$Q\in\partial D$に対して

$$Q\in U_\varphi, \qquad \varphi(U_\varphi\cap D)=\varphi(U_\varphi)\cap\mathbb{H}_+$$
$$\varphi(U_\varphi\cap\partial D)=\varphi(U_\varphi)\cap\mathbb{R}$$

をみたす局所座標φが存在するとき，Sの**正則的部分領域**という．またこのようなφを ***D*に関する境界局所座標**という．

例えば，$\mathbb{H}_+$や単位開円板$|z|<1$は$\mathbb{C}$の正則的部分領域である．

さて，Dの閉包$\bar{D}$において，つぎの2種類のφの全体を$\mathcal{B}_1$とおく：（1）Sの局所座標で$U_\varphi\subset D$, $\varphi(U_\varphi)\subset\mathbb{H}_+$であるような$\varphi$,（2）$U_{\varphi_1}\cap\partial D\neq\phi$, $\varphi_1(U_{\varphi_1}\cap D)=\varphi(U_{\varphi_1})\cap\mathbb{H}_+$, $\varphi(U_\varphi\cap\partial D)=\varphi(U_\varphi)\cap\mathbb{R}$であるような局所座標$\varphi_1$の$U_{\varphi_1}\cap\bar{D}$への制限$\varphi$（これに対しては$U_{\varphi_1}\cap\bar{D}=U_\varphi$とする）．この$\mathcal{B}_1$は$\bar{D}$の上の境界付きリーマン面の等角構造の基底となっている．$\mathcal{B}_1$を含む境界付きリーマン面の等角構造を$\mathcal{B}_{\bar{D}}$として，境界付きリーマン面$(\bar{D}, \mathcal{B}_{\bar{D}})$が定まる．

これの境界（**E**の意味の）は，Sの部分集合としてのDの境界と一致し，Dに関する境界局所座標の$\bar{D}$への制限は，この境界付きリーマン面の境界局所座標となっている．

境界付きリーマン面$(\bar{D}, \mathcal{B}_{\bar{D}})$の内部（**E**の意味の）は，$S$の部分リーマン面としての$D$（**D**の例3の意味の）と一致する．さらに，容易にわかるように，$\mathcal{B}_{\bar{D}}$はこの性質を持ち，しかも$T=\bar{D}$に関して**E**の条件（a）—（d）をみたすものとして一意的に定まる．

今後，とくにことわらない限り，正則的部分領域 D の閉包 $\bar{D}$ は，境界付きリーマン面 $(\bar{D}, \mathscr{B}_{\bar{D}})$ として考えることにする．

注意 1.6.**E** で論ずるダブルというものを考えるなら，境界付きリーマン面は，すべて，ふつうのリーマン面の正則的部分領域となっていることになる．

1.2 リーマン面上の関数

A. リーマン面 S の上の正則関数は，局所座標 φ について $f\circ\varphi^{-1}$ が正則関数となるような関数 f として定義された．平面領域における通常の正則関数の性質のうち，局所的であって，しかも局所座標 φ のとり方に依存しないものは，そのままの形でリーマン面上の正則関数に拡張できる．例えば

（1）(Riemann の除去可能性定理） P_0 をリーマン面 S の点とし，f を $S-\{P_0\}$ の正則関数とする．もし f が $U-\{P_0\}$ で有界となるような P_0 の近傍 U が存在するならば，f は S の正則関数に拡張できる；

（2）（最大値の原理） リーマン面の正則関数 f の絶対値がある点において最大値をとるならば，f は定数でなければならない；

（3）（一致の定理） リーマン面 S の上の正則関数 f_1 と f_2 が S に集積点を持つ点列 $\{P_n\}$ に対して $f_1(P_n)=f_2(P_n)$, $n=1,2,\cdots$ をみたすならば，すべての $P\in S$ に対して $f_1(P)=f_2(P)$．

（4） リーマン面 S の正則関数列 $\{f_n\}$ が S の複素数値関数 f に，S の任意のコンパクト集合上で一様に収束するならば，f は正則である．

Montel の定理："リーマン面 S の正則関数を元とする族 $\mathscr{F}$ において，定数 M が存在して，すべての $f\in\mathscr{F}$ に対して S で $|f|\leqq M$ が成り立つならば，$\mathscr{F}$ は**正規族**である；すなわち，$\mathscr{F}$ の元から成る任意の列から，つねに部分列を抜き出し，S の正則関数に S の任意のコンパクト集合上一様に収束させることができる"（例えば，吉田 [70]，p. 111 参照）の証明は，平面の場合に帰着させるために，S が可算基底を持つことを必要とする．これについては，3.2.**E** で触れることにする．

最大値の原理の結果，**閉リーマン面上の正則関数は定数に限る**ことがわか

る.

開リーマン面の上には，必ず非定値の正則関数が存在することが知られている．この定理の証明は，本書の限度を超えるので，証明は与えない（興味ある読者は楠 [1]，p. 202；中井 [4]，p. 176 などを見られたい).

B.　平面領域の関数論と異なるのは微係数の扱いである.

いま，リーマン面 S の点 P_0 で正則な関数 f に対して，$P_0 \in U_\varphi$ であるような局所座標 φ をとって，点 $z_0 = \varphi(P_0)$ における $f \circ \varphi^{-1}$ の微係数

$$\frac{d}{dz} f(\varphi^{-1}(z))\Big|_{z=z_0}$$

を考える．$P_0 \in U_\psi$ であるような別な局所座標 ψ について，$f \circ \psi^{-1}$ の点 $\zeta_0 = \psi(P_0)$ における微係数は，上のものとは一般には異なる．じっさい，$z = \varphi \circ \psi^{-1}(\zeta)$ として，

$$(*) \qquad \frac{d}{d\zeta} f(\psi^{-1}(\zeta))\Big|_{\zeta=\zeta_0} = \frac{d}{dz} f(\varphi^{-1}(z))\Big|_{z=z_0} \cdot \left(\frac{dz}{d\zeta}\right)_{\zeta=\zeta_0}$$

が成り立つからである.

われわれは，“$f \circ \varphi^{-1}$ の微係数を f の微係数とする” ようなわけにはいかず，その意味で “f の微係数” は考えない．むしろ，“局所座標に（$*$）をみたすように依存するもの” として微分形式というものを導入し（1.3 節以下で)，“f の微分 df” を考えるのである.

同じ f に対し，$f \circ \varphi^{-1}$ の $z_0 = \varphi(P_0)$ のまわりでの Taylor 展開

$$f \circ \varphi^{-1}(z) = a + a_1(z - z_0) + a_2(z - z_0)^2 + \cdots$$

を考える．$a = f(P_0)$ を除いて，係数 a_1（$= f \circ \varphi^{-1}(z)$ の z_0 での微係数)，a_2, $a_3, \cdots$ はすべて φ に依存する．けれども，f が非定値のとき,

$$a_1 = a_2 = \cdots = a_{\nu-1} = 0, \qquad a_\nu \neq 0$$

であるような整数 ν（$\geqq 1$）は，φ のとり方によらない．じっさい，この条件は

$$\lim_{z \to z_0} \frac{f(\varphi^{-1}(z)) - a}{(z - z_0)^k} = \begin{cases} 0 & k = 1, 2, \cdots, \nu - 1 \\ \text{零でない有限な数} & k = \nu \end{cases}$$

と同値であり，他の ψ についてのものと比べると

$$\lim_{\zeta \to \zeta_0} \frac{f(\psi^{-1}(\zeta)) - a}{(\zeta - \zeta_0)^k} = \lim_{z \to z_0} \frac{f(\varphi^{-1}(z)) - a}{(z - z_0)^k} \cdot \left(\frac{dz}{d\zeta}\right)^k_{\zeta=\zeta_0}$$

が成り立って，しかも $dz/d\zeta \neq 0$ だからである．

$f \neq$ 定数，$f(P_0)=a$ のとき，この整数 ν ($\geqq 1$) を P_0 の f の a-点としての**位数**（または**重複度**）という．また，f は P_0 に **ν-位の a-点**を持つという．とくに $a=0$ なら ν-位の**零点**という．

このとき，P_0 の標準局所座標 φ で $\varphi(U_\varphi)=\{z \mid |z|<1\}$ であるものを適当にとって，

$$f \circ \varphi^{-1}(z)=a+cz^\nu \qquad (c \text{ は正定数})$$

が単位閉円板 $|z| \leqq 1$ で成り立つようにできる．これは，任意の局所座標 ψ をとって，平面の正則関数 $f \circ \varphi^{-1}$ をしらべれば容易にわかることである（吉田 [70]，pp. 140—141；最も明快なのは Ahlfors（笠原訳）[18]，pp. 142—143）．

C． リーマン面上の有理型関数についても，局所的で φ によらない性質は，平面領域の場合と同様に成り立つ．

後で，すべてのリーマン面の上に，非定値の有理型関数が存在することを示す（定理 3.4）．

P_0 の近傍で有理型な f が与えられたとし，$P_0 \in U_\varphi$ であるような局所座標 φ をとって，$f \circ \varphi^{-1}$ を点 $z_0=\varphi(P_0)$ のまわりで Laurent 展開する：

$$f \circ \varphi^{-1}(z)=\frac{a_{-\nu}}{(z-z_0)^\nu}+\cdots+\frac{a_{-1}}{z-z_0}+a_0+a_1(z-z_0)+\cdots \qquad (a_{-\nu} \neq 0).$$

係数はすべて φ に依存するけれども，整数 $\nu \geqq 1$ は φ に依存しない．f は P_0 に **ν-位の極**を持つといい，また P_0 は f の極としての**位数**（**重複度**）は ν であるという．P_0 の標準局所座標 φ と正数 R を適当にとると，$\varphi(\bar{U}_\varphi)=\{z \mid |z| \leqq 1\}$ で

$$f \circ \varphi^{-1}(z)=\frac{R}{z^\nu}$$

が成り立つ．以上は ν-位の a-点と全く同様にして，たしかめることができる．

係数 a_{-1} も φ に依存するので，“関数 f の留数”は考えられない．後で微分形式の留数というものを定義する（1.3.**E**）．

D． 平面上の関数のみたすべき条件で，局所座標のとり方に依存しないで与えうるものは，リーマン面上でも考えられる．例えば，リーマン面 S の局所座標 φ に対して $u \circ \varphi^{-1}$ が $C^{(k)}$-級であるような関数 u は，S の **$C^{(k)}$-級**の関数

という；$k=1, 2, \cdots, \infty$.

つぎに，局所座標 φ に対して $u\circ\varphi^{-1}$ が調和であるような実数値関数 u，つまり $C^{(2)}$-級で局所座標 φ に対して

$$\Delta(u\circ\varphi^{-1})=\frac{\partial^2}{\partial x^2}u\circ\varphi^{-1}+\frac{\partial}{\partial y^2}u\circ\varphi^{-1}=0$$

をみたすような実数値関数 u を，リーマン面 S の**調和関数**という．

例えば，正則関数の実部 u，虚部 v は調和関数である．

これらの間には，任意の局所座標 φ について

$$\frac{\partial}{\partial x}(u\circ\varphi)=\frac{\partial}{\partial y}(v\circ\varphi),\quad \frac{\partial}{\partial y}(u\circ\varphi)=-\frac{\partial}{\partial x}(v\circ\varphi)$$

の関係がある．

調和関数 u に対し，この関係式（局所座標 φ に依存しない）をみたす $C^{(2)}$-級の関数 v を，u の**共役**という．それは，もし存在すれば調和であり，定数差を無視して一意的に定まる．われわれは，定数差を無視したとき，u の共役調和関数を記号

$$u^*$$

で表すことにする．

$u+iu^*$ は正則関数である．

平面における場合と同様，一般には共役は存在しないが，局所的にはつねに存在する．

平面領域の調和関数の性質のうち，局所的であって，しかも局所座標のとり方に依存しないものは，そのままの形でリーマン面上の調和関数に拡張できる．例えば

（1）（Picardの除去可能性定理）　P_0 をリーマン面 S の点とし，u を $S-\{P_0\}$ の調和関数とする．もし u が $U-\{P_0\}$ で有界であるような P_0 の近傍 U が存在するならば，u は S の調和関数に拡張できる；

（2）（最大最小値の原理）　リーマン面の調和関数 u がある点で最大値または最小値をとるならば，u は定数でなければならない；

（3）（一致の定理）　リーマン面 S の調和関数 u_1 と u_2 が，S のある開集合の各点で値が一致するならば，すべての点 $P\in S$ において $u_1(P)=u_2(P)$ が成り立つ．

（4） リーマン面 S の調和関数 $\{u_n\}$ が，S の実数値関数 u に S の任意のコンパクト集合上で一様に収束するならば，u は調和である．

調和関数の正規族については，**3.2.E** で述べる．

最大最小値の原理の結果，**閉リーマン面上の調和関数は定数に限る**ことがわかる．

注意 本書では複素微分

$$\frac{\partial}{\partial z}=\frac{1}{2}\left(\frac{\partial}{\partial x}-i\frac{\partial}{\partial y}\right),\quad \frac{\partial}{\partial \bar{z}}=\frac{1}{2}\left(\frac{\partial}{\partial x}+i\frac{\partial}{\partial y}\right)$$

を用いることも多い．これによれば

$$\Delta(u\circ\varphi^{-1})=4\frac{\partial^2}{\partial z\partial\bar{z}}(u\circ\varphi^{-1})$$

であり，また v が u の共役であるという関係式は

$$\frac{\partial}{\partial z}(u\circ\varphi^{-1})=i\frac{\partial}{\partial z}(v\circ\varphi^{-1})$$

と表せる．

1.3 微分形式

A. リーマン面では，すでに **1.2.B** で言及したように，局所座標に依存する量も考える必要がある．依存のしかたに一定の規則を与えて，微分形式というものを導入する．

定義 リーマン面 S において，すべての局所座標 $\varphi\in\mathcal{A}$ に $\varphi(U_\varphi)$ で定義された複素数値関数 a_φ, b_φ の対を対応させる対応

$$\omega:\varphi\longmapsto(a_\varphi, b_\varphi)$$

で，$U_\varphi\cap U_\psi\neq\phi$ であるような $\varphi,\psi\in\mathcal{A}$ に対して，$\varphi(U_\varphi\cap U_\psi)$ の各点 z において

$$a_\varphi(z)=a_\psi(\psi(\varphi^{-1}(z)))\cdot(\psi\circ\varphi^{-1})'(z) \tag{1.1}$$

$$b_\varphi(z)=b_\psi(\psi(\varphi^{-1}(z)))\cdot\overline{(\psi\circ\varphi^{-1})'(z)} \tag{1.2}$$

（ただしダッシュは微係数を，横線は共役複素数を表す）が成り立つものを，S の**1位微分形式**（または**1位微分，1-形式**）という．

例えば，f が S の正則関数のとき，$\varphi\in\mathcal{A}$ に対して

$$a_\varphi(z)=(f\circ\varphi^{-1})'(z),\qquad b_\varphi(z)\equiv 0$$

とおくと，1.2.**B** でみたように，(1.1) と (1.2) がみたされ，したがって $\varphi\longmapsto(a_\varphi, b_\varphi)$ は1位微分形式である．これを正則関数 $\boldsymbol{f}$ **の微分**といい，df と表す．

より一般に，u が S の C^1-級の関数（一般に複素数値）のとき，対応

$$\varphi\longmapsto\left(\frac{\partial}{\partial z}u\circ\varphi^{-1}(z),\ \frac{\partial}{\partial\bar{z}}u\circ\varphi^{-1}(z)\right)$$

は (1.1) と (1.2) をみたすので，1位微分である．これを関数 $\boldsymbol{u}$ **の微分**といい，du と表す；u が正則のときは，上述のものと一致する．

すべての φ に対して $a_\varphi\equiv b_\varphi\equiv 0$ を対応させるものも，1位微分である．これは，ふつう 0 と表す．

1位微分 $\omega_\nu:\varphi\longmapsto(a_{\nu\varphi}, b_{\nu\varphi}), \nu=1,2$ の和 $\omega_1+\omega_2:\varphi\longmapsto(a_{1\varphi}+a_{2\varphi}, b_{1\varphi}+b_{2\varphi})$，$\omega$ の定数倍 $k\omega:\varphi\longmapsto(ka_\varphi, kb_\varphi)$，より一般に f が S の関数のとき ω の f 倍

$$f\omega:\varphi\longmapsto((f\circ\varphi^{-1})\cdot a_\varphi,\ (f\circ\varphi^{-1})\cdot b_\varphi)$$

なども，それぞれが (1.1), (1.2) をみたすので，1位微分形式である．

$\omega:\varphi\longmapsto(a_\varphi, b_\varphi)$ に対し，$\varphi\longmapsto(\bar{b}_\varphi, \bar{a}_\varphi)$ は (1.1), (1.2) をみたす．この1位微分を ω の**複素共役**といい，記号 $\bar{\omega}$ で表す．また $\mathrm{Re}\,\omega=\dfrac{1}{2}(\omega+\bar{\omega})$，$\mathrm{Im}\,\omega=\dfrac{1}{2i}(\omega-\bar{\omega})=\mathrm{Re}(-i\omega)$ をそれぞれ ω の**実部**・**虚部**という．

φ が局所座標のとき，$i\varphi$ もやはり局所座標で U_φ を $\{iz|z\in\varphi(U_\varphi)\}$ の上に写している．1次微分 $\omega:\varphi\longmapsto(a_\varphi, b_\varphi)$ が与えられているとき，$a_{i\varphi}(iz)=-ia_\varphi(z)$，$b_{i\varphi}(iz)=ib_\varphi(z)$ が成り立つので，U_φ で定義された関数 $a_{i\varphi}(iz)$，$b_{i\varphi}(iz)$ の対を φ に対応させる対応は関係 (1.1), (1.2) をみたすことがただちにわかる．この1位微分を ω の**共役**といい，記号 $*\omega$ で表す．上の等式によって，ω の共役はつぎの対応であるといってもよい：

$$*\omega:\varphi\longmapsto(-ia_\varphi, ib_\varphi).$$

例えば，u が調和関数のとき，その共役 u^* がもし存在すれば

$$du^*=*du$$

をみたす（1.2.**D** 注意参照）．また，一般に，

$$**\omega=-\omega.$$

すべての $\varphi\in\mathcal{A}$ に対して a_φ, b_φ が $\varphi(U_\varphi)$ で連続［C^k-級］ならば，1位微分 ω：

$\varphi \longmapsto (a_\varphi, b_\varphi)$ は**連続 [C^k-級]** であるという．

以上，リーマン面 S 全体で定義された1位微分形式について述べてきたが，“部分集合 $E \subset S$ で定義された1位微分形式” というものも考えられる．すなわち，$U_\varphi \cap E \neq \phi$ であるような $\varphi \in \mathcal{A}$ に対して $\varphi(U_\varphi \cap E)$ の関数 a_φ, b_φ の対を対応させ，(1.1) と (1.2) が $z \in \varphi(U_\varphi \cap U_\psi \cap E)$ で成り立つものである．これに対しても，上に述べてきたことが（必要なら変更を加えて）みな成り立つことは当然である．

さらに，境界付きリーマン面 $\bar{S}$ での1位微分形式というものも，全く同様に考えられる．後述 (1.6.**E**) のダブル $\hat{S}$ を考えるなら，$\bar{S}$ は $\hat{S}$ の部分集合にすぎないから，すぐ上に述べたことの特別な場合と考えることもできる．これらのことは，以下述べる種々の性質にもあてはまる．

注意 1位微分形式は，a_φ と b_φ がすべての $\varphi \in \mathcal{A}$ に対して定義されなくても，等角構造の1つの基底 $\mathcal{A}_1$ に属する φ に対してのみ a_φ, b_φ が与えられて (1.1), (1.2) をみたしていれば十分である．$\varphi \in \mathcal{A} - \mathcal{A}_1$ に対しては a_φ と b_φ を (1.1) と (1.2) で定義してやればよいからである．

B． 1位微分 $\omega : \varphi \longmapsto (a_\varphi, b_\varphi)$ を

$$\omega = adz + b\overline{dz}$$

と書き表す．そしてまた，1位微分とは**不変形式** $adz + b\overline{dz}$，すなわち（関係 (1.1), (1.2) をみたすように局所座標に依存するものではなく）局所座標に依存しない（つまり局所座標の変換で不変な）形式 $adz + b\overline{dz}$ のこと，と定義する人もある．このことを説明しておこう．

まず1位微分 $\omega' : \psi \longmapsto (a_\varphi, 0)$，$\omega'' : \varphi \longmapsto (0, b_\varphi)$ によって $\omega = \omega' + \omega''$ とする．つぎに ω' と ω'' を，対応

$$\omega' : \varphi \longmapsto a_\varphi, \qquad \omega'' : \varphi \longmapsto b_\varphi$$

で，それぞれ (1.1), (1.2) をみたすものと同一視する．

式 (1.1) は，写像 φ, ψ の従属変数が z, ζ であるという了解のもとに

$$a_\varphi(z) = a_\psi(\zeta) \frac{d\zeta}{dz}$$

と表される．φ, ψ を略し，分母を払った

$$a(z)dz=a(\zeta)d\zeta$$

の形に変えると，これは“$a(z)dz$ なる形式（的表示）は局所座標の変換に対して不変である”ことを示している．こうして，ω' は不変形式 $a(z)dz$，略して adz，であるということになる．同様に (1.2) を表現すれば，順次に

$$b_\varphi(z)=b_\psi(\zeta)\overline{\left(\frac{d\zeta}{dz}\right)},\qquad b(z)\overline{dz}=b(\zeta)\overline{d\zeta}$$

となり，ω'' は不変形式 $b\overline{dz}$ ということになる．このように考えた

$$\omega'=adz,\qquad \omega''=b\overline{dz}$$

から $\omega=adz+b\overline{dz}$ が得られるのである．

すべての φ に対して $b_\varphi\equiv 0$ であるような ω は ($\omega''=0$ ということになるが)，$\omega=adz$ と表す．同様に $a_\varphi\equiv 0$ ならば $\omega=b\overline{dz}$ となる．

この記法にしたがえば，正則関数 f の微分は

$$df=\frac{df}{dz}dz,$$

C^1–級関数 u の微分は

$$du=\frac{\partial u}{\partial z}dz+\frac{\partial u}{\partial\bar{z}}\overline{dz}$$

となる．また

$$f\omega=(fa)dz+(fb)\overline{dz}$$

$$\omega_1+\omega_2=(a_1+a_2)dz+(b_1+b_2)\overline{dz}$$

$$\bar{\omega}=\bar{b}\,dz+\bar{a}\,\overline{dz}$$

$$\mathrm{Re}\,\omega=\frac{1}{2}(a+\bar{b})dz+\frac{1}{2}(b+\bar{a})\overline{dz}$$

$$\mathrm{Im}\,\omega=\frac{1}{2i}(a-\bar{b})dz+\frac{1}{2i}(b-\bar{a})\overline{dz}$$

$$*\,\omega=-ia\,dz+ib\,\overline{dz}$$

$$*\,\bar{\omega}=\overline{*\,\omega}.$$

つぎに $dz=dx+i\,dy$，$\overline{dz}=dx-i\,dy$ とおくと，$\omega=a\,dz+b\,\overline{dz}=(a+b)dx+i(a-b)dy$ となる．そこで

(1.3) $$\alpha_\varphi=a_\varphi+b_\varphi,\qquad \beta_\varphi=i(a_\varphi-b_\varphi)$$

とおくと，局所座標 ψ に対応する α_ψ,β_ψ との関係は，$\zeta=\xi+i\eta$ を用いれば

(1.4) $$\alpha_\varphi(x,y)=\alpha_\psi(\xi,\eta)\frac{\partial\xi}{\partial x}+\beta_\psi(\xi,\eta)\frac{\partial\eta}{\partial x}$$

(1.5) $$\beta_\varphi(x,y)=\alpha_\psi(\xi,\eta)\frac{\partial\xi}{\partial y}+\beta_\psi(\xi,\eta)\frac{\partial\eta}{\partial y}$$

と表せる. $d\xi=\frac{\partial\xi}{\partial x}dx+\frac{\partial\xi}{\partial y}dy$, $d\eta=\frac{\partial\eta}{\partial x}dx+\frac{\partial\eta}{\partial y}dy$ であるから, これら2式より

$$\alpha_\varphi(x,y)dx+\beta_\varphi(x,y)dy=\alpha_\psi(\xi,\eta)d\xi+\beta_\psi(\xi,\eta)d\eta$$

が成り立つことになる. つまり, $\alpha\,dx$ や $\beta\,dy$ は個々には不変とはいえないが, $\alpha\,dx+\beta\,dy$ は不変ということである. 1位微分 $\omega=a\,dz+b\,\overline{dz}$ は, また, (1.4)と(1.5) をみたす対応 $\varphi\longmapsto(\alpha_\varphi,\beta_\varphi)$ のことと定義することもでき, したがって

$$\omega=\alpha\,dx+\beta\,dy$$

の形に表すこともできる. これを**実変数表示**と名づける. もとの $\omega=a\,dz+b\,\overline{dz}$ との関係は (1.3) で与えられていることになる.

例えば C^1-級の u に対して

$$du=\frac{\partial u}{\partial x}dx+\frac{\partial u}{\partial y}dy$$

が成り立つ. また $\omega=\alpha\,dx+\beta\,dy$ に対して

$$\mathrm{Re}\,\omega=(\mathrm{Re}\,\alpha)dx+(\mathrm{Re}\,\beta)dy,\qquad \mathrm{Im}\,\omega=(\mathrm{Im}\,\alpha)dx+(\mathrm{Im}\,\beta)dy.$$

C. 1位微分形式につづいて, 2位微分形式 (2nd order differential) というものを導入するが, 後述の2次微分形式 (quadratic differential) と混同してはいけない.

定義 リーマン面 S において, すべての局所座標 $\varphi\in\mathcal{A}$ に対して, $\varphi(U_\varphi)$ で定義された複素数値関数 c_φ を対応させる対応

$$\Xi:\varphi\longmapsto c_\varphi$$

で, $U_\varphi\cap U_\psi\neq\phi$ であるような $\varphi,\psi\in\mathcal{A}$ について, $\varphi(U_\varphi\cap U_\psi)$ の各点 z において

(1.6) $$c_\varphi(z)=c_\psi(\psi(\varphi^{-1}(z)))\cdot|(\psi\circ\varphi^{-1})'(z)|^2$$

が成り立つものを, S の**2位微分形式**(または**2位微分**, **2-形式**)という.

1位微分形式と同じように，等角構造の1つの基底 $\mathscr{A}_1$ に属する φ に対して c_φ が与えられれば Ξ は決まる．

2位微分としての0は，すべての φ に対して $c_\varphi \equiv 0$ であるもののこととする．和 $\Xi_1+\Xi_2 : \varphi \longmapsto c_{1\varphi}+c_{2\varphi}$，関数 u との積 $u\Xi : \varphi \longmapsto (u\circ\varphi^{-1})\cdot c_\varphi$ が定義される．また，$\Xi : \varphi \to c_\varphi$ に対して $\varphi \longmapsto |c_\varphi|$ も2位微分であるが，これを記号 $|\Xi|$ で表す：

$$|\Xi| : \varphi \longmapsto |c_\varphi|.$$

連続な2位微分，集合 E の2位微分，境界付きリーマン面 $\bar{S}$ 上の2位微分なども，1位微分の場合と全く同様に定義できる．

2位微分 $\Xi : \varphi \longmapsto c_\varphi$ を書き表すのに

$$(*) \qquad c|dz|^2, \quad c\,dz\,\overline{dz}, \quad c\,dx\,dy, \quad c\,dx\wedge dy, \quad \frac{i}{2}c\,dz\wedge\overline{dz}$$

などの記号を用いる．関係式 (1.6) は，$\zeta=\psi\circ\varphi^{-1}(z)$ として **B** と同様に考えれば

$$(1.6') \qquad c_\varphi(z)=c_\psi(\zeta)\left|\frac{d\zeta}{dz}\right|^2$$

となるが，これの分母を払った形の $c_\varphi(z)|dz|^2=c_\psi(\zeta)|d\zeta|^2$ から，不変式としての表示 $\Xi=c|dz|^2$ や $\Xi=c\,dz\,\overline{dz}$ を得る．また，実変数を用いればヤコビアンを使って

$$(1.6'') \qquad c_\varphi(x,y)=c_\psi(\xi,\eta)\frac{\partial(\xi,\eta)}{\partial(x,y)}$$

となるので，重積分の変数変換式をもとにして $c_\varphi(x,y)\,dx\,dy=c_\psi(\xi,\eta)\,d\xi\,d\eta$ となり，不変形式 $\Xi=c\,dx\,dy$ を得る．

表示式 (*) の第3，第4のものにおける記号 $\wedge$ は**外積** (exterior product) と呼ばれる，ベクトルの間に定義される一種の乗法を表す．計算ルールは，交換法則の代りに

$$\boldsymbol{a}\wedge\boldsymbol{b}=-\boldsymbol{b}\wedge\boldsymbol{a}, \qquad \text{したがって } \boldsymbol{a}\wedge\boldsymbol{a}=0$$

をみたす以外は“ふつうのもの”とし，dx, dy, $\overline{dz}$, dz をベクトル，c などをスカラーとみて適用する．$d\xi=\dfrac{\partial\xi}{\partial x}dx+\dfrac{\partial\xi}{\partial y}dy$, $d\eta=\dfrac{\partial\eta}{\partial x}dx+\dfrac{\partial\eta}{\partial y}dy$ を代入すると $c_\psi d\xi\wedge d\eta=c_\psi\Bigl(\dfrac{\partial\xi}{\partial x}\dfrac{\partial\eta}{\partial x}dx\wedge dx+\dfrac{\partial\xi}{\partial y}\dfrac{\partial\eta}{\partial x}dy\wedge dx+\dfrac{\partial\xi}{\partial x}\dfrac{\partial\eta}{\partial y}dx\wedge dy$

$+\dfrac{\partial\xi}{\partial y}\dfrac{\partial\eta}{\partial y}dy\wedge dy\Big)=c_\phi\cdot\left(\dfrac{\partial\xi}{\partial x}\dfrac{\partial\eta}{\partial y}-\dfrac{\partial\xi}{\partial y}\dfrac{\partial\eta}{\partial x}\right)\cdot dx\wedge dy=c_\varphi dx\wedge dy$ となるので，不変形式 $\Xi=c\,dx\wedge dy$ を得る．また $d\zeta=\dfrac{d\zeta}{dz}dz$ を代入すると $c_\phi d\zeta\wedge\overline{d\zeta}=c_\phi\left|\dfrac{d\zeta}{dz}\right|^2dz\wedge\overline{dz}=c_\varphi dz\wedge\overline{dz}$ となるが，一方 $dz\wedge\overline{dz}=(dx+i\,dy)\wedge(dx-i\,dy)=dx\wedge dx+i\,dy\wedge dx-i\,dx\wedge dy-dy\wedge dy=-2i\,dx\wedge dy$ であるので

$$\frac{i}{2}c\,dz\wedge\overline{dz}=c\,dx\wedge dy$$

となる．

外積を用いた表示式は，すぐ後に出す1位微分の外積や外微分を扱うとき便利である．

注意 ここでは掛算 $\wedge$ を単なる便宜的な約束ごととして解説した．厳密な定義は“Grassmann 代数”という概念を用いて与えることができる．興味ある読者は例えば，一松 [33] を参照されたい．

D． 2つの1位微分 $\omega_\nu:\varphi\longmapsto(a_{\nu\varphi},b_{\nu\varphi})$, $\nu=1,2$ に対し

$$\Xi:\varphi\longmapsto\frac{2}{i}(a_1b_2-a_2b_1)$$

は，ただちにわかるように，2位微分である．これを ω_1 と ω_2 の**外積**といい，記号 $\omega_1\wedge\omega_2$ で表す．前述の記法にしたがえば

$$\omega_1\wedge\omega_2=\frac{2}{i}(a_1b_2-a_2b_1)\,dx\,dy=(a_1b_2-a_2b_1)\,dz\wedge\overline{dz}$$

である．これは，計算 $(a_1dz+b_1\overline{dz})\wedge(a_2dz+b_2\overline{dz})=b_1a_2\overline{dz}\wedge dz+a_1b_2dz\wedge\overline{dz}=(a_1b_2-a_2b_1)dz\wedge\overline{dz}$ の結果とも一致している．なお，実変数表示をとると

$$(\alpha_1dx+\beta_1dy)\wedge(\alpha_2dx+\beta_2dy)=(\alpha_1\beta_2-\alpha_2\beta_1)\,dx\,dy$$

となる．

つぎの公式が，簡単に導かれる：

$$\omega_1\wedge\omega_2=-\omega_2\wedge\omega_1$$
$$(u\omega_1)\wedge\omega_2=\omega_1\wedge(u\omega_2)=u(\omega_1\wedge\omega_2)$$
$$\omega_1\wedge(\omega_2+\omega_3)=\omega_1\wedge\omega_2+\omega_1\wedge\omega_3$$
$$*\,\omega_1\wedge*\,\omega_2=\omega_1\wedge\omega_2.$$

なお

$$\omega_1\wedge\overline{*\omega_2}=2(a_1\bar{a}_2+b_1\bar{b}_2)\,dx\,dy$$

$$\omega\wedge\overline{*\omega}=2(|a|^2+|b|^2)\,dx\,dy.$$

つぎに，C^1-級の1位微分 $\omega:\varphi\longmapsto(a_\varphi, b_\varphi)$ に対し2位微分

$$\Xi:\varphi\longmapsto\frac{2}{i}\left(\frac{\partial b}{\partial z}-\frac{\partial a}{\partial\bar{z}}\right)$$

が考えられる．この対応が (1.6) をみたすことは，$\zeta=\psi\circ\varphi^{-1}(z)$ とおいて，つぎのようにしてたしかめることができる．式 (1.1)

$$a(z)=a(\zeta)\frac{d\zeta}{dz}$$

の両辺を $\bar{z}$ で微分して $\dfrac{\partial a}{\partial\bar{z}}=\dfrac{\partial}{\partial\bar{z}}a(\zeta)\dfrac{d\zeta}{dz}+a(\zeta)\dfrac{\partial}{\partial\bar{z}}\left(\dfrac{d\zeta}{dz}\right)$. $\zeta(z)$ や $\dfrac{d\zeta}{dz}$ は正則であるので，これらの $\dfrac{\partial}{\partial\bar{z}}$ は0となり

$$\frac{\partial a(z)}{\partial\bar{z}}=\frac{\partial a(\zeta)}{\partial\bar{\zeta}}\overline{\left(\frac{d\zeta}{dz}\right)}\frac{d\zeta}{dz}.$$

同様に

$$\frac{\partial b(z)}{\partial z}=\frac{\partial b(\zeta)}{\partial\zeta}\frac{d\zeta}{dz}\overline{\left(\frac{d\zeta}{dz}\right)}.$$

こうして得られた2次微分 Ξ を ω の**外微分**といい，記号 $d\omega$ で表す．前述の表記法にしたがえば

$$d\omega=\frac{2}{i}\left(\frac{\partial b}{\partial z}-\frac{\partial a}{\partial\bar{z}}\right)dx\,dy=\left(\frac{\partial b}{\partial z}-\frac{\partial a}{\partial\bar{z}}\right)dz\wedge\overline{dz}.$$

これは，またつぎの計算とも合致する：まず $\omega=a\,dz+b\,\overline{dz}$ に対して $d\omega=da\wedge dz+db\wedge\overline{dz}$ と約束する．つぎに da や db を関数の微分とみて

$$\begin{aligned}d\omega&=da\wedge dz+db\wedge\overline{dz}\\&=\left(\frac{\partial a}{\partial z}dz+\frac{\partial a}{\partial\bar{z}}\overline{dz}\right)\wedge dz+\left(\frac{\partial b}{\partial z}dz+\frac{\partial b}{\partial\bar{z}}\overline{dz}\right)\wedge\overline{dz}\\&=\left(-\frac{\partial a}{\partial\bar{z}}+\frac{\partial b}{\partial z}\right)dz\wedge\overline{dz}.\end{aligned}$$

なお，実変数表示をとると

$$d(\alpha\,dx+\beta\,dy)=\left(\frac{\partial\beta}{\partial x}-\frac{\partial\alpha}{\partial y}\right)dx\,dy$$

となる.

つぎの公式は，定義より容易に導かれる：

$$d(\omega_1+\omega_2)=d\omega_1+d\omega_2,$$

u が C^1-級の関数なら

$$d(u\omega)=du\wedge\omega+u\,d\omega,$$

u が C^2-級の関数なら

$$d(du)=0$$

$$d(*du)=2i\frac{\partial^2 u}{\partial z\partial\bar{z}}dz\wedge\overline{dz}=\Delta u\,dx\,dy.$$

最後のものは，$\varphi\longmapsto\Delta(u\circ\varphi^{-1})$ の意味である.

E.　1位微分形式に戻って，正則・有理型な微分形式というものを考える.

定義　リーマン面 S の1位微分形式 $\omega:\varphi\longmapsto(a_\varphi, b_\varphi)$ は，各 φ に対して a_φ は $\varphi(U_\varphi)$ の正則関数，$b_\varphi\equiv 0$ のとき，**正則微分**（正則1位微分形式）という.

つまり，$\omega=a\,dz$ と表せて，a が正則関数であるとき ω を正則微分というのである.

例えば，f が正則関数ならば df は正則微分である.

また，u が調和関数ならば

$$du+i*du=2\frac{\partial u}{\partial z}dz=\left(\frac{\partial u}{\partial x}-i\frac{\partial u}{\partial y}\right)dz$$

は正則微分である.

$\omega:\varphi\longmapsto(a_\varphi, 0)$ を正則微分とし，点 $P_0\in S$ を与えたとき，$P_0\in U_\varphi$ であるような局所座標 φ をとって，関数 $a_\varphi(z)$ を点 $z_0=\varphi(P_0)$ のまわりでしらべる．まず，関数値 $a_\varphi(z_0)$ は φ に依存するが，$a_\varphi(z_0)=0$ であるということは，容易にわかるように，φ に依存しない性質である．このとき，P_0 は ω の**零点**であるという．正則関数の一致の定理を用いてしらべると，正則微分 $\omega\neq 0$ の零点は孤立することがわかる．P_0 が正則微分 $\omega\neq 0$ の零点であるとき，Taylor 展開 $a_\varphi(z)=c_1(z-z_0)+c_2(z-z_0)^2+\cdots$ において，

$$c_1=\cdots=c_{\nu-1}=0, \qquad c_\nu \neq 0$$

という番号νは局所座標φのとり方に依存しない（証明は1.2.Bと同様である）．このνをP_0のωの零点としての**位数**（または**重複度**）といい，またωはP_0に**ν位の零点**を持つともいう．

つぎに，各局所座標φに対して$\varphi(U_\varphi)$の有理型関数a_φと$b_\varphi\equiv 0$から成る対を対応させる1位微分形式$\omega: \varphi \longmapsto (a_\varphi, 0)$を，**有理型微分**という．$P_0\in S$と$P_0\in U_\varphi$であるような$\varphi$に対する$a_\varphi(z)$が点$z_0=\varphi(P_0)$で極を持つとして，そこにおけるLaurent展開

$$a_\varphi(z)=\frac{c_{-\mu}}{(z-z_0)^\mu}+\cdots+\frac{c_{-1}}{z-z_0}+\sum_{n=0}^{\infty} c_n(z-z_0)^n, \quad c_{-\mu}\neq 0$$

を考える．z_0に極があるということと，その位数μは，どちらも局所座標φに依存しない．μをP_0の極としての**位数**（**重複度**）といい，またωはP_0に**μ位の極**を持つともいう．展開の係数c_nは一般にφに依存するが，$n=-1$のみは例外で，φには依存しないのである．じっさい，$\{z\,|\,|z-z_0|\leqq r\}\subset\varphi(U_\varphi)$であるような$r>0$をとり，円周$|z-z_0|=r$を正の向きに1周する曲線で積分すると

$$c_{-1}=\frac{1}{2\pi i}\int_{|z-z_0|=r} a_\varphi(z)\,dz$$

であることはよく知られたとおりであるが，一方，$P_0\in U_\varphi\cap U_\psi$であるような局所座標$\psi$を考えたとき，$r$を小さくとって$|z-z_0|\leqq r$が$\varphi(U_\varphi\cap U_\psi)$に含まれるようにし，正の向きの入った円周$|z-z_0|=r$の等角写像$\zeta=\psi\circ\varphi^{-1}(z)$による像を$\kappa$としたとき，

$$\frac{1}{2\pi i}\int_{|z-z_0|=r} a_\varphi(z)\,dz=\frac{1}{2\pi i}\int_\kappa a_\varphi(z)\frac{dz}{d\zeta}\,d\zeta=\frac{1}{2\pi i}\int_\kappa a_\psi(\zeta)\,d\zeta$$

が成り立ち，最後の項は，$a_\psi(\zeta)$を$\zeta_0=\psi(P_0)$のまわりでLaurent展開したときの$(\zeta-\zeta_0)^{-1}$の係数にひとしい．このようにして，係数c_{-1}は局所座標に依存しないことがわかるが，これを有理型微分ωのP_0における**留数**といい

$$\mathrm{Res}(\omega, P_0)$$

と表す．

有理型関数fと有理型微分の積$f\omega$は，あきらかに，有理型微分である．$\infty\cdot 0$の生じる点における値の定め方は，複素関数論の通常の約束にしたがう．

極が消されて正則になることも起りうる．

逆に，有理型微分 ω_1, ω_2（ただし $\omega_2 \neq 0$）に対し，

$$f\omega_2 = \omega_1$$

をみたす有理型関数が存在する．じっさい，$\omega_\nu : \varphi \longmapsto (a_{\nu\varphi}, 0)$, $\nu = 1, 2$ のとき，$a_{1\varphi}(\varphi(P))/a_{2\varphi}(\varphi(P))$ は $P \in U_\varphi$ であるような局所座標 φ に依存しないが，P にこの値を対応させるのが求める関数 f である．このような f は一意的に定まるが，今後 ω_1 と ω_2 の**商**と呼んで，つぎの記号を用いる：

$$f = \frac{\omega_1}{\omega_2}.$$

注意 1 慣習的に（とくに閉リーマン面では），有理型微分のことを **Abel 微分**と呼び，そのうち正則なものを**第 1 種**，正則でなくて極における留数がすべて 0 であるものを**第 2 種**，その他を**第 3 種**と呼んでいる．

注意 2 “孤立真性特異点を持つ 1 位微分形式 adz” なるものも考えられ，留数なども定義できるが，本書では使う機会がないので，これ以上立ち入らない．

注意 3 複素平面 $\mathbb{C}$ の領域 D では，正則［有理型］関数と正則［有理型］微分とは，同じものとみなしている．リーマン面としての D は，D を定義域とする恒等写像 ι を局所座標に持っている．したがって，正則微分形式 $\omega : \varphi \longmapsto (a_\varphi, 0)$ が与えられれば D の正則関数

$$f = a_\iota$$

が定まる．逆に D の正則関数が与えられたとき $a_\iota = f$ とおく．ところが ι 1 つのみで D の等角構造の基底になっているから，**A** の注意で述べたように，これでリーマン面 D の正則微分が定まったことになる．有理型関数についても同様である．このようにして，**平面領域では，正則［有理型］関数 f と正則［有理型］微分 fdz とを同じものと考える**のである．であるから，平面領域の正則・有理型関数の議論をリーマン面に拡張する際は，関数 f としての性質と微分形式 fdz としての性質を区別しないといけない．最大値の原理（1. 2. **A**）などは前者であり，留数などは後者である．後で論ずる Cauchy の積分定理などは後者であって，リーマン面では “関数の積分” ではなく “微分形式の積分” を考えるのである．

注意 4 リーマン球面 $\hat{\mathbb{C}}$ の領域 D は，$\infty \in D$ の場合，リーマン面としては，局所座標の中に $D - \{\infty\}$ における恒等写像 ι と，無限遠点 ∞ の 1 つの近傍 $r < |z| \leqq \infty$ を定義域とする $\zeta(z) = 1/z$（ただし $\zeta(\infty) = 0$）を持っている．正則微分 $\omega : \varphi \longmapsto (a_\varphi, 0)$ に対し

D の正則関数 $f=a_\iota$ が定まるが，$r<|z|<\infty$ では

$$f(z)=a_\iota(z)=a_\zeta(\zeta(z))\frac{d\zeta}{dz}=-a_\zeta\left(\frac{1}{z}\right)\frac{1}{z^2}$$

が成り立たなければならないので，∞ における Laurent 展開は

$$f(z)=\frac{c_2}{z^2}+\frac{c_3}{z^3}+\cdots,$$

いいかえれば $f(z)$ は ∞ で正則でしかも 2 位の零点を持つことになる．逆にこのような f が与えられれば $a_\iota(z)=f(z)$，$a_\zeta(z)=-f(z)/z^2$ として D の正則微分 $\varphi\longmapsto(a_\varphi,0)$ が定まる．このようにして，**D の正則微分 $\omega=fdz$ と，D で正則で ∞ で 2 位の零点を持つ関数 f とをふつう同一視する**（f が D で正則というのみでは不十分である）．有理型関数，有理型微分についても同様である．とくに，$f(z)$ の ∞ における Laurent 展開

$$f(z)=c_{-\mu}z^\mu+\cdots+c_{-1}z+\sum_{n=0}^{\infty}\frac{c_n}{z^n}$$

から a_ζ の 0 における Laurent 展開

$$a_\zeta(\zeta)=\frac{-1}{\zeta^2}f\left(\frac{1}{\zeta}\right)=\frac{-c_{-\mu}}{\zeta^{\mu+2}}+\cdots+\frac{-c_{-1}}{\zeta^3}+\frac{-c_0}{\zeta^2}+\frac{-c_1}{\zeta}-\sum_{n=2}^{\infty}c_n\zeta^{n-2}$$

をみればわかるように，微分形式 fdz の ∞ における留数は $-c_1$ である．平面の関数論では（c_{-1} ではなく）$-c_1$ のことを“関数 f の ∞ における留数”と呼んでいる（例えば吉田［70］，p. 134）．

F． 1 位微分形式 ω で

$$\omega=\omega_1+\bar{\omega}_2$$

をみたす正則微分 ω_1,ω_2 が存在するようなものを，**調和微分**という．

例えば，u が（実数値）調和関数なら du は調和微分である．じっさい

$$du=\frac{\partial u}{\partial z}dz+\overline{\frac{\partial u}{\partial z}dz}.$$

ω が調和微分のとき，$\omega=\omega_1+\bar{\omega}_2$ をみたす正則微分 ω_1 と ω_2 は一意的に定まる．なぜならほかに $\omega=\omega_3+\bar{\omega}_4$ をみたす正則微分 ω_3,ω_4 があるとすると，$\omega_1-\omega_3=\bar{\omega}_4-\bar{\omega}_2$，つまり $\omega_1-\omega_3:\varphi\longmapsto(a_\varphi,0)$，$\bar{\omega}_4-\bar{\omega}_2:\varphi\longmapsto(0,b_\varphi)$ が等しくなければならず，$a_\varphi=0$，よって $\omega_1-\omega_3=\bar{\omega}_4-\bar{\omega}_2=0$.

ω が調和微分なら，$\bar{\omega}$，$*\omega$ も調和微分である．また

$$\omega+i*\omega,\qquad \bar{\omega}+i*\bar{\omega}$$

は正則微分であり，この逆も正しい$\left(\omega=\frac{1}{2}(\omega+i*\omega)+\frac{1}{2}\overline{(\bar{\omega}+i*\bar{\omega})}\text{ だから}\right)$.

正則微分 ω は，それ自体調和微分である．また，その $\bar{\omega}$，$\mathrm{Re}\,\omega$，$\mathrm{Im}\,\omega$ も調和

微分である．さらに，共役微分を考えるなら，つぎの特徴づけが得られる：

$$\omega \text{が正則} \Longleftrightarrow \omega \text{が調和で,} *\omega=-i\omega.$$

これを用いると，正則微分 ω に対して

$$\omega=\mathrm{Re}\,\omega+i*\mathrm{Re}\,\omega$$

が成り立つことが簡単にたしかめられる．

C^1-級の $\omega=a\,dz$ の外微分は

$$d\omega=\frac{\partial a}{\partial \bar{z}}dz\wedge\overline{dz}.$$

したがって ω の正則性と $d\omega=0$ とが同値となる．つまり，C^1-級の ω について

$$\omega \text{が正則} \Longleftrightarrow *\omega=-i\omega,\ \ d\omega=0.$$

また，前出の等式 $\omega=\frac{1}{2}(\omega+i*\omega)+\frac{1}{2}\overline{(\bar{\omega}+i*\bar{\omega})}$ にこれを適用すると，C^1-級の ω について，

$$\omega \text{が調和} \Longleftrightarrow d\omega=0,\ \ d*\omega=0.$$

G. リーマン面 S からリーマン面 S' の中への写像 h があるとき，S' の関数 f から S の関数 $f\circ h$ が作られるのと同様に，S' の微分形式を S の微分形式に移すことができる．S の局所座標 φ, S' の局所座標 ψ（その定義域を V_ψ とする）で $h(U_\varphi)\cap V_\psi\neq\phi$ をみたすものに対し

$$\zeta=\psi\circ h\circ\varphi^{-1}(z)$$

は $\varphi(U_\varphi\cap h^{-1}(V_\psi))$ で定義されるが，これがつねに C^k-級のとき写像

$$h: S\to S'$$

は $\boldsymbol{C^k}$**-級**であるということにする．われわれは C^1-級の写像によって微分形式を移すことを考えたい．

形式的な計算から始めよう．S' 上に1位微分，2位微分

$$\omega=a\,d\zeta+b\,\overline{d\zeta},\qquad \Xi=c\,d\xi\,d\eta=\frac{i}{2}c\,d\zeta\wedge\overline{d\zeta}$$

を与える．これに

$$d\zeta=\frac{\partial\zeta}{\partial z}dz+\frac{\partial\zeta}{\partial\bar{z}}\overline{dz},\qquad \overline{d\zeta}=\overline{\left(\frac{\partial\zeta}{\partial z}\right)}\overline{dz}+\overline{\left(\frac{\partial\zeta}{\partial\bar{z}}\right)}dz$$

を代入すると，下式の右辺を得る；それぞれ S の1位微分，2位微分である

が，それらを左辺の記号で表す：

$$h^{\sharp}\omega=\left(a\cdot\frac{\partial\zeta}{\partial z}+b\cdot\overline{\left(\frac{\partial\zeta}{\partial\bar{z}}\right)}\right)dz+\left(a\cdot\frac{\partial\zeta}{\partial\bar{z}}+b\cdot\overline{\left(\frac{\partial\zeta}{\partial z}\right)}\right)\overline{dz}$$

$$h^{\sharp}\Xi=c\cdot\left(\left|\frac{\partial\zeta}{\partial z}\right|^2-\left|\frac{\partial\zeta}{\partial\bar{z}}\right|^2\right)dx\,dy.$$

ここで，$\left|\dfrac{\partial\zeta}{\partial z}\right|^2-\left|\dfrac{\partial\zeta}{\partial\bar{z}}\right|^2$ はヤコビアン $\dfrac{\partial(\xi,\eta)}{\partial(x,y)}$ にひとしいことに注意する．$h^{\sharp}\omega$, $h^{\sharp}\Xi$ を，それぞれ，ω, Ξ の h による**引戻し** (pull back) という．

$h^{\sharp}\omega$, $h^{\sharp}\Xi$ を，それぞれ，$\omega\circ h$, $\Xi\circ h$ と表す文献もある．

厳密な定義はつぎのように与えられよう．S の局所座標 φ で，$\varphi(U_{\varphi})\subset V$ をみたすような S' の局所座標 ψ の存在するようなもの全体を $\mathcal{A}_1$ とおくと，これは S の等角構造の基底であることは，ただちにわかる．S' の1位微分形式 $\psi\longmapsto(a_{\psi}(\zeta), b_{\psi}(\zeta))$ が与えられたとき，$\varphi\in\mathcal{A}_1$ に対して $\varphi(U_{\varphi})$ の関数

$$\tilde{a}_{\varphi}(z)=a_{\psi}(\zeta(z))\cdot\frac{\partial\zeta}{\partial z}+b_{\psi}(\zeta(z))\cdot\overline{\left(\frac{\partial\zeta}{\partial\bar{z}}\right)}$$

$$\tilde{b}_{\varphi}(z)=a_{\psi}(\zeta(z))\cdot\frac{\partial\zeta}{\partial\bar{z}}+b_{\psi}(\zeta(z))\cdot\overline{\left(\frac{\partial\zeta}{\partial z}\right)}$$

を考えると，S の1位微分 $\varphi\longmapsto(\tilde{a}_{\varphi}, \tilde{b}_{\varphi})$ が定まる．これを $h^{\sharp}\omega$ と表す．同様に2位微分 $\Xi:\psi\longmapsto c_{\psi}(\zeta)$ に対する

$$\varphi\longmapsto\tilde{c}_{\varphi}(z)=c_{\psi}(\zeta(z))\left(\left|\frac{\partial\zeta}{\partial z}\right|^2-\left|\frac{\partial\zeta}{\partial\bar{z}}\right|^2\right)$$

が $h^{\sharp}\Xi$ である．いずれの場合も，S の局所座標の変換に対する (1.1), (1.2) または (1.6) の成立を確認する要があるが，それは読者にゆずることにする．

容易にわかるように，C^1-級の関数 u に対して

$$d(u\circ h)=h^{\sharp}du$$

が成り立つ．

とくに h が正則写像ならば，

$$*h^{\sharp}\omega=h^{\sharp}*\omega$$

が成り立つ．また，このとき，S' の正則［有理型・調和］微分 ω に対して，$h^{\sharp}\omega$ は S の正則［有理型・調和］微分である．

H. 以上，1位微分形式 $a\,dz+b\,\overline{dz}$，2位微分形式 $c|dz|^2=c\,dx\,dy=\dfrac{i}{2}c\,dz$

$\wedge\overline{dz}$ を説明してきたが，リーマン面の議論においては，さらに

$$q\,dz^2, \qquad \mu\,\overline{dz}\,dz^{-1}, \qquad \rho|dz|$$

の形の不変形式が必要となる．

第1のものは，すべての局所座標 φ に対して $\varphi(U_\varphi)$ の複素数値関数 $q_\varphi(z)$ を対応させ，$U_\varphi\cap U_\psi\neq\phi$ であるとき，$z\in\varphi(U_\varphi\cap U_\psi)$ に対して $\zeta=\psi\circ\varphi^{-1}(z)$ とおくと

$$q_\varphi(z)=q_\psi(\zeta)\left(\frac{d\zeta}{dz}\right)^2$$

が成り立つものである．**2次微分** (quadratic differential) という．

第2のものは，$\varphi\longmapsto\mu_\varphi(z)$ で

$$\mu_\varphi(z)=\mu_\psi(\zeta)\overline{\left(\frac{d\zeta}{dz}\right)}\left(\frac{d\zeta}{dz}\right)^{-1}$$

をみたすもので，**Beltrami 微分**という．

第3のものは，$\varphi\longmapsto\rho_\varphi(z)$ で，

$$\rho_\varphi(z)=\rho_\psi(\zeta)\left|\frac{d\zeta}{dz}\right|$$

をみたすものである．$\rho_\varphi>0$ のとき**計量**（または **Hermite 計量**）という．

容易にわかるように $q\,dz^2$ が2次微分なら

$$|q||dz|^2$$

は2位微分である；すなわち $\varphi\longmapsto q_\varphi(z)$ が2次微分なら $\varphi\longmapsto|q_\varphi(z)|$ は2位微分である．また $q\,dz^2$ が2次微分で $\rho|dz|$ が計量なら

$$(\bar{q}\rho^{-2})\overline{dz}\,dz^{-1}$$

は Beltrami 微分である；すなわち $\varphi\longmapsto q_\varphi(z)$ が2次微分で $\varphi\longmapsto\rho_\varphi(z)>0$ が計量なら，$\varphi\longmapsto\overline{q_\varphi(z)}\rho_\varphi(z)^{-2}$ は Beltrami 微分である．

1.4 線積分とホモトピー

A. 一般に Hausdorff 空間 X において，数直線上の有界閉区間 $I=[t_0, t_1]$ から X の中への連続写像 γ を，X の上の**曲線**（または**道**）という．$\gamma(t_0)$ を曲線 γ の**始点**，$\gamma(t_1)$ を**終点**といい，これらを総称して γ の**端点**という．また，$P=\gamma(t_0)$，$Q=\gamma(t_1)$ として，γ は“P と Q を結ぶ”とか“P から Q に至る”な

どといい，このことを$\gamma=\overset{\frown}{PQ}$と表すこともある．

$\gamma(t_0)\neq\gamma(t_1)$のとき$\gamma$を**開曲線**（または**弧**）といい，$\gamma(t_0)=\gamma(t_1)$のとき**閉曲線**（または**ループ**）という．閉曲線のとき，始点（＝終点）を**基点**ともいう．

閉曲線の場合，$\gamma(t+n(t_1-t_0))=\gamma(t)$ $(t_0\leqq t<t_1)$とおくことによって，γは連続写像$\gamma:\mathbb{R}\to X$に拡張できる．さらに単位円周$C=\{z\in\mathbb{C}\,|\,|z|=1\}$からの連続写像$\lambda:C\to X$で

$$\lambda(e^{2\pi it/(t_1-t_0)})=\gamma(t), \qquad -\infty<t<\infty$$

をみたすものが定まる．閉曲線をしらべるとき，γよりλの方が便利なこともある．

曲線$\gamma:[t_0,t_1]\to X$と$\gamma':[\tau_0,\tau_1]\to X$において，$[\tau_0,\tau_1]$の狭義単調増加な連続関数$\rho$で，$t_0\leqq\rho(\tau_0)<\rho(\tau_1)\leqq t_1$，$\gamma'=\gamma\circ\rho$をみたすものが存在するとき，$\gamma'$を$\gamma$の**部分弧**という．とくに$\rho(\tau_0)=t_0$，$\rho(\tau_1)=t_1$のときは，$\rho$を**助変数のいれかえ** (reparametrization) といい，曲線γ'を“γの助変数をいれかえた曲線”と呼ぶ．

閉曲線γに対しては，助変数のいれかえのほかに，基点をずらすことも考えられる．曲線γに対してλを考えたとき，ちょうど$\lambda(e^{2\pi i(t-t^*)/(t_1-t_0)})$，$t_0<t^*<t_1$に対応する$\gamma'$を，“$\gamma$の基点を点$\gamma(t^*)$に**移動**して得られる閉曲線”という．

曲線$\gamma:I\to X$に対して集合

$$|\gamma|=\{\gamma(t)\,|\,t\in I\}$$

が考えられる．集合$E\subset X$に対して$|\gamma|\subset E$が成り立つとき，γはEに**含まれる**曲線という．とくに$E=|\gamma|$のときは，“γはEに**助変数を入れる** (parametrize)”という．

γがIから$|\gamma|$の上への1対1対応のとき，γは**単純弧**という．このとき，γはIから$|\gamma|$の上への位相写像である．したがって，単純弧γとγ'において，$|\gamma|=|\gamma'|$，しかも始点終点がそれぞれ一致するならば，一方は他方の助変数をいれかえたものである．

閉曲線γは，対応するλがCから$|\gamma|$の上への1対1対応のとき**単純ループ**という；そして平面上の単純ループを**Jordan 閉曲線**という．λは$|C|$から$|\gamma|$の上への位相写像となっている．単純ループの条件をγについて表現すればつぎのようになる：$t_0\leqq t<t'\leqq t_1$に対して$\gamma(t)=\gamma(t')$が成り立つのは

$t=0$, $t'=1$ に限る.

曲線 $\gamma:[t_0,t_1]\to X$ と $\gamma':[t_0',t_1']\to X$ が条件 $\gamma(t_1)=\gamma'(t_0')$ をみたしているとき，曲線

$$t\longmapsto\begin{cases}\gamma(t) & t_0\leqq t\leqq t_1\\ \gamma'(t+t_0'-t_1) & t_1\leqq t\leqq t_1+(t_1'-t_0')\end{cases}$$

を $\gamma\cdot\gamma'$ または $\gamma\gamma'$ と表し，γ と γ' の**積**という.

3つの曲線の $(\gamma\gamma')\gamma''$ が定義できるとき，$\gamma(\gamma'\gamma'')$ も定義できて一致するが，これらを $\gamma\gamma'\gamma''$ と表す. 4つ以上の曲線についても同様である.

曲線 γ に対し曲線 $[-t_1,t_0]\ni t\longmapsto\gamma(-t)$ を γ^{-1} と表し，γ の**逆**という.

つぎに，リーマン面 S 上の曲線

$$\gamma:I\to S$$

について述べる. γ が開曲線であるとき，$t^*\in I$ において，$\gamma(t^*)\in U_\varphi$ であるような局所座標 φ に対し，もし $\varphi\circ\gamma$ が t^* で連続的微分可能なら（この性質は φ のとり方に依存しない），曲線 γ は t^* で C^1-級という. t^* が I の端点のときは，そこにおける続続的微分可能性は片側からの意味にとる. 閉曲線 γ が $t^*\in I$ で C^1-級とは，$\gamma(t+n(t_1-t_0))=\gamma(t)$ によって拡張された $\gamma:\mathbb{R}\to S$ が t^* で（両側から）連続的微分可能なこととする. そして各点 $t^*\in I$ で C^1-級の曲線（開または閉）は**なめらか**であるという.

なめらかな曲線有限個の積となっている曲線は**区分的になめらか**という.

最後に，“なめらかな助変数いれかえ”，“区分的になめらかな助変数いれかえ”が同様に考えられることを注意し，詳しいことは読者にゆずることにする.

注意 曲線の定義域は，有界な閉区間 $[t_0,t_1]$ としたが，そうでないものも対象となるときがある. 例えば“終点のない曲線” $[t_0,t_1)\to X$ $(-\infty<t_0<t_1\leqq\infty)$ や，“端点のない曲線” $(t_1,t_0)\to X$ $(-\infty\leqq t_0<t_1\leqq\infty)$ などがそれであり，上の話の一部はこれらに対してもあてはまる. しかし，われわれは，とくにことわらない限り，有界な閉区間のみを考えることにする.

B. リーマン面 S のなめらかな曲線 $\gamma:[t_0,t_1]\to S$ と，集合 $|\gamma|$ の上の連続な1位微分 $\omega=adz+b\overline{dz}$ が与えられたとき，ω の γ に沿う**積分**（線積分）

$$\int_{\gamma}\omega$$

をつぎのように定義する：

（i） $|\gamma|\subset U_{\varphi}$ であるような局所座標 φ が存在するときは，平面曲線 $\varphi\circ\gamma$ に沿う線積分によって

$$\int_{\gamma}\omega=\int_{\varphi\circ\gamma}(a_{\varphi}dz+b_{\varphi}\overline{dz})$$

と定義する；右辺は，いうまでもなく，

$$\int_{t_0}^{t}\{a_{\varphi}(\varphi\circ\gamma(t))(\varphi\circ\gamma)'(t)+b_{\varphi}(\varphi\circ\gamma(t))\overline{(\varphi\circ\gamma)'(t)}\}dt$$

のことである．この量は φ のとり方に依存しない．じっさい，$|\gamma|\subset U_{\psi}$ であるような他の局所座標 ψ に対しては，$\zeta=\psi\circ\varphi^{-1}(z)$ とおくと，(1.1), (1.2) によって

$$\int_{\psi\circ\gamma}(a_{\psi}(\zeta)d\zeta+b_{\psi}(\zeta)\overline{d\zeta})=\int_{\varphi\circ\gamma}\left(a_{\psi}(\zeta)\frac{d\zeta}{dz}dz+b_{\psi}(\zeta)\overline{\left(\frac{d\zeta}{dz}\right)}\overline{dz}\right)$$
$$=\int_{\varphi\circ\gamma}(a_{\varphi}(z)dz+b_{\varphi}(z)\overline{dz})$$

が成り立つからである．

例えば，1.3.**E** で論じた留数については，そこにおける記号を用いて閉曲線 $\gamma:[0,2\pi]\ni t\longmapsto\varphi^{-1}(z_0+re^{it})$ を考えると

$$\operatorname{Res}(\omega,P_0)=\frac{1}{2\pi i}\int_{\gamma}\omega$$

が成り立つ．

（ii） 一般の γ の場合，分割して，$|\gamma_{\nu}|\subset U_{\varphi_{\nu}}$ であるような局所座標 φ_{ν} の存在するような γ_{ν} によって $\gamma=\gamma_1\cdots\cdots\gamma_n$ と表し

$$\int_{\gamma}\omega=\int_{\gamma_1}\omega+\cdots+\int_{\gamma_n}\omega$$

と定義する．分割のしかたによらないことは，2つの分割が与えられたとき共通細分を考えることによって，容易に示すことができる．こうして，一般のなめらかな曲線に対する積分の定義が完結する．

区分的になめらかな曲線 γ に沿う積分は，つぎのように定義する：なめらかな γ_j で $\gamma=\gamma_1\cdots\gamma_m$ と表し，$\int_{\gamma}\omega=\int_{\gamma_1}\omega+\cdots+\int_{\gamma_m}\omega$ とおく；表し方 $\gamma=\gamma_1\cdots\gamma_m$

によらないことが，上と同様にして示すことができる．

積分のつぎの諸性質は，簡単に証明できるので，証明は省略する；曲線は区分的になめらか，ω は連続とする：

$$\int_\gamma(\omega_1+\omega_2)=\int_\gamma\omega_1+\int_\gamma\omega_2,\qquad \int_\gamma k\omega=k\int_\gamma\omega\qquad (k\text{ は定数})$$

$$\int_\gamma\bar{\omega}=\overline{\int_\gamma\omega},\qquad \int_\gamma\mathrm{Re}\,\omega=\mathrm{Re}\int_\gamma\omega,\qquad \int_\gamma\mathrm{Im}\,\omega=\mathrm{Im}\int_\gamma\omega,$$

$$\int_{\gamma_1\cdot\gamma_2}\omega=\int_{\gamma_1}\omega+\int_{\gamma_2}\omega,\qquad \int_{\gamma^{-1}}\omega=-\int_\gamma\omega.$$

γ' が γ の区分的になめらかな助変数いれかえで得られるときや，閉曲線 γ' が閉曲線 γ の基点を移動したもののときは

$$\int_{\gamma'}\omega=\int_\gamma\omega.$$

注意 γ' と γ はともに区分的になめらかで，γ' が γ の（必ずしも区分的になめらかでない）助変数いれかえで得られているとき，一般に $\int_{\gamma'}\omega=\int_\gamma\omega$ が成り立つか否かはわからない．ただ，γ' と γ はホモトープ（後述）であるので，ω が閉形式（後述）ならば，成り立つことになる．

h がリーマン面 S からリーマン面 S' への C^1-級写像のとき，S の区分的になめらかな曲線 γ に対して，S' の曲線 $h\circ\gamma$（これを γ の h による**像**と呼ぶ）は区分的になめらかである．このとき，S' の1位微分 ω について

$$\int_{h\circ\gamma}\omega=\int_\gamma h^\sharp\omega$$

が成り立つ．これは $h^\sharp\omega$ の定義と積分の変数変換の公式から，あきらかであろう．

C． u をリーマン面 S 上の C^1-級の関数，γ を S 上の区分的になめらかな曲線とする．γ の始点と終点を，それぞれ Q, P とすると，つぎの関係が成り立つ：

(1.7) $$\int_\gamma du=u(P)-u(Q)$$

（証明）$|\gamma|$ が座標近傍 U_φ に含まれる場合をしらべれば十分である；一般の γ はこのようなものの積で表して論ずればよいからである． $u(\gamma(t))=(u\circ\varphi^{-1})\circ(\varphi\circ\gamma)(t)$ は区間 $[t_0,t_1]$ で C^1-級であり

$$\frac{d}{dt}u(\gamma(t))=\frac{\partial(u\circ\varphi^{-1})}{\partial z}(\varphi\circ\gamma)'+\frac{\partial(u\circ\varphi^{-1})}{\partial\bar{z}}\overline{(\varphi\circ\gamma)'}$$

であるので

$$u(P)-u(Q)=u(\gamma(t_1))-u(\gamma(t_0))=\int_{t_0}^{t_1}\frac{d}{dt}u(\gamma(t))dt$$
$$=\int_{\varphi\circ\gamma}\left(\frac{\partial(u\circ\varphi^{-1})}{\partial z}dz+\frac{\partial(u\circ\varphi^{-1})}{\partial\bar{z}}\overline{dz}\right)=\int_\gamma du.$$ ▮

定義 リーマン面 S の1位微分 ω は，S で C^1-級のある関数 u の du にひとしいとき，**完全**（または**完全形式**）であるという．

定理 1.2 S の連続な1位微分について，つぎの3条件は同値である：

（a） 完全である．

（b） 始点，終点をそれぞれ共有する区分的になめらかな2曲線 γ_0,γ_1 に対して，つねに $\int_{\gamma_0}\omega=\int_{\gamma_1}\omega$.

（c） 区分的になめらかな閉曲線 γ に対してつねに $\int_\gamma\omega=0$.

（証明）（a）⇒（c）：γ の始点と終点が同一点 Q であるので，前述の（1.7）の示すように $\int_\gamma du=u(Q)-u(Q)=0$.

（c）⇒（b）：$\gamma=\gamma_0\gamma_1{}^{-1}$ は閉曲線であるので $\int_{\gamma_0\gamma_1{}^{-1}}\omega=0$ より $\int_{\gamma_0}\omega=\int_{\gamma_1}\omega$.

（b）⇒（a）：点 $Q\in S$ を1つとって固定する．任意の $P\in S$ に対し，Q から P に至る区分的になめらかな曲線（存在は1.5.**D**を参照）に沿う ω の積分は，仮定によって，曲線に依存しないので P のみで定まる．この値を $u(P)$ とおき，またこの積分を下の右辺で表す：

(1.8) $$u(P)=\int_Q^P\omega.$$

任意の P_0 と，$P_0\in U_\varphi$ であるような局所座標 φ に対し，$P\in U_\varphi$ について $u(P)-u(P_0)=\int_{P_0}^P\omega$ が成り立つが，右辺の積分は U_φ 内の曲線に沿うものであってよい．実変数表示 $\omega=\alpha dx+\beta dy$ を用いると，定義から

$$u(\varphi^{-1}(z))-u(\varphi^{-1}(z_0))=\int_{z_0}^z(\alpha_\varphi dx+\beta_\varphi dy)\qquad (z_0=\varphi(P_0))$$

が成り立つ．これより

$$\frac{\partial u(\varphi^{-1}(z_0))}{\partial x}=\alpha_\varphi(z_0), \qquad \frac{\partial u(\varphi^{-1}(z_0))}{\partial y}=\beta_\varphi(z_0),$$

よって $du=\omega$ を得るということは，平面の線積分のよく知られた性質である；念のため前者について示すと，z_0 から $z_0+\Delta x$ に至る線分に沿って積分して

$$\lim_{\Delta x\to 0}\frac{u(\varphi^{-1}(z_0+\Delta x))-u(\varphi^{-1}(z_0))}{\Delta x}=\lim_{\Delta x\to 0}\frac{1}{\Delta x}\int_0^{\Delta x}\alpha_\varphi(z_0+t)\,dt=\alpha_\varphi(z_0).$$ ∎

完全な1位微分 ω に対し，$du=\omega$ をみたす C^1-級の関数 u は，簡単にわかるように，定数差を無視して一意的に決まる．(1.8) の右辺は，このような u の1つを与えていることになる．

とくに ω が完全な正則微分のとき，$df=\omega$ をみたす C^1-級の f は正則関数である．これを ω の**原始関数**という．

D． 完全形式と密接な関係があるのは閉形式である．

定義 リーマン面の C^1-級の1位微分 ω は，もし $d\omega=0$ をみたすなら，**閉**（または**閉形式**）であるという．

$d(du)=0$ であるから，C^1-級の完全形式は閉形式である．逆は一般にいえないが，つぎの命題が成立する：

定理 1.3 リーマン面 S の C^1-級の1位微分 ω が閉形式であるための必要十分条件は，各点 $P\in S$ に対し，その近傍 V とそこにおける C^2-級関数 u_V が存在し，$\omega=du_V$ が V で成り立つことである．

（証明） よく知られた平面での結果（例えば，一松[32], pp. 127–128）に帰着させる．まず，十分性は上に述べた $d(du_V)=0$ よりあきらか．必要性を示すには，実変数表示

$$\omega=\alpha\,dx+\beta\,dy$$

を用いる．任意の $P\in S$ に対しその座標円板 U_φ を1つとって，それを V とする．$\varphi(V)=\{z\,|\,|z|<r\}$ において $\alpha_\varphi(z), \beta_\varphi(z)$ を考えると，ω は閉形式であるから $\dfrac{\partial\beta_\varphi}{\partial x}-\dfrac{\partial\alpha_\varphi}{\partial y}=0$ が成り立っている．第1象限内の $z\in\varphi(V)$ に対し，それと原点を相対する頂点とする長

方形で，辺が座標軸と平行なもの R を考えると

$$\iint_R \left(\frac{\partial \beta_\varphi}{\partial x} - \frac{\partial \alpha_\varphi}{\partial y}\right) dx\,dy = 0.$$

ここで，$z=x+iy$ として，

$$\iint_R \frac{\partial \beta_\varphi}{\partial x} dx\,dy = \int_0^y (\beta_\varphi(x,t) - \beta_\varphi(0,t))\,dt$$

$$\iint_R \frac{\partial \alpha_\varphi}{\partial y} dx\,dy = \int_0^x (\alpha_\varphi(t,y) - \alpha_\varphi(t,0))\,dt$$

が成り立つので，

$$\int_0^x \alpha_\varphi(t,0)\,dt + \int_0^y \beta_\varphi(x,t)\,dt$$

$$= \int_0^y \beta_\varphi(0,t)\,dt + \int_0^x \alpha_\varphi(t,y)\,dt.$$

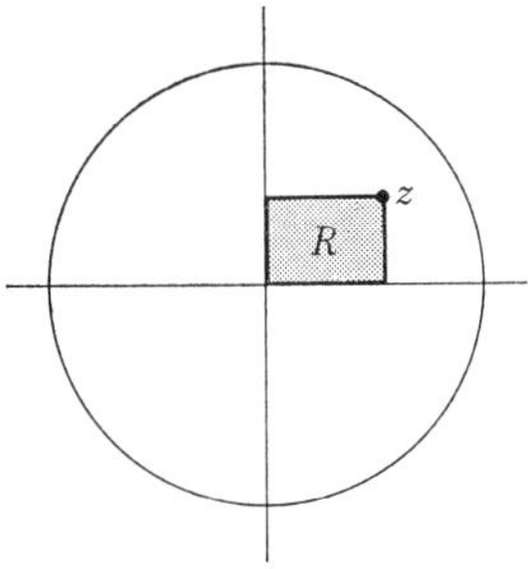

図 1.4

この共通の値を $\tilde{u}(z)$ とすれば，左辺・右辺からそれぞれ

$$\frac{\partial \tilde{u}}{\partial y} = \beta_\varphi, \qquad \frac{\partial \tilde{u}}{\partial x} = \alpha_\varphi$$

が導かれる．以上，z が第1象限にある場合であったが，その他の z についても同様な方法を適用することによって，$\varphi(V)$ で定義された $\tilde{u}$ で，同じ関係式をみたすものが得られる．$u_V = \tilde{u} \circ \varphi^{-1}$ とおけば，V で $du_V = \omega$ が成り立つことになる． ∎

正則微分 ω は，1.3.F で述べたように，$*\omega = -i\omega$ をみたす閉形式として特徴づけられ，調和微分 ω はそれ自身と $*\omega$ が閉形式であるものとして特徴づけられる．

定理 1.3 から容易にわかるように，1位微分が正則微分であるための必要十分条件は，各点に対してその近傍 V と，V における正則関数 f_V が存在し，

$$\omega = df_V$$

が V で成り立つことである．

1位微分 ω が調和であるための必要十分条件は，各点に対し近傍 V と，そこにおける複素数値調和関数 u_V（つまり実部と虚部がともに調和関数）が存在して，

$$\omega = du_V$$

が V で成り立つことである．証明はつぎのとおり：ω が調和なら閉形式であるので，$\omega = du_V$ をみたす V の関数 u_V が存在するが，

$$d * du_V = 4\frac{\partial^2 u_V}{\partial z \partial \bar{z}} dx\,dy = 0$$

によって u_V の実部と虚部は調和関数である；逆に複素数値調和関数 u_V に対し

$$du_V = \frac{\partial u_V}{\partial z} dz + \overline{\left(\frac{\partial \bar{u}_V}{\partial z} dz\right)}$$

は正則微分と正則微分の複素共役の和だから，調和微分である．

E． 閉形式と完全形式の関係をさらにしらべるには，ホモトピーという概念を必要とする．以下に，定義と基本的な性質を列挙するが，証明は簡単なので省略する（例えば田村 [62]，pp. 230 ff や松本 [44]，pp. 119 ff などを参照）．

X を弧状連結な Hausdorff 空間とする．記号 $\boldsymbol{I}$ で単位閉区間 $[0, 1]$ を表す．始点と終点をそれぞれ共有する 2 つの曲線

$$\gamma_0 : \boldsymbol{I} \to X, \qquad \gamma_1 : \boldsymbol{I} \to X$$

において，連続写像 $F : \boldsymbol{I} \times \boldsymbol{I} \to X$ で，条件

$$F(t, 0) = \gamma_0(t),\ F(t, 1) = \gamma_1(t), \qquad t \in \boldsymbol{I}$$
$$F(0, \tau) = \gamma_0(0) = \gamma_1(0),\ F(1, \tau) = \gamma_0(1) = \gamma_1(1), \qquad \tau \in \boldsymbol{I}$$

をみたすものが存在するとき，γ_0 と γ_1 は（端点固定で）**ホモトープ**であるといい，記号

$$\gamma_0 \approx \gamma_1$$

で表す．F を γ_0 から γ_1 への**ホモトピー**という．

一般の曲線 $\gamma : [t_0, t_1] \to X$ に対しては，

$$\sigma(t) = t_0 + t(t_1 - t_0) \tag{1.9}$$

によって助変数をいれかえた $\gamma \circ \sigma : \boldsymbol{I} \to X$ を考える．後者どうしが上の意味でホモトープなとき，前者どうしはホモトープであると定義し，同じ記号で表すことにする．

$\boldsymbol{I}$ を定義域とする曲線 $\gamma_0, \gamma_1, \gamma_0', \gamma_1'$ において，$\gamma_0 \approx \gamma_1$，$\gamma_0' \approx \gamma_1'$ であって，積 $\gamma_0\gamma_0'$ と $\gamma_1\gamma_1'$ が定義できるとき，

$$\gamma_0\gamma_0' \approx \gamma_1\gamma_1'$$

が成り立つ．じっさい，$\gamma_0\gamma_0'$ に (1.9) の助変数いれかえを行ったものは

$$t \longmapsto \begin{cases} \gamma_0(2t) & 0 \leqq t \leqq 1/2 \\ \gamma_0'(2t-1) & 1/2 \leqq t \leqq 1 \end{cases}$$

であり，$\gamma_1\gamma_1'$ からも同様なものが得られ，それらどうしがホモトープであることが（上に引用した本にあるようにして）示されるのである．

$\gamma_0\approx\gamma_1$ なら $\gamma_0^{-1}\approx\gamma_1^{-1}$ である．

$|\gamma|$ が1点から成るような γ を**定値曲線**という．

曲線 $\gamma: \boldsymbol{I}\to X$ が与えられたとき，定値曲線 $\varepsilon_0: t\longmapsto\gamma(0)$，$\varepsilon_1: t\longmapsto\gamma(1)$ について

$$\varepsilon_0\gamma\approx\gamma, \qquad \gamma\varepsilon_1\approx\gamma$$

$$\gamma\gamma^{-1}\approx\varepsilon_0, \qquad \gamma^{-1}\gamma\approx\varepsilon_1$$

が成り立つ．

閉曲線 γ で $\gamma\approx\varepsilon_0$ であるものは，（端点固定で）**ホモトープ零**という．

積 $\gamma\gamma'$ が定義されているとき，γ の終点を始点とする任意の曲線 δ について

$$\gamma\gamma'\approx\gamma\delta\delta^{-1}\gamma'.$$

γ' が γ から助変数いれかえで得られるなら

$$\gamma\approx\gamma'.$$

注意　閉曲線 $\gamma_0: \boldsymbol{I}\to X$ と $\gamma_1: \boldsymbol{I}\to X$ に対して，つぎの連続写像 $F: \boldsymbol{I}\times\boldsymbol{I}\to X$ が存在するとき，γ_0 と γ_1 は**基点自由でホモトープ**（または**自由ホモトープ**）であるという：
$F(t,0)=\gamma_0(t)$，$F(t,1)=\gamma_1(t)$，$F(0,\tau)=F(1,\tau)$ $(t\in\boldsymbol{I},\ \tau\in\boldsymbol{I})$．

この条件は，γ_0, γ_1 に対応する単位円周 C からの写像 $\lambda_0: C\to X$，$\lambda_1: C\to X$ について表すなら，連続写像 $\Phi: C\times\boldsymbol{I}\to X$ で，$\Phi(z,0)=\lambda_0(z)$，$\Phi(z,1)=\lambda_1(z)$ $(z\in C)$ をみたすものが存在する，となる．

端点固定でホモトープなら，基点自由でホモトープなのは当然である．逆に閉曲線 γ_0 と γ_1 が基点自由でホモトープならば，γ_0 の基点から γ_1 の基点に至る α を適当に選んで，$\alpha^{-1}\gamma_0\alpha$ と γ_1 は端点固定でホモトープとなるようにできる．

なお，任意の閉曲線 γ と，その基点を始点とする任意の α に対し，$\alpha^{-1}\gamma\alpha$ と γ は基点自由でホモトープである．

閉曲線 γ_0 と γ_1 が基点自由でホモトープなら γ_0^{-1} と γ_1^{-1} もそうである．

γ_0 と γ_1, γ_0' と γ_1' がそれぞれ基点自由でホモトープで，積 $\gamma_0\gamma_0'$, $\gamma_1\gamma_1'$ が定義できても，$\gamma_0\gamma_0'$ と $\gamma_1\gamma_1'$ は必ずしも基点自由でホモトープとは**いえない**から注意を要する．

F.　リーマン面の区分的になめらかな曲線がホモトープというとき，ホモトピー F に上に述べた以外の条件は課さない（たとえば C^1-級であることなどは要求しない．）

定理 1.4 リーマン面 S の区分的になめらかな曲線 γ_0 と γ_1 がホモトープのとき，S の任意の閉形式 ω に対して

$$\int_{\gamma_0}\omega=\int_{\gamma_1}\omega.$$

（証明）（Cartan（高橋訳）[25]，pp. 56–57 による）．γ_0 と γ_1 は $\boldsymbol{I}$ を定義域とするものとして一般性を失わない．これらの共通の始点を P_0，終点を P_1 とする．γ_0 から γ_1 へのホモトピーを $F:\boldsymbol{I}\times\boldsymbol{I}\to S$ とすれば，すべての $\tau\in\boldsymbol{I}$ に対して $F(0,\tau)=P_0$, $F(1,\tau)=P_1$ が成り立っている．$\boldsymbol{I}$ を n 等分して $0=t_0<t_1<\cdots<t_n=1$ をとり，長方形 $R_{jk}=\{(t,\tau)\,|\,t_{j-1}<t<t_j,\ t_{k-1}<\tau<t_k\}$，$R_k=\{(t,\tau)\,|\,0<t<1,\ t_{k-1}<\tau<t_k\}$ $(j,\ k=1,\cdots,n)$ を考える．n を十分大きくとると，各 (j,k) に対してつぎのような V_{jk}, u_{jk} が存在する：u_{jk} は $F(\bar{R}_{jk})$ を含む開集合 V_{jk} で $du_{jk}=\omega$ をみたす C^2–級関数．各 u_{jk} には定数を加える余地があるが，つぎに定数を順次に定めていく．

u_{11} は $F(0,0)=P_0$ で値が 0 であるものをとる．そして，$\bar{R}_{11}$ を定義域とする連続関数 $I_{11}=u_{11}\circ F$ を考える．つぎに，u_{21} を，点 $F(t_1,0)\in V_{11}\cap V_{21}$ での値が u_{11} のそれと一致するようにとり，$I_{21}=u_{21}\circ F$ とおく．$V_{11}\cap V_{21}$ の成分 Ω で $F(\bar{R}_{11}\cap\bar{R}_{21})$ を含むものにおいては，$du_{11}=du_{21}=\omega$ が成り立ち，しかも u_{11} と u_{21} は 1 点で一致するから，u_{11} と u_{21} は Ω 全域で一致しなければならない．したがって，I_{11} と I_{21} は $\bar{R}_{11}\cap\bar{R}_{21}$ で一致することになり，これらをつないで，$\bar{R}_{11}\cup\bar{R}_{21}$ の連続関数を作ることができる．

つぎに u_{31} を，$I_{31}=u_{31}\circ F$ が I_{21} と連続的につながるようにとる．これを順次くり返して $I_{41},\cdots,I_{n1}$ を作り，全部つなぎあわせることによって $\bar{R}_1$ の連続関数 I_1 を得る．作り方から，$\bar{R}_{j1}$ において

$$I_1=u_{j1}\circ F,\qquad j=1,\cdots,n$$

であり，また $0\leqq\tau\leqq t_1$ に対して $I_1(0,\tau)=u_{11}(P_0)=0$, $I_1(1,\tau)=u_{n1}(P_1)$ が成り立っている．

つぎに $\bar{R}_{12}$ に移る．u_{12} の $F(0,t_1)=P_0$ における値を，u_{11} のそれと一致させて $I_{12}=u_{12}\circ F$ を考える．そして上と同じように，順次に，$I_{22},\cdots,I_{n2}$ を作り，全部つないで $\bar{R}_2$ の連続関数 I_2 を構成する．$\bar{R}_{j2}$ において

$$I_2=u_{j2}\circ F,\qquad j=1,\cdots,n$$

が成り立ち，また $I_2=(0,\tau)=u_{12}(P_0)=u_{11}(P_0)=0$, $I_2(1,\tau)=u_{n2}(P_1)=u_{n1}(P_1)$ が $t_1\leqq\tau\leqq t_2$ に対して成り立っている．

ところで，u_{11} と u_{12} を比べると，前と全く同じ理由から，$\bar{R}_{11}\cap\bar{R}_{12}$ において $I_{11}=I_{12}$ が成り立つことがいえる．よって $F(t_1,t_1)$ において u_{21} と u_{22} の値が一致し，したがって $\bar{R}_{21}\cap\bar{R}_{22}$ において $I_{21}=I_{22}$ が成り立つことになる．これをくり返せば，結局

$$I_1=I_2 \text{ が } \bar{R}_1\cap\bar{R}_2 \text{ で}$$

成り立つことがわかる．I_1 と I_2 をつなぎあわせれば $\bar{R}_1\cup\bar{R}_2$ の連続関数が得られる．

つぎに $\bar{R}_{13}$ に移り，同様に $\bar{R}_3$ の連続関数 I_3 を作ると，$I_3(0,\tau)=0$, $I_3(1,\tau)=u_{n1}(P_1)$ が $t_2\leqq\tau\leqq t_3$ で，また $I_2=I_3$ が $\bar{R}_2\cap\bar{R}_3$ で成り立つ．

このことを順次くり返して $I_4,\cdots,I_n$ を作る．I_{k-1} と I_k は $\bar{R}_{k-1}\cap\bar{R}_k$ で一致するので，全部つなぎあわせて，$\boldsymbol{I}\times\boldsymbol{I}$ の連続関数 I を得る．それは各 $\bar{R}_{jk}$ において

$$I=u_{jk}\circ F \qquad j,k=1,\cdots,n$$

をみたし，また $\tau\in\boldsymbol{I}$ に対して

$$I(0,\tau)=0, \qquad I(1,\tau)=u_{n1}(P_1)$$

をみたす．

さて，$\tau=0$ でしらべると

$$\begin{aligned}I(1,0)-I(0,0)&=\sum_{j=1}^{n}\{I(t_j,0)-I(t_{j-1},0)\}\\&=\sum_{j=1}^{n}\{u_{j1}(F(t_j,0))-u_{j1}(F(t_{j-1},0))\}=\int_{\gamma_0}\omega,\end{aligned}$$

また $\tau=1$ でも同様に

$$I(1,1)-I(0,1)=\int_{\gamma_1}\omega.$$

左辺はともに $u_{n1}(P_1)$ にひとしいので，ω の γ_0 に沿う積分と γ_1 に沿う積分の値はひとしいことになる． ∎

定理よりただちに

系 リーマン面 S の区分的になめらかな閉曲線 γ がホモトープ零のとき，S の任意の閉形式 ω に対して

$$\int_\gamma\omega=0.$$

とくに正則微分は閉形式であるので，この結果が適用できる．これは**Cauchy の積分定理**（Cauchy の基本定理）である（なお 2.2.**D** も参照）．

G． すべての閉曲線がホモトープ零であるような弧状連結な Hausdorff 空間 X は，**単連結**であるという．この条件は，始点と終点をそれぞれ共有する 2 曲線はつねにホモトープであるという条件と同値である．

例えば，複素平面 $\mathbb{C}$ は単連結である．じっさい，任意の閉曲線 $\gamma:\boldsymbol{I}\to\mathbb{C}$ は，ホモトピー

$$F(t,\tau)=\tau\gamma(0)+(1-\tau)\gamma(t)$$

によって，定値曲線 $\varepsilon_0 : t\longmapsto\gamma(0)$ とホモトープである．同様に，開円板 $|z|<1$，閉円板 $|z|\leqq 1$，半平面 $\mathbb{H}_+$ などは単連結である．リーマン球 $\hat{\mathbb{C}}$ も単連結である．

単連結なリーマン面においては，上記の定理1.4の系によって，閉形式 ω は定理1.2の条件（c）をみたす．したがって，単連結なリーマン面では

閉形式＝完全形式

ということになる．

とくに任意の正則微分 ω は正則関数 f によって

$$\omega=df$$

と表される．同様に，任意の調和微分は複素数値調和関数 u の du にひとしい．

単連結リーマン面では，すべての調和関数 u は共役 u^* を持つ．なぜならば $*du$ は完全形式となるので $*du=dv$ をみたす v が存在し，それが求める u^* となるからである．

H.　つぎに一般に X を弧状単結な Hausdorff 空間とし，与えられた点 $x_0\in X$ を基点とする閉曲線の全体を考える．（端点固定で）ホモトープなものどうしを同値としたときの同値類を“x_0 を基点とする閉曲線の**ホモトピー類**”といい，記号 $[\gamma]$ で表す．

$[\gamma]$ と $[\gamma']$ に対し，積 $\gamma\cdot\gamma'$ の属するホモトピー類 $[\gamma\cdot\gamma']$ は代表元 γ,γ' に無関係に定まる．これを $[\gamma]$ と $[\gamma']$ の積として $[\gamma]\cdot[\gamma']$ または $[\gamma][\gamma']$ と表す．

x_0 を基点とする閉曲線のホモトピー類の全体は，この積に関して群をなす；単位元はホモトープ零のものから成るホモトピー類，$[\gamma]^{-1}$ は $[\gamma^{-1}]$（γ のとり方によらずに決まる）である．この群を“X の x_0 を基点とする**基本群**”といい，

$$\pi_1(X,x_0)$$

と表す．

X は弧状連結なので，2点 $x_0, x_1\in X$ を考えたとき，前者から後者に至る曲線 α が存在する．これを用いて，$\pi_1(X,x_0)$ から $\pi_1(X,x_1)$ の上への同型対応

$$[\gamma] \longmapsto [\alpha\gamma\alpha^{-1}]$$

が得られる．このようにして，同型の意味で X に対して一意的に定まる抽象群を“X の基本群”といい，$\pi_1(X)$ で表す．

例 1 X が単連結であるための必要十分条件は，$\pi_1(X)$ が単位元のみから成ることである．つまり $\pi_1(X, x_0)$ が単位元のみから成ることで，この性質は x_0 のとり方に依存しない．

例 2 複素平面の環状領域 $D=\{z|r_1<|z|<r_2\}$，ただし $0\leqq r_1<r_2\leqq\infty$，の $z_0\in D$ に対し，$\gamma_0 : \boldsymbol{I}\ni t\longmapsto z_0e^{2\pi it}$ とおくと

$$\pi_1(D, z_0)=\{[\gamma_0]^n|n=0, \pm1, \pm2, \cdots\}.$$

証明は田村［62］，p. 237 または松本［44］，pp. 157–172 を見られたい；z_0を基点とする γ は，$\gamma' : t\longmapsto |z_0|\gamma(t)/|\gamma(t)|$ とホモトープであることがすぐいえるが，$|\gamma'|$ は円周 $\{z||z|=|z_0|\}$ に含まれるので，上掲書にある命題に帰する．

つぎに，X から Y への連続写像 h があったとして，X の曲線 γ の像 $h\circ\gamma$ を考える．$\gamma_0\approx\gamma_1$ のとき $h\circ\gamma_0\approx h\circ\gamma_1$ である； じっさい F が γ_0 から γ_1 へのホモトピーなら，$h\circ F$ は $h\circ\gamma_0$ から $h\circ\gamma_1$ へのホモトピーである．$x_0\in X$ に対して $h(x_0)=y_0$ とおくと，$\pi_1(X, x_0)$ から $\pi_1(Y, y_0)$ の中への準同型

$$h_\sharp : [\gamma]\longmapsto[h\circ\gamma]$$

が得られる．

とくに h が X から Y の上への位相写像のとき，容易にわかるように，$h_\sharp$ は $\pi_1(X, x_0)$ から $\pi_1(Y, y_0)$ の上への同型対応である．したがって位相同型な弧状連結な Hausdorff 空間の基本群は同型である；つまり基本群は位相的に不変である．特別なケースとして，単連結性は位相的に不変な性質である．

1.5.D で示すように，リーマン面 S においては，任意の点 $Q\in S$ を基点とする各ホモトピー類 $[\gamma]$ は，区分的になめらかな曲線 γ を含む．したがって，閉形式 ω は $\pi_1(S, Q)$ から $\mathbb{C}$ への対応

$$[\gamma]\longmapsto\int_\gamma\omega \tag{1.10}$$

を定める．積 $[\gamma_1]\cdot[\gamma_2]$ には和 $\int_{\gamma_1}\omega+\int_{\gamma_2}\omega$ が対応することを注意してこの節

をいったん終る．つづきは，2.3.**E**で論ずることにしよう．

1.5　解析曲線

A.　リーマン面Sの開曲線$\gamma: I=[t_0, t_1]\to S$は，つぎの3条件をみたすとき，**解析弧**という：

（a）　γは単純弧である；

（b）　γは，ある開区間$(t_0-\delta, t_1+\delta)$，$\delta>0$　からSの中への連続写像に拡張でき，それについて，

（c）　任意の$t^*\in I$と，$\gamma(t^*)\in U_\varphi$であるような局所座標φに対して$\varphi\circ\gamma$はt^*の近傍で実解析的（つまりt^*中心の実変数複素数値のベキ級数に展開される）であって$\dfrac{d}{dt}(\varphi\circ\gamma)(t^*)\neq 0$をみたす．

hが複素平面の領域$D_0\supset I=[t_0, t_1]$からリーマン面Sの部分領域Dの上への等角写像であるとき，$h|I=\gamma$は解析弧である．これは自明であろう．

この逆も成り立つ．すなわち，

定理 1.5　任意の解析弧$\gamma: I\to S$に対し，上のような等角写像$h: D_0\to D$が存在する．

（証明）　$t^*\in(t_0-\delta, t_1+\delta)$において実解析的な関数$\varphi\circ\gamma(t)$は，ベキ級数の独立変数を複素数にとることによって，複素解析関数に拡張できる．微係数が0でないので，t^*中心の開円板$\Delta(t^*)\subset\mathbb{C}$を十分小さくとれば，$\varphi\circ\gamma$は$\Delta(t^*)$からある領域$\subset\varphi(U_\varphi)$の上への等角写像である．したがって，$\Delta(t^*)$から$S$のある領域の上への等角写像$h_{t^*}$で，$(t_0-\delta, t_1+\delta)\cap\Delta(t^*)$では$\gamma$と一致するものが得られる．以上を各点$t^*$について行う．

$\Delta(t^*)\cap\Delta(t^{**})\neq\phi$のとき，$\Delta(t^*)\cap\Delta(t^{**})\cap(t_0-\delta, t_1+\delta)$では$h_{t^*}=h_{t^{**}}$であるので，一致の定理によって，$h_{t^*}=h_{t^{**}}$は$\Delta(t^*)\cap\Delta(t^{**})$で成り立つ．したがって

$$D_0=\bigcup_{t^*\in I}\Delta(t^*)$$

とおくと，$z\in D_0$に対する$h_{t^*}(z)$（ただし$z\in\Delta(t^*)$）はt^*に関係しない．こうして，D_0からSの中への正則写像

$$h: z\longmapsto h_{t^*}(z)\qquad (z\in\Delta(t^*))$$

が得られる．

D_0を小さくとりなおすと，hは単射となる．なぜならば，もしこのことが不可能なら，$\exists z_n$，$\exists z_n'\in D_0$，$z_n\neq z_n'$，$h(z_n)=h(z_n')$，$\lim z_n=t^*\in I$，$\lim z_n'=t^{**}\in I$でなけれ

ばならないが，γ は単純弧であるので $t^*=t^{**}$；このことは h_{t^*} が $\varDelta(t^*)$ で単射であることに矛盾する．

$D=h(D_0)$ として，等角写像 $h: D_0\to D$ が得られる．∎

B． リーマン面 S の閉曲線 $\gamma:[t_0,t_1]=I\to S$ がつぎの２条件をみたすとき**解析的ループ**という：

（a）　γ は単純ループである；

（b）　$\gamma(t+n(t_1-t_0))=\gamma(t)$　$(t_0\leqq t<t_1)$ で $\mathbb{R}\to S$ の写像に拡張された γ について，任意の $t^*\in I$ と，$\gamma(t^*)\in U_\varphi$ であるような局所座標 φ に対し，$\varphi\circ\gamma$ は t^* の近傍で実解析的であって $\dfrac{d}{dt}(\varphi\circ\gamma)(t^*)\neq 0$ をみたす．

1.4.**A** で述べたように，単純ループ γ に対し，単位円周 C から $|\gamma|$ の上への位相写像 λ で $\lambda(e^{2\pi it/(t_1-t_0)})=\gamma(t)$ をみたすものが定まっている．

複素平面の領域 $D_0\supset C$ から S の部分領域 D の上への等角写像 h があるとき，$h|C=\lambda$ に対応する単純閉曲線 γ は，あきらかに解析的ループである．

逆に，

定理 1.5′　任意の解析的ループ $\gamma: I\to S$ に対し，上のような等角写像 $h: D_0\to D$ が存在する．

証明は解析弧の場合と同様であるので省略する．

C． 解析弧と解析的ループを総称して**解析曲線**という．２つの解析曲線は“本質的に”一致しない限り，交点はたかだか有限個しかない．対偶の形で述べるとつぎのようになる：

定理 1.6　解析曲線 $\gamma_\nu:[t_0^{(\nu)},t_1^{(\nu)}]\to S$ $(\nu=1,2)$ において $|\gamma_1|\cap|\gamma_2|$ が無限個の点を含んでいるとき，

（i）　もし γ_1 と γ_2 が解析的ループなら $|\gamma_1|=|\gamma_2|$；

（ii）　もし γ_1 が解析的ループで γ_2 が解析弧なら $|\gamma_2|\subset|\gamma_1|$．

（iii）　もし γ_1 と γ_2 が解析弧ならば，$\gamma_1([t_0',t_1'])=\gamma_2([t_0'',t_1''])$，$t_0^{(1)}\leqq$

$t_0'<t_1'\leqq t_1^{(1)}$, $t_0^{(2)}\leqq t_0''<t_1''\leqq t_1^{(2)}$ をみたす t_0', t_1', t_0'', t_1'' が1組または2組存在し，$\gamma_1(t_0')$ と $\gamma_1(t_1')$ は γ_1, γ_2 の端点のどれかと一致しており，さらに2組存在する場合には $[t_0', t_1']$ どうし，$[t_0'', t_1'']$ どうしは互いに素でなければならない．

注意 図1.5は（ii）と（iii）の説明である．ほかに有限個の交点がありうる．

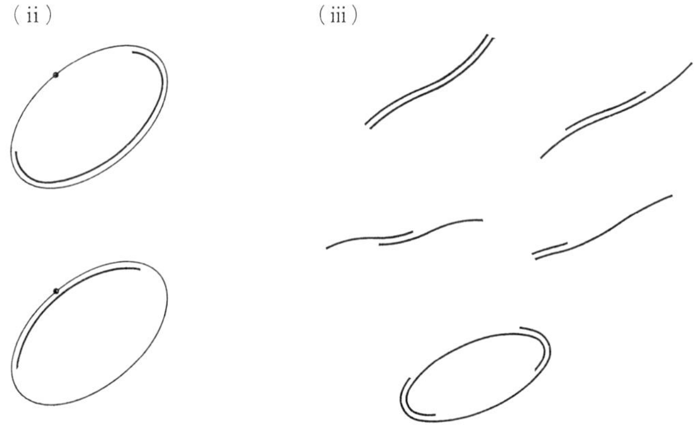

図 1.5

（証明）（iii）を証明する；（ i ）と（ii）は同様に，しかもより簡単に証明できるので略する．

簡単のため $t_0^{(\nu)}=0$, $t_1^{(\nu)}=1$, したがって $I_\nu=\boldsymbol{I}=[0,1]$ として証明するが，一般性は失われない．

まず $A_\nu=\{t\in\boldsymbol{I}\,|\,\gamma_\nu(t)\in|\gamma_1|\cap|\gamma_2|\}$, $\nu=1,2$ とおく．$t\in A_1$ に対して $\gamma_1(t)=\gamma_2(\tau)$ をみたす $\tau\in A_2$ がただ1つ存在するが，これらは互いに"対応する"ということにする．$\nu=1,2$ に対して，A_ν の導集合（集積点の全体）を $\tilde{A}_\nu$ と表す；$\tilde{A}_\nu$ は閉集合，$\subset A_\nu$，そして $\neq\phi$ である．

さて，任意の $t^*\in\tilde{A}_1\subset A_1$ と，"対応する" $\tau^*\in A_2$ を考える．容易にわかるように $\tau^*\in\tilde{A}_2$ であり，異なった $t_n\in A_1$ と，それに"対応する" τ_n をとって

$$\lim t_n=t^*, \qquad \lim \tau_n=\tau^*$$

が成り立つようにできる．写像 γ_ν は区間 $\boldsymbol{I}$ を含むある領域 D_0 から S の領域 D_ν の上への等角写像 $h_\nu(\nu=1,2)$ に拡張される．$f=h_2^{-1}\circ h_1$ は t^* の近傍から τ^* の近傍（いずれも複素平面での近傍）への等角写像であるが，$f(t_n)=\tau_n$ $(n=1,2,\cdots)$ が成り立つので，複素変数 z の正則関数 $f(z)-\overline{f(\bar{z})}$ は t_n に零点を持つことになり，一致の定理によって $f(z)\equiv\overline{f(\bar{z})}$，したがって実数 t に対して $f(t)$ は実数値をとることがいえる．この結果，

t^* を含むある開区間 $I_1(t^*)\subset\mathbb{R}\cap D_0$ と，τ^* を含むある開区間 $I_2(\tau^*)\subset\mathbb{R}\cap D_0$ について

$$\gamma_1(I_1(t^*))=\gamma_2(I_2(\tau^*))$$

が成り立つことがわかる．$I_1(t^*)\cap\boldsymbol{I}\subset\tilde{A}_1$，$I_2(\tau^*)\cap\boldsymbol{I}\subset\tilde{A}_2$ である．

$\tilde{A}_1$ の $\boldsymbol{I}$ に関する境界点 t' で $0<t'<1$ をみたすものが存在したならば，上記によって，"対応する" τ' は 0 または 1 でなければならない．もしさらに境界点 $t''(\neq t')$ で $0<t''<1$ をみたすものがあれば，"対応する" τ'' は（$\tau'=0$ または 1 に応じて）1 または 0 でなければならない．したがって $\tilde{A}_1$ は $[0,1],[0,t'],[t'',1],[t',t''],[0,t']\cup[t'',1]$ $(0<t'<t''<1)$ のどれかであって，t' や t'' に "対応する" τ は 0 や 1 ではありえない．$\tilde{A}_2$ も同様であり，区間の端点は $\tilde{A}_1$ を構成する区間の端点になっている． ∎

D． 有限個の解析弧の積を**区分的解析曲線**という．

定理 1.7 リーマン面 S の任意の曲線 $\gamma:\boldsymbol{I}\to S$ と，$|\gamma|$ を含む任意の開集合 D を与えたとき，つぎの条件をみたす区分的解析曲線 γ' が存在する：$|\gamma'|\subset D$，γ と γ' は始点，終点をそれぞれ共有し，D 内でホモトープ（つまり γ から γ' へのホモトピー F は $F(\boldsymbol{I}\times\boldsymbol{I})\subset D$ をみたす）．

（証明） 区間 $\boldsymbol{I}$ の分割 $0=t^{(0)}<t^{(1)}<\cdots<t^{(n)}=1$ を細かくして，各 $k=1,\cdots,n$ に対し，$\{\gamma(t)\,|\,t^{(k-1)}\leqq t\leqq t^{(k)}\}\subset U_{\varphi_k}\subset D$ であるような標準局所座標 φ_k が存在するようにする．すると

$$\gamma_k':[t^{(k-1)},t^{(k)}]\ni t\longmapsto\varphi_k^{-1}\left(\frac{(t^{(k)}-t)\varphi_k(\gamma(t^{(k-1)}))+(t-t^{(k-1)})\varphi_k(\gamma(t^{(k)}))}{t^{(k)}-t^{(k-1)}}\right)$$

は解析弧で，単連結領域 U_{φ_k} 内にあるので，$\gamma_k:[t^{(k-1)},t^{(k)}]\longmapsto\gamma(t)$ とホモトープである．$\gamma'=\gamma_1'\cdots\gamma_n'$ が求めるものとなる． ∎

この定理の応用として，つぎのことを得る：

（1） リーマン面 S の任意の 2 点は，区分的解析曲線で結ぶことができる；

（2） リーマン面 S の任意の点を基点とする任意のホモトピー類は，区分的解析曲線を含む．

したがって，とくに，

（3） リーマン面 S が単連結であるためには，区分的解析的な閉曲線がすべてホモトープ零であることが必要十分である．

E． 境界付きリーマン面 $\bar{S}$ においても話は全く同様である．"解析弧"，"解

析的ループ”の定義における φ は，$\bar{S}$ の局所座標（したがって境界局所座標も含む）を考えている．

“解析曲線”，“区分的に解析的な曲線”が定義され，定理1.6，1.7が S を $\bar{S}$ におきかえても成り立つ．上述の（1）—（3）も同様である．

境界 ∂S の成分のうち，コンパクトなものは，適当に助変数を入れると，区分的に解析的な単純閉曲線となる．このことは2.1.**F**でたしかめることにする．

1.6　リーマン面の構成

A.　1つまたは2つ以上のリーマン面から，新しくリーマン面を作る方法がある．例えば

（I）　被覆リーマン面を考える［第6章］

（II）　等角写像の不連続群で割る［第7章］

（III）　貼りあわせる

（IV）　擬等角写像で変形する

などはそれである．

この節では主に（III）を述べ，また（II）の1例のみを扱う．（I）と（II）はそれぞれ角括弧内に記載された章で論じられる．（IV）は本書の程度を超えているので扱うのは見あわせる（関心のある読者は，Harvey［29］の pp. 143—162 の Earle の論文など見ていただきたい）．

まずトポロジーの準備から始めたい．いま位相空間 X に同値関係 $\sim$ が与えられているとする．x を含む同値類を $[x]$ と表し，それら全体 $\{[x]|x\in X\}$ を記号 $X/\sim$ で表す．X から $X/\sim$ の上への写像

$$p: x\longmapsto[x]$$

を射影（または商写像）と呼ぶ．この $X/\sim$ につぎのようにして位相を入れることができる：$O\subset X/\sim$ が開集合であるということを，$p^{-1}(O)$ が開集合であることと定義する．この位相を商位相といい，これを入れた空間 $X/\sim$ を“X から $\sim$ による**同一視** (identification) によって得られた位相空間（または**等化空間**，**商空間**など）”という．この位相空間も記号

$$X/\sim$$

で表すことにする．以下に基本的性質を列挙する．

（1） p は X から $X/\sim$ の上への連続写像である．また，商位相はこの性質を持つ最強位相（つまり開集合族が最大の位相）である．

（2） 集合 $F\subset X/\sim$ が閉集合となるための必要十分条件は $p^{-1}(F)$ が X の閉集合となることである．

（3） 一般には p は開写像でも閉写像でもない． p が開 [閉] 写像であるための必要十分条件は，すべての開 [閉] 集合 $E\subset X$ に対して，E の元と同値な元の全体から成る集合，すなわち X の集合

$$p^{-1}(p(E))$$

が開 [閉] 集合となることである．

（4） 一般には X が Hausdorff 空間であっても，$X/\sim$ がそうであるとは限らない．

（5） X から位相空間 Y への写像 Φ が，$X/\sim$ から Y への Ψ によって

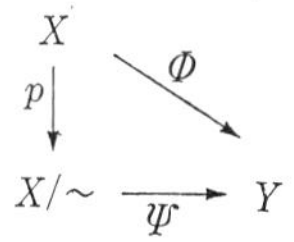

$$\Phi=\Psi\circ p$$

と表せるための必要十分条件は

$$x\sim x' \Longrightarrow \Phi(x)=\Phi(x')$$

の成り立つことである．このとき，Φ が連続であることと Ψ が連続であることとは同値である．

（6） X から位相空間 Y の上への連続写像 Φ が条件

$$x\sim x' \Longleftrightarrow \Phi(x)=\Phi(x')$$

をみたす開写像または閉写像ならば，$\Phi=\Psi\circ p$ をみたす位相写像

$$\Psi: X/\sim\,\to Y$$

が存在する．

（7）（とくに $Y=X/\sim$ の場合） $X/\sim$ に1つの位相が入っているとき，もし p が連続な開写像または閉写像ならば，その位相は商位相と一致する．

例 1 与えられた ω_1, ω_2 は 0 でない複素数で

$$\mathrm{Im}\frac{\omega_2}{\omega_1}>0$$

であるものとする．複素平面 $\mathbb{C}$ の 2 点 z, z' が同値ということを

$$z'-z=m\omega_1+n\omega_2$$

をみたす整数 m, n が存在することと定義して，同一視による位相空間

$$S=\mathbb{C}/\sim$$

が得られる．連結な $\mathbb{C}$ の連続写像 p による像であるので S は連結である．整数 m, n に対して $g_{mn}(z)=z+m\omega_1+n\omega_2$ とおくと，$E\subset\mathbb{C}$ に対して

$$p^{-1}(p(E))=\bigcup_{m,n\in\boldsymbol{Z}} g_{mn}(E)$$

が成り立つ．このことから，開集合 E に対して $p^{-1}(p(E))$ は開集合であることがわかり，したがって p が開写像であることがいえる．$a\in\mathbb{C}$ 中心の開円板

$$\Delta_{ar}=\{z\,|\,|z-a|<r\},\qquad 0<r<\infty$$

の像 $p(\Delta_{ar})$ は，点 $p(a)$ の近傍となる．r が

$$d=\frac{1}{2}\min(|\omega_1|, |\omega_2|, |\omega_1-\omega_2|, |\omega_1+\omega_2|)$$

より小さいなら，p の Δ_{ar} への制限 p_{ar} は Δ_{ar} から $p(\Delta_{ar})$ の上への1対1連続な開写像，したがって位相写像となる．つまり点 $p(a)$ の近傍 $p(\Delta_{ar})$ から平面の開円板 Δ_{ar} の上への位相写像 $p_{ar}{}^{-1}$ が存在することがわかった．この近傍を用いれば S が Hausdorff 空間であることは容易に示され，さらに S は2次元位相多様体ということがわかる．

例 2　上と同じ ω_1, ω_2 を与え

$$X=\{\xi\omega_1+\eta\omega_2\,|\,0\leqq\xi\leqq1,\ 0\leqq\eta\leqq1\}$$

とおき，$\mathbb{C}$ からの相対位相を入れておく．これは平行四辺形であるが，4辺を次の記号で表す：

$$\beta_1=\{\eta\omega_2\,|\,0\leqq\eta\leqq1\},\qquad \beta_1{}'=\{\omega_1+\eta\omega_2\,|\,0\leqq\eta\leqq1\},$$
$$\beta_2=\{\xi\omega_1\,|\,0\leqq\xi\leqq1\},\qquad \beta_2{}'=\{\xi\omega_1+\omega_2\,|\,0\leqq\xi\leqq1\}.$$

例1の g_{mn} のうち g_{10} と g_{01} のそれぞれ β_1 と β_2 への制限をそれぞれ h_1, h_2 と表すと，β_ν から $\beta_\nu{}'$ の上への写像

$$h_\nu: z\longmapsto z+\omega_\nu,\qquad \nu=1,2$$

が得られるが，これらによって X につぎの同値関係〜を定める：$\mathring{X}=X-(\beta_1\cup\beta_2\cup\beta_1{}'\cup\beta_2{}')$ の点は自分自身とのみ同値，$\beta_1\cup\beta_2\cup\beta_1{}'\cup\beta_2{}'$ の点は自分自身と同値なほかに，h_1 または h_2 で対応する2点は同値（したがって X の4頂点は互いに同値）．

同一視によって得られる位相空間 $X/\sim$ は，直観的には，平行四辺形 X の対向する2

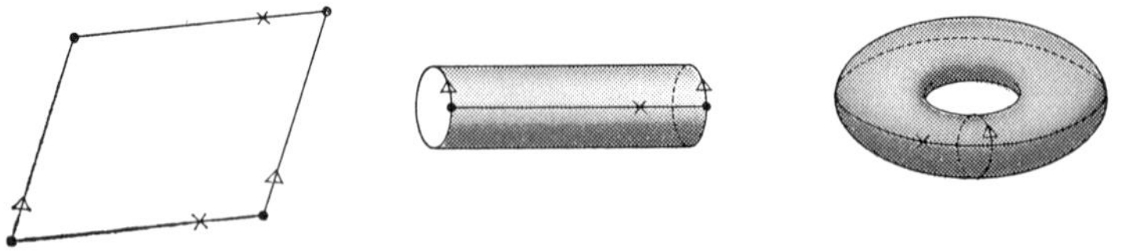

図 1.6

辺を貼りあわせて得られる円環面である．

もう少していねいにみるため，射影 $X\to X/\sim$ を（例1と区別して）記号 q で表すことにする．集合 $E\subset X$ に対し

$$q^{-1}(q(E))=\bigcup_{m,n}(X\cap g_{mn}(E))$$

（ただし g_{mn} は例1のもの）が成り立つ．右辺の括弧内は有限個の (m,n) 以外に対して空であるので，E が閉集合ならば $q^{-1}(q(E))$ は閉集合となり，したがって q は閉写像ということがわかる．つぎに $a\in X$, $0<r<\infty$ に対する

$$q(\bigcup_{m,n}(X\cap g_{mn}(\Delta_{ar})))$$

はすべて $X/\sim$ の開集合である．これらは点 $q(a)$ の近傍系を成す．これらのことを用いれば，$X/\sim$ が Hausdorff 空間であることが容易にたしかめられる．

$\mathring{X}$ は領域であり，$q(\mathring{X})$ も領域である．

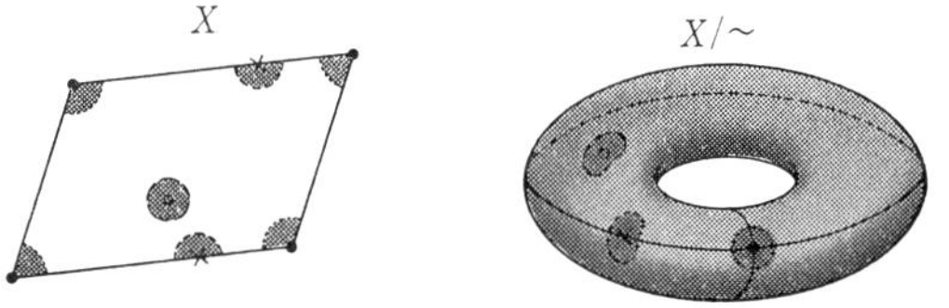

図 1.7

q は前者から後者の上への位相写像である．

例1の $\mathbb{C}/\sim$ と例2の $X/\sim$ は位相同型である．

（証明）点 $P\in X/\sim$ に対して $q(z)=P$ をみたすような点 $z\in X$ をとる．2つ以上ありうるが，$\mathbb{C}$ で考えると例1の意味で同値であるので $p(z)=P'\in\mathbb{C}/\sim$ は一意的に決まる．こうして得られる $X/\sim$ から $\mathbb{C}/\sim$ への写像

$$\lambda: P\longmapsto P'$$

はあきらかに単射，また

$$\bigcup_{m,n}g_{mn}(X)=\mathbb{C}$$

であるので全射である．閉集合 $F\subset\mathbb{C}/\sim$ に対して $p^{-1}(F)\cap X$ は閉集合であるので，$\lambda^{-1}(F)=q(p^{-1}(F)\cap X)$ は閉集合，よって λ は連続である．一方，$X/\sim$ の任意の点 $q(a)$ の近傍 $q(\bigcup_{m,n}(X\cap g_{mn}(\Delta_{ar})))$ の λ-像は容易にわかるように $p(\Delta_{ar})$ にひとしく，それは開集合であるので，λ は開写像であることがわかる．したがって λ は位相写像である．

B． ここまでは，トポロジーのみの議論であった．つぎに例1をリーマン面の立場から考えよう．

例1の $\mathbb{C}/\sim=S$ に等角構造 $\mathcal{A}$ を入れて，射影 p が $\mathbb{C}$ からリーマン面 $(S, \mathcal{A})$ の上への正則写像となるようにすることができる．このような $\mathcal{A}$ はただ1つに限る．

（証明）$0<r<d$ であるような r を1つとり，すべての $a\in\mathbb{C}$ に対する $\varphi=p_{ar}{}^{-1}$, $U_\varphi=p(\Delta_{ar})$ の全体を $\mathcal{A}_1$ とおく．$U_\varphi\cap U_\psi\neq\phi$ のとき，$\varphi=p_{ar}{}^{-1}$, $\psi=p_{br}{}^{-1}$ とすると，$g_{mn}(\Delta_{br})\cap\Delta_{ar}\neq\phi$ であるような整数 m, n がただ1組存在して $\varphi\circ\psi^{-1}=g_{mn}$ が成り立つので，$\varphi\circ\psi^{-1}$ は等角写像である．$\mathcal{A}_1$ を含む等角構造 $\mathcal{A}$ が求めるものである．じっさい Δ_{ar} において $\varphi\circ p=\iota$（＝恒等写像）であるので，p は $\mathbb{C}$ からリーマン面 $(S, \mathcal{A})$ の上への正則写像である．ほかに等角構造 $\check{\mathcal{A}}$ があって p が $\mathbb{C}$ から $(S, \check{\mathcal{A}})$ の上への正則写像となっているとき，$\iota : S\to S$ は $(S, \mathcal{A})$ から $(S, \check{\mathcal{A}})$ の上への等角写像でなければならない．なぜならば，近傍 $U_\varphi=p(\Delta_{ar})$ において ι は $p\circ p_{ar}{}^{-1}=p\circ\varphi$ と表せるからである．よって $\mathcal{A}=\check{\mathcal{A}}$ となる．■

こうして一意的に定まるリーマン面 $(S, \mathcal{A})$ を，記号

$$T(\omega_1, \omega_2)$$

で表す．**A** でみたように，円環体と位相同型である．閉リーマン面である．

$\mathbb{C}$ の関数 Φ が $T(\omega_1, \omega_2)$ の関数 Ψ によって $\Phi=\Psi\circ p$ と表すことができるための必要十分条件は，すべての $z\in\mathbb{C}$，$m, n\in\mathbb{Z}$ に対して

$$(*)\qquad \Phi(z+m\omega_1+n\omega_2)=\Phi(z)$$

が成り立つことである．そして Φ が正則［有理型］であるための必要十分条件は，ただちにわかるように，Ψ がリーマン面 $T(\omega_1, \omega_2)$ で正則［有理型］なことである．$(*)$ をみたす有理型関数のことを“$2\omega_1, 2\omega_2$ を基本周期とする**楕円関数**”というが，そのようなものは，リーマン面 $T(\omega_1, \omega_2)$ の上の有理型関数と実質的には同じものなのである．

注意　上で証明した命題はつぎの形で表すこともできる（同値である）：**複素数 $\boldsymbol{\omega}_1, \boldsymbol{\omega}_2\neq 0$ で $\mathrm{Im}(\boldsymbol{\omega}_2/\boldsymbol{\omega}_1)>0$ をみたすものを与えたとき，リーマン面 S と $\mathbb{C}$ から S の上への正則写像 p で，条件**

$$p(z)=p(z')\Longleftrightarrow \exists\, m, n\in\mathbb{Z}\ ;\ z'=z+m\omega_1+n\omega_2$$

をみたすものが，つぎの意味で一意的に定まる：他の $\check{S}$ と $\check{p}$ に対し，$\check{p}=\Psi\circ p$ をみたす S から $\check{S}$ の上への等角写像 Ψ が存在する．

C. 互いに素な位相空間 X_1 と X_2，および X_1 の部分集合 W_1 から X_2 の部分集合 W_2 の上への位相写像 h が与えられているとき，直和位相空間 $X_1 \cup X_2$（つまり開集合を X_1 のそれと X_2 のそれの合併と定めたもの）につぎの同値関係を定義する：$x \in W_1$ のとき x は自分自身と $h(x)$ と同値，$x \in W_2$ は自分自身と $h^{-1}(x)$ と同値，$x \in (X_1 \cup X_2) - (W_1 \cup W_2)$ は自分自身とのみ同値．$X_1 \cup X_2$ よりこの同値関係による同一視によって得られる位相空間を記号

$$X_1 \cup_h X_2$$

と表し，“X_1 と X_2 を h で**接着**（**貼りあわせ**，**接合**；**glue, paste, weld, sew** などともいう）して得られる位相空間”という．

射影 $p : X_1 \cup X_2 \to X_1 \cup_h X_2$ の X_ν $(\nu=1,2)$ への制限を p_ν と表すと，これらは X_ν から $p_\nu(X_\nu)$ の上への位相写像であり，$x_\nu \in X_\nu$ に対して $p_1(x_1)=p_2(x_2)$ が成り立つための必要十分条件は $x_1 \in W_1$，$h(x_1)=x_2$ である．

X_1 と，X_2 が必ずしも互いに素ではないとき（極端な場合として $X_1=X_2$ のこともある）には，$\nu=1,2$ に対して

$$\tilde{X}_\nu = \{(x,\nu) \mid x \in X_\nu\}$$

をとり，ここに写像 $x \longmapsto (x,\nu)$ が位相写像となるような位相（つまり X_ν の開集合の像を開集合と定義する）を入れる．$\tilde{X}_1$ と $\tilde{X}_2$ は互いに素である．$\tilde{X}_\nu$ を X_ν の**レプリカ**という（$X_1=X_2$ のときは，同じものの 2 つのレプリカとなる）．位相写像 $h : X_1 \supset W_1 \to W_2 \subset X_2$ が与えられたとき，写像 $\tilde{h} : (x,1) \longmapsto (h(x),2)$ によって $\tilde{X}_1$ と $\tilde{X}_2$ を接着した位相空間を考えることができる．上に述べたように，射影 $p : \tilde{X}_1 \cup \tilde{X}_2 \to \tilde{X}_1 \cup_{\tilde{h}} \tilde{X}_2$ の $\tilde{X}_\nu$ への制限を $\tilde{p}_\nu$ とおき，つぎに

$$p_\nu : X_\nu \ni x \longmapsto \tilde{p}_\nu((x,\nu)), \qquad \nu=1,2$$

とおく．これらは X_ν から $\tilde{X}_1 \cup_{\tilde{h}} \tilde{X}_2$ の中への写像で，X_ν から $p_\nu(X_\nu)$ の上への位相写像，そして $p_1(x_1)=p_2(x_2)$ の成り立つことは $x_1 \in W_1$，$x_2=h(x_1) \in W_2$ と同値である．

以下，混同のおそれのないときは，$\tilde{X}_1 \cup_{\tilde{h}} \tilde{X}_2$ を前と同じ記号

$$X_1 \cup_h X_2$$

で表す．

ここまでは，トポロジーの話である．今度は 2 つのリーマン面を，それぞれの等角構造を保ったままで貼りあわせることを考える．

定理 1.8 リーマン面 S_1, S_2 と，S_1 の開集合 O_1 から S_2 の開集合 O_2 の上への等角写像 h が与えられたとき，リーマン面 S と S_ν から S の領域の上への等角写像 p_ν $(\nu=1,2)$ で

$$p_1(S_1)\cup p_2(S_2)=S$$

であり，さらに $P_\nu\in S_\nu$ $(\nu=1,2)$ について

$$p_1(P_1)=p_2(P_2) \iff P_1\in O_1, P_2=h(P_1)$$

をみたすものが，つぎの意味で一意的に定まる：他の $\check{S}, \check{p}_\nu$ が同様な性質を持てば，S から $\check{S}$ の上への等角写像が存在して S_ν で $\check{p}_\nu=\Psi\circ p_\nu$ $(\nu=1,2)$.

(証明) S_1 と S_2 (ただし，互いに素でないときは，それらのレプリカ) を h で接着して得られる位相空間 $S_1\cup_h S_2$ を S と表し，前述の $p_\nu: S_\nu\to S$ $(\nu=1,2)$ を考える．S が連結な Hausdorff 空間であることは容易にわかる．リーマン面 S_ν の等角構造を $\mathcal{A}_\nu$ と表す．$\varphi\in\mathcal{A}_\nu$ に対して $\varphi\circ p_\nu^{-1}=\varphi^*$ は開集合 $p_\nu(U_\varphi)=V_{\varphi^*}$ から複素平面の開集合 $\varphi(U_\varphi)$ の上への位相写像である．$\varphi\in\mathcal{A}_\nu$, $\psi\in\mathcal{A}_\mu$ (ν,μ は1または2) に対応する $\varphi^*=\varphi\circ p_\nu^{-1}$, $\psi^*=\psi\circ p_\mu^{-1}$ に対して

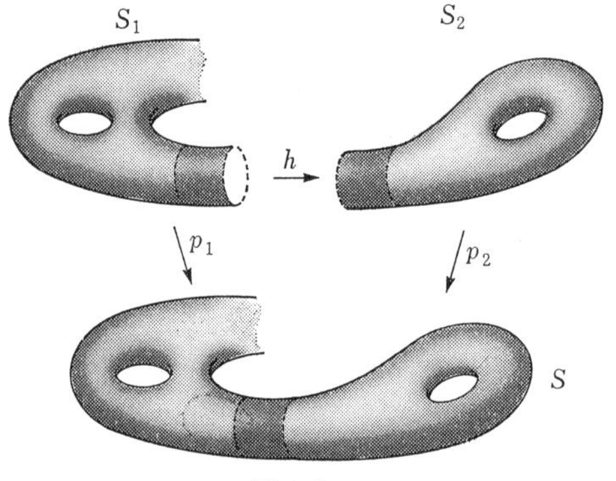

図 1.8

$$V_{\varphi^*}\cap V_{\psi^*}\neq\phi$$

が成り立ったとする．もし $\mu=\nu$ なら $\varphi^*\circ(\psi^*)^{-1}=\varphi\circ\psi^{-1}$ は等角写像であり，もし $\mu\neq\nu$ なら，一般性を失うことなく $\mu=1$, $\nu=2$ として，$\varphi^*\circ(\psi^*)^{-1}=\varphi\circ h^{-1}\circ\psi^{-1}$ は等角写像である．したがって $\varphi\in\mathcal{A}_1$ または $\in\mathcal{A}_2$ であるような φ^* の全体は等角構造の基底となるが，それを含む等角構造 $\mathcal{A}$ によるリーマン面 $(S,\mathcal{A})$ が求める S である．p_ν が S_ν から $p_\nu(S_\nu)$ の上への等角写像であることは，$\varphi^*\circ p_\nu\circ\varphi^{-1}=\iota$ ということからわかる．ほかに $\check{S}$ と $\check{p}_\nu$ があったとき，$\check{p}_\nu\circ p_\nu^{-1}$ は $p_\nu(S_\nu)$ から $\check{p}_\nu(S_\nu)$ の上への等角写像であり，$p_1(S_1)\cap p_2(S_2)$ では一致しているので，あわせて等角写像 $\Psi: S\to\check{S}$ となる．つまり，S_ν で $\check{p}_\nu=\Psi\circ p_\nu$, $\nu=1,2$. ∎

このようにして (等角写像 Ψ を無視すれば) 一意的に決まるリーマン面 S

を，“リーマン面 S_1, S_2（またはそれらのレプリカ）を等角写像 h で**接着**して得られるリーマン面”という．これも，前と同じ記号

$$S_1 \cup_h S_2$$

で表すことにする．

S_ν の関数 f_ν $(\nu=1,2)$ が S の正則［有理型］関数 f によって

$$f_\nu = f \circ p_\nu, \quad \nu=1,2$$

と表せるための必要十分条件は，f_ν が正則［有理型］関数で，任意の $P \in O_1$ に対して $f_1(P)=f_2(h(P))$ が成り立つことである．

以上は2つのリーマン面の接着であった．3つ以上のものの接着が同様に考えられることは，いうまでもない．

一方，1つのリーマン面の2つの部分を接着するという操作もある．リーマン面 S_0 の互いに素な開集合 O_1, O_2 と，前者から後者の上への等角写像 h が与えられたとき，リーマン面 S と S_0 から S の上への正則写像 p で，$P_1, P_2 \in S_0$ に対して

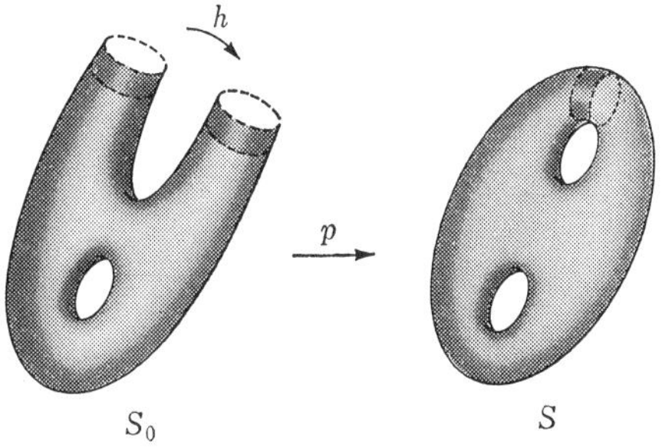

図 1.9

$$p(P_1)=p(P_2) \iff P_1 \in O_1, P_2 = h(P_1)$$

が成り立つものが存在し，つぎの意味で一意的に決まる：他の $\check{S}, \check{p}$ に対して等角写像 $\Psi: S \to \check{S}$ が存在して $\check{p}=\Psi \circ p$．この S は，S_0 に h で対応する2点は同値という同値関係を入れ，それによる商位相空間 $S_0/\sim$ に等角構造を入れて得られる．定理1.8と同様であるので，詳しい証明は省略する．

D． 境界付きリーマン面 S_ν，$\nu=1,2$ を，∂S_1 から ∂S_2 の上への位相写像 h で接着して得られる境界のないリーマン面

$$S = \bar{S}_1 \cup_h \bar{S}_2$$

に等角構造を入れることを考えよう．簡単のため，$\bar{S}_1$ と $\bar{S}_2$ が互いに素であるものとして話を進めるが，そうでないときレプリカを考えればよいことは，前と全く同じである．容易にわかるように S は連結な Hausdorff 空間，$p: \bar{S}_1 \cup$

$\bar{S}_2 \to S$ は閉写像である．$\nu=1,2$ に対し $p_\nu = p|S_\nu$ は $\bar{S}_\nu$ から $\overline{p_\nu(S_\nu)}$ の上への位相写像である．

いま，h は各点 $P \in \partial S_1$ でつぎの条件をみたすものと仮定する：$P \in U_{\varphi_1}$ であるような $\bar{S}_1$ の境界局所座標 φ_1 と，$h(P) \in U_{\varphi_2}$ であるような $\bar{S}_2$ の境界局所座標 φ_2 に対し，実関数 $\varphi_2 \circ h \circ \varphi_1^{-1}$ は

（a） $\mathbb{R} \cap \varphi_1(U_{\varphi_1})$ の $\varphi_1(P)$ の成分（開区間である）において単調減少，

（b） 点 $\varphi_1(P)$ で実解析的で，微係数$\neq 0$.

(このことは φ_1, φ_2 のとり方に依存しない).

定理 1.9 境界付きリーマン面 $\bar{S}_1, \bar{S}_2$ と，上の条件をみたす位相写像

$$h : \partial S_1 \to \partial S_2$$

が与えられたとき，リーマン面 S と，S_ν から S の正則的部分領域の上への等角写像 p_ν $(\nu=1,2)$ で，$\bar{S}_\nu$ から $\overline{p_\nu(S_\nu)}$ の上への位相写像に拡張され，

$$p_1(\bar{S}_1) \cup p_2(\bar{S}_2) = S$$

であり，さらに $P_\nu \in \bar{S}_\nu$ について

$$p_1(P_1) = p_2(P_2) \iff P_1 \in \partial S_1,\ \ P_2 = h(P_1)$$

をみたすものが，つぎの意味で一意的に定まる： 他の $\check{S}, \check{p}_\nu$ が同様な性質を持てば，S から $\check{S}$ の上への等角写像 Ψ が存在して，$\bar{S}_\nu$ で $\check{p}_\nu = \Psi \circ p_\nu$ $(\nu=1,2)$.

（証明） $\bar{S}_1$ と $\bar{S}_2$ は互いに素とする．連結な Hausdorff 空間 $S=\bar{S}_1 \cup_h \bar{S}_2$ に等角構造を入れるため，任意の $P \in \partial S_1$ に対して $\bar{S}_1$ の境界局所座標 φ_1 で，つぎの条件をみたすものをとる：$P \in U_{\varphi_1}$, $\varphi_1(P)=0$, $\Delta_1=\varphi_1(U_{\varphi_1})$ は上半円板 $\{z \mid |z|<r,\ \mathrm{Im}\,z \geqq 0\}$. つぎに，$\bar{S}_2$ の境界局所座標 φ_2 でつぎの条件をみたすものをとる： $h(P) \in U_{\varphi_2}$, $\Delta_2=\varphi_2(U_{\varphi_2})$ は $\{z \mid |z-z_0|<r',\ \mathrm{Im}\,z \geqq 0\}$ の形の上半円板で $h(U_{\varphi_1} \cap \partial S_1) = U_{\varphi_2} \cap \partial S_2$. 仮定により，$f=\varphi_2 \circ h \circ \varphi_1^{-1}$ は $z=0$ のまわりで Taylor 展開できる．展開の変数をそのまま複素数に拡張することによって，f は複素平面内での 0 の近傍で正則な関数に拡張される．0 での微係数が $\neq 0$ であるので，f は 0 の小近傍で単葉となる．われわれは $U_{\varphi_1}, U_{\varphi_2}$ を小さくとりなおして，f^{-1} は円板 $|z-z_0|<r'$ で正則単葉であるようにする．h のみたす条件(a)によって，$f^{-1}(\Delta_2)=\tilde{\Delta}_1$ は下半平面の閉包に含まれ，$\Delta_1 \cap \tilde{\Delta}_1 = \Delta_1 \cap \mathbb{R}$ をみたし，しかも $\Delta_1 \cup \tilde{\Delta}_1$ は領域となっている．$V=p(U_{\varphi_1} \cup U_{\varphi_2})$ は S の開集合であるが，$p_\nu = p|\bar{S}_\nu$ を用いて V で定義される

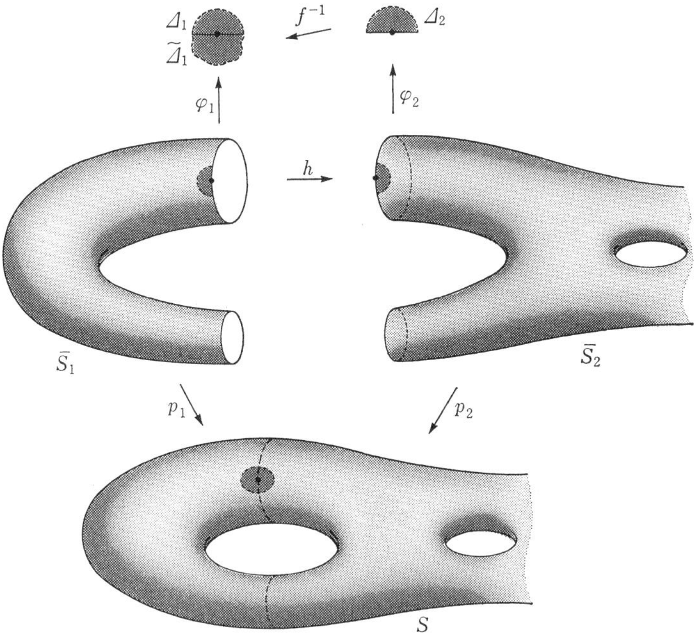

図 1.10

$$\varphi^* = \begin{cases} \varphi_1 \circ p_1^{-1} & : p(U_{\varphi_1}) \text{ において} \\ f^{-1} \circ \varphi_2 \circ p_2^{-1} & : p(U_{\varphi_2}) \text{ において} \end{cases}$$

は $\Delta_1 \cup \tilde{\Delta}_1$ の上への位相写像である．$\varphi^*(V \cap p_1(S_1)) = \varphi^*(V) \cap \mathbb{H}_+$，$\varphi^*(V \cap \partial p_1(S_1)) = \varphi^*(V) \cap \mathbb{R}$ が成り立つことに注意する．$V = V_{\varphi^*}$ と表す．

ほかの $Q \in \partial S_1$ から同様に作った ψ^* について $V_{\varphi^*} \cap V_{\psi^*} \neq \phi$ が成り立ったとする．ψ^* は（φ^* が φ_1, φ_2, f から作られたのに対応して）ψ_1, ψ_2, g から

$$\psi^* = \begin{cases} \psi_1 \circ p_1^{-1} & : p(U_{\psi_1}) \text{ において} \\ g^{-1} \circ \psi_2 \circ p_2^{-1} & : p(U_{\psi_2}) \text{ において} \end{cases}$$

と定義されているとすると

$$\varphi^* \circ (\psi^*)^{-1} = \begin{cases} \varphi_1 \circ \psi_1^{-1} & : \psi_1(U_{\varphi_1} \cap U_{\psi_1}) \text{ において} \\ f^{-1} \circ \varphi_2 \circ \psi_2^{-1} \circ g & : g^{-1}(\psi_2(U_{\varphi_2} \cap U_{\psi_2})) \text{ において} \end{cases}$$

が成り立っている．これは $\psi^*(V_{\varphi^*} \cap V_{\psi^*})$ で連続，そこから実軸 $\mathbb{R}$ を除いた部分で正則であるが，このような関数が $\psi^*(V_{\varphi^*} \cap V_{\psi^*})$ で正則であるということは，Painlevé の定理（吉田［70］, p. 266 参照）が保証する．こうして $\varphi^* \circ (\psi^*)^{-1}$ が等角写像であることがわかる．

すべての $P \in \partial S_1$ について φ^* を構成すると，得られる V_{φ^*} 全体は $p(\partial S_1)$ を覆う．

$\bar{S}_\nu$ $(\nu=1,2)$ の局所座標で $U_\varphi \subset S_\nu$ であるものに対しては，$\varphi^*=\varphi\circ(p|U_\varphi)^{-1}$ とおく．以上得られた φ^* の全体 $\mathcal{A}_1$ はあきらかに S の等角構造の基底をなす．これを含む等角構造 $\mathcal{A}$ をとれば，リーマン面 $(S,\mathcal{A})$ が求めるリーマン面 S であることは容易にわかる．一意性も，定理 1.8 と同様な方法で示しうる（再び Painlevé の定理を用いる）．

$\bar{S}_1$ と $\bar{S}_2$ が互いに素でないときは，$\{(P,\nu)|P\in\bar{S}_\nu\}$ に写像 $P\longmapsto(P,\nu)$ が等角写像となるような位相・等角構造（1.1.D，例4参照）を入れ $(\nu=1,2)$，それらについて上述の議論を行えばよい． ▮

このようにして（等角写像を無視すれば）一意的に決まるリーマン面 S を，"境界付きリーマン面 $\bar{S}_1$ と $\bar{S}_2$（またはそれらのレプリカ）を h で**境界に沿う接着**を行って得られるリーマン面" という．これも前と同じ記号

$$\bar{S}_1\cup_h\bar{S}_2$$

で表す．$p_\nu(S_\nu)$ は S の正則的部分領域である．上の証明中の φ^* は $p_1(S_1)$ に関する境界局所座標であり，φ^* の複素共役をとったものが $p_2(S_2)$ のそれである．

$$p_1(S_1)\cap p_2(S_2)=\phi,$$
$$p_1(\partial S_1)=p_2(\partial S_2)=\overline{p_1(S_1)}\cap\overline{p_2(S_2)}$$

が成り立っていることに注意する．

$\bar{S}_\nu$ の関数 f_ν $(\nu=1,2)$ が S の正則関数 f によって

$$f_\nu=f\circ p_\nu,\qquad \nu=1,2$$

と表せるための必要十分条件は，f_ν が $\bar{S}_\nu$ で連続，S_ν で正則であって，任意の $P\in\partial S_1$ に対して $f_1(P)=f_2(h(P))$ が成り立つことである．有理型である関数についても同様な命題が成り立つ．

注意 1 混乱のおそれのないとき，$p_1(\bar{S}_1)$，$p_2(\bar{S}_2)$ をそれぞれ $\bar{S}_1,\bar{S}_2$ と表すこともある．つまり，与えられた $\bar{S}_\nu$ が，始めから，1つのリーマン面 S の正則的部分領域の閉包であるものと考えてしまうこともあるのである．

注意 2 定理 1.9 の結論で述べたような，リーマン面 S が定まるための h に対する必要十分条件は，まだわかっていない．存在しない場合，存在しても一意的でない例がある（この問題に関心のある読者は拙著［54］を参照されたい）．

注意 3 ここでは境界全体に沿っての接着のみ述べたが，一部分に沿っての接着も考

えられる；ことに，境界の成分の合併となっているような集合に沿っての接着ならば，議論は上と全く同じである．そして，それを順次くり返せば，3つ以上のものの接着も考えられる．

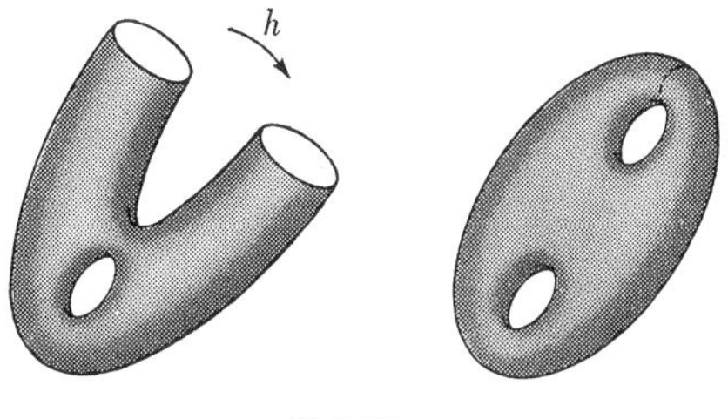

図 1.11

注意 4 1つの $\bar{S}$ の ∂S を2つの部分に分けて，それらに沿う接着というものも全く同様に論ずることができる．

E． 境界に沿う接着の重要な例は，境界付きリーマン面のダブルである．

まず**1.1.D**の例5にならって，境界付きリーマン面 $\bar{S}$ の裏側を定義する．そのため，$\bar{S}$ を1.1.**E**に戻って $(T, \mathscr{B})$ と表し，$\varphi \in \mathscr{B}$ に対し

$$\tilde{\varphi} : U_{\varphi} \ni P \longmapsto -\overline{\varphi(P)} \in \bar{\mathbb{H}}_{+}$$

($\overline{\varphi(P)}$ の上線は共役複素数を表し，$\bar{\mathbb{H}}_{+}$ の意味は**1.1.E**で述べたとおりとする）を考える．$\mathscr{B}' = \{\tilde{\varphi} | \varphi \in \mathscr{B}\}$ とおいて境界付きリーマン面 $(T, \mathscr{B}')$ が得られるが，これを $\bar{S}$ の**裏側**と定義するのである．ここでは，これを $\bar{S}'$ と表しておく．$\bar{S}'$ の内部が $\bar{S}$ の内部 S の裏側（**1.1.D**，例5）と一致していることは，あきらかであろう．T の恒等写像 ι は，$\bar{S} \to \bar{S}'$ の位相写像，$S \to S'$ の反等角写像となっている．

写像 ι の ∂S への制限も同じ記号で表し，それによって $\bar{S}$ と $\bar{S}'$ を境界に沿って接着して境界のないリーマン面

$$\hat{S} = \bar{S} \cup_{\iota} \bar{S}'$$

を構成することができる．定理1.9における h の条件(a)，(b)を $\iota : \partial S \to \partial S'$ がみたすことは，つぎのことからただちにわかる．すなわち，各点 $P \in \partial S$ において，$P \in U_{\varphi_1}$ であるような $\bar{S}$ の境界局所座標 φ_1 に対して，φ_2 として $\tilde{\varphi}_1$ をとると，$x \in \mathbb{R} \cap \varphi_1(U_{\varphi_1})$ のとき

$$\tilde{\varphi}_1 \circ \iota \circ \varphi_1^{-1}(x) = -x.$$

定理1.9の写像 p_1, p_2 は，いまはそれぞれ $\bar{S}, \bar{S}'$ から $\hat{S}$ への写像となっている．これらを用いて $\hat{S}$ から自分自身の上への位相写像

$$j = \begin{cases} p_2 \circ \iota \circ p_1^{-1} & : \ p_1(\bar{S}) \text{ において} \\ p_1 \circ \iota \circ p_2^{-1} & : \ p_2(\bar{S}') \text{ において} \end{cases}$$

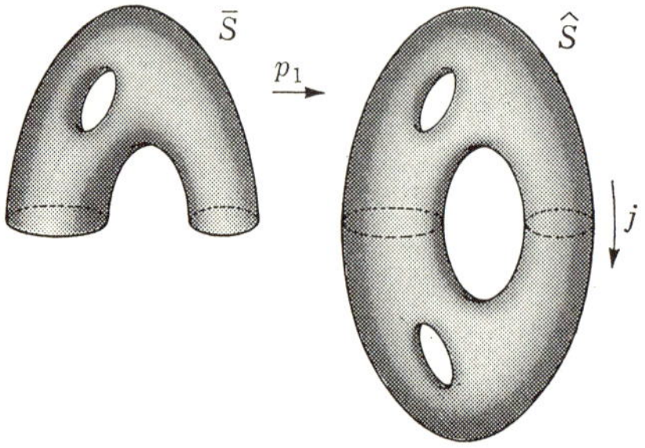

図 1.12

が定まる．$p_1(\partial S)$ $(=p_2(\partial S'))$ の各点は j の不動点である．また $j\circ j$ は恒等写像である．

この j は $\hat{S}$ から $\hat{S}$ の上への反等角写像である．このことは，$\hat{S}-p_1(\partial S)$ では自明であり，$p_1(\partial S)$ の各点では Painlevé の定理を適用して示すことができる．あるいは，直接に，点 $p_1(P)\in p_1(\partial S)$ における局所座標 φ^* を，上述の φ_1，$\varphi_2=\bar{\varphi}_1$ から定理 1.9 の証明中のもののように作れば

$$\varphi^*\circ j\circ(\varphi^*)^{-1}: z\longmapsto \bar{z}$$

となっているということからもいえよう．

以上の結果を，後での便宜も考えて，つぎの形にまとめておこう：

定理 1.10　境界付きリーマン面 $\bar{S}$ が与えられたとき，つぎのようなリーマン面 $\hat{S}$，写像 $p:\bar{S}\to\hat{S}$，$j:\hat{S}\to\hat{S}$ が存在する：$p(S)$ は $\hat{S}$ の正則的部分領域で，p は $\bar{S}$ から $\overline{p(S)}$ の上への位相写像，S から $p(S)$ の上への等角写像；j は $\hat{S}$ から自己自身の上への反等角写像で

$$j(p(S))=\hat{S}-\overline{p(S)},$$

$\partial(p(S))$ の各点を不動点とし，$j\circ j$ は恒等写像．これらは，つぎの意味で一意的に定まる：他の $\hat{S}^\#, p^\#, j^\#$ が同様な性質を持てば，$\hat{S}$ から $\hat{S}^\#$ の上への等角写像 Ψ が存在して $\bar{S}$ で $p^\#=\Psi\circ p$，$\hat{S}$ で $j^\#\circ\Psi=\Psi\circ j$．

このようにして定まる $\hat{S}$ を $\bar{S}$ の**ダブル**という．これは，$\bar{S}$ がコンパクトのときは閉リーマン面である．

j を**反転**（または鏡像，reflection）という．j は $p(S)$ を $\hat{S}-p(\bar{S})$ の上に写しており，後者は $\bar{S}$ の裏側 $\bar{S}'$ と等角同値な正則的部分領域である．

$p(\bar{S})$ は，混乱のおそれのないとき，記号 $\bar{S}$ で表すこともある．同様に $\hat{S}-p(S)$ を $\bar{S}'$ とし，したがって

$$\bar{S}\cup\bar{S}'=\hat{S},\qquad \bar{S}\cap\bar{S}'=\partial S$$

と考えることもある.

F. 冒頭に述べたような, 複素関数論の初歩で説明されるリーマン面は, 平面領域のレプリカの接着で作られるものである.

ここではつぎの記号を使う：

$$\bar{\Omega}_+=\bar{\mathbb{H}}_+-\{0\},\qquad \bar{\Omega}_-=\bar{\mathbb{H}}_--\{0\},$$
$$\mathbb{R}^+=\{x\in\mathbb{R}|x>0\},\quad \mathbb{R}^-=\{x\in\mathbb{R}|x<0\}.$$

$\bar{\Omega}_+$ は ($\mathbb{C}-\{0\}$ の正則的部分領域として) 境界付きリーマン面であって, 内部 Ω_+ は $\mathbb{H}_+$, 境界は $\mathbb{R}^+\cup\mathbb{R}^-$ である. $\bar{\Omega}_-$ についても同様である.

さて, $\bar{\Omega}_+$ と $\bar{\Omega}_-$ を境界の1成分 $\mathbb{R}^+$ に沿って恒等写像によって接着することができる. $\mathbb{R}^-$ に沿っても接着できる. $\bar{\Omega}_+$ のレプリカと $\bar{\Omega}_-$ のレプリカを $\mathbb{R}^+$ に沿って上のように接続し, つぎにこれと $\bar{\Omega}_+$ の別のレプリカを $\mathbb{R}^-$ に沿って接着する. 得られたものに, さらに $\bar{\Omega}_-$ の別のレプリカを $\mathbb{R}^+$ に沿って接着する. これを順次くり返せば, つぎの S と $p_\pm^n$ ($n=0,\pm1,\pm2,\cdots$) が一意的に定まる：S はリーマン面, $p_\pm^n$ は $\Omega_\pm$ から S の正則的部分領域 $D_\pm^n$ の上への等角写像で $\bar{\Omega}_\pm$ から $\bar{D}_\pm^n$ の上への位相写像に拡張でき,

$$S=\bigcup_{n=-\infty}^{\infty}\bar{D}_+^n\cup\bar{D}_-^n$$

であり, $z,z'\in\mathbb{C}-\{0\}$ が異なった写像 $p_\pm^n$ で S の同一点に対応するための必要十分条件は

$$z=z'\in\mathbb{R}^+\text{ で, }\exists n\text{ に対して }p_+^n(z)=p_-^n(z')$$

または

$$z=z'\in\mathbb{R}^-\text{ で, }\exists n\text{ に対して }p_+^n(z)=p_-^{n+1}(z').$$

このリーマン面 S を, 後に述べる理由から, **$w=\log z$ のリーマン面**と名づける.

$D_+^n=p_+^n(\mathbb{H}_+)$ ($n=0,\pm1,\pm2,\cdots$) と $D_-^m=p_-^m(\mathbb{H}_-)$ ($m=0,\pm1,\pm2,\cdots$) は互いに素である. $\bar{D}_\pm^m$ と $\bar{D}_\pm^n$ は, つぎの場合を除いて互いに素である：

$$\left.\begin{array}{l}\bar{D}_+^n\cap\bar{D}_-^n=p_+^n(\mathbb{R}^+)=p_-^n(\mathbb{R}^+)\\ \bar{D}_+^n\cap\bar{D}_-^{n+1}=p_+^n(\mathbb{R}^-)=p_-^{n+1}(\mathbb{R}^-).\end{array}\right.\quad n=0,\pm1,\pm2,\cdots.$$

したがって

$$\varDelta_n = \bar{D}^n_+ \cup \bar{D}^n_- - p^n_-(\mathbb{R}^-), \quad n=0, \pm 1, \pm 2, \cdots$$

とおけば，これらどうしは互いに素で，

$$S = \bigcup_{n=-\infty}^{\infty} \varDelta_n$$

となっている．

点 $P \in S$ に対し，$P = p^n_\pm(z)$ をみたす z は（写像 $p^n_\pm$ は2つありうるが），ただ1つ存在する．対応

$$\sigma : P \longmapsto z$$

は S から $\mathbb{C} - \{0\}$ の上への正則写像（S の正則関数）である．これを（1.6.**A** の p とは異なった意味で）“射影”と呼んでおく（被覆写像とも呼ぶ（6.4.**A** 参照））．

$P \in S$ に対し $P \in \varDelta_n$ であるような n（ただ1つ）をとって

$$\tau(P) = \mathrm{p.v.}\log\sigma(P) + 2\pi i n$$

とおく；ここで p. v. log とは対数の主値，すなわち

$$\mathrm{p.v.}\log z = \log|z| + i\arg z, \qquad -\pi < \arg z \leqq \pi$$

のことである．これは S の上の（1価）正則関数である．そして $\sigma(P) = z$ であるような P における値 $\tau(P)$ は $\log z$ の価の1つとなっており，逆に $\log z$ の任意の価はこのような P の1つにおける $\tau(P)$ と一致している．つまり“多価関数 $w = \log z$”がリーマン面 S 上の2つの1価関数 σ と τ によって表されていると考えられる．これが S を“$w = \log z$ のリーマン面”と呼ぶ理由である．

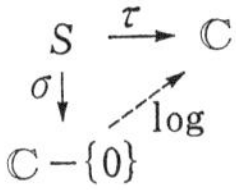

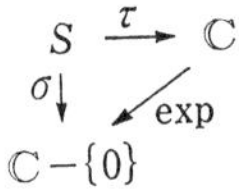

τ が各 $\varDelta_n$ をどこに，どのように写しているかをしらべればすぐわかるように，τ は S を $\mathbb{C}$ の上に等角写像している．構成法からみれば複雑な S は，じつは $\mathbb{C}$ と等角同値なのである．また，指数関数を exp と表したとき

$$\exp \circ \tau = \sigma$$

が成り立つことは自明であるが，これは対数関数が（1価な）指数関数の（多価な）逆関数となっていることをよく示している．

$S = \bigcup_{-\infty}^{\infty} \varDelta_n$ を視覚に訴えるのに，紙と鋏と糊で模型を作る．まず，$\varDelta_n$ を負実

軸に沿って切込みの入った平面のレプリカとみて，そのような紙片で表す．これを $n=0, \pm1, \pm2, \cdots$ に応じて無限枚用意し，n が大きい方が上にくるように重ねる．$\varDelta_n$ の境界と $\varDelta_{n+1}$ の境界の共通部分は $p_+^n(\mathbb{R}^-)=p_-^{n+1}(\mathbb{R}^-)$ であるが，この事実を表すのに，$\varDelta_n$ を表す紙片の切込みの上側（上半平面の境界）と $\varDelta_{n+1}$ のそれの下側とを接合する（紙片の糊付けというよりも金属板の溶接である）．無限枚の $\varDelta_n$ すべてを接合したものが S である．

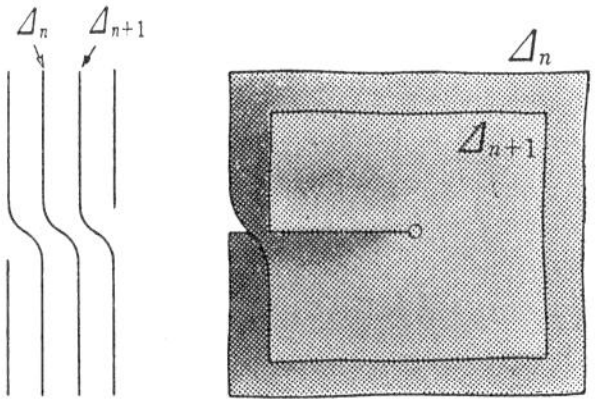

図 1.13

無限枚の紙片が重なっているが，紙面に垂直な方向の正射影は，前に定義した射影

$$\sigma: S \to \mathbb{C}-\{0\}$$

にほかならない．

この模型は，$D_n^\pm$ どうしの接着のしかた（いいかえれば S の $D_n^\pm$ への分割のしかた）を表すとともに，射影 σ の様子（S が $\mathbb{C}-\{0\}$ をどのように被覆しているか）をも表している．例えば単位円周上を点が動いたとき $\sigma(P)=z$ をみたす点が S の上をどのように動くか，それに応ずる $\tau(P)=\log z$ の価がどう変るかをみることによって，多価関数 $\log z$ の性格を理解することなどは，読者はすでに複素関数論の初歩で経験済みのことと思う．

G． $w=\sqrt{z}$ のリーマン面（**1.1.A**）を述べるには，$z=0$ と ∞ において，定理 1.9 では触れていないある考察がさらに必要である．

リーマン球面 $\hat{\mathbb{C}}$ の中で

$$\hat{\mathbb{H}}_+=\bar{\mathbb{H}}_+\cup\{\infty\}, \qquad \hat{\mathbb{H}}_-=\bar{\mathbb{H}}_-\cup\{\infty\}$$

$$\hat{\mathbb{R}}^+=\{x\in\mathbb{R} \mid x\geqq0\}\cup\{\infty\}, \qquad \hat{\mathbb{R}}^-=\{x\in\mathbb{R} \mid x\leqq0\}\cup\{\infty\}$$

を考える．$\hat{\mathbb{H}}_+$ と $\hat{\mathbb{H}}_-$ のレプリカを $\hat{\mathbb{R}}^+$ に沿って恒等写像によって接着し，つぎにこのようなものを 2 つ，$\hat{\mathbb{R}}^-$ に沿って恒等写像によって接着するのであるが，**1.6.C** の前半における純位相的な考察で，つぎの $S, p_\pm^n$ ($n=1,2$) の存在は容易に示すことができる：S は位相空間，$p_\pm^n$ は $\hat{\mathbb{H}}_\pm$ から S の部分領域 $D_\pm^n$ の閉包 $\bar{D}_\pm^n$ の上への位相写像で，

$$S=\bar{D}^1_+\cup\bar{D}^1_-\cup\bar{D}^2_+\cup\bar{D}^2_-$$

であり，$z, z'\in\hat{\mathbb{C}}$ が異なった写像 $p^n_\pm$ で同一点に対応するための必要十分条件は

$$z=z'\in\hat{\mathbb{R}}^+ \text{ で，} p^1_+(z)=p^1_-(z') \text{ または } p^2_+(z)=p^2_-(z')$$

（$*$）　　または

$$z=z'\in\hat{\mathbb{R}}^- \text{ で，} p^1_+(z)=p^2_-(z') \text{ または } p^2_+(z)=p^1_-(z')$$

の成り立つことである．

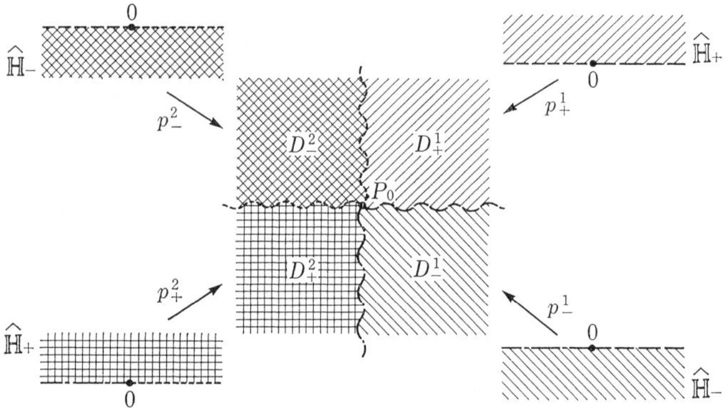

図 1.14

とくに $p^1_+(0)=p^1_-(0)=p^2_+(0)=p^2_-(0)$ であるが，この点を P_0 と表す．図1.14は，P_0 の近傍における $D^n_\pm$ の並び方を示している．

同様に $p^1_+(\infty)=p^1_-(\infty)=p^2_+(\infty)=p^2_-(\infty)$ であるが，これを P_∞ と表す．

さて，$S'=S-\{P_0, P_\infty\}$ に等角構造を入れ，$p^n_\pm$ が $\mathbb{H}_\pm$ から $D^n_\pm$ の上への等角写像となるようにすること，これは（定理1.9を適用して）**F** で論じた $w=\log z$ のリーマン面と全く同様であるので，ここではくり返さない．等角写像を無視すれば一意的に定まる．

残されたことは，P_0, P_∞ を込めた S に等角構造を導入し，S' がその部分リーマン面としての部分領域（1.1.**D**，例3）となるようにすることである．

P_0 のまわりで考えるため，$U=\{z\in\mathbb{C}\,|\,|z|<1\}$ とし，$U_\pm=U\cap\hat{\mathbb{H}}_\pm$ とおく．$z=re^{i\theta}\in U_\pm$ を考えるとき偏角 θ は

$$z\in U_+ \text{ なら } 0\leqq\theta\leqq\pi, \qquad z\in U_- \text{ なら } -\pi\leqq\theta\leqq 0$$

をとることと定め,

$$z \in U_+ \text{ に対し } \quad q^1_+(z) = \sqrt{r}\, e^{i\frac{\theta}{2}}, \qquad q^2_+(z) = -\sqrt{r}\, e^{i\frac{\theta}{2}}$$

$$z \in U_- \text{ に対し } \quad q^1_-(z) = \sqrt{r}\, e^{i\frac{\theta}{2}}, \qquad q^2_-(z) = -\sqrt{r}\, e^{i\frac{\theta}{2}}$$

とおく. $q^n_\pm$ $(n=1,2)$ は$U_\pm$から$q^n_\pm(U_\pm)$の上への位相写像で

$$U = q^1_+(U_+) \cup q^1_-(U_-) \cup q^2_+(U_+) \cup q^2_-(U_-)$$

をみたし, さらにz, z'が異なった写像$q^n_\pm$で同一点に対応するための条件は, $p^n_\pm$に対するそれと一致している. したがって,

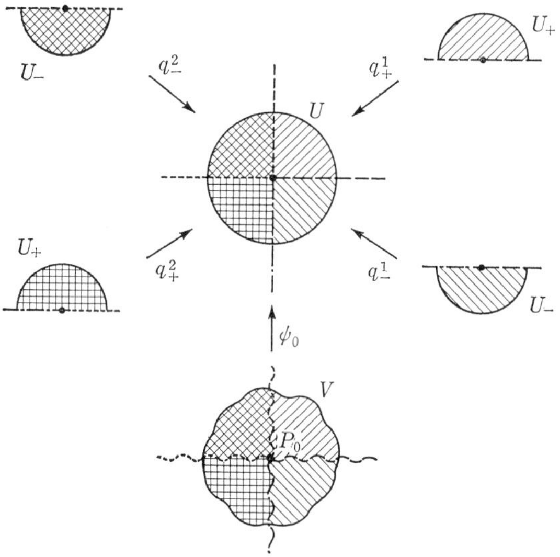

図 1.15

$$V = p^1_+(U_+) \cup p^1_-(U_-) \cup p^2_+(U_+) \cup p^2_-(U_-)$$

からUの上への位相写像ψ_0で各$p^n_\pm(U_\pm)$において

$$\psi_0 - q^n_\pm \circ (p^n_\pm)^{-1}$$

をみたすものが存在することになる(**A** の(6)参照). あきらかに, ψ_0の$V \cap S_0$への制限は等角写像である.

同じことをP_∞でも行い, 同様にψ_∞を得る. こうして得られたψ_0とψ_∞とをS'の等角構造に付け加えれば, Sの等角構造の基底が得られる. こうして, リーマン面Sとつぎの条件をみたす4つの写像$p^n_\pm$ $(n=1,2)$が一意的に存在

することがいえた：$p^n_\pm$ は $\mathbb{H}_\pm$ から S の正則的部分領域 $D^\pm_n$ の上への等角写像で，$\hat{\mathbb{H}}_\pm$ から $\bar{D}^n_\pm$ の上への位相写像に拡張でき，

$$S=\bar{D}^1_+\cup\bar{D}^1_-\cup\bar{D}^2_+\cup\bar{D}^2_-$$

が成り立ち，そして $z, z'\in\hat{\mathbb{C}}$ が異なった写像 $p^n_\pm$ で S の同一点に対応するための条件は前述の(＊)である．このリーマン面 S を**$w=\sqrt{z}$ のリーマン面**と呼ぶ．

$n=1,2$ に対して $\Delta_n=\bar{D}^n_+\cup\bar{D}^n_- - p^n_-(\mathbb{R}_- - \{0\})$ とおけば，これらは P_0, P_∞ 以外に共有点なく

$$S=\Delta_1\cup\Delta_2$$

となっている．

$P\in S$ に対して $P=p^n_\pm(z)$ をみたす $z\in\hat{\mathbb{C}}$ が1つ決まるが，

$$\sigma : P\longmapsto z$$

は S の有理型関数である．

$P\in S-\{P_0, P_\infty\}$ に対して $P\in\Delta_n$ であるような $n=1$ または2がただ1つ決まるが，$\sigma(P)=re^{i\theta}$，$-\pi<\theta\leqq\pi$ として

$$\tau(P)=\begin{cases}\sqrt{r}\,e^{i\frac{\theta}{2}} & P\in\Delta_1\\ -\sqrt{r}\,e^{i\frac{\theta}{2}} & P\in\Delta_2\end{cases}$$

とおき，さらに $\tau(P_0)=0$，$\tau(P_\infty)=\infty$ と定めて，S の有理型関数 τ を得る．すべての $P\in S$ に対して

$$\tau(P)^2=\sigma(P)$$

が成り立ち，“多価関数 $w=\sqrt{z}$” が S の2つの1価関数 σ, τ で表されていると考えられる．

紙と鋏と糊で作った模型が図1.1 (1.1.**A**) で示した $\hat{\mathbb{C}}$ を2葉に覆った面となる．射影

$$\sigma : S\to\hat{\mathbb{C}}$$

は，$w=\log z$ のリーマン面の場合と比べて，つぎの点で異なった性質を持っている．すなわち，点 P_0 と P_∞ では，どんな小さな近傍に σ を制限しても単射になれない（このような点は**分岐点**と呼ばれる (6.4.**A**))．

τ が各 Δ_1, Δ_2 をどこにどのように写しているかをしらべればわかるように，

$$\tau : S\to\hat{\mathbb{C}}$$

は等角写像である.

したがって S は球面と位相同型ということになるが，このことのみならば，模型を作るために接合した，負実軸に沿って切込みの入ったリーマン球面のレプリカ $\varDelta_n$ $(n=1,2)$ を図 1.16 のように見なおして，直接に知ることもできる.

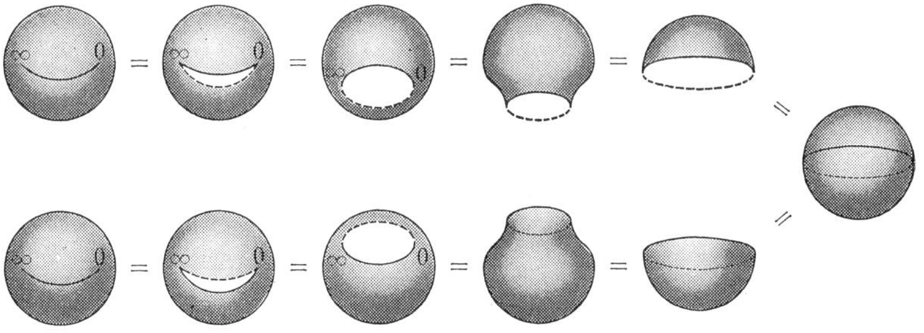

図 1.16

左端の図からわかるように，$\varDelta_1$ の切込みの上・下半平面側と $\varDelta_2$ の切込みの，それぞれ，下・上平面側が接合されている．このように 2 つのレプリカの，それぞれの切込みの，異なった側を接合することを切込みに沿う**交差した**(**crosswise な**) 接合という.

注意 1 **A** の例 2 でトポロジーの立場のみから接合を論じたが，これについても，辺の接合を定理 1.9 のように行い (**D**，注意 4 参照)，さらに頂点を上と全く同様に扱えば，$X/\sim$ に等角構造を入れて，q が $\mathring{X}$ からの等角写像となるようにすることができる．このリーマン面は $T(\omega_1, \omega_2)$ と等角同値である；じっさい，**A** で定義した $\lambda: \mathbb{C}/\sim \to X/\sim$ が等角写像となる.

注意 2 一般に，面 S から孤立点集合を除いた S_0 に等角構造が入っているとき，これを部分領域 (1.1.**D** の例 3 の意味の) とするような等角構造を S に入れることは，必ずしも可能ではない．例えば球面 S から 1 点を除いた S_0 (位相的には $\mathbb{C}$ と同じ) に単位円の等角構造を移した (1.1.**D**，例 4 参照) ときなどは，このようなことは不可能である．上の議論で ψ_0 を構成することができたのは，$\mathbb{H}_+$ と $\mathbb{H}_-$ の接合を恒等写像で行っていることに強く依存している．一般の写像で接合したときは，例えば図 1.17 のような現象が生じて，$U-\{P_0\}$ から同心円環の上への等角写像 ψ_0 は作れても，それを U からの位相写像には拡張できないことが実際に起りうる．辺の一般的な接合 (**D**，注意 2) ができたとして，残った頂点について $\varphi_0: U \to \varDelta$ が存在するための条件については，まだ

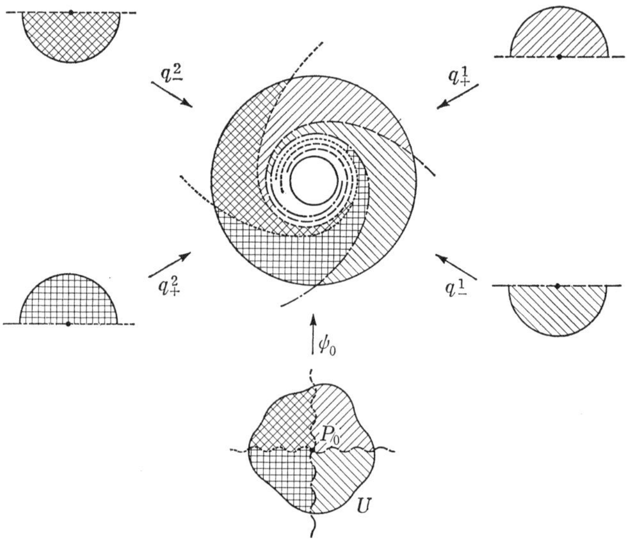

図 1.17

わかっていないことが多い.

第2章　三角形分割

2.1　三角形分割の存在

A.　平面において，正の向き（内部を左に見る向き）を持ったJordan閉曲線Cと，この向きに並んだC上の異なる3点$\zeta_1, \zeta_2, \zeta_3$を与えたとき，$\zeta_1$から$\zeta_2$に至る$C$の部分弧を$s_1$，$\zeta_2$から$\zeta_3$へのを$s_2$，$\zeta_3$から$\zeta_1$へのを$s_3$と表し，以上のものを総称して平面の三角形と呼ぶ．これを記号$\boldsymbol{T}$で表したとき，$|\mathring{\boldsymbol{T}}|$で$C$の内部$D$を，$|\boldsymbol{T}|$で$D\cup C$を表すことにする．

注意　われわれは平面のJordan閉曲線に関する基本的なことがら（Jordan曲線定理など）は既知のものとして話を進める．なお付章も参照していただきたい．

Hausdorff空間Xにおいて，平面の三角形$\boldsymbol{T}$と，$|\boldsymbol{T}|$からXのコンパクト集合の上への位相写像τから成る対$(\tau, \boldsymbol{T})$を，Xの**三角形**という．τと略記し，さらにつぎの記号も用いる：

$$|\tau| = \tau(|\boldsymbol{T}|), \qquad |\mathring{\tau}| = \tau(|\mathring{\boldsymbol{T}}|).$$

Xの点$\tau(\zeta_j)$（$j=1,2,3$）を三角形τの**頂点**，Xの単純弧$\sigma_j = \tau\circ s_j$（$j=1,2,3$）をτの**辺**と呼ぶ．$|\sigma_j| = \tau(|s_j|)$であるのはいうまでもない．なお，Xの点や集合が$|\tau|$や$|\sigma|$に含まれるということを，略してτやσに含まれるということもある．

定義　Hausdorff空間Xにおいて，Xの三角形を元とする族$\mathcal{T}$でつぎの条件をみたすものを，Xの**三角形分割**という：

（i）　$X = \bigcup_{\tau\in\mathcal{T}} |\tau|$；

（ii）　任意の$\tau, \tau' \in \mathcal{T}$に対し，つぎの1つ，しかも1つのみが成り立つ：

（ii$_1$）　$|\tau| \cap |\tau'| = \phi$,

（ii₂） $|\tau|\cap|\tau'|$ は1点から成り，τ, τ' の双方の頂点，

（ii₃） τ の1辺 σ と τ' の1辺 σ' について $|\sigma|=|\sigma'|=|\tau|\cap|\tau'|$,

(iii)（局所有限性） 任意の点 $x\in X$ に対し，その近傍 U を適当にとると，$U\cap|\tau|\neq\phi$ であるような $\tau\in\mathcal{T}$ は有限個しかない．

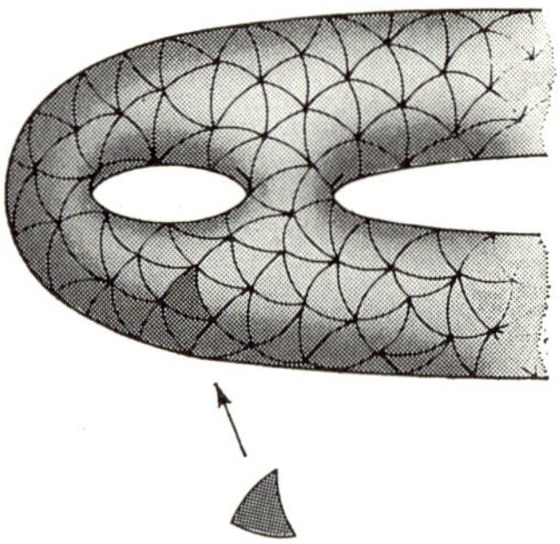

図 2.1

$\mathcal{T}$ が X の三角形分割となっているとき，$\tau\in\mathcal{T}$ の辺 σ の $|\sigma|$ となっている集合（それはその集合を含む任意の $\tau'\in\mathcal{T}$ の辺 σ' の $|\sigma'|$ とも一致する）のことを $\mathcal{T}$ の**辺**（または**稜**, edge）という．$\tau\in\mathcal{T}$ の頂点となっている点（それはその点を含む任意の $\tau'\in\mathcal{T}$ の頂点でもある）のことを $\mathcal{T}$ の**頂点**（vertex）という．なお集合 $|\tau|$ のことも"三角形"と呼ぶことがある．

定理 2.1 任意のリーマン面 S に三角形分割が存在する．

注意 1 証明において，S が開リーマン面の場合，可算基底の存在（定理1.1の結論）を利用する．

注意 2 下記の証明で得られる三角形分割においては，各三角形 $(\tau, \boldsymbol{T})$ に対し，局所座標 φ で $|\boldsymbol{T}|\subset\varphi(U_\varphi)$，写像 τ は φ^{-1} の $|\boldsymbol{T}|$ への制限と一致するようなものが存在し，また $\boldsymbol{T}$ の辺 s_1, s_2, s_3，したがって τ の辺 $\sigma_1, \sigma_2, \sigma_3$ は解析弧となっている．このような性質を持つ三角形分割を，以下，**解析的三角形分割**と呼ぶことにする．

注意 3 全く同様な方法によって，あらかじめ与えられた孤立する可算個の解析曲線のそれぞれが，有限個の辺の合併となっているような解析的三角形分割の存在を示すことができる．

（定理の証明） 可算個の座標円板 U_{φ_k} を $S=\bigcup_k U_{\varphi_k}$ であり，しかも任意の点 $Q\in S$ に対し適当な近傍 V をとると，$V\cap\bar{U}_{\varphi_k}\neq\phi$ であるような k は有限個しかないようにとる．このような $\{U_{\varphi_k}\}$ の存在は，S が閉リーマン面なら自明であり，開リーマン面ならパラコンパクト性（1.1.**B**）によって保証される．不要なものは捨てて

$$(*)\qquad k\neq l \quad \text{なら} \quad U_{\varphi_k}\not\subset U_{\varphi_l}$$

が成り立つようにする．

もし，ある k, l に対して $\partial U_{\varphi_k} \subset U_{\varphi_l}$ が成り立つならば，容易にわかるように S は球面と位相同型である（$S = U_k \cup U_l$ である）．このとき，S には簡単に三角形分割（しかも解析的な）を作ることができ，証明は終りである．以下，このようなことが起らない場合を考える；すなわち

$$(**) \qquad k \neq l \quad \text{なら} \quad \partial U_{\varphi_k} \cap \partial U_{\varphi_l} \text{は空集合または有限集合}$$

が成り立つ（定理 1.6 参照）ものと仮定する．

$\bar{U}_{\varphi_k}$ の総数は 2 以上である．1 つの $\bar{U}_{\varphi_k}$ と交るような $\bar{U}_{\varphi_l}$ は有限個しかない．2 つ以上の ∂U_{φ_k} に含まれるような点の全体を E と表す．これは S の孤立部分集合である．

そこで

$$S - \cup_k \partial U_{\varphi_k}$$

の任意の成分 F をしらべる．$F \cap U_{\varphi_k} \neq \phi$ であるような k に対しては，つねに $F \subset U_{\varphi_k}$ である．このような k は 2 つ以上ありうるが，F ごとに 1 つずつとっておく．$\varphi_k(F)$ は $\varphi_k(U_{\varphi_k} - \cup_l \partial U_{\varphi_l})$ の成分でなければならないが，これは $\varphi_k(\partial U_{\varphi_k})$ という Jordan 閉曲線から出発し，"Jordan 閉曲線の内部を横断曲線 (cross-cut) によって 2 つの Jordan 領域に分割する"（付章 (II_1) 参照）という操作を有限回くり返して得られる Jordan 領域である．$\varphi_k(F)$ の境界上には $\varphi_k(E \cap U_{\varphi_k})$ の点が 2 個以上，有限個あり，それらによって $\partial\varphi_k(F)$ がいくつかの単純弧に分けられる．前者を頂点，後者を辺とみて $\varphi_k(F)$ の閉包を曲線多角形と考える．

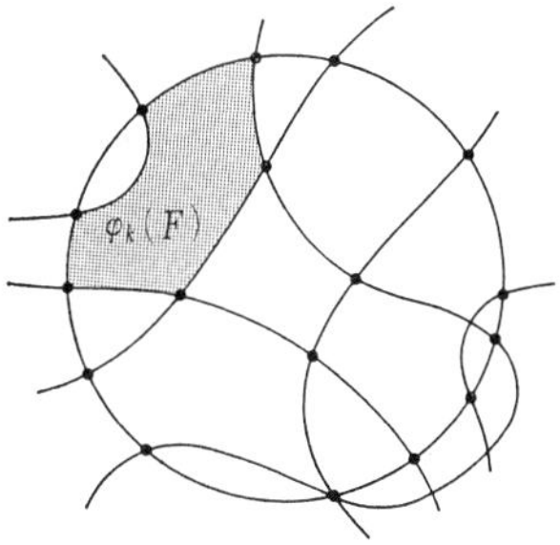

図 2.2

この曲線多角形を，1 つの内点と，それを頂点と結ぶ互いに交らない解析弧によって曲線三角形に分割する．このままでは異なる $|\tau|$ と $|\tau'|$ が 2 つの辺や頂点を共有したりするおそれがあるので，もう 1 回，各三角形の内点と各頂点および各辺の点を結ぶ弧で 6 つの三角形に分割する（**重心細分**という）；この際，各辺の点（図 2.3 の×印の点）は φ^{-1}-像が他の F からのものと一致するようにしておく．この，最後に得られた三角形を $\boldsymbol{T}$ とし，$|\boldsymbol{T}|$ への φ_k^{-1} の制限を τ として，S の三角形を得る．このようにして得られた τ の全体は，S の三角形分割である．∎

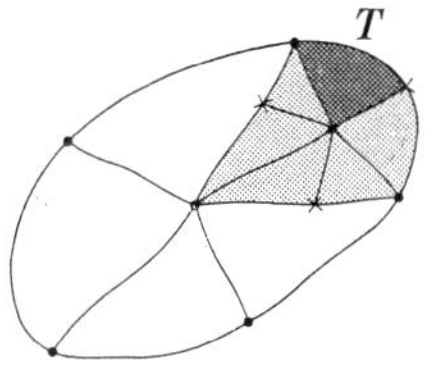

図 2.3

B. じつは，面（＝可算基底を持つ連結な 2 次元位相多様体）には，つねに三角形分割が存在することが知られている．本書ではトポロジーの議論は必要

最少限にとどめたいので，この証明には立ち入らぬことにしたい．以下の議論は“三角形分割が存在すれば”という仮定のもとのものと解釈しても，後で不都合が生じることはない．

面の三角形分割 $\mathcal{T}$ は，つねにつぎの性質（I）—（III）を持つ：

（I）　任意の辺に対し，それを含むような三角形は，ちょうど2つ存在する．つまり，図2.4の太線を与えられた辺とするとき，(α) のようになっていて，(β), (γ) のようなことはない．

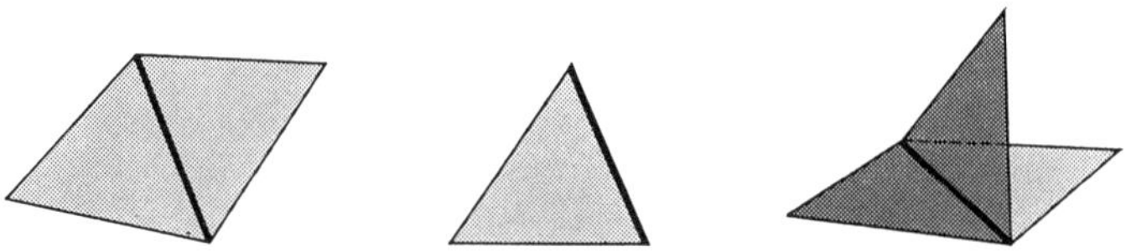

（α）　（β）　（γ）

図 2.4

（II）　任意の頂点に対し，それを含む三角形と辺とは同数個（有限個）あり，それらに適当に番号を付けて τ_k, σ_k ($k=1, \cdots, m$) とし，$|\tau_k| \cap |\tau_{k+1}| = |\sigma_k|$ ($k=1, \cdots, m$；ただし $\tau_{m+1}=\tau_1$) となるようにできる．つまり，図2.5の (δ) のようになり，(ε), (ζ) のようにはならない．

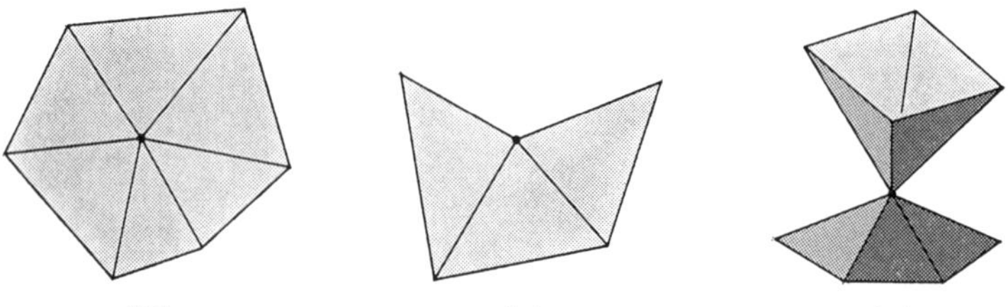

（δ）　（ε）　（ζ）

図 2.5

（III）　任意の $\tau, \tau' \in \mathcal{T}$ に対し，有限個の $\tau_k \in \mathcal{T}$ ($k=1, \cdots, n$) をとって，$|\tau_k| \cap |\tau_{k+1}|$ が辺となる ($k=0, 1, \cdots, n$；ただし $\tau_0=\tau, \tau_{n+1}=\tau'$) ようにできる（図2.6参照）．

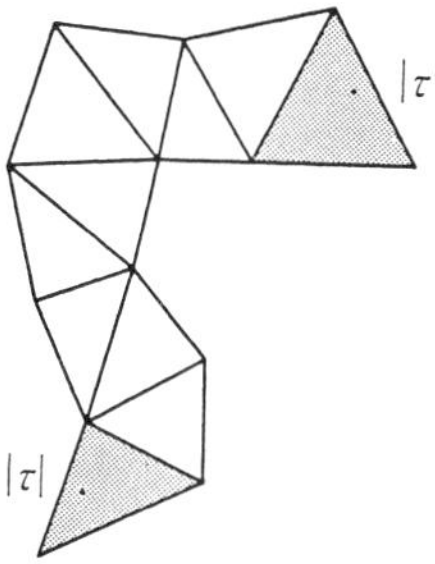

図 2.6

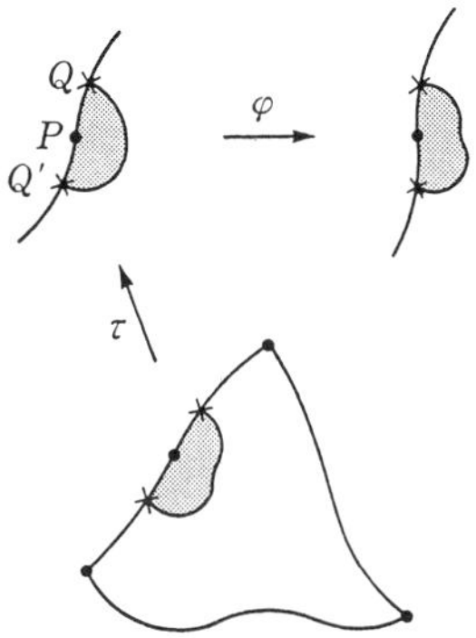

図 2.7

（証明） 概略を述べる．（Ⅰ） 与えられた辺 $|\sigma|$ の点 P で，σ の端点でないものを1つとり，つぎに P の近傍 U を平面の単位円の内部に写す位相写像 φ をとる．σ の点 Q, Q' を P の前後に，σ の部分弧 $\overset{\curvearrowright}{QQ'}$ が U に含まれるようにとる．$|\sigma|\subset|\tau|$ であるような τ に対して，端点以外 $U\cap|\mathring{\tau}|$ にあるような弧で Q', Q を結び，前記の $\overset{\curvearrowright}{QQ'}$ と併せて単純閉曲線を作る．これらの φ-像は Jordan 閉曲線である．いま，もし $|\sigma|\subset|\tau|$ であるような τ が3つ以上あると，上のようにして得られた3つの Jordan 閉曲線は，内部が互いに素で，しかも弧 $\varphi(\overset{\curvearrowright}{QQ'})$ を共有するという矛盾が生じることになる（付章（Ⅱ_3）参照）．一方，$|\sigma|\subset|\tau|$ であるような τ が1つしかないということは，あきらかに起りえない．結局，ちょうど2つということになる．

（Ⅱ） 与えられた頂点を P とする．それを含む三角形は有限個しかない（$\mathcal{T}$ の局所有限性による）．その1つを τ_1 とし，その辺で P を含むものの1つを σ_1 とする．σ_1 を共有するもう1つの三角形（（Ⅰ）によってただ1つ存在する）を τ_2 とする．τ_2 の辺で P を含むもう1つのものを σ_2 とする．以下これをくり返すと，有限回でもとのものに戻って，図 2.5 (δ) のようなものを得る．これで P を含む τ のすべてが得られたならば証明は終りである．もしほかに τ がまだあるなら，同じことをくり返して，再び図 2.5 (δ) のようなものが得られる（そして図 (ζ) のようなものを得る）．このとき，P の近傍 U を平面領域の上に写す位相写像 φ をとり，U 内で P を含む隣りあった辺を順次結んで単純閉曲線を作ると，$\varphi(U)$ の中に2つの Jordan 閉曲線ができるが，これらの内部は $\varphi(P)$ ただ1点を共有するという矛盾が生じる．

（Ⅲ） $|\tau|$ と $|\tau'|$ の点を曲線で結び，それと交る三角形をすべて集めると，求めるものが得られる． ∎

C. 面 X の三角形分割 $\mathcal{T}$ において，三角形 $\tau\in\mathcal{T}$ の辺 σ と三角形 $\tau'\in\mathcal{T}$ の辺 σ' が

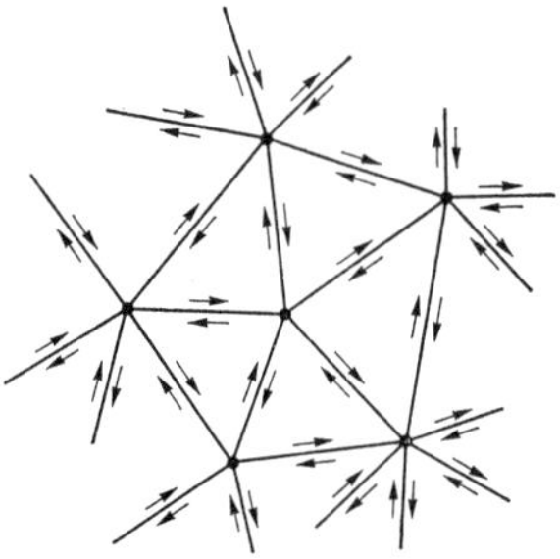

図 2.8

$$|\sigma|=|\sigma'|=|\tau|\cap|\tau'|$$

をみたしているとする．もし単純弧 σ の始点が単純弧 σ' の終点となっている（したがって σ の終点は σ' の始点となっている）ならば，τ と τ' は**同調した向きを持つ**（coherently oriented）という．

$|\tau|\cap|\tau'|$ が辺となっているような $\tau,\tau'\in\mathcal{T}$ がつねに同調した向きを持つとき，X の三角形分割 $\mathcal{T}$ は**同調した向きを持つ**という．

定理 2.2 リーマン面の解析的三角形分割は同調した向きを持つ．

注意 1 一般に，同調した向きを持つ三角形分割が存在するような面は**可符号**（orientable）であるという．したがって，この定理により，**リーマン面は可符号である**ことがいえる．

注意 2 逆に可符号な面には，つねに等角構造が存在することがいえる（証明は **D** で与える）．

（定理の証明） 三角形 $(\tau,\boldsymbol{T})$ の辺 $\sigma=\tau\circ s$ と，三角形 $(\tau',\boldsymbol{T}')$ の辺 $\sigma'=\tau'\circ s$ が

$$|\tau|\cap|\tau'|=|\sigma|=|\sigma'|$$

をみたしているとする．解析的三角形分割なのであるから，$\boldsymbol{T}$ の辺 s，$\boldsymbol{T}'$ の辺 s' は解析弧であり，また局所座標 φ,ψ が存在して

$$|\boldsymbol{T}|\subset\varphi(U_\varphi),\qquad|\boldsymbol{T}'|\subset\psi(U_\psi),$$

そして φ^{-1},ψ^{-1} のそれぞれ $|\boldsymbol{T}|,|\boldsymbol{T}'|$ への制限が τ,τ' と一致している．

s の上に端点と異なる点 z_0 を1つとる．$z_0\in\varphi(U_\varphi\cap U_\psi)$ であるので，z_0 を含む Jordan 領域 Ω で $\varphi(U_\varphi\cap U_\psi)$ に含まれるものがとれる．つぎに s の部分弧 $\gamma=\overrightarrow{z_1z_2}$ を，$z_1\neq z_0$，$z_2\neq z_0$，$z_0\in|\gamma|\subset\Omega$ であるようにとる．さらに，単純弧 $\tilde{\gamma}=\overrightarrow{z_1z_2}$ を，端点以外は $\Omega\cap|\mathring{\boldsymbol{T}}|$ に含まれるようにとる．$\gamma\cdot\tilde{\gamma}^{-1}$ は Jordan 閉曲線で正の向きを持ち（付章（Ⅳ$_1$）参照），その内部は Ω に含まれている．

つぎに $\psi\circ\varphi^{-1}$ による Ω, z_k $(k=0,1,2)$, $\gamma,\tilde{\gamma}$ の像をそれぞれ $\Omega^*,z_k^*,\gamma^*,\tilde{\gamma}^*$ と表す．$\psi\circ\varphi^{-1}$ は Ω から Ω^* の上への等角写像であるので，Jordan 閉曲線 $\gamma^*\cdot(\tilde{\gamma}^*)^{-1}$ は正の向きを持つ（付章（Ⅳ$_3$））．

s' の部分弧 γ' で z_1^* と z_2^* を端点として z_0^* を通るものを考える．これと始点，終点

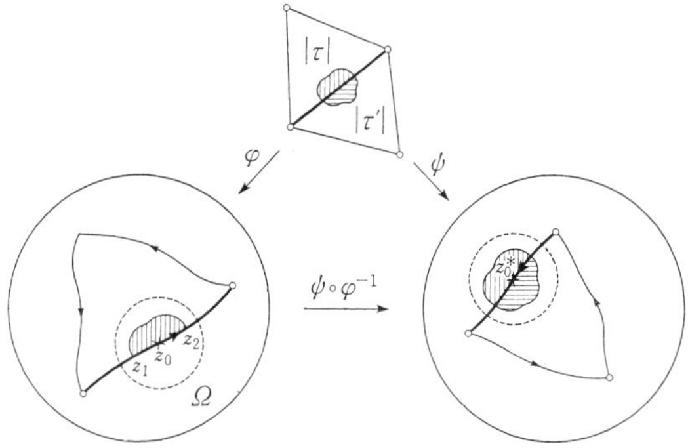

図 2.9

をそれぞれ共有して，端点以外は $\Omega^*\cap|\mathring{\boldsymbol{T}}'|$ に含まれる単純弧 $\tilde{\gamma}'$ も考えると，$\gamma'\cdot(\tilde{\gamma}')^{-1}$ は正の向きを持つ Jordan 閉曲線で，その内部は $\gamma^*\cdot(\tilde{\gamma}^*)^{-1}$ の内部と共通点を持たない．ここで $|\gamma'|=|\gamma^*|$ であるが，γ' の始点がもし z_1^* であると，$\tilde{\gamma}^*\cdot(\tilde{\gamma}')^{-1}$ は Jordan 閉曲線で γ^* はその横断曲線となるが，それでは $\gamma'\cdot(\tilde{\gamma}')^{-1}$ は負の向きを持つことになって（付章（II_2），（IV_2）参照），矛盾が生じる．したがって γ' の始点は z_2^* でなければならない．

こうして，γ' の始点，終点は，それぞれ γ^* の終点，始点，よって σ の始点，終点は，それぞれ σ' の終点，始点となって，三角形 τ と τ' は同調した向きを持つことが示された． ▌

D． 上の注意 2 で予告したつぎの命題を証明する：

任意の可符号な面に等角構造が存在する．

（証明） 与えられた可符号な面 X には，同調した向きを持つ三角形分割 $\mathcal{T}^*$ が存在する．その重心細分 $\mathcal{T}$（**A** 参照；$\mathcal{T}$ の元 τ は写像 $\tau^*\in\mathcal{T}^*$ の小三角形への制限とする）もただちにわかるように，同調した向きを持つ．各 $\tau\in\mathcal{T}$ の頂点は，$\mathcal{T}^*$ の頂点 Q（図 2.10 の●），$\mathcal{T}^*$ のある辺の点で頂点ではないもの Q'（図の×），ある $\tau^*\in\mathcal{T}^*$ の $|\mathring{\tau}^*|$ の点 Q''（図の○）から成る．$\tau=(\tau,\boldsymbol{T})\in\mathcal{T}$ は，$|\boldsymbol{T}|$ の周上における Q, Q', Q'' の原像が正の向きであれば"正"，負の向きであれば"負"と呼ぶことにする（図 2.10 では影を付けたものが正，白地のものが負である）．

$\mathcal{T}^*$ が同調した向きを持つということに基き，辺を共有する $\tau,\tau'\in\mathcal{T}$ は，一方が正ならば他方は必ず負ということが，容易にたしかめることができる．

つぎに，正の $\tau\in\mathcal{T}$ の $|\tau|$ を上半平面 $\hat{\mathbb{H}}_+$（1.6.**G** で用いたもの）の上に，負の $\tau\in\mathcal{T}$

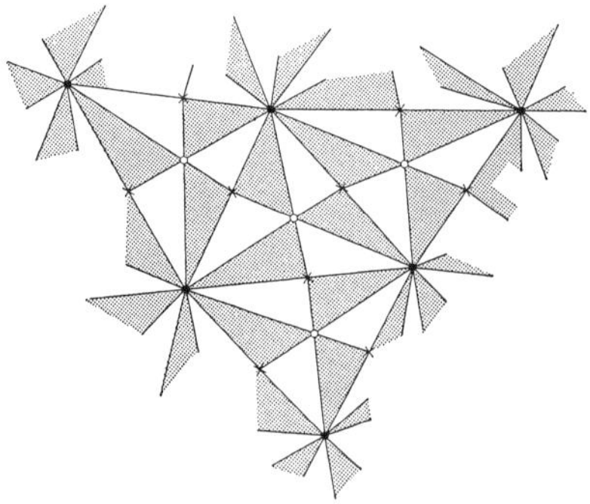

図 2.10

の $|\tau|$ を下半平面 $\hat{\mathbb{H}}_-$ の上に写す位相写像 h_τ で，つぎの条件をみたすものを作る：$h_\tau(Q)=0$, $h_\tau(Q')=1$, $h_\tau(Q'')=\infty$, そして $|\tau|\cap|\tau'|\neq\phi$ のときすべての $P\in|\tau|\cap|\tau'|$ に対して $h_\tau(P)=h_{\tau'}(P)$．このような h_τ は，まず $|\tau|$ を $\hat{\mathbb{H}}_\pm$ の上に写し，Q, Q', Q'' を $0, 1, \infty$ に対応させるような位相写像を作り，つぎにそれを $|\tau|\cap|\tau'|$ に対応する開区間 $(-\infty, 0)$，または $(0,1)$，または $(1,\infty)$ の近傍で，他に影響を与えずに調整することによって得ることができる．

そこで，$\tau\in\mathcal{T}$ ごとに，その正・負に応じて $\hat{\mathbb{H}}_\pm$ のレプリカを考えて $\hat{\mathbb{H}}_\tau$ とおき，

$$\bigcup_{\tau\in\mathcal{T}}\hat{\mathbb{H}}_\tau$$

につぎの同値関係を入れる：$z\in\hat{\mathbb{H}}_\tau$ と $z'\in\hat{\mathbb{H}}_{\tau'}$ は $|\tau|\cap|\tau'|\neq\phi$ であって，$h_\tau^{-1}(z)$ と $h_{\tau'}^{-1}(z')$ が $|\tau|\cap|\tau'|$ の同一点であるとき同値．商空間を S とすると，X からの写像 h がつぎによって定まる：$P\in|\tau|$ のとき $h(P)=h_\tau(P)$．これは X から S の上への位相写像である（1.6.**A** の(6)を用いるとすぐわかる；そこの X といまの X はもちろん別物）．

S は，$|\tau|\cap|\tau'|\neq\phi$ であるような $\hat{\mathbb{H}}_\tau$ と $\hat{\mathbb{H}}_{\tau'}$（一方は $\hat{\mathbb{H}}_+$ で他方は $\hat{\mathbb{H}}_-$）を，$|\tau|\cap|\tau'|$ に対応する閉区間 $[-\infty, 0]$，または $[0,1]$，または $[1,\infty]$ に沿って恒等写像によって接着したものである．$0, 1, \infty$ の近傍におけるレプリカの配置は，h^{-1} を介して X でみれば，**B** の（II）で記述されているとおりである．したがって 1.6.**G** における $w=\sqrt{z}$ のリーマン面の定義と全く同様な方法で，この S に等角構造（各レプリカの内部が $\mathbb{H}_\pm$ と等角同値となるような）を入れることができる．

S の等角構造を位相写像 h^{-1} で X に移して（1.1.**D** の例4参照），X の解析構造が得られる． ∎

E. 境界付きリーマン面 $\bar{S}$ にも三角形分割が存在する．このことの証明は定理2.1のものと同じといってよい（可算基底の存在は，ダブルを考えることによって定理1.1に帰着する）．境界局所座標が現れるが推論は全く同じである．

得られるものは，**A**の注意2と全く同じ意味で，**解析的三角形分割**である．注意3で述べたことも，そのままあてはまる．

$\bar{S}$ の三角形分割 $\mathcal{T}$ は，つぎの性質を持つ（証明は **B** と同様であるので省略

する)：

(I) 任意の辺 $|\sigma|$ に対し，それを含む三角形は1つまたは2つ存在する(図2.4の(α)または(β))．1つ存在するのは $|\sigma|\subset\partial S$ のときで，しかもそのときに限る(このとき $|\sigma|$ を $\mathcal{T}$ の**境界辺**という)．2つ存在するとき，$|\sigma|$ は端点以外 S に含まれる(内部にある辺という)．

(II) S に含まれる頂点に対しては**B**の(II)と同じことが成り立つ．∂S に含まれる頂点に対しては，それを含む三角形の個数は，それを含む辺の個数(有限)より1少なく，それらに適当に番号を付けて τ_k $(k=1,\cdots,m)$，σ_k $(k=1,\cdots,m+1)$ として，

$$|\sigma_1|\subset|\tau_1|, \qquad |\sigma_{m+1}|\subset|\tau_m|$$
$$|\sigma_k|=|\tau_k|\cap|\tau_{k+1}| \qquad (k=1,\cdots,m-1)$$

が成り立つようにできる(図2.5の(ε))．

(III) 任意の $\tau,\tau'\in\mathcal{T}$ に対し有限個の $\tau_1,\cdots,\tau_n\in\mathcal{T}$ を選び $|\tau_k|\cap|\tau_{k+1}|$ が内部にある辺となる($k=0,1,\cdots,n$；ただし $\tau_0=\tau, \tau_{n+1}=\tau'$)ようにできる．

注意 τ が $\bar{S}$ の三角形のとき，$|\tau|\cap S$ はコンパクトとは限らないから，$\bar{S}$ の三角形分割を"そのまま内部 S で考え"ても，S の三角形分割は得られない．

F. $\bar{S}$ の三角形分割が**同調した向きを持つ**ことの定義，そして，任意の解析的三角形分割は同調した向きを持つ(定理2.2参照)ということの証明，これらについては**C**での議論がそのまま成り立つから，くり返さない(内部 S における話だからである)．

つぎに境界辺について論ずるため，用語を導入する．

定義 境界付きリーマン面 $\bar{S}$ の境界に含まれる単純弧または単純ループ γ：$[t_0,t_1]\to\partial S$ が **S について正向き**であるとは，ある境界局所座標 φ と，$\gamma([t_0', t_1'])\subset U_\varphi$，$t_0\leqq t_0'<t_1'\leqq t_1$ をみたすある t_0', t_1' に対し，実関数 $\varphi\circ\gamma$ が $[t_0', t_1']$ で単調増加なことである．

この定義の条件がみたされるか否かは，φ や t_0', t_1' のとり方によらない．こ

のことは等角写像の性質である（付章（Ⅳ₁），（Ⅳ₃）参照）．

直観的な理解をたすけるために，γ が S について正向きであるということを，γ は S を“左に見る向き”を持つともいう．

いま $\bar{S}$ に1つの解析的三角形分割 $\mathcal{T}$ が与えられたとする．$|\sigma|$ が境界辺のとき，単純弧 σ が S について正向きであることは自明である．σ の終点 P を含み $|\sigma|$ とは異なる境界辺 $|\sigma'|$ がただ1つ存在し，P は σ' の始点となっている．もちろん σ' も S について正向きである．σ' の終点について同じことを行うと，その先が得られる．一方，σ の手前のものも存在する．このような操作をくり返していくと，有限回でもとに戻るときと，前後に無限に続くときと，2つの場合がある．どちらの場合も，現れる辺の全体の合併 Γ は，∂S の成分（$\bar{S}$ の**境界成分**という）であり，しかもすべての境界成分はこのようなもので尽くされる．つまり，$\bar{S}$ の境界成分 Γ について

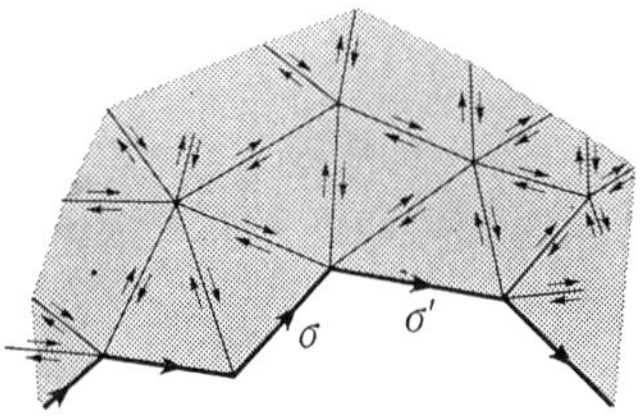

図 2.11

（i） Γ がコンパクトなら，有限個の境界辺 $|\sigma_k|$（$k=1, \cdots, n$）をとって，積 $\sigma_1\cdots\sigma_n$ が S について正向きの単純ループで $\Gamma=|\sigma_1\cdots\sigma_n|$ が成り立つようにできる；

（ii） Γ がコンパクトでないなら，無限個の境界辺 $|\sigma_k|$（$k=0, \pm1, \pm2, \cdots$）をとって，任意の $m<n$ に対して積 $\sigma_m\cdots\sigma_n$ が S について正向きの単純弧で $\Gamma=\bigcup_{k=-\infty}^{\infty}|\sigma_k|$ が成り立つようにできる

ことがわかった．

以上の（i）に，もう少し簡単な考察を加えた結果を，つぎのようにまとめておく：

定理 2.3 Γ を境界付きリーマン面 $\bar{S}$ のコンパクトな境界成分としたとき，1つの解析的三角形分割を考えれば，$|\sigma_k|\subset\Gamma$ をみたす辺のすべてに適当な番号を付けると，積

$$\gamma=\sigma_1\cdots\sigma_n$$

が定義され，それは S について正向きの，区分的に解析的な単純ループで

$$\Gamma=|\gamma|$$

をみたしている．他の解析的三角形分割から得られる γ へは，区分的に解析的な助変数の変換で移ることができる．

Γ で連続な1位微分形式 ω の $\gamma=\sigma_1\cdots\sigma_n$ に沿う積分の値は，Γ のみで定まる．われわれは下式の右辺を左辺の記号で表す：

$$\int_\Gamma \omega=\int_\gamma \omega.$$

とくに $\bar{S}$ がコンパクトのとき，境界成分は有限個で，すべてコンパクトである．これらを $\Gamma_1, \cdots, \Gamma_q$ としたとき，下式の右辺を左辺の記号で表す：

$$\int_{\partial S} \omega=\int_{\Gamma_1} \omega+\cdots+\int_{\Gamma_q} \omega.$$

これは，直観的に表現するなら，"ω を $\bar{S}$ の境界に沿って正の向きに（S を左に見る向きに）積分したもの" といえよう．

注意 定理2.3から "区分的に" を2箇所とも除くことが可能であるが，いろいろの準備が必要なので，この証明には立ち入らないことにする．

2.2 積分定理，留数定理

A. リーマン面 S または境界付きリーマン面 $\bar{S}$ の集合 E が**可測**であるとは，任意の局所座標 φ に対して，集合 $\varphi(U_\varphi \cap E)$ が平面の2次元可測集合であることと定義する．つぎに E が**測度零**の集合であるということは，任意の φ に対して $\varphi(U_\varphi \cap E)$ の2次元測度が0であることとする．リーマン面上の集合の "測度" という概念は（このような形では）定義できないが，"測度零の集合" というもののみを定義したのである．

S または $\bar{S}$ の可測集合 E 上の2位微分 $\Xi=c\,dx\,dy$，すなわち

$$\Xi: \varphi \longmapsto c_\varphi$$

が**可測**であるとは，各 c_φ が $\varphi(U_\varphi \cap E)$ の上で2次元可測な関数であることと定義する．このような Ξ は，つぎの条件をみたすとき，**局所的に可積分**であるという：任意のコンパクト集合 K に対し，各 c_φ が $\varphi(U_\varphi \cap K \cap E)$ において，2次元の意味で可積分（積分可能）．

可測集合 E の局所的に可積分な2位微分 $\Xi = c\,dx\,dy$ の E 上の**積分**

$$\int_E \Xi$$

を，つぎの3段階に分けて定義する：

（i）閉包 $\bar{E}$ がコンパクトで，ある局所座標 φ に対して $\bar{E}\subset U_\varphi$ が成り立つとき，$z=x+iy$ として，

$$\int_E \Xi = \iint_{\varphi(E)} c_\varphi(z)\,dx\,dy$$

とする．φ のとり方によらないことは **1.3.C** の式 (1.6″) より明白であろう．

（ii）$\bar{E}$ がコンパクトのとき，各 $\bar{E}_k$ が（i）の条件をみたす有限個の $E_1, \cdots, E_n$ で，

$$E=E_1\cup\cdots\cup E_n,\qquad k\neq j \text{ のとき } E_k\cap E_j=\phi$$

となっているようなものをとり，

$$\int_E \Xi = \sum_{k=1}^{n}\int_{E_k}\Xi$$

と定義する．右辺各項は（i）で定義された場合のものである．このような $E_1, \cdots, E_n$ が存在することは，つぎのように考えればよい：有限個の座標円板 $U_{\varphi_1}, \cdots, U_{\varphi_n}$ で $\bar{E}$ を覆い

$$E_k=(E-U_{\varphi_1}\cup\cdots\cup U_{\varphi_{k-1}})\cap U_{\varphi_k},\qquad k=1,\cdots,n$$

とする．$E_1, \cdots, E_n$ のとり方によらないことは，ほかに $E_1', \cdots, E_m'$ があったとき，容易にわかるように

$$\sum_{k=1}^{n}\int_{E_k}\Xi=\sum_{k,l}\int_{E_k\cap E_l'}\Xi=\sum_{l=1}^{m}\int_{E_l'}\Xi$$

が成り立つことによって示される．

S が閉リーマン面の場合や $\bar{S}$ がコンパクトの場合は，以上によって，すべての場合が尽くされた．その他の場合に対しては，リーマン面が可算基底を持つこと（定理1.1）を用いる．

（iii）$\bar{E}$ がコンパクトでないとき．可算個の開集合 O_ν $(\nu=1,2,\cdots)$ で，$\bar{O}_\nu$ はコンパクト，$\bar{O}_\nu\subset O_{\nu+1}$，そして $\bigcup_{\nu=1}^{\infty} O_\nu$ が S または $\bar{S}$ にひとしくなっているものが存在する（**1.1.B** の（i）参照）．$\bar{O}_\nu\cap E$ での積分は（ii）で定義できるが，いま，もし

$$\lim_{\nu\to\infty}\int_{\bar{O}_\nu\cap E}|\Xi|<\infty$$

ならば Ξ は E で**可積分**であると定義し，このときに限って

$$\int_E \Xi=\lim_{\nu\to\infty}\int_{\bar{O}_\nu\cap E}\Xi$$

の右辺（有限な値）によって左辺を定義する．可積分であるか否かと，可積分のときの積分の値が O_ν のとり方に依存しないことは，つぎの事実に注目すれば，簡単に示すことができる：他の列 O_ν' （$\nu=1,2,\cdots$）を与えたとき，任意の ν に対し

$$\bar{O}_\nu\subset O_\mu',\qquad \bar{O}_\nu'\subset O_{\mu'}$$

をみたす番号 μ,μ' が存在する．

以上で，すべての場合に対する定義が完了した．

なお，(iii) において，可積分でないとき

$$\int_E|\Xi|=\infty$$

という略記法を用いることがある； Ξ に対する積分は，$\Xi=|\Xi|$ でない限り，考えないことにする．

便宜上，(i), (ii) のときは，Ξ はつねに**可積分**なものと約束する．

B． 可測集合の上の可積分な2位微分について下記の諸性質があることは，上の定義に戻って，たしかめることができる；証明は簡単であるので省略する：

$$\left|\int_E\Xi\right|\leqq\int_E|\Xi|\ ;$$

k_1, k_2 が定数のとき

$$\int_E(k_1\Xi_1+k_2\Xi_2)=k_1\int_E\Xi_1+k_2\int_E\Xi_2\ ;$$

また，

$$\int_{E_1}\Xi+\int_{E_2}\Xi=\int_{E_1\cup E_2}\Xi+\int_{E_1\cap E_2}\Xi\ ;$$

E が測度零なら

$$\int_E \Xi = 0.$$

h が C^1-級の全単射で h^{-1} も C^1-級のとき，Ξ の引戻し（1.3.**G** 参照）に関して

$$\int_E h^{\#}\Xi = \int_{h(E)} \Xi.$$

リーマン面 S 上の 1 位微分 $\omega = a\,dz + b\,\overline{dz}$ に対して

$$\omega \wedge * \bar{\omega} = i(|a|^2 + |b|^2)\,dz \wedge \overline{dz} = 2(|a|^2 + |b|^2)\,dx\,dy$$

は 2 位微分であるが

$$\|\omega\|^2 = \int_S \omega \wedge * \bar{\omega}$$

で定義される $\|\omega\|$ を ω の**ノルム**という．ノルムが有限な $\omega_k = a_k dz + b_k \overline{dz}$ $(k=1, 2)$ に対して，2 位微分 $\omega_1 \wedge * \bar{\omega}_2 = i(a_1\bar{a}_2 + b_1\bar{b}_2)\,dz \wedge \overline{dz} = 2(a_1\bar{a}_2 + b_1\bar{b}_2)\,dx\,dy$ は可積分であるが

$$(\omega_1, \omega_2) = \int_S \omega_1 \wedge * \bar{\omega}_2$$

を**内積**という．不等式

$$|(\omega_1, \omega_2)| \leqq \|\omega_1\| \cdot \|\omega_2\|$$

が成り立つ．

C． つぎの定理は “Stokes の定理” と呼ばれることもある：

定理 2.4（Green の定理） （i） 閉リーマン面 S の C^1-級の 1 位微分 ω に対し

$$\int_S d\omega = 0.$$

（ii） コンパクトな境界付きリーマン面 $\bar{S}$ の C^1-級の 1 位微分 ω に対し

$$\int_S d\omega = \int_{\partial S} \omega$$

（証明） （i） S の解析的三角形分割 $\mathcal{T}$ を 1 つ考える．これは有限個の三角形から成る．$\mathcal{T} = \{\tau_1, \cdots, \tau_n\}$ とおき，また $E_1 = |\tau_1|$，$E_2 = |\tau_2| - E_1, \cdots, E_n = |\tau_n| - E_{n-1}$ とおけ

ば，定義（**A** の（ii））より $\int_S d\omega=\sum_{k=1}^{n}\int_{E_k}d\omega$ であるが，各 τ_k の辺は測度零の集合であるので

$$\int_S d\omega=\sum_{k=1}^{n}\int_{|\tau_k|}d\omega$$

が成り立つ．ところで，各 $\tau=\tau_k$ に対しては，$|\tau|\subset U_\varphi$ であるような局所座標 φ が存在し，$\int_{|\tau|}d\omega$ については，つぎのことが成り立つ：実変数表示 $\omega=\alpha\,dx+\beta\,dy$ を考え，三角形 $\tau=(\tau, \boldsymbol{T})$ の辺を $\sigma_j=\tau\circ s_j$ $(j=1,2,3)$ としたとき，平面における Green の公式（例えば一松[32]，p. 119）によって

$$\int_{|\tau|}d\omega=\iint_{|T|}\left(\frac{\partial\beta_\varphi}{\partial x}-\frac{\partial\alpha_\varphi}{\partial y}\right)dx\,dy=\sum_{j=1}^{3}\int_{s_j}(\alpha_\varphi\,dx+\beta_\varphi\,dy)=\sum_{j=1}^{3}\int_{\sigma_j}\omega.$$

いま考えているのは解析的三角形分割であるので，$\tau^{-1}=\varphi$ であることに注意する．τ_k の辺を σ_{kj} $(j=1,2,3)$ とおけば

$$\int_S d\omega=\sum_{k=1}^{n}\sum_{j=1}^{3}\int_{\sigma_{kj}}\omega \tag{2.1}$$

ということになるが，解析的三角形分割は同調した向きを持っているので $|\sigma_{kj}|=|\sigma_{li}|$ であるような 2 辺に対しては

$$\int_{\sigma_{kj}}\omega+\int_{\sigma_{li}}\omega=0$$

となり，その結果 (2.1) の右辺は 0 となる．

（ii） まず

$$\int_{\bar{S}}d\omega=\int_S d\omega$$

である．$\bar{S}$ の解析的な三角形分割をとって，上と同様に考えて (2.1) を得る．右辺において，内部の辺に関する積分は互いに打ち消しあい，境界辺に関する積分のみが残る．それが $\int_{\partial S}\omega$ にひとしいことは，定理 2.3 とそれにつづく議論から，ただちにわかる． ∎

つぎの系も **Green の定理**と呼ばれる：

系 （i） 閉リーマン面 S の C^1-級関数 f と C^1-級 1 位微分 ω について

$$\int_S df\wedge\omega=-\int_S f\,d\omega \tag{2.2}$$

（ii） コンパクトな境界付きリーマン面 $\bar{S}$ の同様な f,ω について

$$\int_S df\wedge\omega=\int_{\partial S}f\omega-\int_S f\,d\omega. \tag{2.3}$$

（証明） 1位微分 $f\omega$ に定理を適用し，$d(f\omega)=df\wedge\omega+f\,d\omega$ という関係を用いればよい． ∎

閉形式 ω に対しては，以上の公式で $d\omega=0$ としたものが得られるのは当然である．例えば，定理の（ii）より，“コンパクトな境界付きリーマン面 $\bar{S}$ の閉形式 ω は

$$\int_{\partial S}\omega=0 \tag{2.4}$$

をみたす”を得る．

D． とくに $\bar{S}$ の正則微分は閉形式だから (2.4) をみたす．Cauchy の積分定理（または Cauchy の基本定理）がこれなのであるが，実際に使用するときは，つぎのように，仮定を少しゆるめたものが便利である：

定理 2.5（Cauchy の積分定理） コンパクトな境界付きリーマン面 $\bar{S}$ で連続，その内部 S で正則な1位微分 ω に対して

$$\int_{\partial S}\omega=0.$$

（証明） $\omega=a\,dz$ に対して定理 2.4 の証明をやりなおせばよい．$\bar{S}$ の解析的三角形分割 $\mathcal{T}$ を1つとったとき，各三角形 $(\tau, \boldsymbol{T})$ に対して

$$\sum_{j=1}^{3}\int_{\sigma_j}\omega=\sum_{j=1}^{3}\int_{s_j}a_\varphi\,dz=0$$

が成り立つ；このことは $|\boldsymbol{T}|$ で連続，その内部 $|\mathring{\boldsymbol{T}}|$ で正則な関数に対する Cauchy の積分定理（吉田 [70]，p. 202）によって保証される．したがって (2.1) に相当して

$$0=\int_S d\omega=\sum_{k=1}^{n}\sum_{j=1}^{3}\int_{\sigma_{kj}}\omega$$

を得，$\int_{\partial S}\omega=0$ が導かれる． ∎

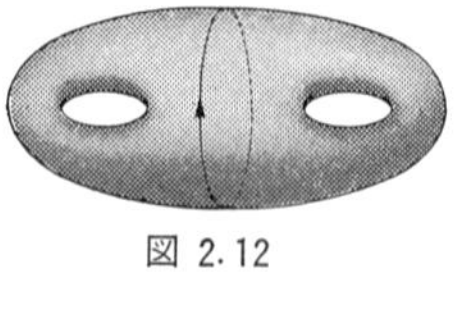

図 2.12

注意 Cauchy の積分定理という名は，定理 1.4 の系 (1.4.F) で ω が正則微分である場合に対しても与えられている．これら2つの間には密接な関係がある（これら2つを特別な場合として含む1つの定理がある）のであるが，本書ではこれ以上立ち入らない．必要に応じて使い分ける

ことにする．単純曲線でないときは定理 1.4 の系でないと使えないが，一方，図 2.12 ではγはホモトープ零ではないので，$\int_\gamma \omega=0$ を主張するには定理 2.5 を（γの左側において）用いないといけない．

E． Cauchy の積分定理から，その拡張となるつぎの定理が導かれる：

定理 2.6（留数定理）（i） 閉リーマン面 S の有理型微分の極は有限個しかなく，それらの留数の和は 0 である．

（ii） コンパクトな境界付きリーマン面 $\bar{S}$ の内部 S で有理型で有限個の極 $P_1, \cdots, P_n$ を持ち，さらに $\bar{S}-\{P_0, \cdots, P_n\}$ で連続な微分型式 ω について

$$\frac{1}{2\pi i}\int_{\partial S}\omega=\sum_{k=1}^{n}\mathrm{Res}(\omega, P_k)$$

が成り立つ．

（証明）（ii）の証明．点 P_k の座標円板 V_k を，$\bar{V}_k$ が互いに素で S に含まれるようにとる $(k=1, \cdots, n)$．$\bar{S}_0=\bar{S}-\bigcup_{k=1}^{n}V_k$ は境界付きリーマン面で，ω はそこで正則であるので

$$\int_{\partial S_0}\omega=0$$

である．各 $\bar{V}_k$ は境界付きリーマン面であり，

$$\int_{\partial S_0}\omega=\int_{\partial S}\omega-\sum_{k=1}^{n}\int_{\partial V_k}\omega$$

をみたしている．ここで 1.3.**E** で示したとおり

$$\frac{1}{2\pi i}\int_{\partial V_k}\omega=\mathrm{Res}(\omega, P_k)$$

であるので，求める等式を得る．

（i）の証明も同様である；上の式のうち ∂S に沿う積分がなくなったものを使う．∎

注意 平面の関数論における **Cauchy の積分公式**

$$f(a)=\frac{1}{2\pi i}\int_{\partial D}\frac{f(z)dz}{z-a}$$

は，リーマン面ではどうなるであろうか？ いま，コンパクトな境界付きリーマン面 $\bar{S}$ で連続，その内部 S で正則な関数 f と，点 $Q\in S$ について考えよう．Q で留数 1 の 1 位極を持ち，$\bar{S}-\{Q\}$ で連続，$S-\{Q\}$ で正則な微分形式 ω_Q をとれば，それが何であっても

$$(*)\qquad f(Q)=\frac{1}{2\pi i}\int_{\partial S} f\omega_Q$$

が成り立つことが，留数定理より，ただちに導かれる．そして，このようなω_Qは存在する（$\bar{S}$のダブルで定理3.5を用いよ）．けれども，このままではまだCauchyの積分公式というわけにはいかない．$1/(z-a)$はaについても正則であるという性質があるが，これに相当する性質を持ったω_Qによる式（$*$）でなければ，Cauchyの積分公式の拡張の名に値しない．このようなω_Qの存在については，本書では立ち入る余裕がない（興味ある読者は楠[1]，pp. 188 ff や中井[4]，pp. 158 ff などを見られたい）．

fを非定値の有理型関数とし，wを複素定数としたとき，有理型関数$1/(f-w)$と微分形式dfの積

$$\omega=\frac{df}{f-w}$$

はつぎのような極を持ち，それ以外では正則である（吉田[70]，pp. 136—138参照）：

fのν位w点で1位極を持ち，留数はν

fのμ位極で1位極を持ち，留数は$-\mu$.

いま

$$\begin{aligned} N_w &= (f\text{ の }w\text{ 点の位数の総和})\\ &= (\text{重複度を込めて数えた }f\text{ の }w\text{ 点の総数})\\ N_\infty &= (f\text{ の極の位数の総和})\\ &= (\text{重複度を込めて数えた }f\text{ の極の総数})\end{aligned}$$

とおくと，まず留数定理の（i）よりただちに

定理 2.7 閉リーマン面上の非定値の有理型関数fは，任意の$w\in\mathbb{C}$に対し，$N_w=N_\infty$ ($<\infty$) をみたす．

つまり，閉リーマン面上の非定値の有理型関数は，すべての$w\in\hat{\mathbb{C}}$を同数回（有限回）ずつとっている．この数N_∞をfの**葉数**と名づける（この語感は後述の被覆面（6.4.C）を考えれば理解できよう）．

つぎに，留数定理（ii）から容易に

定理 2.8（偏角の原理） コンパクトな境界付きリーマン面 $\bar{S}$ の内部 S で有理型な f が，S には有限個しか極がなく，そこ以外の $\bar{S}$ では C^1-級であるとする．複素数 w に対して，もしすべての $P\in\partial S$ に対して $f(P)\neq w$ ならば

$$\frac{1}{2\pi i}\int_{\partial S}\frac{df}{f-w}=N_w-N_\infty.$$

注意 左辺は回転数（付章C参照）であって

$$\frac{1}{2\pi i}\int_{\partial S}d\arg(f-w)$$

と表すことがあり，これが“偏角の原理”という名称の由来である．

F． つぎに，調和関数の積分公式を導こう：

定理 2.9 $\bar{S}$ はコンパクトな境界付きリーマン面，u,v は $\bar{S}$ で C^1-級，S で調和な関数，f は $\bar{S}$ で C^1-級の関数とすると

$$\int_{\partial S}*du=0 \tag{2.5}$$

$$\int_{\partial S}f*du=\int_S df\wedge *du \tag{2.6}$$

$$\int_{\partial S}(u*dv-v*du)=0. \tag{2.7}$$

（証明） $\omega=*du$ に対する (2.4), (2.3) が，それぞれ (2.5), (2.6) である．$v=f$ に対する式 (2.6) は

$$\int_{\partial S}v*du=\int_S dv\wedge *du,$$

これの u と v を交換すると

$$\int_{\partial S}u*dv=\int_S du\wedge *dv.$$

$du\wedge *dv=dv\wedge *du$ であるので，これらの右辺は等しい．辺々引算して (2.7) を得る． ∎

上記の (2.6) の右辺に現れている量

$$\int_S du_1\wedge *du_2=\int_S\left(\frac{\partial u_1}{\partial x}\frac{\partial u_2}{\partial x}+\frac{\partial u_1}{\partial y}\frac{\partial u_2}{\partial y}\right)dx\,dy$$

のことを u_1 と u_2 の**混合 Dirichlet 積分**といい，記号

$$D_S[u_1, u_2]$$

で表す．$u_1=u_2=u$ のとき u の **Dirichlet 積分**というが，このときは $D_S[u]$ と表す；すなわち

$$D_S[u]=\int_S du\wedge *du=\int_S\left(\left(\frac{\partial u}{\partial x}\right)^2+\left(\frac{\partial u}{\partial y}\right)^2\right)dx\,dy.$$

u が実数値なら

$$D_S[u]\geqq 0$$

で，等号が成り立つのは，u が定数のときに限る．

G． 最後に，(2.5), (2.6), (2.7) に現れた，$*du$ を含む ∂S に沿う積分についてしらべておこう．φ を1つの境界局所座標とし，$[x_0, x_1]\subset\varphi(U_\varphi\cap\partial S)$ への φ^{-1} の制限を σ とおくと

$$\int_\sigma *du=\int_{\varphi\circ\sigma}\left(-\frac{\partial(u\circ\varphi^{-1})}{\partial y}dx+\frac{\partial(u\circ\varphi^{-1})}{\partial x}dy\right)$$

であるが，$|\varphi\circ\sigma|=[x_0, x_1]$ であるので $dy=0$ となり

$$\int_\sigma *du=-\int_{x_0}^{x_1}\frac{\partial(u\circ\varphi^{-1})}{\partial y}dx$$

となる．この $\dfrac{\partial}{\partial y}$ は上半平面方向の微分であるので，$\bar{S}$ に戻っていうなら"∂S と垂直な S 方向の微分"となる．平面での微積分では，このようなものを**内法線方向の微係数**といい

$$\frac{\partial}{\partial n}$$

と表す習慣である．さらに dx は線素であるので，リーマン面でもそれにならい，公式の直観的理解をたすけるために

$$\int_\sigma *du \quad を \quad -\int_\sigma\frac{\partial u}{\partial n}ds \quad と表現する$$

ことがある．∂S に沿う積分は，2.1.**F** で定義したとおり，上のような σ での積分の和にひとしいので，(2.5), (2.6), (2.7) をそれぞれつぎのように書き表すこともある：

(2.8) $$\int_{\partial S}\frac{\partial u}{\partial n}ds=0$$

$$-\int_{\partial S} f\frac{\partial u}{\partial n}ds = D_S[f, u] \tag{2.9}$$

$$\int_{\partial S}\left(u\frac{\partial v}{\partial n} - v\frac{\partial u}{\partial n}\right)ds = 0. \tag{2.10}$$

注意 等式(2.5)—(2.10)も**Green の定理**と呼ばれることが多い.

2.3 閉リーマン面の標準形

A. 空間Xに三角形分割を与えるということは，見方を変えると，三角形を辺に沿って接着してXを作るということもできる．辺を共有する2つの三角形は，同一点に対応する2点を同一視するという方法で，Xは平面の三角形の接着によって得られていると考えるのである．

Xが閉リーマン面，またはコンパクトな境界付きリーマン面の場合は，三角形は有限個しかなく，しかも全体がつながっている（2.1.**B**の(III)）．平面内で，全体をつないでおくならば，1つの多角形の辺の接着でXを構成しているということもできる．例えば図2.13の右の円環面は同図左の32個の三角形を接着したものとも，また，それらを接着して作った同図中央の長方形の対向する2辺の接着（1.6.**A**の例2と同様な）で作られたものとも考えられる．

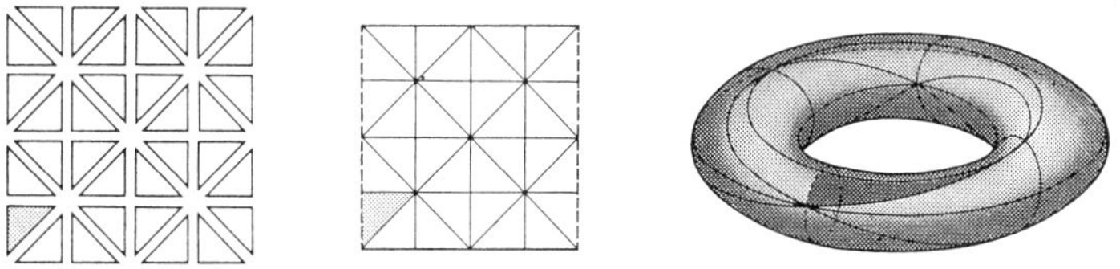

図 2.13

平面上の多角形の辺上の点をどのように同一視するかを記述するときは，つぎのような方法をとる．まず図示する際は，接着される辺を同じ文字で表し，矢印を記入してそれらが重なるように接着されることを示す．話がトポロジーに限られているので，同一視を定める写像そのものは本質に関係はなく，例えば2辺を同じ長さとして，頂点から矢印の向きに同じ距離にある2点を同一視するものとしておいて十分である．

つぎに，式で表すときは，多角形の周の上に正の向きに並んだ順に辺を表す文字を書き，矢印が負向きになっているときは指数 -1 を付けるものとする．上に扱った例は，図 2.14 左および同図中央の式で与えられる：

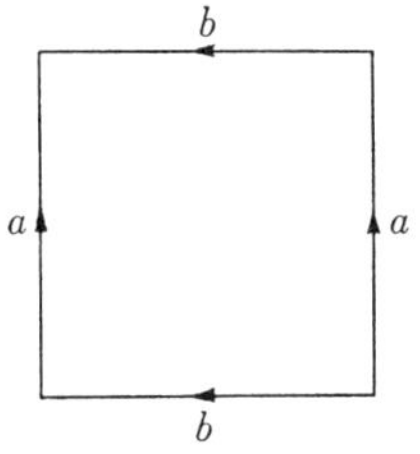

$aba^{-1}b^{-1}$

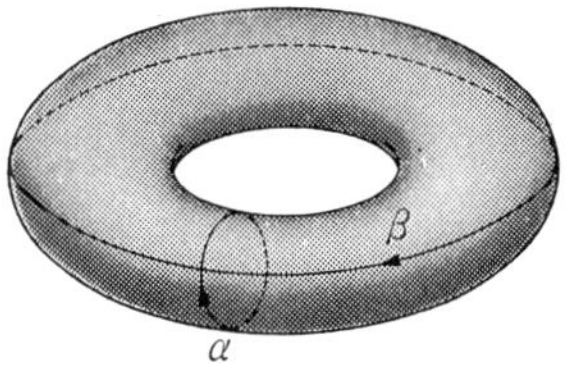

図 2.14

注意 1 図 2.14 では文字 a の表す 2 辺が接着されて，同図右の円環面の閉曲線 α となっており，a の矢印の向きがそのまま図の α の矢印の向きとなっている．b と β についても同様である．以下論ずる一般の場合も，接着された辺の表す曲線には，通常このような向きを入れる．

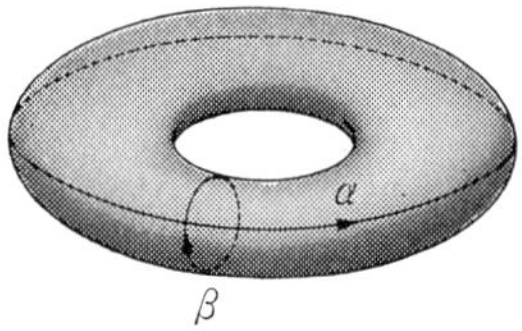

図 2.15

注意 2 図 2.15 も上述の接着で得られた面である．図 2.14 のものとは異なっているように見えるが，同一視によって得られた位相空間 (1.6.**A**) と，その上の 2 つの閉曲線 α, β の組として，全く同じものである．つまり，同じものを表す“立体模型”が 2 つ以上あるというにすぎない．

B． コンパクトな面 S において，1 つの三角形分割から出発して，上のように辺の同一視が指定された多角形を作る．つぎに，これに対して，

（ア） $\sim\sim aa^{-1} \sim\sim$ や $\sim\sim a^{-1}a \sim\sim$ の形の 2 辺は，接着する（その結果 a と a^{-1} の共有する頂点は消える）．

（イ） 隣りあわない 2 頂点をつなぐ弧に沿って切り離し，他の辺に沿って接着する（図 2.16）．

という変形を加える．その結果得られるものは，やはり，辺の同一視が指定された多角形であり，指定にしたがって接着したものがもとの S であることは明白であろう．得られるものがなるべく簡単なものであるように変形したいのであるが，S が可符号のとき，多角形の周上には同じ文字がつねに 2 回現れ，し

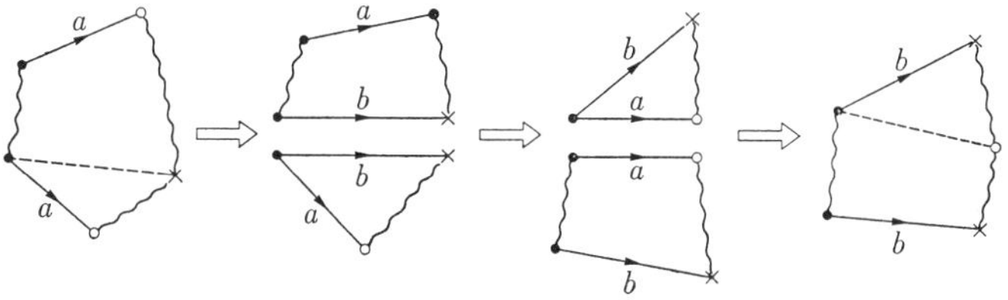

図 2.16

かも一方のみに指数 -1 がつくことがいえ，上述の変形（ア），（イ）を適当に有限回行って，**“標準形”** と呼ばれるものが得られるのである．変形の手順の詳細は他書（例えば，田村 [62]，pp. 199—207）にゆずり，ここでは証明なしに結論のみをつぎのようにまとめておく：

定理 2.10 球面と位相同型ではない可符号なコンパクトな面 S には，つぎの性質を持った単純閉曲線

$$\alpha_k, \beta_k, \qquad k=1, \cdots, p$$

（ただし $1 \leqq p < \infty$）が存在する：これらは同じ基点 $P_0 \in S$ を持ち，しかも任意の 2 つは P_0 以外に共有点を持たず，さらに $4p$ 角形から

$$a_1 b_1 a_1^{-1} b_1^{-1} \cdots a_p b_p a_p^{-1} b_p^{-1}$$

で表される辺の接着を行って得られる面から S の上へ位相写像が存在し，接着された辺 a_k, b_k に対応する曲線の像はそれぞれ α_k, β_k（$k=1, \cdots, p$）である．

定義 定理の条件をみたす $\alpha_1, \beta_1, \cdots, \alpha_p, \beta_p$ を，“P_0 を基点とする S の**標準切断** (canonical cut)” という．

直観的にいうなら，S を $\alpha_1, \beta_1, \cdots, \alpha_p, \beta_p$ で切り開くと $4p$ 角形（それは単連結！）が得られることになる．

以下で $p=3$ のときの様子を解説するが，一般の p でも話は全く同じであり，S は p 個の把手（とって）の付いた球面と位相同型になる．

図 2.17 のように 3 つの塊 $a_k b_k a_k^{-1} b_k^{-1}$（$k=1, 2, 3$）に分けると見やすい．$S$ は球面に 3 つの穴をあけ，おのおのに沿って，穴のあいた円環面を穴のふちに沿って接着したものとなる．それは，球面に把手を 3 個付けたものである．

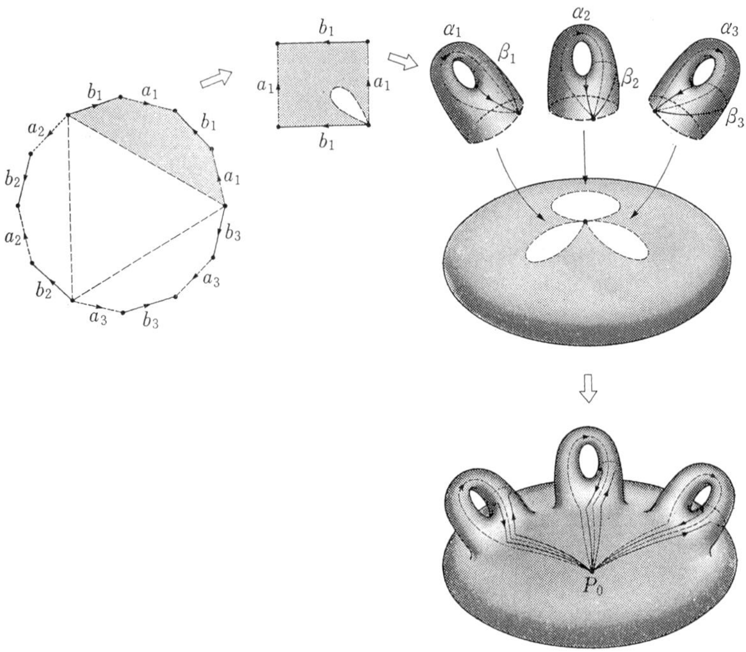
b_1
a_1
a_1
b_1
α_1
β_1
α_2
β_2
α_3
β_3
b_1
a_1
b_1
a_2
b_2
a_1
a_2
b_3
b_2
a_3
a_3
b_3
P_0

図 2.17

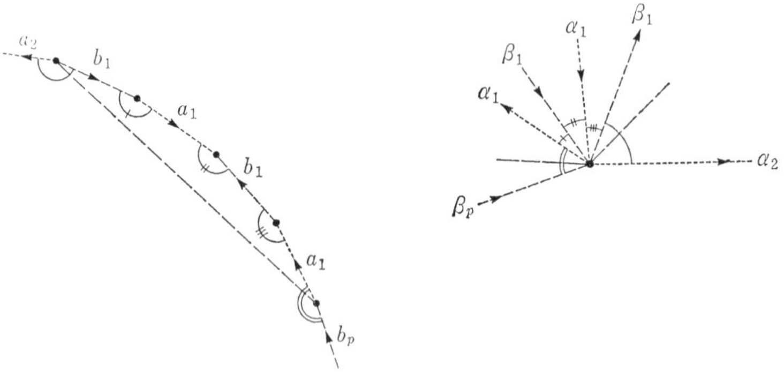
b_1
a_1
b_1
a_1
b_p
α_1
β_1
β_1
α_1
α_2
β_p

図 2.18

注意 1 点 P_0 の近傍における α_k, β_k の成す角領域と，$4p$ 角形の頂点の近傍との対応は図 2.18 のようになっている．P_0 での α_k と β_k の交り方は，“β_k は α_k の右側から左側に抜ける” ようになっている．

注意 2 単純閉曲線 α_k, β_k $(k=1, \cdots, p)$ は，それぞれ図 2.19 の P_0 を基点とする閉曲線 $\zeta_k\tilde{\alpha}_k\zeta_k^{-1}$，$\zeta_k\tilde{\beta}_k\zeta_k^{-1}$ とホモトープである．これらは単純閉曲線ではないが，$4p$ 角形の接着のことから離れて，直接に曲線 α_k, β_k を論じるとき（例えば α_k, β_k に沿う積分を考えるときなど）便利なことも多い．

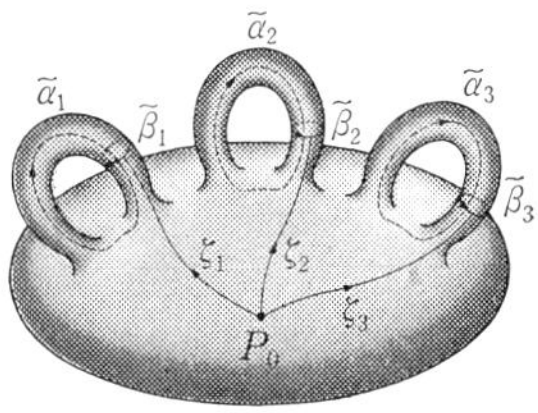

図 2.19

注意 3 S が閉リーマン面のときは，区分的に解析的な α_k, β_k から成る標準切断が存在する．じっさい，解析的な三角形分割から出発し，定理 2.10 の証明に用いる変形（イ）はすべて区分的に解析的な弧による切離しを用いたものとすればよい．

C． 球面と位相同型な S は単連結である．

それ以外の S の基本群は上述の標準形を用いて求めることができる．その証明の詳細は再び他書（例えば，田村 [62]，定理 7.16 (p. 256) や松本 [44]，定理 16.10 (p. 249) など）にゆずり，ここでは証明なしに結論のみを述べておく：

定理 2.11 球面と位相同型ではない可符号なコンパクトな面の，P_0 を基点とする標準切断 $\alpha_1, \beta_1, \cdots, \alpha_p, \beta_p$ について，つぎのことが成り立つ：

（i） 基本群 $\pi_1(S, P_0)$ は $[\alpha_k], [\beta_k]$ $(k=1, \cdots, p)$ から生成され，

（ii） $\prod_{k=1}^{p} [\alpha_k][\beta_k][\alpha_k]^{-1}[\beta_k]^{-1}=1$ が成り立ち，

（iii） これ 1 つが基本関係である．

証明は略したが，直観的な解説を述べておこう．

（ii）は辺の同一視 $a_1b_1a_1^{-1}b_1^{-1}\cdots a_pb_pa_p^{-1}b_p^{-1}$ を与えた $4p$ 角形をみればあきらかであろう．

（i）は，要するに P_0 を基点とする任意の閉曲線 γ は，α_k, β_k の有限個の積とホモトープであるということである．このことは γ が α_k, β_k と有限個の点でしか交らないならば，図 2.20 のように考えて，簡単にわかることである；

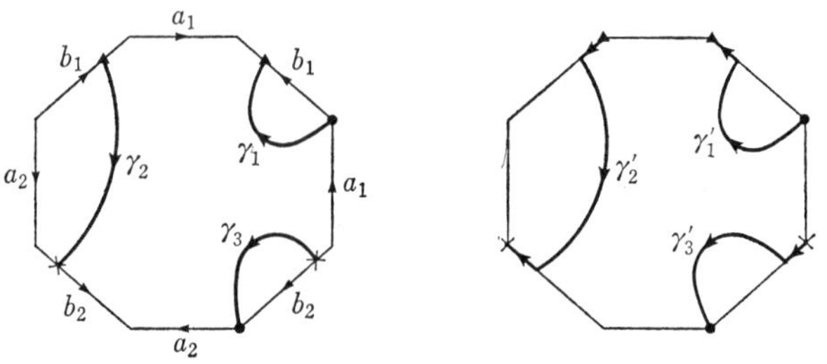

図 2.20

図では $p=2$ であるが，$\gamma=\gamma_1\gamma_2\gamma_3$ は $\gamma_1'\gamma_2'\gamma_3'$ とホモトープであり，それは $\beta_1\cdot\beta_1^{-1}\alpha_2\cdot\beta_2$ と，したがって $\alpha_2\beta_2$ とホモトープである．

(iii) の意味は，単位元1を表すには，(ii) と $[\alpha_k]^{\pm 1}[\alpha_k]^{\mp 1}=1$，$[\beta_k]^{\pm 1}[\beta_k]^{\mp 1}=1$ ($k=1,\cdots,p$；"自明な関係" という) の左辺の積しかないということである．"基本関係" (fundamental relation) の正確な定義は上に引用した田村 [62]，pp.246—248 を見ていただきたい ((ii) の左辺のみを，"関係子" (relater) という；松本 [44]，pp.224—227)．

D. この定理の1つの応用として，標準切断の元の個数 $2p$ は一定であるということが導かれる．いま，$\pi_1(S,P_0)$ をその交換子群で割って得られる加群 (可換群) を H と表わそう．これは P_0 のとり方によらず，S のみで (同型の意味で) 定まるものである．定理2.11からわかるように，H は $[\alpha_1],[\beta_1],\cdots,[\alpha_p],[\beta_p]$ (の剰余類) を基底とする自由加群でなければならない．基底の個数は一定で，それは階数と呼ばれるが，いま H の階数は $2p$ ということがわかったのである (加群の性質については，代数学の本のほか，トポロジーの本 (田村 [62]，pp.80—90) にもある)．

定義 可符号なコンパクトな面 S において，もしそれが球面と位相同型ならば $p=0$ とし，それ以外ならば，標準切断の元の個数 (一意に定まる偶数) の半分を p とし，こうして定まる非負の整数 p を S の**種数** (genus) という．

種数は S の位相的性質を完全に決定する．すなわち，**2つの可符号なコンパクトな面が位相同型であるための必要十分条件は種数が一致することである．**

必要性は，$2p$が（基本群）／（その交換子群）の階数にひとしいということからすぐ出る．十分性は，標準切断で切り開いた$4p$角形の間で考えれば，あきらかであろう．

注意 1 第4章で，調和微分を利用することによって，個々の閉リーマン面Sについてのみではあるが，pが三角形分割や標準切断への変形のしかたによらないで，Sのみで定まることが証明されている．定理4.3の$\dim H(S)=2p$がそれである．

可符号なコンパクトな面Sの，三角形分割$\mathcal{T}$（同調した向きを持つ要はない）において，

$$\chi(\mathcal{T})=(\text{三角形の数})-(\text{辺の数})+(\text{頂点の数})$$

とおくと

$$\chi(\mathcal{T})=2-2p$$

が成り立つ．じっさい，**B**における変形（ア），（イ）において，（多角形の数）$-$(辺の数)／2＋(頂点の同値類の数）は不変であり，それは標準形aa^{-1}（Sが球面と位相同形のとき；田村[62]，p.206），$a_1b_1a_1^{-1}b_1^{-1}\cdots a_pb_pa_p^{-1}b_p^{-1}$では，それぞれ，2，$2-2p$に等しい．

この関係によって，$\chi(\mathcal{T})$は三角形分割によらずSのみで定まることがわかる．$\chi(\mathcal{T})$をSの**Euler数**という．

注意 2 加群

$$H=\frac{(\text{基本群})}{(\text{交換子群})}$$

は，（整係数）1次元**ホモロジー群**というものと同型で（田村[62]，定理7.19，p.262），その階数$2p$は1次元**Betti数**と呼ばれている．

E． 定理2.11の第2の応用は，**1.4.H**につづく話である．それは，**1.4.G**の話を，単連結でない閉リーマン面に拡張することになる．

Sを種数が$p\geqq 1$の閉リーマン面とし，区分的になめらかな曲線から成る標準切断$\alpha_1,\beta_1,\cdots,\alpha_p,\beta_p$を考える．基点を$P_0$とする．

Sの閉形式ωの，区分的になめらかな閉曲線γに沿う積分を考えるのであるが，まずγの基点がP_0のとき，$[\gamma]$は$[\alpha_k],[\beta_k]$の有限個の積とホモトープ

であるから，ω に無関係な，適当な整数 m_k, n_k をとると

$$(*) \qquad \int_\gamma \omega = \sum_{k=1}^{p} \left\{ m_k \int_{\alpha_k} \omega + n_k \int_{\beta_k} \omega \right\}$$

が成り立つ．γ の基点 P が P_0 と異なるときは，P_0 から P に至る曲線 ζ をとって，$\zeta\gamma\zeta^{-1}$ に対する式（＊）をみればよい．じっさい

$$\int_{\zeta\gamma\zeta^{-1}} \omega = \int_\gamma \omega$$

であるから，この γ に対しても式（＊）が成り立つことになる．

もし（＊）の右辺が 0 ならば，定理 1.2 の条件（c）がみたされることになるので，つぎの命題が得られる：

閉形式 ω が完全形式であるための必要十分条件は

$$(2.11) \qquad \int_{\alpha_k} \omega = \int_{\beta_k} \omega = 0, \qquad k = 1, \cdots, p$$

が成り立つことである．

とくに正則微分や調和微分が完全形式となるための必要十分条件である．

また，調和関数 u が共役を持つための必要十分条件は

$$(2.12) \qquad \int_{\alpha_k} * du = \int_{\beta_k} * du = 0, \qquad k = 1, \cdots, p.$$

注意 1 式（＊），(2.11)，(2.12) における α_k, β_k は，2.3.**B** の注意 2 における $\tilde{\alpha}_k, \tilde{\beta}_k$ におきかえてもよい．

注意 2 式（＊）における整数 m_k, n_k $(k=1, \cdots, p)$ は，導き出し方からわかるように，γ のみに依存して ω にはよらない．一意的か？ どのように依存するか？ これらの問には 4.2.**C** で答えることにする．

2.4 コンパクトな境界付きリーマン面の標準形

A. 境界付きリーマン面の三角形分割には，境界辺というものがあった．であるから，三角形を接着して多角形を作り，その辺の接着で面を作るとき，

接着が行われない辺が現れる.

解析的な三角形分割から出発して，閉リーマン面のときと同じように，とりあえず，辺の接着の指定された多角形を作り，つぎに適当な変形を行って標準形を得る．再び証明は省略して結果のみをまとめておきたい（証明の載っている邦書が見あたらないので，Massey [43]，pp. 38—42 や Seifert-Threlfall [58]，pp. 142—143）を引用しておく）.

定理 2.12 コンパクトな境界付きリーマン面 $\bar{S}$ が q $(\geqq 1)$ 個の境界成分 $\Gamma_1, \cdots, \Gamma_q$ を持つとすると，つぎの性質を持った，区分的に解析的な単純閉曲線

$$\alpha_k, \beta_k \qquad (k=1, \cdots, p)$$
$$\gamma_l \qquad (l=1, \cdots, q)$$

（ただし $0 \leqq p < \infty$ で，$p=0$ のとき α_k, β_k は存在しないものとする），および区分的に解析的な単純弧

$$\delta_l \qquad (l=1, \cdots, q)$$

が存在する：（i）α_k, β_k は同じ基点 $P_0 \in S$ を持ち，S 内にあり，しかも任意の 2 つは P_0 以外に共有点をもたない；（ii）$|\gamma_l| = \Gamma_l$ で，γ_l は S に関して正の向きを持つ（定理 2.3 の意味で）；（iii）δ_l は P_0 を始点とし γ_l の基点 P_l を終点とし，任意の 2 つは P_0 以外に共有点を持たず，どの $\alpha_k, \beta_k, \gamma_l$ とも，P_0, P_l 以外に共有点を持たない；（iv）$4p+3q$ 角形から

$$a_1 b_1 a_1^{-1} b_1^{-1} \cdots a_p b_p a_p^{-1} b_p^{-1} d_1 c_1 d_1^{-1} \cdots d_q c_q d_q^{-1}$$

で表される辺の接着を行って得られる空間から $\bar{S}$ の上へ位相写像が存在し，接着された辺 a_k, b_k, d_l に対応する曲線の像はそれぞれ $\alpha_k, \beta_k, \delta_l$ $(k=1, \cdots, p,$ $l=1, \cdots, q)$ であり，辺 c_l の端点が同一視されて得られる単純閉曲線の像は γ_l $(l=1, \cdots, q)$ である.

定義 定理の条件をみたす閉曲線の系

$$\alpha_1, \beta_1, \cdots, \alpha_p, \beta_p; \quad \delta_1 \gamma_1 \delta_1^{-1}, \cdots, \delta_q \gamma_q \delta_q^{-1}$$

を，P_0 を基点とする $\bar{S}$ の**標準切断**という.

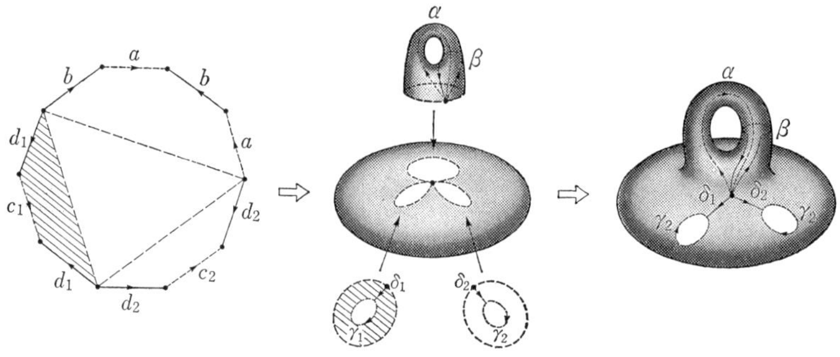

図 2.21

以下, $p=1$, $q=2$ のときの様子を解説するが, 一般の p でも話は全く同じであり, S は球面に p 個の把手を付け, q 個の穴をあけたものと同位相になる. 図 2.21 のように 3 つの塊 $aba^{-1}b^{-1}$, $d_1c_1d_1^{-1}$, $d_2c_2d_2^{-1}$ に分けると見やすい. $\bar{S}$ は, 球面に 3 つの穴をあけ, おのおのに沿って, 穴のあいた円環面 ($aba^{-1}b^{-1}$ に対応) と円環 ($d_lc_ld_l^{-1}$, $l=1,2$ に対応) を接着したものとなる. つまり $\bar{S}$ は球面に 1 つの把手を付け, 2 個の穴をあけたものということになる.

B. $\bar{S}$ の基本群についても, 閉面のときと同じように, 結果のみ述べて証明は他書にゆずりたい. 定理 2.11 の証明として引用した本の論法にさかのぼると, 結局は 1 点のみを共有する有限個の円周の合併 (田村 [62], p.209 の図 6.18) となっている空間の基本群の計算となる. $[\alpha_k], [\beta_k]$ $(k=1,\cdots,p)$ と $[\delta_lc_l\delta_l^{-1}]$ $(l=1,\cdots,q)$ が生成元となり,

$$\prod_{k=1}^{p}[\alpha_k][\beta_k][\alpha_k]^{-1}[\beta_k]^{-1}\prod_{l=1}^{q}[\delta_lc_l\delta_l^{-1}]=1$$

がただ 1 つの基本関係となる.

ここまでは, 定理 2.11 の直後に述べた直観的解説からも理解できることと思う.

ところで, 上記の基本関係によって, $[\delta_lc_l\delta_l^{-1}]$ は生成元として不要であり, しかもそれを除いてしまうと, 自明な関係しか残らなくなる. したがって

定理 2.13 $q\,(\geqq 1)$ 個の境界成分を持つコンパクトな境界付きリーマン面 $\bar{S}$

の，点 $P_0 \in S$ を基点とする標準切断 $\alpha_1, \beta_1, \cdots, \alpha_p, \beta_p$，$\delta_1\gamma_1\delta_1^{-1}, \cdots, \delta_q\gamma_q\delta_q^{-1}$ について，つぎのことが成り立つ：基本群 $\pi_1(\bar{S}, P_0)$ は，

$$[\alpha_k], [\beta_k] \qquad (k=1, \cdots, p)$$
$$[\delta_l\gamma_l\delta_l^{-1}] \qquad (l=1, \cdots, q-1)$$

から生成された自由群である．

注意 $p=0$ のときは $[\alpha_k], [\beta_k]$ を，$q=1$ のときは $[\delta_l\gamma_l\delta_l^{-1}]$ を欠く．$p=0$ かつ $q=1$ なら $\bar{S}$ は単連結で $\pi_1(\bar{S}, P_0)$ は単位元のみから成ることになる．

C． 閉リーマン面の場合と同様に，可換群 $H=$(基本群)/(交換子群) を考えることによって，H の階数 $2p+q$ は $\bar{S}$ のみで決まることがいえる．q は ∂S の成分の個数であったから，p も標準切断に依存しないことになる．

この p を，コンパクトな境界付きリーマン面 $\bar{S}$ の**種数**と定義する．

位相同型であるための必要十分条件は，種数 p と境界 ∂S の成分の個数 q がそれぞれ一致することである．

$\bar{S}$ の三角形分割 $\mathcal{T}$ について，$\chi(\mathcal{T})=$(三角形の数)$-$(辺の数)$+$(頂点の数) を **Euler 数**という．$\mathcal{T}$ に関係ない数で

$$\chi(\mathcal{T})=2-2p-q$$

が成り立つ．

$\bar{S}$ のダブル $\hat{S}$ は閉リーマン面である．$\bar{S}$ の三角分割 $\mathcal{T}$ を与え，反転 j を用いて各三角形 $\tau \in \mathcal{T}$ の $j \circ \tau$ を作り，$\mathcal{T}$ の τ 全部と併せると，$\hat{S}$ の三角形分割 $\hat{\mathcal{T}}$ を得る．Euler 数について，あきらかに

$$\chi(\hat{\mathcal{T}})=2\chi(\mathcal{T})$$

が成り立つ．一方 $\hat{S}$ の種数 $\hat{p}$ について $\chi(\hat{\mathcal{T}})=2-2\hat{p}$ が成り立っているから，結局

(2.13) $\qquad \hat{p}=2p+q-1$

を得る．この結果は，図 2.22 からも，

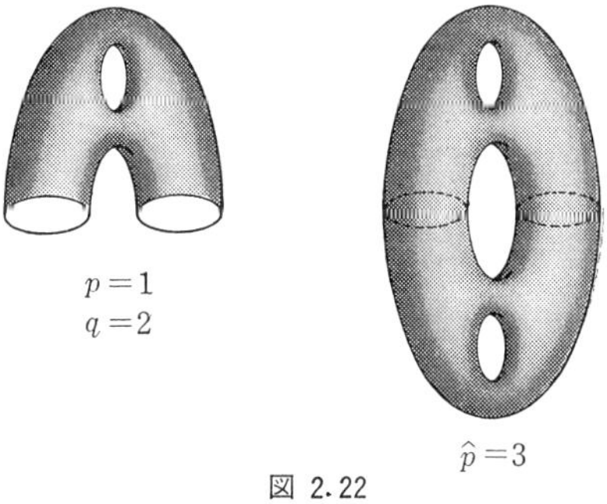

図 2.22

直観的な理解ができるであろう.

D. $\bar{S}$ の区分的になめらかな閉曲線 γ に沿う, $\bar{S}$ の閉形式 ω の積分については, 2.3.**E** の議論をそのままくり返すことができる.

閉形式 ω が完全形式であるための必要十分条件は

$$(2.14)\qquad \int_{\alpha_k}\omega=\int_{\beta_k}\omega=0,\ \int_{\gamma_l}\omega=0,\qquad k=1,\cdots,p,\ \ l=1,\cdots,q-1$$

である. $l=q$ は入れても入れなくてもよい ; (2.3) ですでに $\int_{\partial S}\omega=0$ が示されているから.

とくに, 調和関数が共役を持つための必要十分条件は

$$(2.15)\qquad \int_{\alpha_k}*du=\int_{\beta_k}*du=0,\ \int_{\gamma_l}*du=0\qquad \begin{matrix}k=1,\cdots,p\\ l=1,\cdots,q-1\end{matrix}$$

である.

第3章　関数の存在

3.1　調和関数の性質

A.　平面領域では，有理関数，指数関数，三角関数など，いろいろな関数があって，そこを定義域とする非定値の有理型関数の存在は全く自明のことである．しかし **1.1.A** のように定義されたリーマン面では，存在は自明なことではない．

任意のリーマン面の上に非定値の有理型関数が存在することを証明するには，有理型微分の存在を示せばよい．じっさい，2つの有理型微分の商（1.3.**E**）は有理型関数であるから．有理型微分の存在を示すには，特異点を持った調和関数の存在を示せばよい．じっさい，調和関数 u から正則微分 $du+i*du$ が得られるから．

リーマン面上に，特異点を持った調和関数を構成するため，調和関数一般について，いくつかの性質を知っておく必要がある．

まず2種類の鏡像の原理から始める．境界付きリーマン面 $\bar{S}$ で連続，その内部 S で調和な関数 u は，もし境界である条件をみたすなら，S のダブル $\hat{S}$ の調和関数に，反転（1.6.**E** 参照）を利用して拡張できる，というのがその内容である．後での応用のため，もう少し一般的な場合について述べる．

調和関数の鏡像の原理（その1）　境界付きリーマン面 $\bar{S}$ の境界 ∂S の相対的開集合 A を与えたとき，$S\cup A$ で連続，S で調和，A の各点で値が0であるような調和関数 u は，$\hat{S}-(\partial S-A)$ で調和な関数

$$\hat{u}=\begin{cases} u & S\cup A \text{ において} \\ -u\circ j & \hat{S}-\bar{S} \text{ において} \end{cases}$$

に接続される．

（証明）このように定義された $\hat{u}$ が $\hat{S}-\partial S$ の各点で調和，$\hat{S}-(\partial S-A)$ で連続であることは自明であろう．問題は A の各点における調和性である．正則関数に関しては Painlevé の定理から導かれる鏡像の原理がある（例えば吉田[70]，p.268 参照）が，これに相当するものが調和関数に対しても成り立つ．邦書の中で定理として記載している教科書が見あたらないので，つぎの演習書を引用しておく：辻・小松[67]，p.275（例題9）．これによって A での $\hat{u}$ の調和性が保証されて，$\hat{u}$ は $\hat{S}-(\partial S-A)$ 全体で調和ということになる．　▮

調和関数の鏡像の原理（その2）　境界付きリーマン面 $\bar{S}$ の境界 ∂S の相対的開集合 A を与えたとき，$S\cup A$ で C^1-級，S で調和，A の各点では境界局所座標 φ に関して

$$\frac{\partial(u\circ\varphi)}{\partial y}=0$$

が成り立つ（このことは φ のとり方によらない；2.2.**G** で述べたような意味で"内法線方向の微係数が0である"とも表現できよう）ような関数 u は，$\hat{S}-(\partial S-A)$ で調和な

$$\hat{u}=\begin{cases} u & S\cup A \text{ において} \\ u\circ j & \hat{S}-\bar{S} \text{ において}\end{cases}$$

に接続される．

（証明）前同様 A の各点における $\hat{u}$ の調和性のみが問題であるが，平面の調和関数の性質（辻・小松[67]，p.276（例題10））がこれを保証する．　▮

B． 値が負にならない調和関数に対して，Harnack の定理というものがある．基礎となるのはつぎのものである：閉円板 $|z-z_0|\leqq r$ で連続，内部 $|z-z_0|<r$ で調和で $\geqq 0$ であるような調和関数 v に対しては，$0<\rho<r$ を与えたとき，$|z-z_0|\leqq\rho$ をみたすすべての z に対して

$$\frac{r-\rho}{r+\rho}v(z_0)\leqq v(z)\leqq\frac{r+\rho}{r-\rho}v(z_0).$$

これを **Harnack の不等式**という．証明は吉田[70]，p.201 参照（このままの形では載っていないが，そこでの議論に含まれている）．

リーマン面では，つぎの形に述べることができよう：リーマン面 S の点 P の

座標円板 U と $P\in V$, $\bar{V}\subset U$ であるような任意の開集合 V に対し，正の定数 c, c' が存在して，U で調和で，$\geqq 0$ であるような任意の関数 v に対し，任意の $Q\in V$ において

$$(*) \qquad cv(P)\leqq v(Q)\leqq c'v(P)$$

が成り立つ.

Harnack の定理（その 1） リーマン面 S の調和関数を元とする族 $\mathcal{U}$ があり，すべての $u\in\mathcal{U}$ は S で $\geqq 0$ であるとする．もしある点 $P_0\in S$ で $\{u(P_0)|u\in\mathcal{U}\}$ が有界なら，任意のコンパクト集合 K に対し，定数 $M=M(K)$ が存在し，すべての $u\in\mathcal{U}$，すべての $P\in K$ に対し

$$u(P)\leqq M$$

が成り立つ.

（証明） $P\in S$ に対して

$$s(P)=\sup_{u\in\mathcal{U}} u(P)$$

とおくと，(*) によって $\{P|s(P)<\infty\}$ も $\{P|s(P)=\infty\}$ も開集合である．リーマン面は連続であるから一方は空集合でなければならないが，P_0 は前者に属しているので，前者が S と一致することになる．つまり，S の各点で $s(P)<\infty$ ということがわかった．つぎに (*) において，V を小さくとることによって，c と c' を 1 に近くできることに注意する．これは，Harnack 不等式に戻って，ρ を小さくすることによって可能である．したがって，$P\in S$ において，任意に与えられた $\varepsilon>0$ に対して，P の近傍 V を小さくとることによって，任意の $u\in\mathcal{U}$ と任意の $Q\in V$ に対して $(1-\varepsilon)u(P)\leqq u(Q)\leqq(1+\varepsilon)u(P)$ が成り立つことになり，上限をとれば

$$(1-\varepsilon)s(P)\leqq s(Q)\leqq(1+\varepsilon)s(P)$$

が $Q\in V$ で成り立つことになる．これは s が S で連続であることを示す．よって，任意のコンパクト集合 K で有界となる. ∎

Harnack の定理（その 2） リーマン面 S の調和関数の増加列

$$u_1\leqq u_2\leqq\cdots$$

が，もしある点 $P_0\in S$ で

$$\lim_{n\to\infty} u_n(P_0)<\infty$$

ならば，S の調和関数 u に任意のコンパクト集合で一様収束する.

（証明） 点$P\in S$ごとに考えれば$\lim u_n(P)$は存在して，上限にひとしい．関数$u_n-u_1\geqq 0$ $(n=1,2,\cdots)$に対して前定理を適用するならば

$$u(P)=\lim_{n\to\infty}u_n(P)<\infty$$

が各点Pで成り立つ．つぎに$m>n$として，$u_m-u_n\geqq 0$に対して前定理と同様にHarnack不等式を適用すると，任意の点Pと任意の$\varepsilon>0$に対してPの近傍Vが存在し，任意の$Q\in V$に対して

$$(1-\varepsilon)(u_m(P)-u_n(P))\leqq u_m(Q)-u_n(Q)\leqq(1+\varepsilon)(u_m(P)-u_n(P))$$

が成り立つ．Vはm,nには依存しないから，このことからVでu_nがuに一様収束していることが示される．よって，uはSで調和であり，u_nのuへの収束は任意のコンパクト集合上一様であることになる． ∎

注意 この議論には，Sが可算基底を持つこと（定理1.1）は用いていない．

3.2 Dirichlet問題とその応用

A． リーマン面S上の実数値連続関数vがつぎの条件をみたすとき**劣調和**(subharmonic)であるという： 各点$P\in S$に対し$P\in U_\varphi$であるような局所座標φを適当にとると，$\varphi(P)=z_0$としたとき，$\{z||z-z_0|\leqq r\}\subset\varphi(U_\varphi)$であるようなすべての$r$ $(0<r)$に対して

$$v(P)\leqq\frac{1}{2\pi}\int_0^{2\pi}v(\varphi^{-1}(z_0+re^{i\theta}))d\theta$$

が成り立つ．

注意 劣調和関数の定義は，ふつう連続性をもっと弱い条件でおきかえるが，われわれの目的のためには連続なもので十分である．

$-v$が劣調和であるような実数値連続関数vは，**優調和**(superharmonic)であるという．

つぎに，vをSの劣調和な連続関数，$U=U_\varphi$を座標円板とする．このとき，$\bar{U}$で連続，Uで調和，∂Uでvと一致するような調和関数uがただ1つ存在する．これは，$u\circ\varphi^{-1}$が円板$\varphi(\bar{U}_\varphi)$における$v\circ\varphi^{-1}$のPoisson積分となるようにすれば構成できる．φによらずUのみによって一意的に決まることは，あきらかであろう．Sの関数

$$v_U=\begin{cases} v & S-U\text{において} \\ u & U\text{において} \end{cases}$$

は連続で劣調和であるが，これを“v の U における**調和化**”ということにする．

リーマン面 S の劣調和な連続関数を元とする族 $\mathcal{V}\neq\phi$ がつぎの3条件をみたすとき，**Perron 族**という：

（a） 上向き有向（すなわち，$v_1, v_2\in\mathcal{V}$ に対して，$v_1\leqq v$，$v_2\leqq v$ をみたす $v\in\mathcal{V}$ が存在する）；

（b） 局所調和化について閉じている（すなわち，$v\in\mathcal{V}$ と U に対してつねに $v_U\in\mathcal{V}$）；

（c） 優調和な上界がある（すなわち，連続な優調和関数 w が存在して，すべての $v\in\mathcal{V}$ に対して $v\leqq w$）．

Perron の定理 リーマン面 S の任意の Perron 族 $\mathcal{V}$ に対し，関数

$$u(P)=\sup\{v(P)\,|\,v\in\mathcal{V}\}$$

は S で調和である．

（証明）（この証明は楠[1]，pp. 76—77，戸田[2]，p. 52，中井[4]，p. 56と同じである）．任意の $P_0\in S$ に対し P_0 中心の座標円板 $U=U_\varphi$ をとり，ここで u が調和なことを示す．

まず $v_n\in\mathcal{V}$ を $u(P_0)=\lim v_n(P_0)$ が成り立つようにとる．つぎに，$v_1'=v_1$，$\max(v_1', v_2)\leqq v_2'$ なる $v_2'\in\mathcal{V}$，$\max(v_2', v_3)\leqq v_3'$ なる $v_3'\in\mathcal{V},\cdots$ を順次にとり，それらの調和化 $(v_n')_U=u_n\in\mathcal{V}$ をとると，それらの間に

$$v_n\leqq v_n'\leqq u_n\leqq u,\quad u_n\leqq u_{n+1}\qquad (n=1,2,\cdots)$$

の関係がある．劣調和関数 $v_n'+(-w)$ の U での調和化は $u_n+(-w)_U\leqq 0$ であるので，$\lim u_n(P_0)=u(P_0)<\infty$ を得る．したがって，U で Harnack の定理（その2）を適用して U の調和関数

$$\tilde{u}=\lim u_n$$

が得られる．定義から $u(P_0)=\tilde{u}(P_0)$ が成り立つ．

以下，任意の点 $P\in U$ で

$$u(P)=\tilde{u}(P)$$

が成り立つことを示す．まず $u(P)=\lim \hat{v}_n(P)$ をみたす $\hat{v}_n\in\mathcal{V}$ をとる．$\max(v_1', \hat{v}_1)\leqq v_1''$ なる $v_1''\in\mathcal{V}$，$\max(v_2', \hat{v}_2, v_1'')\leqq v_2''$ なる $v_2''\in\mathcal{V}$，$\max(v_3', \hat{v}_3, v_2'')\leqq v_3''\in\mathcal{V}$ なる $v_3'',\cdots$ を順次にとり，それらの調和化 $(v_n'')_U=\hat{u}_n\in\mathcal{V}$ をとると，それらは

$$\hat{v}_n \leqq \hat{u}_n \leqq u,\ \ \hat{u}_n \leqq \hat{u}_{n+1} \qquad (n=1,2,\cdots)$$

をみたすから，上と同様な理由で，U の調和関数

$$\hat{u}=\lim \hat{u}_n$$

が得られる．とくに $\hat{u}(P)=u(P)$ である．一方，

$$v_n' \leqq v_n'' \qquad (n=1,2,\cdots)$$

が成り立つから $u_n \leqq \hat{u}_n$，よって $\tilde{u} \leqq \hat{u} \leqq u$ が U で成り立ち，したがって $\tilde{u}(P_0)=\hat{u}(P_0)$ が成り立つ．すると，U の調和関数 $\hat{u}-\tilde{u} \geqq 0$ が P_0 で最小値をとることになるので，$\hat{u} \equiv \tilde{u}$，よって特に $\tilde{u}(P)=\hat{u}(P)=u(P)$.

つまり U で $u \equiv \tilde{u}$ となり，u が U で調和なことが示された． ▌

B． リーマン面の部分領域 D と，その境界 ∂D の連続関数 f を与えたとき，$\bar{D}$ で連続，D で調和，∂D で f と一致する関数 u を求める問題を **Dirichlet 問題**という．一般には解 u が存在するとは限らないし，存在しても一意的とは限らない（$\bar{D}$ がコンパクトなら最大最小値の原理によって一意的である）．われわれにとっては，以下に述べる程度のものがあれば，今後の応用のためには十分である：

定理 3.1 リーマン面 S の部分領域 D の境界 ∂D は，$\neq \phi$ で，コンパクトであり，各点 $Q_0 \in \partial D$ に対し Q_0 を含み $S-D$ に含まれる解析弧が存在するとする（$\bar{D}$ 自体がコンパクトである必要はない）．すると，∂D の任意の連続関数 f に対して，つぎのような関数 u が存在する：

$$\bar{D} \text{ で連続，} D \text{ で調和，} \partial D \text{ で } u=f.$$

（証明）（証明は楠［1］，pp. 77—81，戸田［2］，pp. 9—13 および p. 53，中井［4］，pp. 57—58 と同じである）．f は実数値関数として一般性を失わない．$|f|$ の ∂D における上界の1つ $M>0$ をとり，つぎの2条件をみたす D の劣調和な連続関数 v の全体を $\mathcal{V}_f$ とする：

（ア） 任意の $Q \in \partial D$ で

$$\varlimsup_{D \ni P \to Q} v(P) \leqq f(Q)\ ;$$

（イ） 集合 $\{P \in \bar{D} | v(P) \geqq 0\}$ はコンパクト．

すると $\mathcal{V}_f$ は $\neq \phi$ で（$v \equiv -M$ は $\mathcal{V}_f$ に属するから），Perron 族である（条件（a），（b）は自明，（c）は $w \equiv M$ をとればよいことが最大値の原理（劣調和関数に対するもので，証明は調和関数に対するものと全く同じ）からいえる）．Perron の定理により D の調和関数

$$u(P)=\sup_{v\in\mathcal{V}_F} v(P)$$

が得られる．以下，各点 $Q_0\in\partial D$ において

$$(*)\qquad \lim_{D\ni P\to Q_0} u(P)=f(Q_0)$$

が成り立つことをいえば，定理の証明は完結する（これをいえば u は $\bar{D}$ の連続関数に拡張されて ∂D で $u=f$ となる，ということの証明は，例えば吉田[70]，pp. 31—32 参照）．

境界点 Q_0 に対し，Q_0 中心の座標円板 U_φ（$\varphi(U_\varphi)=\{z||z|<r_0\}$ とする）を適当にとると，つぎの条件をみたす関数 b（**バーリア**という）が存在する：

（i） $D\cap U_\varphi$ で連続，その各成分で劣調和；

（ii） $\lim_{V\ni P\to Q_0} b(P)=0$；

（iii） $0<\rho<r_0$ であるような任意の ρ に対し，$D\cap\varphi^{-1}(\{z|\rho<|z|<r_0\})$ における上限は <0.

これの存在の証明を後にまわして，（＊）の証明に入る．

$\varepsilon>0$ を任意に与える．ρ（$0<\rho<r_0$）を小さくとって $V=\varphi^{-1}(\{z||z|<\rho\})$ とおき，任意の $Q\in V\cap\partial D$ に対して $|f(Q)-f(Q_0)|<\varepsilon$ が成り立つようにする．つぎに $D\cap\varphi^{-1}(\{z|\rho/2\leqq|z|\leqq\rho\})$ における b の上限を $-m$（$m>0$）とおき，D の関数

$$b_V(P)=\begin{cases}\max(b(P)/m,-1) & P\in D\cap V\\ -1 & P\in D-V\end{cases}$$

を考える．これは，あきらかに，D で連続，劣調和，$\geqq-1$ であり，また

$$\lim_{P\to Q_0} b_V(P)=0,$$

そして Q_0 以外の各 $Q\in\bar{V}\cap\partial D$ に対して

$$\overline{\lim_{P\to Q}}\, b_V(P)<0$$

をみたす．

$v_0=(f(Q_0)+M)b_V+f(Q_0)-\varepsilon$ とおくと，$v_0\in\mathcal{V}_f$ である；じっさい，$P\to Q\in\partial D$ に対して $\overline{\lim}\, v_0<f(Q)$ であることは b_V の性質より自明であり，コンパクト集合 $\bar{D}\cap\bar{V}$ の外では $v_0=-M-\varepsilon<0$ である．$v_0\in\mathcal{V}_f$ だから $v_0\leqq u$ となり，その結果

$$(**)\qquad \underline{\lim_{P\to Q_0}}\, u(P)\geqq\lim_{P\to Q_0} v_0(P)=f(Q_0)-\varepsilon$$

が成り立つ．

つぎに，任意の $v\in\mathcal{V}_f$ に対して $v_1=v-f(Q_0)+(M-f(Q_0))b_V$ とおくと，D で $v_1<\varepsilon$ でなければならない．なぜならば，まず $P\to Q\in\partial D$ のとき $\overline{\lim}\, v_1(P)\leqq f(Q)-f(Q_0)<\varepsilon$ であり，つぎに，コンパクト集合 K の外で $v\leqq0$ とするならば，コンパクト集合 $K\cup(\bar{D}\cap\bar{V})$ の外では $v_1\leqq-M<\varepsilon$ であるので，最大値の原理によって D で $v_1<\varepsilon$ でなければならないことになる．

この結果，$v<f(Q_0)-(M-f(Q_0))b_V+\varepsilon$ がすべての $v\in\mathcal{V}_f$ に対して成り立つことになり，したがって $u\leqq f(Q_0)-(M-f(Q_0))b_V+\varepsilon$，よって

$$\overline{\lim_{P\to Q_0}}\, u(P) \leqq f(Q_0)+\varepsilon.$$

これと（**）を併せ，$\varepsilon\to 0$ として，（*）の証明が完結する．

バーリアの存在の証明　定理で述べたように，与えられた $Q_0\in\partial D$ に対し，Q_0 を含み $S-D$ に含まれる解析弧 γ が存在すると仮定している．Q_0 は γ の端点として一般性を失わない．すると，Q_0 の局所座標 ψ で $\psi(Q_0)=0$ をみたし，さらに $\psi(\bar{U}_\psi\cap|\gamma|)$ が実軸上の区間 $[-c,0]$ $(c>0)$ となっているようなものが存在する（定理 1.5 参照）．r_0 $(0<r_0\leqq c)$ を $\{z||z|\leqq r_0\}\subset\psi(U_\psi)$ であるようにとり，φ を ψ の $U_\varphi=\psi^{-1}(\{z||z|<r_0\})$ への制限とすると，U_φ は座標円板である．対数の主値，つまり $\log z=\log|z|+i\arg z$, $-\pi<\arg z<\pi$, をとって作った

$$b(P)=-\mathrm{Re}\frac{1}{\log(r_0/\psi(P))}, \qquad P\in U_\varphi\cap D$$

が求めるバーリアである．

以上で，定理 3.1 の証明が完了した． ∎

注意 1　定理において，u の一意性は，一般には保証されない．

注意 2　Q_0 を含む ∂D の成分が連続体を含めばバーリアが存在することが知られている．その証明は案外むずかしい（例えば Ahlfors-Sario [5], pp. 141—142 参照）；上に述べた証明の方針を適用すると，$\arg z$ が非有界となりうるので扱いが面倒である．

C．　定理 1.1 の証明　任意のリーマン面 S が可算基底を持つことを証明するには，S の座標円板 V を 1 つとって $S'=S-\bar{V}$ とおき，これが可算基底を持つことを示せば十分である．それはあきらかであろう．ところで，S' はコンパクトな境界を持つ境界付きリーマン面の内部である．したがって，定理 1.1 は，**境界 ∂S がコンパクトな境界付きリーマン面 $\bar{S}$ の内部 S について証明すれば十分である**ことになる．

その第 1 歩として，S に非定値な有理型関数 f が存在することをいう．∂S 上に 2 つの非定値の連続関数 r_k $(k=1,2)$ を与え，定理 3.1 を適用して，$\bar{S}$ で連続，S で調和，∂S で r_k と同じ値をとる関数 u_k $(k=1,2)$ を作り，正則微分 $du_k+i*du_k\neq 0$ $(k=1,2)$ の商としての有理型関数

$$f=\frac{du_1+i*du_1}{du_2+i*du_2}$$

を考える．f が非定値であるようにするには，どのような r_1, r_2 を用いればよいであろうか？

いま $Q_0\in\partial S$ を 1 つとって，その境界座標半円板 U_φ（1.1.**E** 参照）をとる．$A=U_\varphi\cap\partial S$ とおき，r_1 と r_2 は

$$A \text{ において}\quad r_1\equiv r_2\equiv 0,$$

そして ∂S 全体では非定値で1次独立（一方が他方の定数倍でない）ようにする．S のダブル $\hat{S}$ を考え，反転 j によって

$$\hat{U}=U_\varphi \cup j(U_\varphi)$$

とおくと，調和関数の鏡像の原理（その1）によって，u_1 と u_2 は U の調和関数に拡張され，したがって f も $\hat{U}$ の有理型関数に拡張される．簡単のため，拡張されたものも同じ記号で表しておく，つぎに境界局所座標 φ も $\hat{U}$ の

$$\hat{\varphi}=\begin{cases} \varphi & U_\varphi \text{ において} \\ \bar{\varphi}\circ j & j(U_\varphi) \text{ において} \end{cases}$$

(ただし $\bar{\varphi}$ は φ の複素共役)に拡張し，さらに開円板 $\varDelta=\hat{\varphi}(\hat{U})$ における $f\circ\hat{\varphi}^{-1}$, $u_k\circ\hat{\varphi}^{-1}$ も f, u_k と略記しておく．$\varDelta$ では u_k は共役 u_k^* を持ち，

$$f=\frac{\dfrac{\partial u_1}{\partial x}-i\dfrac{\partial u_1}{\partial y}}{\dfrac{\partial u_2}{\partial x}-i\dfrac{\partial u_2}{\partial y}}=\frac{\dfrac{d}{dz}(u_1+iu_1{}^*)}{\dfrac{d}{dz}(u_2+iu_2)^*}$$

が成り立っている．$\varphi(A)$ では

$$\frac{\partial u_k}{\partial x}=0 \qquad (k=1,2)$$

が成り立っているのはあきらかとして，さらにある点

$$z_0\in\varphi(A) \text{ において } \frac{\partial u_2}{\partial y}\neq 0$$

が成り立たなければならない．なぜならば，もし $\partial u_2/\partial y\equiv 0$ であるとすると，u_2 には鏡像の原理（その2）も適用できることになるので，上述の拡張と比べて，$\varDelta$ の下半部では $u_2\equiv -u_2$，つまり $u_2\equiv 0$ となり，したがって S で $u_2\equiv 0$，よって ∂S で $r_2\equiv 0$ という矛盾が生じるからである．

さて，f がもし定数 c ならば，上記の z_0 でしらべて，c は実数であるということがわかる．すると u_1 と cu_2 の偏導関数が $\varDelta$ で一致することになり，u_1 と cu_2 自体が $\varDelta$ で一致しなければならない．S に戻って $u_1\equiv cu_2$ となり，∂S で $r_1\equiv cr_2$ が成り立つことになる．これは矛盾である．つまり，前述の条件をみたす r_1, r_2 を用いるならば，得られる f は S の上の非定値な有理型関数ということがわかる．

この f を用いて，S が可算基底を持つことを証明する(方法は Stoïlow「15], pp. 36—37 による)．リーマン球面 $\hat{\mathbb{C}}$ において，有理点または無限遠点を中心とし，半径が有理数値の開円板が全部で可算個存在するが，これらを $\varDelta_1, \varDelta_2, \cdots$ と表す．各番号 ν に対し，$f^{-1}(\varDelta_\nu)$ の成分のうち座標近傍に含まれるものを $\tilde{\varDelta}_{\nu\alpha}$ とおく．2つ以上，超可算個あるかもしれないし，またないかもしれない（α はインデックスである）．非定値の正則写像

$$f: S\to\hat{\mathbb{C}}$$

の局所的性質（例えば **1.2.B** で引用した文献参照）をしらべればすぐわかるように，任意の点 $P\in S$ に対して，$P\in\tilde{\varDelta}_{\nu\alpha}$ をみたすような ν, α は必ず存在する．したがって S は，

すべてのν, αにわたっての$\tilde{\Delta}_{\nu\alpha}$の全体で覆われることになる．

いま$\tilde{\Delta}_{\nu\alpha}$を1つとって$\tilde{\Delta}^{(1)}$とおく．つぎに，$\nu$ごとに，

$$\tilde{\Delta}^{(1)} \cap \tilde{\Delta}_{\nu\alpha} \neq \phi$$

であるようなαを考えると，それは可算個しかない．なぜならば，$\tilde{\Delta}^{(1)}$は平面の開集合と位相同型だから可算基底を持っており，また$\alpha \neq \beta$に対して$\tilde{\Delta}_{\nu\alpha} \cap \tilde{\Delta}_{\nu\beta} = \phi$だからである．このようなものを$\tilde{\Delta}_{\nu 1}, \tilde{\Delta}_{\nu 2}, \cdots$とし，$\nu=1, 2, \cdots$に対してこのようなものを全部とる．全体は可算個である；$\tilde{\Delta}^{(1,1)}, \tilde{\Delta}^{(1,2)}, \cdots$と表す．つぎに，$\nu$ごとに，$\bigcup_{\mu=1}^{\infty} \tilde{\Delta}^{(1,\mu)}$と交る$\tilde{\Delta}_{\nu\alpha}$をとり，$\nu=1, 2, \cdots$とみて，可算個の$\tilde{\Delta}^{(2,1)}, \tilde{\Delta}^{(2,2)}, \cdots$を得る．こうして順次に得られるものを集めて，全体で可算個が得られる．これら全体でSを覆い尽くしえないと，Sの連結性に反することが簡単にわかるので，$\tilde{\Delta}_{\nu\alpha}$の可算個で$S$を覆えることがわかった．

各$\tilde{\Delta}_{\nu\alpha}$は座標近傍に含まれているので可算基底を持っている．以上によってSが可算基底を持つことになる．∎

D．可算基底を持つことがわかると，1.1.Bで注意したように，開集合の列$\{O_n\}_{n=1}^{\infty}$で，$\bar{O}_n$はコンパクト，$\bar{O}_n \subset O_{n+1}$，$S = \bigcup_{n=1}^{\infty} O_n$をみたすものが存在する．ここまでは閉リーマンでも成り立つ（ある番号から先で$O_n = \bar{O}_n = O_{n+1} = S$となる）が，開リーマン面のときは$O_n$が正則的部分領域となるようにできるのである．すなわち

定理 3.2　開リーマン面Sには，正則的部分領域の列$\{D_n\}_{n=1}^{\infty}$で，各$\bar{D}_n$はコンパクトであり，さらに

$$\bar{D}_n \subset D_{n+1}, \qquad \bigcup_{n=1}^{\infty} D_n = S$$

をみたすものが存在する．

定義　このような列$\{D_n\}_{n=1}^{\infty}$をSの**近似列**（exhaustion）と称する．

（定理の証明）ひとまず，上述の$\{O_n\}_{n=1}^{\infty}$をとる．つぎに$\bar{V} \subset O_1$であるような座標円板Vをとって$D_1 = V$とする．

$\bar{O}_1$はコンパクトであるから，有限個の座標円板で覆うことができる．これらの合併をD_2'とおく．これは，連結でないかもしれないが，成分は有限個しかありえないから，それらを曲線でつなぎ，曲線を有限個の座標円板で覆って，それらをD_2'に付け加える

なら，始めから D_2' が領域であると仮定しても，一般性は失われない．$\bar{D}_1 \subset D_2'$ が成り立っており，また $\bar{D}_2'$ はコンパクトである．

つぎに $\bar{O}_2 \cup \bar{D}_2'$ を覆う有限個の座標円板の合併をとって D_3' とする．上と同じ理由で，領域であるものとしてよい．$\bar{D}_2' \subset D_3'$ が成り立つ．以下同様に，これをつづけて，

$$S = \bigcup_{n=1}^{\infty} D_n'$$

をみたす領域列 $\{D_n'\}_{n=1}^{\infty}$ で，$\bar{D}_n' \subset D_{n+1}'$ ($n=1, 2, \cdots$, ただし $D_1' = D_1$) をみたすものが得られる．

さて，S は開リーマン面であるから，すべての n に対して

$$\bar{D}_n' \neq D_{n+1}'$$

が成り立ち，したがって $\partial D_n' \neq \phi$ である．作り方からみて，$\partial D_n'$ の成分は有限個しか存在しない．そのうち1点から成るものは，すなわち孤立境界点であるが，それを D_n' に付け加えても，領域であるということや，$\bar{D}_n' \subset D_{n+1}'$ が成り立つことは変らない．このように孤立境界点を全部付け加えたものを，改めて D_n' と表すなら，これの境界は $\neq \phi$ で，しかも各境界点は境界点のみから成る解析弧に含まれることになる．しかし D_n' が正則的部分領域であるとは限らないので，まだ求めるものではない．

$n \geqq 2$ に対して，$\bar{D}_n' - \bar{D}_1$ は領域である．境界はコンパクトでその各点は定理 3.1 の条件をみたすので，つぎの関数 u_n を構成することができる：$\bar{D}_n' - D_1$ で連続，$D_n' - \bar{D}_1$ で調和，

$$\partial D_1 \text{ で } u_n \equiv 1, \qquad \partial D_n' \text{ で } u_n \equiv 0.$$

定数 ε_n ($0 < \varepsilon_n < 1$) をとって

$$D_n = \{P \in D_n' - \bar{D}_1 \mid u_n(P) < \varepsilon_n\} \cup \bar{D}_1$$

とおく．これは領域である．正則微分 $du_n + i * du_n \neq 0$ の零点は孤立するから，ε_n を適当にとって等高線 $\{P \mid u_n(P) = \varepsilon_n\}$ の上に $du_n + i * du_n$ の零点がないようにできるが，このような ε_n に対する D_n は正則的部分領域である（局所的に存在する共役 u_n^* を用いた $u_n - \varepsilon_n + iu_n^*$ は境界局所座標を定める）．$n \geqq 3$ のときは，さらに，$\varepsilon_n < \min\{u_n(P) \mid P \in \bar{D}_{n-1}' - D_1\}$ の成り立つようにとれば $D_n \supset \bar{D}_{n-1}'$ となるので

$$\bar{D}_{n-1} \subset D_n, \quad S = \bigcup_{n=1}^{\infty} D_n$$

であることが保証される．

以上の D_n ($n=1, 2, \cdots$) が，求めるものである． ▮

E. 可算基底の存在を用いると，1.2.**A** で予告したように，正規族に関する定理が証明できる．

正則関数族に関する Montel の定理 リーマン面 S の正則関数を元とする族 $\mathcal{F}$ において，各点 $P \in S$ に対してその近傍 U_P と定数 $M_P < \infty$ が存在して，

任意の $f\in\mathscr{F}$ が U_P で $|f|\leqq M_P$ をみたすなら，$\mathscr{F}$ は**正規族**である（すなわち $\mathscr{F}$ の元から成る任意の列から部分列を抜き出して，S の任意のコンパクト集合上で一様収束させることができる）．

（証明） 平面領域でのこの定理の成立は既知とする（吉田［70］，p. 110 参照）．定理において U_P は P の座標円板と仮定しても一般性を失わない．P の座標円板 V_P で $\bar{V}_P\subset U_P$ であるものを，もう1つとる．S は可算基底を持つから，開被覆 $\{V_P\}_{P\in S}$ は可算部分被覆を持つ；可算個の P_n $(n=1,2,\cdots)$ をとって $\bigcup_{n=1}^{\infty}V_{P_n}=S$ が成り立つようにできる．$\mathscr{F}$ の元から成る任意の列 $\{f_k\}_{k=1}^{\infty}$ が与えられたとき，まず U_{P_1} で平面領域でのこの定理を適用することによって，部分列 $\{f_{1k}\}_{k=1}^{\infty}$ をとって V_{P_1} で一様収束するようにできる．つぎに U_{P_2} で $\{f_{1k}\}$ から部分列 $\{f_{2k}\}_{k=1}^{\infty}$ をとって V_{P_2} で一様収束させる．つぎに $\{f_{2k}\}$ の部分列 $\{f_{3k}\}_{k=1}^{\infty}$ を V_{P_3} で一様収束させ，この操作をつづける．対角列

$$f_{11}, f_{22}, f_{33}, f_{44}, \cdots$$

は，各 V_{P_n} の上で一様収束している．任意のコンパクト集合 $K\subset S$ は，有限個の V_{P_n} で覆われるから，$\{f_{kk}\}$ は K で一様収束している． ∎

調和関数族に関する Montel の定理： 上記の正則関数族に関する Montel の定理で，“正則”を“調和”とおきかえた命題が成り立つ．

（証明） 上同様，平面の円板におけるものに帰着する．そこでは調和関数 u は共役 u^* を持つので，$\exp(u+iu^*)=f$ が考えられ，$|u|\leqq M$ のとき $e^{-M}\leqq|f|\leqq e^M$ となる．f の族が正規族となるが，一様収束列の極限関数 f は $|f|\geqq e^{-M}$ なので零点を持たず，したがって $u=\log|f|$ の列が調和関数に一様収束する． ∎

これらの定理は，定義域が関数ごとに異なる場合にも拡張できる．以下の議論ではつぎの形のものが利用される：

（1） リーマン面 S において領域 D_n とそこで定義された正則関数 f_n $(n=1,2,\cdots)$ が与えられて，

$$D_n\subset D_{n+1},\qquad S=\bigcup_{n=1}^{\infty}D_n,$$

そして各コンパクト集合 $K\subset S$ に対して定数 $M_K<\infty$ が存在して，$K\subset D_n$ で

あるようなすべての f_n に対して $|f_n|\leqq M_K$ が成り立つならば，$\{f_n\}_{n=1}^{\infty}$ の適当な部分列 $\{f_{n_j}\}_{j=1}^{\infty}$ は S の正則関数 f に S の任意のコンパクト集合上で一様収束する．

（証明） D_1 で Montel の定理を適用して，部分列 $\{f_{1k}\}_{k=1}^{\infty}$ が D_1 の正則関数 g_1 に，D_1 の任意のコンパクト集合の上で一様収束するようにできる．つぎに，D_2 で，ある番号から先の f_{1k}（つまり定義域が D_2 を含むような f_{1k}）を考え，その部分列 $\{f_{2k}\}_{k=1}^{\infty}$ が D_2 の正則関数 g_2 に D_2 の各コンパクト集合上一様収束するようにとる．このとき D_1 で $g_2=g_1$ が成り立っている．つぎに D_3 で，ある番号から先の $\{f_{2k}\}$ から部分列 $\{f_{3k}\}_{k=1}^{\infty}$ を抜いて，D_3 の正則関数 g_3 に収束させる； g_3 は D_2 では g_2 と一致する．以上をくり返すと，n ごとに，定義域が D_n を含むような関数から成る列 $\{f_{nk}\}_{k=1}^{\infty}$ が D_n の正則関数 g_n に D_n の任意のコンパクト集合上一様収束し，$\{f_{n+1\ k}\}_{k=1}^{\infty}$ は $\{f_{nk}\}_{k=1}^{\infty}$ の部分列であって，g_{n+1} は D_n で g_n と一致しているということになる．あきらかに，S の正則関数 f で，D_n への制限が g_n となっているものが構成され，対角列

$$f_{n_j}=f_{jj},\qquad j=1,2,\cdots$$

は S の任意のコンパクト集合上で一様に

$$\lim_{j\to\infty} f_{n_j}=f$$

である． ∎

（2） 上の命題で“正則”を“調和”とおきかえたものが成り立つ．

証明は全く同じである．

つぎに，Harnack の定理（その２）(3.1.B) から同様に

（3） リーマン面 S において領域 D_n とそこで定義された調和関数 u_n ($n=1,2,\cdots$) が与えられて，

$$D_n\subset D_{n+1},\qquad S=\bigcup_{n=1}^{\infty} D_n,\qquad D_n \text{ で } u_n\leqq u_{n+1}$$

であるとする．もし $P_0\in D_1$ で

$$\lim_{n\to\infty} u_n(P_0)<\infty$$

ならば，関数列 $\{u_n\}_{n=1}^{\infty}$ は S の調和関数 u に S の任意のコンパクト集合上で一様収束する．

3.3 特異点を持つ調和関数

A. リーマン面 S において，つぎのような組 (s, V_φ, E) を**調和特異点** (harmonic singularity) という： V_φ は座標円板， E は V_φ に含まれるコンパクト集合， s は $\bar{V}_\varphi - E$ の（実数値）調和関数．

調和特異点 (s, V_φ, E) に対し

$$\int_{\partial V_\varphi} * ds$$

を，その**フラックス** (flux) という．

関数 u が**特異点 (s, V_φ, E) を持つ S の調和関数**であるとは，それが $S-E$ で定義された（実数値）調和関数であり，さらに $V_\varphi - E$ の調和関数 $u-s$ が V_φ に調和接続できること，すなわち $u-s$ は V_φ のある調和関数 $\tilde{u}$ の $V_\varphi - E$ への制限であること，とする（今後 $\tilde{u}$ のことを $u-s$ とも表す）．

（例1） S の1点 P を与え，V_φ は P 中心の座標円板 $(\varphi(V_\varphi)=\{z \mid |z|<r_\varphi\})$, $E=\{P\}$, 整数 $m \geqq 2$ を与えて s は

$$s \circ \varphi^{-1}(z) = \mathrm{Re}\, \frac{1}{z^{m-1}}$$

で定義する．この特異点 (s, V_φ, E) のフラックスは

$$\int_{\partial V_\varphi} * ds = \mathrm{Im} \int_{|z|=r_\varphi} \frac{-(m-1)dz}{z^m} = 0.$$

（例2） 同じ V_φ, E に対し，s を

$$s \circ \varphi^{-1}(z) = \log \frac{1}{|z|}$$

で定義する．この特異点のフラックスは

$$\int_{\partial V_\varphi} * ds = \mathrm{Im} \int_{|z|=r_\varphi} \frac{-dz}{z} = -2\pi$$

（例3） V_φ を1つの座標円板，2点 $P, Q \in V_\varphi$ を与えて $E=\{P, Q\}$ とする．$z_1=\varphi(P)$, $z_2=\varphi(Q)$ とおき，s を

$$s \circ \varphi^{-1}(z) = \log \left| \frac{z-z_2}{z-z_1} \right|$$

で定義する．フラックスは

$$\int_{\partial V_\varphi} * ds = \mathrm{Im} \int_{|z|=r_\varphi} \left(\frac{1}{z-z_2} - \frac{1}{z-z_1} \right) dz = 0.$$

（例 4） V_φ を 1 つの座標円板とし，α を解析弧で，$|\alpha|\subset V_\varphi$，さらに $\varphi\circ\alpha$ は実軸上にあって，始点 x_1，終点 x_2 は $x_2<x_1$ をみたすとする．$E=|\alpha|$ とおき，s は

$$s\circ\varphi^{-1}(z)=\mathrm{Im}\log\frac{z-x_2}{z-x_1}$$

（ただし右辺は $\varphi(V_\varphi-E)$ における分枝を 1 つ定める）によって定義する．$s\circ\varphi^{-1}(z)$ は 1 価な共役 $\log|(z-x_2)/(z-x_1)|$ を持つから，特異点 (s, V_φ, E) のフラックスは

$$\int_{\partial V_\varphi}*ds=\int_{\partial V_\varphi}ds^*=0.$$

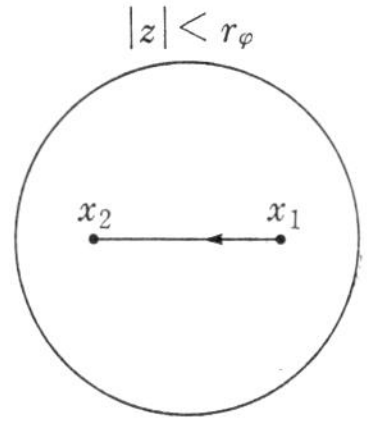

図 3.1

定理 3.3 リーマン面 S に調和特異点を与えたとき，

（i） S が開リーマン面ならば，この特異点を持つ S の調和関数はつねに存在する；

（ii） S が閉リーマン面ならば，この特異点を持つ S の調和関数が存在するための必要十分条件は，フラックスが 0 であることである．この関数は定数差を無視すれば一意的に定まる．

証明は，**B, C** での準備を経たうえで，**D** で（i）のを，**E** で（ii）のを与える．

B． 定理 3.3 の証明の準備として，ここではつぎの命題を証明する：
“コンパクトな境界付きリーマン面 $\bar{S}$ の内部 S に調和特異点 (s, V_φ, E) を与えたとき，つぎの条件をみたす関数 u がただ 1 つ存在する：$\bar{S}-E$ で連続，S への制限は特異点 (s, V_φ, E) を持つ S の調和関数，∂S では $u\equiv 0$”．

（証明） まず

$$\partial V_\varphi \text{ で } s\equiv 0$$

と仮定しても一般性が失われないことに注意する．じっさい，与えられた s に対し，円板 $\varphi(V_\varphi)$ での Poisson 積分を用いて，$\bar{V}_\varphi$ で連続，V_φ で調和，∂V_φ で値が s と一致するような関数 v を作ると，$(s-v, V_\varphi, E)$ も調和特異点であり，フラックスは変らず，さらに，この特異点を持つ S の調和関数は，特異点 (s, V_φ, E) を持つ S の調和関数でもある．$s-v$ の値は ∂V_φ で $\equiv 0$ となっている．

そこで，定理3.1を$\bar{S}-V_\varphi$に対して適用して，つぎの条件をみたす関数u_0を作る：

$$\bar{S}-V_\varphi \text{ で連続，} S-\bar{V}_\varphi \text{ で調和，}$$

$$\partial S \text{ で } u_0\equiv 1,\ \partial V_\varphi \text{ で } u_0\equiv 0.$$

最大最小値の原理によって，$S-\bar{V}_\varphi$では$0<u_0<1$が成り立つ．

これと定数Mを用いて$\bar{S}-E$の連続関数

$$v_M=\begin{cases} s+M & :V_\varphi-E \text{ において} \\ M\cdot(1-u_0) & :\bar{S}-V_\varphi \text{ において} \end{cases}$$

は，$M<0$が十分小さいと劣調和，$M>0$が十分大きいと優調和である．このことの証明は後にまわす（∂V_φ以外は自明であろうが，∂V_φでも図3.2より直観的に理解できよう）．

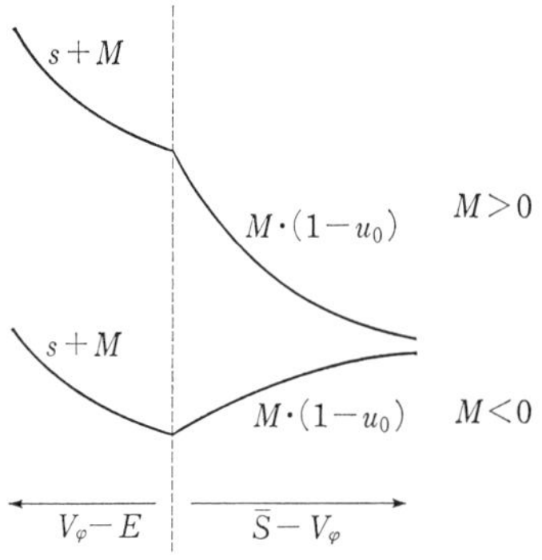

図 3.2

$M_0>0$を1つ，v_{M_0}が優調和であるようにとる．そしてつぎの条件をみたす$S-E$の連続関数vの全体$\mathcal{V}$を考える：

（a）　劣調和

（b）　$v\leqq v_{M_0}$

（c）　$v-s$はV_φにおける劣調連続関数（それをも$v-s$と表す）の$V_\varphi-E$への制限となっている．

$\mathcal{V}\neq\phi$である；じっさい，$M_1<0$をv_{M_1}が劣調和であるようにとれば，$v_{M_1}\in\mathcal{V}$であるから．$\mathcal{V}$はPerron族である；これは容易にたしかめることができる．したがって，Perronの定理によって$S-E$の調和関数

$$u=\sup_{v\in\mathcal{V}} v$$

が得られる．$v_{M_1}\leqq u\leqq v_{M_0}$が成り立つので，$\partial S$で$u\equiv 0$とおいてやれば，$u$は$\bar{S}-E$の連続関数に拡張される．

最後に，V_φで族$\{v-s|v\in\mathcal{V}\}$を考える．これも$\neq\phi$でPerron族であるので

$$u-s=\sup_{v\in\mathcal{V}} v-s$$

はV_φで調和な関数でなければならない．したがって，uは特異点(s, V_φ, E)を持つSの調和関数である．

uの一意性は自明であろう；じっさい，ほかにもう1つu_1があれば，$u-u_1$はSで調和，$\bar{S}$で連続で，∂Sで$\equiv 0$であるので，最大最小値の原理によって$u-u_1\equiv 0$，つまりuとu_1は一致する．∎

C． v_Mが優調和（$M>0$が十分大），劣調和（$M<0$が十分小）であること

の証明（大津賀[53], p.101による；それはM.Brelotの考えに基くものとのことである）.

∂V_φ以外では調和であるので，しらべるべきところは∂V_φ上の各点のみである．

$\varphi(V_\varphi)=\{z\,|\,|z|<r_0\}$とする．座標円板の定義により，$\varphi$は$\bar{V}_\varphi$より広いところに拡張される．像が$\{z\,|\,|z|\leqq r_0+\delta_0\}$を含むように$\delta_0>0$をとる．$\delta_0$は十分小さく，$\varphi(E)\subset\{z\,|\,|z|<r_0-\delta_0\}$であるようにする．

以下，$v_M\circ\varphi^{-1}$をvと略記し，点$z_0=r_0e^{i\theta_0}$において，$M>0$を（θ_0に無関係に）十分大きくとれば$0<\rho<\delta_0$について

$$v(z_0)\geqq\frac{1}{2\pi}\int_0^{2\pi}v(z_0+\rho e^{i\Theta})d\Theta,$$

$M<0$を十分小さくとれば反対向きの不等式が成り立つことを示す．

$s\circ\varphi^{-1}$や$u_0\circ\varphi^{-1}$もs, u_0と略記する．鏡像の原理によって，これらは$|z|=r_0$を越えて接続できるので，いまδ_0を小さくとりなおし，$r_0-\delta_0\leqq|z|\leqq r_0+\delta_0$で$s, u_0$は調和であるものとする．微係数$\partial s/\partial r$は有界となるので，定数$c_0\geqq 0$が存在して，$r_0-\delta_0\leqq r\leqq r_0+\delta_0$, $0\leqq\theta\leqq 2\pi$であるようなすべてのr, θに対して

$$|s(re^{i\theta})|\leqq c_0\cdot|r-r_0|$$

が成り立つ．

つぎに，$0\leqq\theta\leqq 2\pi$に対して，$z=r_0e^{i\theta}$における外法線方向の微分$\partial u_0/\partial r$は，$\geqq 0$であることは$S-V_\varphi$で$u_0>0$だからあきらかとして，等号は成り立たないことに注意する．もしある点$z_1=r_0e^{i\theta_1}$で$\partial u_0/\partial r=0$であるとすると，もともと$\partial u_0/\partial\theta=0$であるから，$z_1$の近傍で定義された共役$u_0^*$（ただし$u_0^*(z_1)=0$）を用いた正則関数$f_0=u_0+iu_0^*$の$z_1$における零点の位数$k$は$\geqq 2$でなければならない．$z_1$のまわりでは等高線$u_0=0$は$z_1$から出る$2k$本の弧が放射状に角$\pi/k$を成して配置しなければならない（1.2.**B**で引用

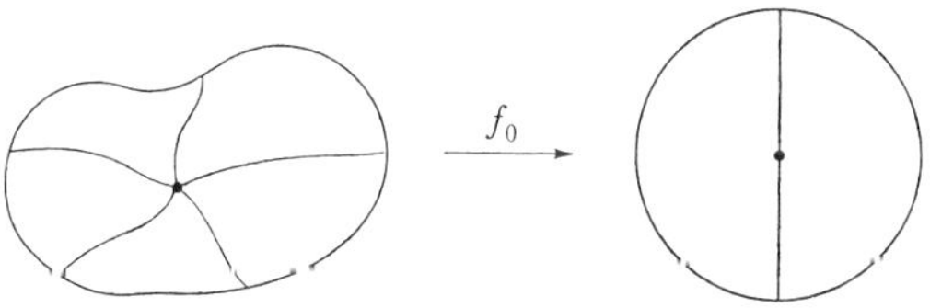

図 3.3

した文献参照，図3.3は$k=3$のもの）が，z_1の近傍において，円周$|z|=r_0$の外側では$u_0>0$，内側では$u_0<0$ということと矛盾してしまう．したがってこのようなz_1は存在できず，すべてのθに対し$z=r_0e^{i\theta}$で

$$\frac{\partial u_0}{\partial r}>0$$

が成り立たなければならないことになる．

δ_0 を小さくとりなおすことにより，定数 $c_1>0$ が存在して，$r_0<r<r_0+\delta_0$ と $0\leqq\theta\leqq2\pi$ に対して

$$u_0(re^{i\theta})\geqq c_1\cdot(r-r_0)$$

が成り立つことがいえる．よって，この範囲では，$M>0$ なら

$$(s(re^{i\theta})+M)-M(1-u_0(re^{i\theta}))\geqq(Mc_1-c_0)(r-r_0)$$

である．$Mc_1-c_0\geqq0$ となるように M を大きくとると，

$$\begin{aligned} v(z_0)=s(z_0)+M&=\frac{1}{2\pi}\int_{|z-z_0|=\rho}(s+M)d\Theta \\ &\geqq\frac{1}{2\pi}\int_{\substack{|z-z_0|=\rho\\|z|\leqq r_0}}(s+M)d\Theta+\frac{1}{2\pi}\int_{\substack{|z-z_0|=\rho\\|z|\geqq r_0}}M\cdot(1-u_0)d\Theta \\ &=\frac{1}{2\pi}\int_0^{2\pi}v(z_0+\rho e^{i\Theta})d\Theta \end{aligned}$$

となる．

$M<0$ のときは，$(s+M)-M(1-u_0)\leqq(c_0-Mc_1)\cdot(r-r_0)\leqq0$ としてやると，反対向きの不等式を得る．　▮

D．（定理 3.3 の（i）の証明）　与えられた特異点は，**B** で述べたものと同じ理由で，一般性を失うことなく，

$$\partial V_\varphi \text{ で } s\equiv0$$

をみたすものと仮定する．

S の近似列 $\{D_n\}_{n=1}^{\infty}$ で $\bar{V}_\varphi\subset D_1$ をみたすものをとる．u_n $(n=1,2,\cdots)$ を，特異点 (s,V_φ,E) を持つ D_n の調和関数で，$\bar{D}_n-E$ で連続，∂D_n で $\equiv0$ であるものとする．以下，適当に部分列を選んで，極限が求める関数となることを証明する．

$\varphi(V_\varphi)=\{z\,|\,|z|<r_0\}$ であるが，r_1 $(0<r_1<r_0)$ を $E\subset W=\varphi^{-1}(\{z\,|\,|z|<r_1\})$ が成り立つようにとる．そして

$$M_n=\max_{\partial W}u_n,\quad m_n=\min_{\partial W}u_n\qquad(n=1,2,\cdots)$$

とおく．∂D_n では $u_n\equiv0$ であるので，$D_n-\bar{U}$ における最大・最小値の原理によって，$M_n\geqq0$ または $m_n\leqq0$ である．したがって，つぎの一方が成り立たなければならない：

（I）　無限個の n に対して $M_n\geqq0$,

（II）　無限個の n に対して $m_n\leqq0$,

いま，（I）が成り立つとし，部分列をとりなおして，すべての n に対して $M_n\geqq0$ が成り立つものとする．∂D_n で $u_n\equiv0$ であるから，$D_n-\bar{W}$ において

$$(*)\qquad M_n-u_n\geqq0\qquad(n=1,2,\cdots)$$

である．ここで

$$M=\max_{\partial W}s$$

とおく．∂V_φ で $s\equiv0$ が成り立つようにしてあるので，u_n-s に V_φ における最大値の原

理を適用して

$$\max_{\partial V_\varphi} u_n = \max_{\partial V_\varphi}(u_n - s) \geqq \max_{\partial W}(u_n - s) \geqq M_n - M,$$

よって $M_n - \max_{\partial V_\varphi} u_n \leqq M$ となり

$$(**) \qquad \min_{\partial V_\varphi}(M_n - u_n) \leqq M \qquad (n=1, 2, \cdots)$$

を得る.

以上得られた（$*$）と（$**$）によって，Harnack の定理が適用できる．まず，∂V_φ の近傍（φ-像が $\varphi(\partial V_\varphi)$ と同心の円環となっているもの）で用いることによって，定数 M^* と点 $Q_0 \in \partial V_\varphi$ が存在して

$$M_n - u_n(Q_0) \leqq M^* \qquad (n=1, 2, \cdots)$$

が成り立つことがいえる．つぎに，コンパクト集合 $K \subset S - \overline{W}$ に対し，$K \subset D_n - \overline{W}$ であるような n の最小値 n_0 をとって，$D_{n_0} - \overline{W}$ で u_n（$n = n_0, n_0+1, \cdots$）を考えると，K のみに関係した定数 $M(K)$ が存在して，

$$0 \leqq M_n - u_n \leqq M(K)$$

が $K \subset D_n - \overline{W}$ であるようなすべての n に対して成り立つ．この結果，Montel の定理によって，部分列（それを再び $\{u_n\}$ と表す）と $S - \overline{W}$ の調和関数 u が存在して，

$$u = \lim_{n \to \infty}(u_n - M_n)$$

が $S - \overline{W}$ の任意のコンパクト集合で成り立つ.

関数 $u_n - s - M_n$ は $\overline{V}_\varphi$ で調和，∂V_φ では $u - s$ に一様収束する．したがって $u_n - s - M_n$ は V_φ のある調和関数 $\tilde{u}$ に V_φ で一様収束する．よって，$V_\varphi - \overline{W}$ では

$$u - s = \lim(u_n - s - M_n) = \tilde{u}.$$

$V_\varphi - E$ では $u \equiv s + \tilde{u}$ とおいて，u の定義域を $S - E$ に拡張する．$u - s$ は V_φ の調和関数 $\tilde{u}$ の $V_\varphi - E$ への制限ということになるから，u は特異点 (s, V_φ, E) を持つ S の調和関数である.

もし（II）が成り立つなら（$*$），（$**$）の代りに

$$(\dagger) \qquad u_n - m_n \geqq 0$$

$$(\dagger\dagger) \qquad \min_{\partial V_\varphi}(u_n - m_n) \leqq m \ \ (= \min_{\partial W} s)$$

が成り立つので，全く同様に，部分列をとって，求める

$$u = \lim_{n \to \infty}(u_n - m_n)$$

が得られる. ∎

注意 以上の推論は William C. Fox の論文 Harmonic functions with arbitrary local singularities. Pacific J. Math. 11(1961), 153—164 によるものである．この論文は他の部分に重大な誤りがあるため，主定理は正しくない.

E. 定理3.3の(ii)の証明に入る前に，上記の開リーマン面の場合について，つぎのことを注意しておく：もし特異点のフラックスが0ならば，すべてのnに対して

$$m_n \leqq 0 \leqq M_n$$

が成り立つ．

(証明) $0<m_n(\leqq M_n)$であるようなnがあると，$D_n-\bar{V}_\varphi$で$u_n>0$でなければならないので，u_nの∂D_nにおける内法線方向の微係数(2.2.G)は$\geqq 0$であり，さらに**C**で論じたように考えると，>0であることになる．よって

$$\int_{\partial D_n} *du_n<0$$

が成り立つ．Greenの公式で

$$\int_{\partial D_n} *du_n=\int_{\partial V_\varphi} *du_n, \quad \int_{\partial V_\varphi} *d(u_n-s)=0$$

であるので，

$$\int_{\partial V_\varphi} *ds<0$$

となるが，フラックスが0という仮定に反する．同じように，$(m_n\leqq)\ M_n<0$からも矛盾が生じる． ∎

このことにより，フラックスが0のときは，まず$\boldsymbol{D}$における(I)が成り立つわけで，部分列をとって

$$u=\lim(u_n-M_n)\leqq 0$$

が存在するようにすることができる．つぎに，この部分列に対して(II)が成り立っていることになるので，さらに部分列をとって

$$u'=\lim(u_n-m_n)\geqq 0$$

も存在するようにすることができる．よって$c=\lim(M_n-m_n)$も存在して

$$u=u'+c$$

が成り立つ．$S-\bar{V}_\varphi$で$c\leqq u'+c=u\leqq 0$であるので，uは有界ということになる．

(定理3.3の(ii)の証明) 十分性：1点$Q\in S-\bar{V}_\varphi$をとって開リーマン面$S-\{Q\}$に上記の結論を適用する．つまり，定理の(i)のuを$S-\{Q\}$で作ると，$S-\{Q\}-\bar{V}_\varphi$で有界ということになる．よってQはこのuに関して除去可能，つまりuは特異点$(s, V_\varphi,$

E) を持つ S の調和関数である．

必要性：$\bar{V}_\varphi$ および $S-V_\varphi$ における Green の公式により

$$\int_{\partial V_\varphi} * d(s-u)=0, \qquad \int_{\partial V_\varphi} * du=0$$

であるので，フラックスは 0 でなければならない．

ほかにこのような関数があったとすると，u との差は，S 全体で調和となるので，定数でなければならない．よって u は，定数差を無視すれば，一意的に定まる．▌

注意　(ii) の証明に入る前に出した結論は，開リーマン面にもあてはまるので，一般につぎのことが証明されたことになる：**リーマン面 S にフラックスが 0 の調和特異点 (s, V_φ, E) を与えたとき，この特異点を持つ S の調和関数で，$S-V_\varphi$ で有界なものが存在する**．ただし，それは定数差を無視しても，一意的であるとは限らない．

3.4 有理型関数と有理型微分

A. 調和特異点の例 1 (3.3.**A**) はフラックスが 0 であるので，S が開リーマン面であっても閉リーマン面であっても，この特異点を持つ S の調和関数 u が存在する．u の P における行動，すなわち $u\circ\varphi^{-1}(z)=\mathrm{Re}\, z^{-(m-1)}+$(調和関数)，ということを

$$u \sim \mathrm{Re}\frac{1}{z^{m-1}}$$

と略記することにする．微分形式

$$\omega=\frac{-1}{m-1}(du+i * du)$$

は $S-\{P\}$ で正則である．$\omega=a\,dz$ とおいたとき，$a_\varphi(z)$ は 0 の近傍で $a_\varphi(z)=z^{-m}+$(正則関数) という行動をとるので，ω は P に m 位の極を持つ有理型微分である．ω はこの性質を持つただ 1 つのものとはいえないが，とりあえず $\omega_{P,m}$ という記号で表しておく (P の局所座標 φ のとり方にも依存することに注意する)．

2 つの有理型微分の比

$$f=\frac{\omega_{P,m}}{\omega_{P,n}}$$

は有理型関数であり，P では $m>n$ なら $(m-n)$ 位の零点を，$m<n$ なら $(n-m)$ 位の極を持つことは，あきらかである．ただ，ほかに零点や極が生じ

うる．しかしつぎの（i）や（ii）などは，このような考え方で証明できるのである：

定理3.4 任意のリーマン面 S には

（i） 非定値の有理型関数が存在する；

（ii） 異なった任意の2点で異なった値をとる有理型関数が存在する（この事実を“有理型関数族は S の**点を分離する**”と表現することがある）；

（iii） 与えられた孤立点集合の各点で，与えられた値（有限な複素数または ∞）を与えられた重複度でとる有理型関数（ただしその値はほかでもとるかもしれない）が存在する．

（証明）（i），(ii) は (iii) の特別な場合であるので，以下 (iii) を証明する．与えられた孤立点集合は，点列と考えて，

$$\{P_\nu\}_{\nu=1}^{N} \qquad (N \leqq \infty)$$

と表し，各点 P_ν で与えられた値を $c_\nu \in \hat{\mathbb{C}}$，重複度を k_ν とする．

$c_\nu \neq 0, \infty$ のとき，調和関数 u, v が P_ν で

$$u \sim c \cdot \mathrm{Re}\left(\frac{-1}{k_\nu+1}\frac{c_\nu}{z^{k_\nu+1}} - \frac{1}{z}\right), \quad v \sim c \cdot \mathrm{Re}\left(\frac{-1}{k_\nu+1}\frac{1}{z^{k_\nu+1}}\right)$$

（ただし c は ν によらぬ実定数 $\neq 0$）であるならば，P_ν で

$$du + i*du \sim c \cdot \left(\frac{c_\nu}{z^{k_\nu+2}} + \frac{1}{z^2}\right)dz, \qquad dv + i*dv \sim c \cdot \frac{dz}{z^{k_\nu+2}}$$

であるので

$$f = \frac{du + i*du}{dv + i*dv}$$

は P_ν で正則で $f(P_\nu) = c_\nu$ となる．$c_\nu = 0$ のときは P_ν で

$$u \sim c \cdot \mathrm{Re}\frac{-1}{2}\frac{1}{z}, \quad v \sim c \cdot \mathrm{Re}\frac{-1}{k_\nu+1}\frac{1}{z^{k_\nu+1}},$$

$c_\nu = \infty$ のときは P_ν で

$$u \sim c \cdot \mathrm{Re}\frac{-1}{k_\nu+1}\frac{1}{z^{k_\nu+1}}, \quad v \sim c \cdot \mathrm{Re}\frac{-1}{2}\frac{1}{z}$$

となっていれば，すでに述べたように，f は P_ν に k_ν 位の零点または極を持っている．

$N < \infty$ ならば，P_ν のみでこのような特異点（フラックスは0である）を持つ u と v を構成し，これらの和をとれば，求める u, v が得られる．

$N = \infty$ ならば，S は開リーマン面でなければならないが，近似列 $\{D_n\}_{n=1}^{\infty}$ を考える．$\bar{D}_{n+1} - \bar{D}_n$ に属する P_ν は有限個しかないから，上に述べた方法で，これらの P_ν のみで

上述の特異点を持つ S の調和関数 u, v を構成することができる．これらを u_n, v_n とおき，

$$M_n=\max(1, \max_{\bar{D}_{n-1}}|u_n|),\quad M_n'=\max(1, \max_{\bar{D}_{n-1}}|v_n|)$$

とおけば，級数は一様収束して

$$u=\sum_{n=1}^{\infty}\frac{u_n}{2^n M_n M_n'},\qquad v=\sum_{n=1}^{\infty}\frac{v_n}{2^n M_n M_n'}$$

が求めるものであることは，簡単にたしかめることができる． ∎

注意 1 すでに注意したように，上に構成した f は，与えられた $\{P_\nu\}_{\nu=1}^{N}$ 以外にも値 c_ν をとる点はありうる．とくに $c_\nu=\infty$ の場合作った f は"与えられた孤立点で与えられた位数の極を持ち，ほかには極を持たない"という性格のものでは<u>ない</u>．"　"の性質を持ったものを構成することは，閉リーマン面では無条件では不可能である（次章，定理 4.13 参照）．一方，開リーマン面では無条件でできる，のみならず平面領域の Mittag-Leffler の定理（吉田［70］，p. 210）に相当する定理の成り立つことが知られている（楠［1］，p. 202，または中井［4］，p. 171 参照）．

注意 2 非定値の正則関数は，閉リーマン面には存在しない（1.2.**A**）が，開リーマン面には，つねに存在することが知られている；のみならず，与えられた孤立点で与えられた位数の零点を持ち，ほかには零点のない正則関数の存在する（平面領域の Weierstrass の定理（吉田［70］，p. 217）に相当する）ことも知られている（楠［1］，p. 200，または中井［4］，p. 177 参照）．一方，また，開リーマン面には，df が零点を持たないような非定値の正則関数が存在することも知られている（楠［1］，p. 205，または中井［4］，p. 176 参照）．

B． 微分形式に関しては，つぎの定理が簡単に証明できる：

定理 3.5 リーマン面 S において，任意に与えられた有限個の点で，任意に与えられた局所座標に関し，任意に与えられた主要部（ただし S が閉リーマン面のときは留数の総和は 0）の極を持ち，ほかでは正則な有理型微分が存在する．

定理の意味は，点 $P_1, \cdots, P_N \in S$ を与え，$P_\nu \in U_{\varphi_\nu}$ であるような局所座標 φ_ν を与え，点 $z_\nu=\varphi_\nu(P_\nu)$ 中心の Laurent 級数の主要部

$$A_\nu(z)=\sum_{m=1}^{k_\nu}\frac{c_{-m}^{(\nu)}}{(z-z_\nu)^m},\qquad \nu=1, \cdots, N,$$

$\left(\text{ただし } S \text{ が閉リーマン面のときは } \sum_{\nu=1}^{N} c_{-1}^{(\nu)}=0\right)$を与えたとき，$S$の有理型微分 $\omega=a\,dz$ で

$$a_{\varphi_\nu}(z)=A_\nu(z)+(\text{正則関数})$$

が z_ν の近傍で成り立ち ($\nu=1,\cdots,N$)，しかも $S-\{P_1,\cdots,P_N\}$ では正則なものが存在する，というのである．なお，閉リーマン面のときの留数の総和は，定理2.6（留数定理）（a）の示すとおり必然的に0でなければならない．

（証明） 簡単のため局所座標 φ_ν は $\varphi_\nu(P_\nu)=0$ そして U_{φ_ν} は座標円板と仮定する．$m=2,\cdots,k_\nu$ に対し，前述の $\omega_{P_\nu,m}$ を構成しておく．

Sが開リーマン面のとき，3.3.**A**の例2の特異点 $(s_\nu, U_{\varphi_\nu}, \{P_\nu\})$，$s_\nu\circ\varphi_\nu^{-1}(z)=\log(1/|z|)$ を持つSの調和関数 u_ν を作り，微分形式 $-(du_\nu+i*du_\nu)$ を ω_{P_ν} と表す．これは P_ν に留数1の1位極を持つ．以上を用いれば，求めるものは

$$\omega=\sum_{\nu=1}^{N}\left(c_{-1}^{(\nu)}\omega_{P_\nu}+\sum_{m=2}^{k_\nu}c_{-m}^{(\nu)}\omega_{P_\nu,m}\right)$$

である．

Sが閉リーマン面のときは，3.3.**A**の例3のものを用いる．フラックスが0であるので，この特異点を持つSの調和関数uが存在し，微分形式

$$\omega_{PQ}=-(du+i*du)$$

はPに留数1の1位極，Qに留数 -1 の1位極を持ち，ほかでは正則な微分形式である（そのような唯一のものというわけではない）．ただ，PとQが同一座標円板に含まれていないと定義できない．一般の $P,Q\in S$ に対しては，$Q=Q_0,Q_1,Q_2,\cdots,Q_l=P$ を，Q_{j-1} と Q_j が同じ座標円板に含まれるようにとり，

$$\omega_{PQ}=\sum_{j=1}^{l}\omega_{Q_jQ_{j-1}}$$

としてやると，極 P,Q について上述のことが成り立ち，ほかでは正則な微分形式となっている．

そこで，与えられた $P_1,\cdots,P_N$ と異なるQを1つとって

$$\omega=\sum_{\nu=1}^{N}\left(c_{-1}^{(\nu)}\omega_{P_\nu Q}+\sum_{m=2}^{k_\nu}c_{-m}^{(\nu)}\omega_{P_\nu,m}\right)$$

とおく．$\sum c_{-1}^{(\nu)}=0$ だからQでの極は消滅して，ωは求めるものとなる． ∎

注意 1 零点の分布については，Sが閉リーマン面の場合，種々の制約（まだ完全にはわかっていない）があり，決して，任意の与点で与位の零点を持つものを構成できるというわけではない．

注意 2 Sが開リーマン面の場合は，無限個であっても，任意に与えた孤立点$\{P_\nu\}_{\nu=1}^{\infty}$で任意の主要部$A_\nu(z)$（項数は有限，ただし留数の総和が0の要なし），または任意の位数の零点（しかもTaylor展開の初めの有限項）を与えたとき，ちょうどそれらを持ち，他には極も零点もないような有理型微分を構成できることが知られている（楠[1]，または中井[4]参照）．

C． 調和特異点の例4（3.3.**A**）の特異点$(s, V_\varphi, |\alpha|)$，

$$s\circ\varphi^{-1}(z)=\mathrm{Im}\log\frac{z-x_2}{z-x_1},$$

αは解析弧で$\varphi\circ\alpha$は実軸上x_1からx_2（$<x_1$）に至るもの，はフラックス0であるから，Sが閉リーマン面であっても開リーマン面であっても，この特異点を持つSの調和関数u_αが存在する．これから導かれる微分形式

$$\omega_\alpha'=du_\alpha+i*du_\alpha$$

についてしらべよう．u_αやω_α'は，決して一意的に定まるものではないが，上の順で構成したどれにも共通な性質をしらべるのである．

u_αは$S-|\alpha|$の調和関数，ω_α'は$S-|\alpha|$の正則微分であるが，ω_α'はつぎのようにしてSの有理型微分に拡張できる：$u_\alpha-s$はV_φの調和関数$\tilde{u}$の$V_\varphi-|\alpha|$への制限であるので，$\varphi(V_\varphi-|\alpha|)$で

$$2\frac{\partial}{\partial z}u_\alpha\circ\varphi^{-1}(z)=\frac{i}{z-x_1}-\frac{i}{z-x_2}+2\frac{\partial}{\partial z}\tilde{u}\circ\varphi^{-1}(z)$$

が成り立っているが，この右辺を$a_\varphi(z)$と定義することによって，S全域での$\omega_\alpha'=a\,dz$を得る．

ω_α'はαの始点Pに留数iの1位極，αの終点Qに留数$-i$の1位極を持ち，$S-\{P,Q\}$で正則な，Sの有理型微分である（しかし**B**で現れたω_{PQ}のi倍ではない；そのことは以下の話よりあきらかであろう）．

$\mathrm{Re}\,\omega_\alpha'$は，$S-|\alpha|$では$du_\alpha$，したがって完全形式であるから，区分的になめらかな閉曲線γが，もしαと交らないなら，γに沿う積分は0である．すなわち

$$\mathrm{Re}\int_\gamma\omega_\alpha'=0\qquad(|\gamma|\cap|\alpha|=\phi\text{ のとき}).\tag{3.1}$$

つぎに$|\gamma|\cap|\alpha|\neq\phi$で，$P,Q\notin|\gamma|$のとき，どうなるかをしらべよう．もし$|\gamma|\subset\bar{V}_\varphi$なら，$\varphi(\bar{V}_\varphi)$で考えて

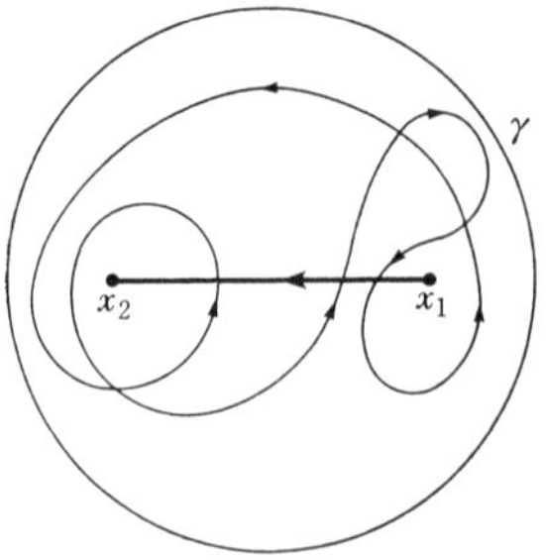

図 3.4

$$\int_\gamma \omega_\alpha' = \int_{\varphi\circ\gamma}\left(\frac{i}{z-x_1}-\frac{i}{z-x_2}\right)dz$$

が成り立つ．ここで

$$\frac{1}{2\pi i}\int_{\varphi\circ\gamma}\frac{dz}{z-x_1}$$

は曲線 $\varphi\circ\gamma$ の点 x_1 に関する回転数である（付章**C**参照）．この数は $n(\varphi\circ\gamma\,;\,x_1)$ と表されるが，いまは φ のとり方によらない（積分の変数変換で容易にたしかめられる）ので，$n(\gamma;P)$ と表すことにする．同様に，$n(\gamma;Q)$ が考えられて，つぎの公式を得る：

$$\text{(3.2)}\qquad \mathrm{Re}\int_\gamma \omega_\alpha' = 2\pi(n(\gamma\,;\,Q)-n(\gamma\,;\,P))$$

$$(|\gamma|\subset \bar{V}_\varphi-\{P,Q\}\ \text{のとき}\,;\,\alpha=\overrightarrow{PQ}\ \text{として}).$$

一般の γ に対しては，つぎのように考えれば，(3.1) と (3.2) に帰着する．まず，γ と $S-\{P,Q\}$ でホモトープな区分的に解析的な閉曲線 γ' をとる (1.5.**D**)，γ' と ∂V_φ の共通部分は，有限個の点や弧から成る (1.5.**C**)．これらによって γ を切り離し，∂V_φ 上の弧を適当に付け加えて，有限個の閉曲線 $\gamma_1,\cdots,\gamma_m$ を作り，それらは

$|\gamma_j|\cap V_\varphi=\phi$ または $|\gamma_j|\subset\bar{V}_\varphi-\{P,Q\}$

であって

$$\int_\gamma \omega_\alpha' = \int_{\gamma'}\omega_\alpha' = \sum_{j=1}^m\int_{\gamma_j}\omega_\alpha'$$

をみたすようにできる．右辺の各項を (3.1) と (3.2) で計算すればよい．4.1.**D**に計算例がある．

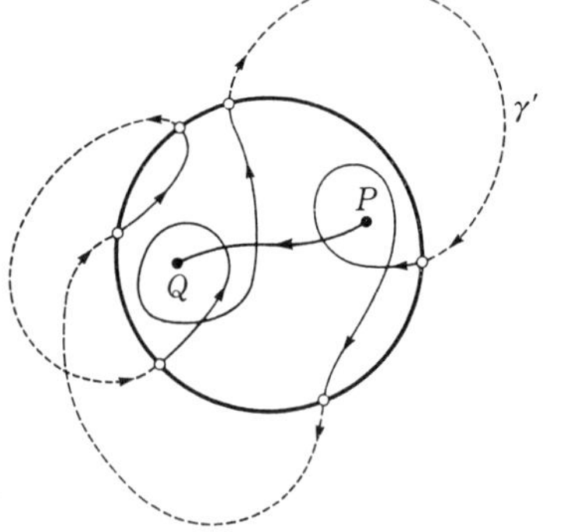

図 3.5

注意 結果を一般的に述べるには，**交り数** (intersection number) という概念を要する．ここでは直観的な解説にとどめ，厳密な定義・証明には立ち入らない．右図のように α が γ を右側から左側に横断するとき

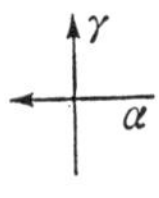

+1, 左側から右側に横断するとき −1 として，この数をすべての交点にわたって加える(接するときや弧を共有するときは適当に拡張解釈する). これが交り数 $\gamma\times\alpha$ である. 公式(3.2)において，回転数と交り数を比較すれば

$$n(\gamma\,;Q)-n(\gamma\,;P)=\gamma\times\alpha$$

が成り立っていることが理解されよう．そして，一般の場合について

$$\mathrm{Re}\int_\gamma \omega_\alpha'=2\pi(\gamma\times\alpha)$$

という公式を得るのである.

3.5 一意化定理

A. 一意化(uniformization)という語の意味は 7.1.**A** で説明する．いまの目的は，その際必要となる一意化定理を証明することである.

定義 面 S は，任意の単純閉曲線 γ に対して $S-|\gamma|$ が連結でなくなるとき，**単葉型** (planar) という.

例えば平面領域は単葉型である．このことは Jordan の曲線定理(付章**A**)よりすぐわかる.

つぎの 2 つの定理を**一意化定理** (uniformization theorem) という：

定理 3.6 単葉型のリーマン面は平面領域（リーマン球面の部分領域という意味）と等角同値である.

定理 3.7 単連結なリーマン面は，リーマン球面 $\hat{\mathbb{C}}$，複素平面 $\mathbb{C}$，単位開円板 $|z|<1$ のどれかと等角同型である.

証明は **C, E, G** で与える.

注意 1 定理 3.6 を“一般一意化定理”(allgemeine Uniformisierungsprinzip (ドイツ語))といい，定理 3.7 を（狭い意味の）“一意化定理”ということもある．後者は，さらに，“Riemann の写像定理の（リーマン面への）一般化”と呼ばれることもある.

注意 2 “単連結なら単葉型である”という命題を認めてしまえば，定理 3.7 は定理

3.6と平面領域に対するRiemannの写像定理よりただちに出る．しかし，このトポロジーの命題の証明は必ずしも簡単ではないので，われわれはこれを避け，定理3.7の証明を独立に（とはいっても，微分形式を利用して，定理3.6の証明に途中から合流させて）与えることにする．

注意 3 $\hat{\mathbb{C}}, \mathbb{C}$, $|z|<1$ は，互いに等角同値ではない．であるから，定理3.7は単連結リーマン面はつぎの3つの型（type）に分類されることを主張している：

（I） $\hat{\mathbb{C}}$ と等角同値である（**楕円型**）

（II） $\mathbb{C}$ と等角同値である（**放物型**）

（III） $|z|<1$ と等角同値である（**双曲型**）．

B．（特別な場合の定理3.6の証明） 種数0のコンパクトな境界付きリーマン面 $\bar{S}$ の内部 S は，平面領域と等角同値であることを証明する．

$\bar{S}$ のダブル $\hat{S}$ を考える．$Q\in S$ と，Q 中心の S の座標円板 V_φ（$\varphi(V_\varphi)=\{z\,|\,|z|<r_0\}$ とする）をとっておく．そして

$$s\circ\varphi^{-1}(z)=\mathrm{Re}\frac{1}{z}$$

による特異点 $(s, V_\varphi, \{Q\})$ を考える．フラックスは0であるので，$\hat{S}$ の調和関数でこの特異点を持つもの $\hat{u}$ が存在する．$\hat{S}$ の反転 j を用いて関数

$$u=\hat{u}\circ j+\hat{u}$$

を考える．これは対称（つまり $u\circ j=u$ をみたす）であるので，∂S では，境界局所座標 ψ に関して

$$(*)\qquad \frac{\partial}{\partial y}u\circ\psi^{-1}(x)=0 \qquad x\in\psi(U_\psi\cap\partial S)$$

が成り立つことが容易にわかる．$\bar{S}$ の境界成分に正の向きを入れて $\Gamma_1, \cdots, \Gamma_q$ とおく（定理2.3参照）と，（＊）により

$$\int_{\Gamma} *du=0 \qquad (l=1, \cdots, q)$$

が成り立つ．

さて，$*du$ は $S-\{Q\}$ で完全形式である．これを示すには，$S-\{Q\}$ 内の区分的になめらかな任意の閉曲線 γ に対して $\int_\gamma *du=0$ が成り立つことを示せばよい．そのため，$V'=\varphi^{-1}(\{z\,|\,|z|<r'\leqq r_0\})$ を $\bar{V}'\cap|\gamma|=\phi$ であるようにとって，境界付きリーマン面 $\bar{S}-V'$ の内部で γ を考える．この面の種数は0，境界成分は $|\Gamma_1|, \cdots, |\Gamma_q|, \partial V'$ であって，これらから $\partial V'$ を除いた $\Gamma_1, \cdots, \Gamma_q$ に沿う積分は0であるので $*du$ は完全形式(2.4.**D**)，よって γ に沿う積分は0となる．

$S-\{Q\}$ で $*du$ は完全形式ということがわかれば，u の共役調和関数 u^* が存在することがわかる．その任意の1つをとって

$$f=u+iu^*$$

とおく．これは S の有理型関数で，Q 以外では正則，Q では与局所座標 φ に関して

$$f\circ\varphi^{-1}(z)=\frac{1}{z}+(\text{正則関数})$$

の形をした1位極を持つ．以下，この f が S を $\hat{\mathbb{C}}$ の部分領域の上への1対1対応を与えることを示す．

もともと u は $\hat{S}$ で定義されているから，f は ∂S を含むある開集合（$\hat{S}$ の）で正則である．条件（$*$）によって，∂S の各成分 $|\Gamma_l|$ の上で $\mathrm{Im}\, f$ は定数でなければならない．したがって $E_l=f(|\Gamma_l|)$，$l=1,\cdots,q$ のおのおのは実軸に平行な線分（有限な長さの）ということになる．

任意に $w\in\mathbb{C}-\bigcup_{l=1}^{q}E_l$ をとって，f の S における w-点の個数 N_w をしらべる．定理2.8（偏角の原理）によって

$$N_w-N_\infty=\frac{1}{2\pi i}\sum_{l=1}^{q}\int_{\Gamma_l}\frac{df}{f-w}$$

が成り立つ．あきらかに $N_\infty=1$ である．また $l=1,\cdots,q$ に対して

$$\int_{\Gamma_l}\frac{df}{f-w}=\int_{f\circ\Gamma_l}\frac{d\zeta}{\zeta-w}$$

であり，右辺は回転数の $2\pi i$ 倍である．曲線 $f\circ\Gamma_l$ は線分 E_l に含まれる（結果において1往復することになるが，いまのところはそのことは不明）のでその w のまわりの回転数は0でなければならない．したがって $N_w=1$ ということがいえた．

つぎに $w\in E_l$ はどうであろうか？ もともと，ある $P_1\in\partial S$ に対して $f(P_1)=w$ であるが，いまある $P\in S$ に対して $f(P)=w$ であったとする．P_1 の $\hat{S}$ での近傍 U_1 と P の近傍 $U\subset S$ を，$U_1\cap U=\phi$ であるようにとる．$f(U_1)$ と $f(U)$ はともに w を含む開集合であり，$f(U_1\cap S)\cap f(U)\neq\phi$ も開集合であるので，$w'\in(f(U_1\cap S)\cap f(U))-\bigcup_{l=1}^{q}E_l$ が存在することになる．すると，$P_1'\in U_1\cap S$ と $P\in U_2$ に対して $f(P_1')=f(P')=w'$ が成り立ってしまい，これはすぐ上に示した $N_{w'}=1$ に矛盾する．よって $f(S)\cap E_l=\phi$．$l=1,\cdots,q$．

同じようにして，$E_1,\cdots,E_q$ が互いに素であることも証明できる．

以上によって f は S を領域 $\Omega=\hat{\mathbb{C}}-\bigcup_{l=1}^{q}E_l$ の上に等角写像することが証明された．いうまでもなく $f(Q)=\infty$ である．

注意 平面領域 Ω は，補集合 $\hat{\mathbb{C}}-\Omega$ の各成分は実軸に平行な線分である．このようなものを**水平截線領域** (horizontal parallel slit domain) という．

C．（開リーマン面 S に対する定理3.6の証明） S の近似列 $\{D_n\}_{n=1}^{\infty}$ をとる．各 $\bar{D}_n$ は，コンパクトな境界付きリーマン面であるが，この種数は0である．なぜなら

ば，もし種数 p が1以上であると，標準切断 (2.4.**A**) に属する α_1 に対して $\bar{D}_1-|\alpha_1|$ は連結である（じっさい，標準切断のメンバー全部を除いても連結である）．このことから $S-|\alpha_1|$ が連結であることはあきらかで， S が単葉型ということと矛盾し，したがって $p=0$ でなければならないことになる．

点 $Q\in D_1$，それを中心とする座標円板 $V_\varphi\subset D_1$ をとって，各 $\bar{D}_n$ において**B**で述べた関数を構成する．定数を引いたものを f_n とし，Q の近傍で

$$f_n\circ\varphi^{-1}(z)=\frac{1}{z}+c_nz+c_n'z^2+\cdots,$$

つまり Laurent 展開の定数項が0であるようにする． f_n は D_n で単葉である（つまり像領域の上への1対1対応を与える）．

つぎに関数列 $\{f_n\}_{n=1}^{\infty}$ から収束部分列を抜き出すのであるが，そのためには，つぎのものが必要である：

補助定理 領域 $\Omega\subset\hat{\mathbb{C}}$ が $\{w|0<\rho\leqq|w|\leqq\infty\}$ を含むとき，Ω で有理型，単葉，∞ における Laurent 展開が

$$F(w)=w+\frac{b}{w}+\frac{b'}{w^2}+\cdots$$

の形をしている関数 F は，すべての $w\in\Omega$ に対して

$$|F(w)-w|\leqq3\rho$$

をみたす．

これの証明を後にまわして，定理の証明をつづける． n ごとに $\Omega_n=f_n(D_n)\subset\{w|\rho_n\leqq|w|\leqq\infty\}$ であるような $\rho_n>0$ をとって，$\nu=1,2,\cdots$ に対して

$$F=f_{n+\nu}\circ f_n^{-1}$$

を考える．$w=\infty$ で Laurent 展開が $F(w)=w+(b/w)+\cdots$ の形をしているので補助定理を適用することができ，もとに戻れば D_n で

$$|f_{n+\nu}-f_n|\leqq3\rho_n$$

が成り立つことがわかる．よって $f_{n+\nu}-f_n$ $(\nu=1,2,\cdots)$ は D_n で正規族を成すことがいえ，したがって $\{f_{n+\nu}\}_{\nu=1}^{\infty}$ から部分列をとって $D_n-\{Q\}$ の任意のコンパクト集合で一様収束させることができる．極限関数は，D_n の正則関数に f_n を加えて得られる D_n の有理型関数で，f_n と同じ極を持っている．

以上を，まず $n=1$ で考えて，$\{f_n\}$ の部分列 $\{f_{n1}\}$ を D_1 の $f^{(1)}$ に収束させる．つぎに $\{f_{n1}\}$ から部分列 $\{f_{n2}\}$ をとり D_2 で $f^{(2)}$ に収束させる．D_1 では $f^{(2)}=f^{(1)}$ であるから，$f^{(2)}$ は $f^{(1)}$ の D_2 への接続である．つぎに $\{f_{n2}\}$ から $\{f_{n3}\}$ を抜き，D_3 の $f^{(3)}$ （$f^{(2)}$ の接続）へ収束させる．以上を，順次 $D_3,D_4,\cdots$ で行うと，D_n の $f^{(n)}$ $(n=1,2,\cdots)$ に

よって S 全体の f (Q で1位極を持ち他で正則) が得られ, 対角線列 $\{f_{nn}\}_{n=1}^{\infty}$ が $S-\{Q\}$ の任意のコンパクト集合上一様に f に収束していることがわかる.

f は非定値であるが, そうなら単葉であることは, 偏角の原理を用いて, 平面の場合 (吉田[70], p.148参照) と全く同様にして示すことができる.

こうして, S を平面領域 ($\hat{\mathbb{C}}$ の部分領域) の上に等角写像する f の存在が証明できた.

注意 $f(S)$ は補集合の各成分が1点または実軸に平行な線分である (これも水平截線領域という) ことが知られている (証明は, 例えばSario-Oikawa[57], pp.130—132).

D. (補助定理の証明) このままの命題が載っている文献が見あたらないが, 小松[37]の定理24.4 (p.148) と定理26.2 (p.158) の論法を組み合せると, $\rho=1$ に対するわれわれの補助定理の証明が得られる. 念のため述べると, つぎのとおりである. まず, 同書の定理24.4をわれわれの F の $\rho F(w/\rho)$ に適用することによって, 円周 $|w|=\rho$ の F による像は, 原点中心半径 2ρ の円内にあることがわかる. したがって, $w\in\Omega\cap\{w||w|\leqq\rho\}$ なら $|F(w)|\leqq 2\rho$, よって $|F(w)-w|\leqq 3\rho$. つぎに, $F(w)-w$ は $\rho\leqq|w|\leqq\infty$ で正則で, 境界 $|w|=\rho$ で $|F(w)-w|\leqq 3\rho$ だから, 内部でも $|F(w)-w|\leqq 3\rho$. 以上併せて, Ω で $|F(w)-w|\leqq 3\rho$. ∎

E. (閉リーマン面 S に対する定理3.6の証明) 平面型の閉面は種数が0でなければならない (このことは標準切断 (2.3.**B**) を用いて**C**の始めの方での議論と全く同様な考え方でたしかめることができる). いま, 1点 P_0 をとると, 開リーマン面 $S-\{P_0\}$ は平面と位相同型である. これを**C**で証明された結果によって平面領域 Ω の上に等角写像する. Ω は単連結であるから, Riemannの写像定理によって, 単位円 $|w|<1$ または複素平面 $\mathbb{C}$ であるものとしてよい. ところが, 前者の場合, 写像

$$f: S-\{P_0\}\to\Omega$$

は有界な正則関数となるので, P_0 は除去可能特異点, つまり f は閉リーマン面 S の非定値正則関数に接続されてしまう. これは矛盾である. したがって $\Omega=\mathbb{C}$ となるが,

$$f(P_0)=\infty$$

と定義を拡張することによって, (P_0 は除去可能特異点となって) f は S における単葉な有理型関数となる. これが S からリーマン球面 $\hat{\mathbb{C}}$ の上への等角写像である.

以上で, 定理3.6の証明がすべて終った ∎

F. (定理3.7の証明への準備) S を単連結な開リーマン面, D を閉包がコンパクトな正則的部分領域とすると, $\bar{D}$ の種数は0でなければならない.

（証明） $\bar{D}$ の種数 p が $\geqq 1$ であると仮定して矛盾を導く．点 $P_0 \in D$ を基点とする，区分的に解析的な閉曲線から成る標準切断（2. 4. **A**）

$$\alpha_1, \beta_1, \cdots, \alpha_p, \beta_p, \delta_1\gamma_1\delta_1^{-1}, \cdots, \delta_q\gamma_q\delta_q^{-1}$$

を考える．α_1 を基点の近くで作りなおして α_1' とする：すなわち，α_1 の終点の近くから始点の近くまで，β_1 の終点近くを含む角領域の中で，P_0 の近傍内の解析弧 σ_1（β_1 と交り他とは交らない）に沿って進んで α_1' とするのである．α_1 は区分的に解析的であるので，解析弧 $\alpha_{11}, \cdots, \alpha_{1k}$ をとって

$$\alpha_1' = \alpha_{11} \cdot \cdots \cdot \alpha_{1k} \cdot \sigma_1$$

とすることができる．各 α_{1j} と σ_1 は十分小さく，3. 3. **A** の例 4 の特異点の α の条件をみたすようにできる（定理 1. 5 参照）．すると 3. 4. **C** の $\omega_{\alpha_{1j}}'$ と ω_{σ_1}' を，S で構成することができるが，それらを用いた

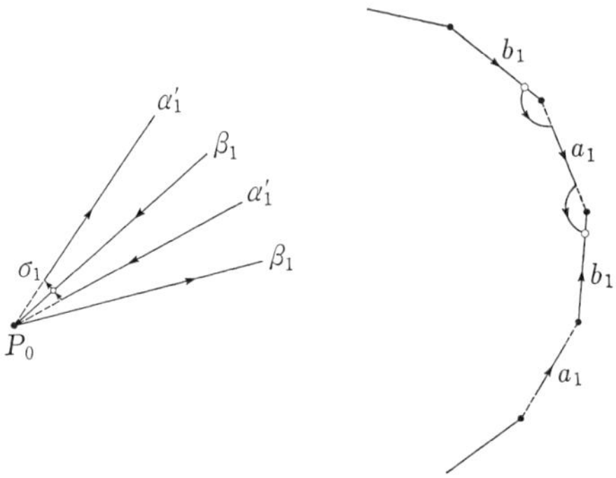

図 3. 6

$$\omega = \sum_{j=1}^{k} \omega_{\alpha_{1j}}' + \omega_{\sigma_1}'$$

は，極が互いに消しあうので，S の正則微分である．

いま S は単連結と仮定しているので

$$\int_{\beta_1} \omega = 0$$

でなければならない．ところが，一方，$|\alpha_{1j}| \cap |\beta_1| = \phi$ であるので（3. 1）によって

$$\mathrm{Re} \int_{\beta_1} \omega_{\alpha_{1j}}' = 0$$

が成り立ち，また σ_1 と β_1 の交り方をしらべて（3. 2）を適用すると

$$\mathrm{Re} \int_{\beta_1} \omega_{\sigma_1}' = -2\pi$$

が成り立つことがわかる．よって

$$\mathrm{Re} \int_{\beta_1} \omega = -2\pi$$

という矛盾した結果になり，したがって，$p=0$ でなければならないことが示された．

G．（定理 3. 7 の証明） 単連結な閉リーマン面は，基本群からみて（2. 3. **C**）種数が 0 であり，したがって定理は **E** で証明されている．

単連結な開リーマン面 S においては，近似列 $\{D_n\}_{n=1}^{\infty}$ を考えると，上に示したとおり $\bar{D}_n$ の種数は 0 であるから，各 D_n に対しては **B** の命題が成り立ち，よって **C** の議論がそ

のまま成り立って，Sを平面領域Ωの上に等角写像することができる．Ωは単連結で$\hat{\mathbb{C}}$とは異なるから，平面領域に関するRiemannの写像定理によって，Ωは単位開円板または複素平面に等角写像することができる．∎

3.6 Green関数

A． リーマン面Sの1点Qにおいて，3.3.**A**の例2の調和特異点$(s, V_\varphi, \{Q\})$を考える．くり返すなら，V_φはQ中心の座標円板であり，sは

$$s \circ \varphi^{-1}(z) = \log \frac{1}{|z|}$$

で定義される関数である．関数がこの特異点を持つことを，簡単のため，Qに**対数的極**を持つということにする．

この性質は局所座標φのとり方には依存しない．じっさい，Q中心の座標円板V_ψと，$t \circ \psi^{-1}(\zeta) = -\log|\zeta|$で定義される関数$t$による対数的極$(t, V_\psi, \{Q\})$を考えたとき，正則関数$z(\zeta) = \varphi \circ \psi^{-1}(\zeta)$の$\zeta = 0$におけるTaylor展開は

$$z(\zeta) = z'(0)\zeta + \cdots, \qquad z'(0) \neq 0$$

の形をしているから，もし$u \circ \varphi^{-1}(z) + \log|z|$が$z=0$の近傍で調和なら，

$$u \circ \psi^{-1}(\zeta) + \log|\zeta| = u \circ \varphi^{-1}(z(\zeta)) + \log|z(\zeta)| - \log\left|\frac{z(\zeta)}{\zeta}\right|$$

は$\zeta = 0$の近傍で調和である．つまりuが特異点$(s, V_\varphi, \{Q\})$を持てば，特異点$(t, V_\psi, \{Q\})$を持つことになる．

定理 3.8 リーマン面Sの1点Qが与えられたとき，もし条件

（a） $S - \{Q\}$で調和で，Qに対数的極を持つ，

（b） $S - \{Q\}$で正の値をとる

をみたす実数値関数が存在するならば，（a），（b）および

（c） 各点$P \in S - \{Q\}$において

$$g(P) \leqq u(P)$$

が（a），（b）をみたすすべてのuに対して成立，

の3条件をみたす関数gがただ1つ存在する．

（証明） 条件（a），（b），（c）をみたすgが，存在すればただ1つに決まることは自明

である．

さて，S が閉リーマン面ならば，(a)，(b) をみたす関数は存在しない．特異点のフラックスが0でないからである．

S がコンパクトな境界付きリーマン面 $\bar{S}$ の内部であるときは，3.3.**B** で示したように条件 (a) と

(d)　$\bar{S}-\{Q\}$ で連続で，∂S で $\equiv 0$

をみたす関数がただ1つ存在する．これが (a)，(b)，(c) をみたすことは容易にたしかめることができる．

一般の開リーマン面 S においては，近似列 $\{D_n\}_{n=1}^{\infty}$ を用いる．$Q\in D_1$ として，各 D_n で (a)，(d) をみたす関数を作り，それを g_n と表す．条件 (c) によって，$D_n-\{Q\}$ で

$$g_n \leqq g_{n+1}$$

が成り立つことがいえる ($n=1,2,\cdots$)．したがって，Harnack の定理 (3.2.**E** の (3) の形のもの) によって，つぎの2つの場合のみが起りうる：

(α)　すべての $P\in S-\{Q\}$ に対して $\lim_{n\to\infty} g_n(P)<\infty$，収束は $S-\{Q\}$ の任意のコンパクト集合上で一様；

(β)　すべての $P\in S-\{Q\}$ に対して $\lim_{n\to\infty} g_n(P)=\infty$，発散は $S-\{Q\}$ の任意のコンパクト集合 K で一様 (つまり，M と K のみで決まる n_0 あり，$n\geqq n_0$，$P\in K$ で $g_n(P)\geqq M$)．

いま，もし S で (a)，(b) をみたす u が存在すれば，D_n における条件 (c) によって $g_n\leqq u$ が成り立たねばならないから，(β) の場合は起らず，$\lim g_n=g$ は S で (a)，(b) をみたす．しかも $g\leqq u$ であって，u は任意であるので，S で (c) も成り立つことになる．　∎

B． S と Q を与えて，(a)，(b) をみたす関数が存在するとき，(a)，(b)，(c) で一意的に決まる関数 g を，Q を極とする S の **Green 関数**という．記号で

$$g(P,Q),\qquad g(\cdot,Q)$$

などと表す．

(a)，(b) をみたす関数が存在しないときは，Q を極とする **Green 関数は存在しない**という．このことを

$$g(\cdot,Q)\equiv\infty$$

とも表す．

上記の証明中に述べたように

(1)　閉リーマン面には (いかなる極に対しても) Green 関数は存在しない．

（2） コンパクトな境界付きリーマン面の内部には，任意の極に対して Green 関数が存在する；それは条件（a），（d）で一意的に決まる．

また，条件（a），（b）をみたす関数があれば（α）が成立するのであるから，（β）は Green 関数が存在しないことと同値ということになる．したがって

（3） 開リーマン面 S において，$Q \in S$ を極とする Green 関数が存在してもしなくても，$Q \in D_1$ であるような任意の近似列 $\{D_n\}_{n=1}^{\infty}$ に対して

$$g_n(\cdot, Q) \leqq g_{n+1}(\cdot, Q) \qquad (n=1, 2, \cdots)$$

であり，また

$$\lim_{n\to\infty} g_n(\cdot, Q) = g(\cdot, Q)$$

が $S-\{Q\}$ の任意のコンパクト集合上で一様に成り立つ．

（例1） 円板 $\{z||z|<\rho\}$ の点 z_0 を極とする Green 関数は

$$g(z, z_0) = \log\left|\frac{\rho^2 - \bar{z}_0 z}{\rho(z-z_0)}\right|.$$

このことは条件（a），（d）をたしかめることによってわかる．

（例2） 複素平面 $\mathbb{C}$ の Green 関数は存在しない．じっさい，z_0 を与えられた極としたとき，$|z_0|<\rho_n \uparrow \infty$ を任意にとると $D_n=\{z||z|<\rho_n\}$，$n=1, 2, \cdots$ は近似列となるが，任意の $z \neq z_0$ に対して

$$\lim_{n\to\infty} \log\left|\frac{\rho_n{}^2 - \bar{z}_0 z}{\rho_n(z-z_0)}\right| = \infty.$$

一般に h が S から S' の上への等角写像であるとき，それぞれの Green 関数を g, g' と表せば（存在してもしなくても）$g(P, Q) = g'(h(P), h(Q))$ が成り立つ．これは定義よりあきらかであろう．

このことを定理 3.7（一意化定理）に適用すると，上の例からつぎのことがわかる：S が単連結で双曲型ならば Green 関数が存在し，f を S から単位円の上への等角写像で $f(Q)=0$ が成り立っていれば

$$g(P, Q) = \log|f(P)|;$$

S が放物型ならば Green 関数は存在しない．したがって，逆に，単連結なリーマン面 S において Green 関数 $g=g(\cdot, Q)$ が存在するとき，それは1価な共役調和関数 g^* を持ち，

$$f = \exp(g + ig^*)$$

が S から単位円の上への等角写像を与えることになる．

注意 1 このことを直接証明して，定理 3.7 の別証明を与えることができる（例えば，戸田[2]，pp. 86—91）．

注意 2 与えられたリーマン面上に Green 関数が存在するか否か（つまり（a），（b）をみたす関数が存在するか否か）は，すぐつぎに示すように，極の選び方によらない，リーマン面に固有の性質である．単連結リーマン面の型（type）（3.5.**A** の注意 3）という概念を拡張して，一般に開リーマン面は Green 関数が存在するとき**双曲型**，存在しないとき**放物型**という．与えられた開リーマン面の型を定める問題を**型問題**（type problem）というが，これについては第5章で論ずることにする．

C. 上に予告したとおり

定理 3.9 リーマン面 S に Green 関数が存在するか否かは極のとり方に依存しない．存在するときは，異なる 2 点 Q_1, Q_2 に対して

$$g(Q_1, Q_2)=g(Q_2, Q_1)$$

が成り立つ．

（証明） S が閉リーマン面のときは，命題は自明である．

つぎに，S がコンパクトな境界付きリーマン面 $\bar{S}$ の内部のときを考える．Green 関数は条件（a），（d）で特徴づけられている．$g(\cdot, Q_k)$ を $g^{(k)}$ と略記する $(k=1,2)$．Q_k 中心の座標円板 V_{φ_k} をとる．一般性を失うことなく，これらは互いに素で，$k=1,2$ に対して共通の r_0 によって $\varphi_k(V_{\varphi_k})=\{z||z|<r_0\}$ が成り立つものと仮定することができる．$0<r<r_0$ を任意にとったとき，$\varphi_k^{-1}(\{z||z|<r\})=V_k(r)$ $(k=1,2)$ とおき，$\bar{S}-V_1(r)\cup V_2(r)=\bar{S}_r$ において定理 2.9 の Green 公式 (2.6) を適用すると

$$\int_{S_r} dg^{(1)}\wedge *dg^{(2)}=\int_{\partial S_r} g^{(1)} *dg^{(2)}=-\int_{\partial V_1(r)} g^{(1)} *dg^{(2)}-\int_{\partial V_2(r)} g^{(1)} *dg^{(2)}.$$

ここで $*dg_2$ と内法線方向の微分の関係 (2.2.**G**) に注意すると，$r\to 0$ に対して

$$-\int_{\partial V_1(r)} g^{(1)} *dg^{(2)}=\int_0^{2\pi} (g^{(1)}\circ\varphi_1{}^{-1})\cdot\frac{\partial(g^{(2)}\circ\varphi_1{}^{-1})}{\partial r} r\,d\theta=\mathrm{O}(r\log r)\to 0,$$

$$-\int_{\partial V_2(r)} g^{(1)} *dg^{(2)}=\int_0^{2\pi} (g^{(1)}\circ\varphi_2{}^{-1})\cdot\frac{\partial(g^{(2)}\circ\varphi_2{}^{-1})}{\partial r} r\,d\theta$$

$$=2\pi(g^{(1)}(Q_2)+\mathrm{o}(1))\cdot\frac{d\log r}{dr} r\to 2\pi g^{(1)}(Q_2)$$

を得る．つまり

$$\lim_{r\to 0}\int_{S_r} dg^{(1)}\wedge * dg^{(2)}=2\pi g(Q_2, Q_1).$$

左辺について $dg^{(1)}\wedge * dg^{(2)}=dg^{(2)}\wedge * dg^{(1)}$ であるので，右辺について $g(Q_2, Q_1)=g(Q_1, Q_2)$ が成り立つ．

最後に S を一般の開リーマン面とする．Green 関数 $g(\cdot, Q_1)$ が存在したと仮定して，$Q_2(\neq Q_1)$ について考える．$Q_1, Q_2\in D_1$ であるような S の近似列 $\{D_n\}_{n=1}^{\infty}$ を1つとり，D_n における Green 関数を $g_n(\cdot, Q_k)$ $(k=1,2)$ と表す．仮定により $P\neq Q_1$ に対して

$$\lim_{n\to\infty} g_n(P, Q_1)=g(P, Q_1)<\infty$$

である．Q_2 を極とするものについては

$$\lim_{n\to\infty} g_n(P, Q_2)=g(P, Q_2)$$

が成り立ち，両辺はすべての P に対して ∞ であるか，すべての $P(\neq Q_2)$ に対して有限であるか，どちらかである．$g_n(Q_2, Q_1)=g_n(Q_1, Q_2)$ であることに注意して，第1式で $P=Q_2$，第2式で $P=Q_1$ とおいて比べると

$$g(Q_1, Q_2)=g(Q_2, Q_1)<\infty$$

の成立がわかる．この結果 Green 関数 $g(\cdot, Q_2)$ の存在も証明されたことになる． ▮

D． Green 関数の簡単な性質をいくつか述べる．すでに述べたように，コンパクトな境界付きリーマン面の Green 関数は性質（a），（d）で特徴づけられるのでしらべやすい．一般の場合でも，

（1） リーマン面 S に Green 関数 $g(\cdot, Q)$ が存在するならば

$$\inf_{P\in S} g(P, Q)=0.$$

（証明） $\inf=a>0$ であると，$g-a$ も定理 3.8 の条件（a），（b）をみたすので，条件（c）と矛盾する． ▮

（2） リーマン面の部分領域 D に Green 関数 $g(\cdot, Q)$ が存在するとき，点 $P_0\in\partial D$ においてバーリア（3.2.**B**）が存在すれば，$D\ni P\to P_0$ に対して

$$\lim g(P, Q)=0.$$

（証明） P_0 においてバーリアが存在すれば，定理 3.1 の証明中で論じたように，P_0 の座標円板 V と，つぎのような関数 b_V が存在する：D で連続な劣調和関数，値は負，

$D-V$ では $\equiv -1$, そして

$$\lim_{D\ni P\to P_0} b_V(P)=0.$$

いま Q の座標円板 V_φ を, $\bar{V}_\varphi\cap\bar{V}=\phi$ であるようにとり, ∂V_φ における $g(\cdot,Q)$ の最大値を M とおく. すると関数

$$-Mb_V$$

は正値をとる連続優調和関数で, ∂V_φ では $\equiv M$ である. D の近似列 $\{D_n\}$ を $\bar{V}_\varphi\subset D_n$ であるようにとり, D_n の Green 関数 $g(\cdot,Q)$ を g_n とおけば, $g_n\leqq g$ であるので, ∂V_φ では $g_n\leqq M$ がみたされる. ∂D_n では $g_n=0$ であるので, D_n-V_φ において $g_n\leqq -Mb_V$, したがって D で

$$0\leqq g(\cdot,Q)\leqq -Mb_V(P)$$

が成り立つことになり, $D\ni P\to P_0$ に対して $\lim g(P,Q)=0$ でなければならない. ▮

（3） リーマン面 S に Green 関数 $g(\cdot,Q)$ が存在するとき, Q を外点にする, $\partial\Omega$ がコンパクトであるような任意の開集合 $\Omega\subset S$ に対し, $\partial\Omega$ での g の最大値を M とおくなら, Ω の各点 P に対して

$$g(P,Q)\leqq M.$$

（証明） S の近似列 $\{D_n\}$ をとると, ある番号から先は $\partial\Omega\subset D_n$ である. D_n の Green 関数 $g(\cdot,Q)$ を g_n と表せば, $g_n\leqq g$ であるので $\partial\Omega$ で $g_n\leqq M$. ∂D_n では $g_n=0$ であるので, $\Omega\cap D_n$ において $g_n\leqq M$, よって Ω で $g\leqq M$. ▮

例えば, あるリーマン面の部分領域 D が孤立境界点 P_0 を持つとき, D の Green 関数 $g(\cdot,Q)$ は（存在するとして） P_0 の近傍で有界, したがって除去可能となる. $D\cup\{P_0\}=\tilde{D}$ も領域であるが, ここの Green 関数の P_0 における値が

$$\lim_{D\ni P\to P_0} g(P,P_0)$$

と一致し, これは $\neq 0$ である. つまり, Green 関数の境界値は, つねに 0 であるというわけではない.

（4） リーマン面 S に Green 関数 $g(\cdot,Q)$ が存在すれば, 任意の部分領域 D にも Green 関数が存在し, それを $g_D(\cdot,Q)$ と表すと, 任意の $P\in D-Q$ に対して

$$g_D(P, Q) \leqq g(P, Q)$$

が成り立つ.

証明は容易であるので省略する.

E. リーマン面 S に Green 関数 $g = g(\cdot, Q)$ が存在するとき，φ を Q の局所座標として $z_0 = \varphi(Q)$ とおけば,

$$\lim_{z \to z_0}\left(g \circ \varphi^{-1}(z) - \log\frac{1}{|z - z_0|}\right) = \gamma_\varphi(Q)$$

は有限な数である. これは**ロバン定数** (Robin constant) と呼ばれている.

定数とはいうが, φ のとり方に依存する. じっさい, 他の局所座標 ψ に対して, $z = \varphi(\psi^{-1}(\zeta))$, $\zeta_0 = \psi(Q)$ とおけば

$$\gamma_\psi(Q) = \gamma_\varphi(Q) - \log|z'(\zeta_0)|$$

の成り立つことが, 3.6.**A** の始めの方でしらべたようにしてわかる.

したがって

$$c_\varphi(z) = \exp(-\gamma_\varphi(\varphi^{-1}(z)))$$

で定義される量も φ に依存し, 他の局所座標 ψ に関するものとの関係は, 微分形式の表現法 (1.3.**H** 参照) によれば

$$c_\varphi(z) = c_\psi(\zeta)\left|\frac{d\zeta}{dz}\right|$$

となっている. つまり, Robin 定数 γ から導かれる量

$$c = e^{-\gamma}$$

は, 双曲型の開リーマン面 S の上に 1 つの Hermite 計量

$$c|dz|$$

を定めるのである. これには特別な名前は付いていない.

(例) 円板 $|z| < r$ においては,

$$\lim_{z \to z_0}\left(\log\left|\frac{r^2 - \bar{z}_0 z}{r(z - z_0)}\right| - \log\frac{1}{|z - z_0|}\right) = \log\frac{r^2 - |z_0|^2}{r}$$

であるので

$$c|dz| = \frac{r|dz|}{r^2 - |z|^2}.$$

これの 2 倍, すなわち

$$\frac{2r|dz|}{r^2-|z|^2}$$

を（円板の）**Poincaré 計量**という．

F． つぎに述べる定理は放物型リーマン面でも成り立つことが注目に価する．

Sを開リーマン面，$\{D_n\}_{n=1}^{\infty}$をその近似列とし，$Q\in D_1$を極とするD_nの Green 関数をg_nと表す．Q中心の座標円板V_φ（ただし$\bar{V}_\varphi\subset D_1$）を1つ任意に定めて，それに関する$D_n$の Robin 定数$\gamma_\varphi(Q)$を$\gamma_n$と表す．

定理 3.10 開リーマン面Sが放物型であっても双曲型であっても，関数列

$$g_n-\gamma_n \qquad (n=1,2,\cdots)$$

から部分列をとり，それが$S-\{Q\}$の任意のコンパクト集合の上で一様収束するようにできる．

注意 極限関数はQに対数的極を持つSの調和関数である．そのようなものの存在自体は定理 3.1 の（i）で保証されているが，いま述べたような具体的な作り方とは別の話である．いまの場合，得られる極限関数は部分列のとり方によって異なるかもしれず，一意的に決まるための条件などは，よくわかっていない (Sario-Oikawa[57], pp. 71 ff).

（証明）(Heins [30] による） $\varphi(V_\varphi)=\{z||z|<r_\varphi\}$とする．$\varphi(Q)=0$であることはいうまでもない．$0<\rho_0<\rho_1<r_\varphi$であるような$\rho_0,\rho_1$をとり，$U^0=\varphi^{-1}(\{z||z|<\rho_0\})$，$U^1=\varphi^{-1}(\{z||z|<\rho_1\})$とおく．簡単のため

$$p_n=\gamma_n-g_n$$

と表し，

$$m_n=\min_{\partial U^0}p_n$$

とおく（$n=1,2,\cdots$）．$D_n-\bar{U}^0$では$g_n<\max_{\partial U^0}g_n$であるから，$m_n<p_n$，したがって関数$p_n-m_n$は$D_n-\bar{U}^0$で正値をとる．

さて，関数$p_n-\log|\varphi|$は$\bar{U}^1$で調和であるから，その∂U^1での最小値は∂U^0でのそれより大きくなく，後者は$m_n-\log\rho_0$にひとしい．よって

$$\min_{\partial U^1}(p_n-m_n)\leqq\log\frac{\rho_1}{\rho_0}$$

が成り立つ．正値をとる調和関数$p_n\circ\varphi^{-1}-m_n$に対して$\rho_0<|z|<r_\varphi$で Harnack の定理

を用いる．同心円環は原点のまわりの回転に対して不変であるから，p_n-m_n が ∂U^1 での最小値をとる点が n に関係しても，つぎの結論を下すさまたげにはならない：n によらない定数が存在して ∂U^1 上 $p_n-m_n \leqq \text{const.}$

したがって，n によらない（任意に定めた）1つの点 $P_1 \in \partial U^1$ で $p_n-m_n \leqq \text{const.}$ である．正値をとる $D_n-\bar{U}^0$ の調和関数 p_n-m_n に対して Harnack の定理（3.1.**B** の“その1”の形のもの）を用いると，$S-\bar{U}^0$ の任意のコンパクト集合 K に対し，定数 $A=A_K$ が存在し，$K\subset D_n$ であるようなすべての n に対して，K で

$$0\leqq p_n-m_n\leqq A$$

が成り立つことがいえる．

つぎに，$\bar{U}^1$ の調和関数 $p_n-m_n-\log|\varphi|$ を考える．U^1 の各点で

$$|p_n-m_n-\log|\varphi||\leqq\max_{\partial U^1}|p_n-m_n|+|\log\rho_1|$$

が成り立っているが，いま $K=\partial U^1$ に対する定数 A_K を A_0 とおくと，右辺は $\leqq A_0+|\log\rho_1|$．$P\to Q$ とすると，$p_n-\log|\varphi|\to 0$ であるので，

$$|m_n|\leqq A_0+|\log\rho_1|$$

を得る．これを前に得た式に代入すると，K で

$$(*)\qquad |p_n|\leqq A+A_0+|\log\rho_1|$$

が成り立つことがわかる．

U^1 では $p_n-\log|\varphi|$ は調和なので，U^1 においてつぎの不等式が，（$*$）を $K=\partial U^1$ に対する $A=A_K$，つまり $A=A_0$ として用いて，導かれる：

$$|p_n-\log|\varphi||\leqq\max_{\partial U^1}|p_n|+|\log\rho_1|\leqq 2A_0+2|\log\rho_1|.$$

よって $U^1-\{Q\}$ で

$$(**)\qquad |p_n|\leqq 2A_0+2|\log\rho_0|+|\log|\varphi||.$$

以上得られた（$*$）と（$**$）により，$S-\{Q\}$ における Montel の定理（3.2.**E**，調和関数族に対するもの）を適用することができて，$\{p_n\}_{n=1}^{\infty}$ が正規族を成すことがわかる．∎

第4章　閉リーマン面

4.1　基本的な有理型微分

A.　一般のリーマン面において3.4節で導入した有理型微分を，閉リーマン面の上で，もう少し詳しく調べる．

閉リーマン面 S の1点 P，その点中心の座標円板 V_φ，整数 $m \geqq 2$ を与えたとき，3.4.**A** で導入した微分形式 $\omega_{P,m}$ は，S の有理型微分で

（a）　$S-\{P\}$ で正則，$\omega_{P,m}=a\,dz$ としたとき $a_\varphi(z)$ は0の近傍で $a_\varphi(z)=z^{-m}+$（正則関数）

（b）　$\mathrm{Re}\,\omega_{P,m}$ は $S-\{P\}$ で完全形式

という性質で特徴づけられる；つまり，そのような唯一のものである．じっさいほかに ω があったとき $\tilde{\omega}=\omega_{P,m}-\omega$ の $\mathrm{Re}\,\tilde{\omega}$ は S で調和な完全形式ということになるが，閉リーマン面ではそのようなものは0，よって $\tilde{\omega}=\mathrm{Re}\,\tilde{\omega}+i*\mathrm{Re}\,\tilde{\omega}=0$，つまり $\omega=\omega_{P,m}$ でなければならない．

なお，記号 $\omega_{P,m}$ には明示されていないが，この微分形式は局所座標 φ のとり方に依存する；じっさい条件（a）は φ に関係している．

つぎに，閉リーマン面 S の異なる2点 P, Q を与えたとき3.4.**B** で導入した ω_{PQ} は，S の有理型微分で

（a）　$S-\{P,Q\}$ で正則，P に留数1の1位極，Q に留数 -1 の1位極を持ち，

（b）　$\mathrm{Re}\,\omega_{PQ}$ は $S-\{P,Q\}$ で完全形式

という性質で特徴づけられる．点 P, Q のみで決まり，構成に用いた Q_j や局所座標（3.4.**B** 参照）には依存しない．

B.　閉リーマン面 S の座標円板 V_φ 内の解析弧 α は，$\varphi\circ\alpha$ が実軸上にあって始点 x_1，終点 x_2 は $x_2<x_1$ をみたすとする．3.4.**C** で構成した $\omega_\alpha{}'$ は S の有

理型微分でつぎの性質で特徴づけられる：$P=\varphi^{-1}(x_1)$，$Q=\varphi^{-1}(x_2)$ とおくと

（a）　$S-\{P, Q\}$ で正則，P に留数 i の1位極，Q に留数 $-i$ の1位極を持ち，

（b）　$\mathrm{Re}\,\omega_\alpha'$ は $S-|\alpha|$ で完全形式.

したがって，とくに，ω_α' は $\boldsymbol{\alpha}$ のみに依存し，局所座標 φ や関数 $s\circ\varphi^{-1}$ を定める log の分枝の選び方には関係しない．しかし ω_{PQ} とは異なって，P, Q のみで定まるとはいえず $\overrightarrow{PQ}=\alpha$ のとり方に依存している．

ω_α' には，もう1つの特徴づけがある．すなわち，ω_α' は S の有理型微分で，上述の（a）と条件

（c）　S の任意の閉形式 ω に対し

$$\int_S (\mathrm{Re}\,\omega_\alpha')\wedge\omega=2\pi\int_\alpha \omega$$

をみたす

によって特徴づけられるのである．（ω_α' は1位極を持つので $(\mathrm{Re}\,\omega_\alpha')\wedge\omega$ は連続ではないが，可積分である）．

（証明）　V_φ を V と略記する．3.4.**C** の関数 u_α は $du_\alpha=\mathrm{Re}\,\omega_\alpha'$ をみたす．任意の閉形式 ω に対する

$$\int_S (\mathrm{Re}\,\omega_\alpha')\wedge\omega=\int_{S-V} du_\alpha\wedge\omega+\int_V du_\alpha\wedge\omega$$

において，右辺第1項は Green の定理によって

$$-\int_{\partial V} u_\alpha\omega$$

にひとしい．右辺第2項は

$$\int_V du_\alpha\wedge\omega=\int_{V-|\alpha|} du_\alpha\wedge\omega=\int_{\partial V} u_\alpha\omega+\int_{\alpha^{-1}} u_\alpha{}^+\omega+\int_\alpha u_\alpha{}^-\omega\,;$$

ただし $u_\alpha{}^\pm$ は $|\alpha|-\{P, Q\}$ において

$$u_\alpha{}^\pm(\varphi^{-1}(x))=\lim_{y\to 0+0} u_\alpha(\varphi^{-1}(x\pm iy))$$

と定義されたものとする．式(3.2)を利用してしらべると $u_\alpha{}^- - u_\alpha{}^+$ は恒等的に 2π にひとしいことがわかるので

$$\int_V du_\alpha\wedge\omega=\int_{\partial V} u_\alpha\omega+\int_\alpha (u_\alpha{}^- - u_\alpha{}^+)\omega=\int_{\partial V} u_\alpha\omega+2\pi\int_\alpha \omega$$

となって，（c）が成り立つ．ほかに（a），（c）をみたすものがあったとして，ω_α' との

差を $\tilde{\omega}$ とおくと，これはすべての閉形式 ω に対して $\int_S (\mathrm{Re}\,\tilde{\omega})\wedge\omega=0$ をみたすから，とくに $\omega=*\mathrm{Re}\,\tilde{\omega}$ に対して

$$\int_S (\mathrm{Re}\,\tilde{\omega})\wedge *(\mathrm{Re}\,\tilde{\omega})=0.$$

左辺は $\mathrm{Re}\,\tilde{\omega}$ のノルムの2乗であるが，それが0ということは $\mathrm{Re}\,\tilde{\omega}=0$ を意味するので $\tilde{\omega}=\mathrm{Re}\,\tilde{\omega}+i*\mathrm{Re}\,\tilde{\omega}=0$ を得，ω_α' 以外に条件（a），（c）をみたす有理型微分形式は存在しないことがいえる． ∎

C． 一般の，区分的に解析的な曲線 α（閉曲線または開曲線）は，十分細かく分けると，**B**の始めの仮定をみたすような解析弧 α_j の積

$$\alpha=\alpha_1\cdot\cdots\cdot\alpha_k$$

で表すことができる（定理1.5参照）．$\omega_\alpha'=\sum_{j=1}^{k}\omega_{\alpha_j}'$ とおくと，α_j と α_{j+1} のつぎ目の極は打ち消しあうので，α が閉曲線なら ω_α' は正則微分，開曲線なら端点のみに極が残る．

あきらかに $\mathrm{Re}\,\omega_\alpha'$ は $S-|\alpha|$（の各成分）で完全形式である．しかしこの性質で ω_α' を特徴づけることはできない（例えば α が閉曲線のとき**B**の（a），（b）がどのようなものになるか考えてみよ）．

ω_α' を特徴づけるのは，**B**の性質（a），（c）である．すなわち

定理 4.1 閉リーマン面 S の区分的に解析的な曲線 α に対し，つぎの性質を持った有理型微分形式 ω_α' がただ1つ存在する：

（i） α が閉曲線のとき，ω_α' は S で正則で，S のすべての閉形式 ω に対し

$$\int_S (\mathrm{Re}\,\omega_\alpha')\wedge\omega=2\pi\int_\alpha\omega \tag{4.1}$$

（ii） α が開曲線のとき，ω_α' は α の始点 P に留数 i の1位極，終点 Q に留数 $-i$ の1位極を持ち，$S-\{P,Q\}$ で正則，そして S のすべての閉形式 ω に対して（4.1）をみたす．

（証明） 存在は前述の $\omega_\alpha'=\sum_{j=1}^{k}\omega_{\alpha_j}'$ が保証する．一意性は**B**と全く同じである（一意性により，分割 $\alpha=\alpha_1\cdot\cdots\cdot\alpha_k$ によらないことがわかる）． ∎

注意 α と α' がホモトープのとき（より一般に，すべての閉形式 ω に対して $\int_\alpha \omega = \int_{\alpha'} \omega$ が成り立つとき），

$$\omega_\alpha{}' = \omega_{\alpha'}{}'$$

である．これは (4.1) による特徴づけよりあきらかであろう．

D. 区分的になめらかな閉曲線 γ に対する

$$\mathrm{Re}\int_\gamma \omega_\alpha{}'$$

の値について考える．ただし，α が閉曲線のとき γ は任意，α が開曲線のとき γ は α の始点 P，終点 Q を通らないものとする．

$\mathrm{Re}\,\omega_\alpha{}'$ は $S-|\alpha|$ で完全形式だから，$|\gamma|\cap|\alpha|=\phi$ のとき求める値は 0 である．

α が **B** の仮定をみたすときは 3.4.**C** で論じた．$|\gamma|\subset V_\varphi$ ならば式 (3.2) があるし，一般の γ の場合はこれに帰着した．

α が一般のとき，**B** の仮定をみたす解析弧 α_j の積として $\alpha=\alpha_1\cdot\cdots\cdot\alpha_k$ と表し，$\omega_\alpha{}'=\sum_{j=1}^{k}\omega_{\alpha_j}{}'$ とする．つぎに γ と $S-\{P,Q\}$ でホモトープで α_j の端点を通らない区分的に解析的な閉曲線 γ' をとる．$\int_\gamma \omega_\alpha{}' = \int_{\gamma'} \omega_\alpha{}'$ であるから，

$$\mathrm{Re}\int_\gamma \omega_\alpha{}' = \sum_{j=1}^{k} \mathrm{Re}\int_{\gamma'} \omega_{\alpha_j}{}' \tag{4.2}$$

によって，求める値が得られる；右辺の各項は 3.4.**C** で論じたように計算できる．

結果を一般的に与える"公式"は出さず，必要に応じて具体的な計算を行うことにし，ここでは一般的には

$$\mathrm{Re}\int_\gamma \omega_\alpha{}' = 2\pi\cdot(\text{整数}) \tag{4.3}$$

であることを注意するにとどめる．

注意 3.4.**C** で説明した交り数を用いれば，そこで述べた公式

$$\mathrm{Re}\int_\gamma \omega_\alpha{}' = 2\pi\cdot(\gamma\times\alpha)$$

は，いま扱っている α に対しても成り立つことが知られている．

（例）　閉リーマン面 S の種数 p は $\geqq 1$ であるとすると，区分的に解析的な α_k, β_k から成る標準切断

$$\alpha_1, \beta_1, \cdots, \alpha_p, \beta_p$$

に関して，$j, k=1, \cdots, p$ に対してつぎの関係が成り立つ：

$$(4.4)\qquad \begin{aligned} &\mathrm{Re}\int_{\alpha_j}\omega_{\beta_k}{}'=-\mathrm{Re}\int_{\beta_j}\omega_{\alpha_k}{}'=\begin{cases}2\pi & j=k\\ 0 & j\neq k\end{cases}\\ &\mathrm{Re}\int_{\alpha_j}\omega_{\alpha_k}{}'=\mathrm{Re}\int_{\beta_j}\omega_{\beta_k}{}'=0.\end{aligned}$$

（証明）　基点 P_0 の近くで α_1 を 3.5.**F** でやったように作りなおして $\alpha_1{}'=\alpha_{11}\cdot\cdots\cdot\alpha_{1n}\cdot\sigma_1$ とする．α_1 と $\alpha_1{}'$ について $\omega_{\alpha_1}{}'=\omega_{\alpha_1{}'}{}'$ が成り立つので，$\alpha_1{}'$ と β_1 の交り方を

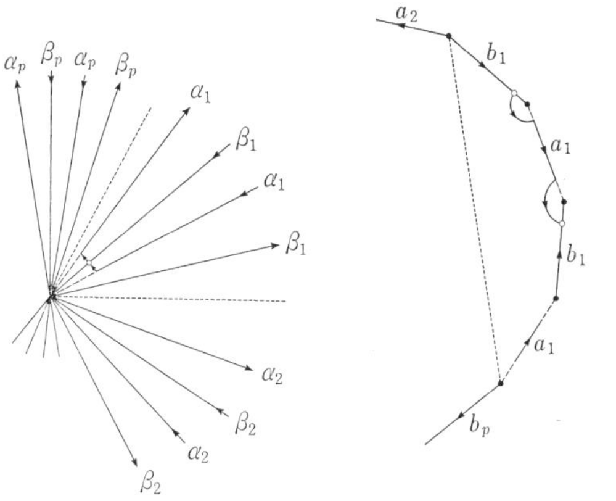

図 4.1

3.5.**F** でやったようにしらべて

$$\mathrm{Re}\int_{\beta_1}\omega_{\alpha_1{}'}{}'=-2\pi$$

を得る．つぎに $j=2, \cdots, p$ に対する α_j や β_j は $\alpha_1{}'$ と交らないので

$$\mathrm{Re}\int_{\alpha_j}\omega_{\alpha_1{}'}{}'=\mathrm{Re}\int_{\beta_j}\omega_{\alpha_1{}'}{}'=0,$$
$$j=2, \cdots, p.$$

最後に，基点 $P_0{}''$ が $\neq P_0$ の，α_1 と交らない $\alpha_1{}''$ を図 4.2 のようにとる．β_1 の終点の部分に $\overrightarrow{P_0P_0{}''}=\delta_1$ をとると α_1 と $\delta_1\alpha_1{}''\delta_1{}^{-1}$ はホモトープであるので

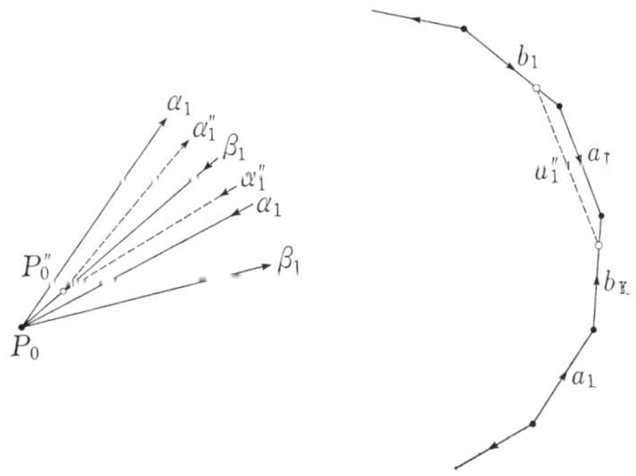

図 4.2

$\omega_{\alpha_1}{}'=\omega_{\alpha_1{}''}{}'$ が成り立つ．α_1 と $\alpha_1{}''$ は交らないので

$$\mathrm{Re}\int_{\alpha_1}\omega_{\alpha_1{}''}{}'=0.$$

以上で，$\mathrm{Re}\,\omega_{\alpha_1}{}'$ の積分の値はすべて求まった，$\omega_{\alpha_2}{}', \cdots, \omega_{\alpha_p}{}', \omega_{\beta_1}{}', \cdots, \omega_{\beta_p}{}'$ についても全く同じである． ▮

E． 微分形式 ω_{PQ} も，$\omega_\alpha{}'$ に対する (4.1) と似た性質を持っている．それは，任意の閉形式 ω に対して

$$\int_S(\mathrm{Re}\,\omega_{PQ})\wedge\omega=0 \tag{4.5}$$

が成り立つというのである．

（証明） 3.4.**B** における定義をみれば，ω_{PQ} が 3.3.**A** の例 3 の特異点を持つ S の調和関数 u の

$$\omega_{PQ}=-(du+i*du)$$

である場合に (4.5) を証明すればよい．$\varphi(V_\varphi)$ 内に円板 $\varDelta_k=\{z\,|\,|z-z_k|<\rho\}$, $k=1,2$ を，$\bar{\varDelta}_1\cap\bar{\varDelta}_2=\phi$ であるようにとり，$\varphi^{-1}(\varDelta_k)=U_k$ $(k=1,2)$ とおく．$(\mathrm{Re}\,\omega_{PQ})\wedge\omega$ は可積分だから

$$\int_S(\mathrm{Re}\,\omega_{PQ})\wedge\omega=\lim_{\rho\to0}\int_{S-U_1-U_2}(\mathrm{Re}\,\omega_{PQ})\wedge\omega$$

であるが，特異点における u の行動より

$$\int_{S-U_1-U_2}(\mathrm{Re}\,\omega_{PQ})\wedge\omega=-\int_{\partial U_1}u\omega-\int_{\partial U_2}u\omega=O(\rho\log\rho)$$

がいえるので，(4.5) が成り立つことになる． ▮

いま，便宜上，

$$\omega_\alpha=\begin{cases}\omega_{PQ} : \alpha\text{ が閉曲線 }\overrightarrow{PQ}\text{ のとき}\\ 0 \quad : \alpha\text{ が閉曲線のとき}\end{cases}$$

とおく．α が閉曲線のときも (4.5) は成り立っているから，一般に

$$\int_S\omega_\alpha\wedge\bar{\omega}=\int_S(\mathrm{Re}\,\omega_\alpha)\wedge\bar{\omega}+i\int_S*(\mathrm{Re}\,\omega_\alpha)\wedge\bar{\omega}$$

が閉形式 ω に対して成り立つ．もしとくに ω が正則微分なら $i\bar{\omega}=*\bar{\omega}$ をみたすから，右辺第 2 項は

$$i\int_S **(\mathrm{Re}\,\omega_\alpha)\wedge *\bar{\omega}=\int_S(\mathrm{Re}\,\omega_\alpha)\wedge\bar{\omega}$$

にひとしい．したがって (4.5) より，任意の正則微分 ω に対して

$$\int_S \omega_\alpha\wedge\bar{\omega}=0 \tag{4.6}$$

が成り立つことがわかる．

全く同じ変形を (4.1) に対して行うならば，任意の正則微分 ω に対して

$$\int_S \omega_\alpha'\wedge\bar{\omega}=4\pi\int_\alpha\bar{\omega} \tag{4.7}$$

が成り立つことが導かれる．

さて，β が区分的に解析的な曲線のとき，$\omega_\beta+i\omega_\beta'$ は正則である（β が開曲線であっても，極は消しあって正則となる）．これを (4.6), (4.7) の ω とすると

$$\int_S \omega_\alpha\wedge\overline{(\omega_\beta+i\omega_\beta')}=0$$

$$\int_S \omega_\alpha'\wedge\overline{(\omega_\beta+i\omega_\beta')}=4\pi\int_\alpha\overline{\omega_\beta+i\omega_\beta'},$$

よって

$$\int_S(\omega_\alpha+i\omega_\alpha')\wedge\overline{(\omega_\beta+i\omega_\beta')}=4\pi i\int_\alpha\overline{\omega_\beta+i\omega_\beta'}.$$

α と β をいれかえると

$$\int_S(\omega_\beta+i\omega_\beta')\wedge\overline{(\omega_\alpha+i\omega_\alpha')}=4\pi i\int_\beta\overline{\omega_\alpha+i\omega_\alpha'}.$$

これらの左辺は互いに共役な複素数であるので，右辺を比較して

定理 4.2 閉リーマン面において，区分的に解析的な曲線 α,β に対して

$$\int_\beta(\omega_\alpha+i\omega_\alpha')=\int_\alpha\overline{\omega_\beta+i\omega_\beta'}.$$

とくに β が閉曲線なら $\omega_\beta=0$ であるので

$$\int_\beta\omega_\alpha+i\omega_\alpha'=-i\int_\alpha\bar{\omega}_\beta'$$

であり，もしさらに $|\alpha|\cap|\beta|=\phi$ なら，$\mathrm{Re}\,\omega_\alpha$ と $\mathrm{Re}\,\omega_\alpha'$ の β に沿う積分の値は

0であるのでつぎの関係を得る：

系 定理において α と β は互いに交らず，しかも β は閉曲線であるならば

$$\mathrm{Im}\int_\beta \omega_\alpha = -\mathrm{Re}\int_\alpha \omega_\beta{}', \qquad \mathrm{Im}\int_\beta \omega_\alpha{}' = \mathrm{Im}\int_\alpha \omega_\beta{}'.$$

注意 このような関係式を**相互法則** (reciprocity law) という．ほかに $\omega_{P,m}$ を含むものがあるが，後で使わないので省略した．

4.2 調和微分と正則微分

A. 閉リーマン面 S の調和微分の全体を $H(S)$ と表す．ふつうの演算に関して，$\mathbb{C}$ 係数の線型空間である．

定理 4.3 閉リーマン面 S の種数を p とすると

(i) $\dim H(S) = 2p$

である．$p \geqq 1$ のとき，区分的に解析的な曲線から成る標準切断 $\{\alpha_1, \beta_1, \cdots, \alpha_p, \beta_p\}$ を任意にとると

(ii) $\mathrm{Re}\,\omega_{\alpha_k}{}'$, $\mathrm{Re}\,\omega_{\beta_k}{}'$ $(k=1, \cdots, p)$ は $H(S)$ の基底；

(iii) 対応

$$\omega \longmapsto \left(\int_{\alpha_1}\omega,\ \int_{\beta_1}\omega, \cdots,\ \int_{\alpha_p}\omega,\ \int_{\beta_p}\omega\right)$$

は $H(S)$ から $\mathbb{C}^{2p}$ の上への線型同型．

（証明） 閉リーマン面には，定数でない調和関数は存在しないから，調和な完全形式は0に限る．$p=0$ なら単連結であり，したがってすべての調和微分は完全形式となるので，$H(S)=\{0\}$ となる．以下，$p \geqq 1$ とする．

(iii) において対応が線型であることは自明である．$(0, \cdots, 0)$ に対応する $\omega \in H(S)$ は，2.3.**E** の (2.11) をみたすから，そこで述べたように ω は完全形式，したがって $\omega=0$ でなければならない．よって，(iii) の対応は単射ということになり，その結果 $\dim H(S) \leqq 2p$.

一方，$\mathrm{Re}\,\omega_{\alpha_k}{}'$, $\mathrm{Re}\,\omega_{\beta_k}{}'$ $(k=1, \cdots, p)$ は1次独立である．じっさい，(4.1) と (4.4) より

$$\int_S (\mathrm{Re}\,\omega_{\alpha_j}{}') \wedge (\mathrm{Re}\,\omega_{\beta_k}{}') = \begin{cases} (2\pi)^2 & j=k \\ 0 & j \neq k \end{cases}$$

(4.8)

$$\int_S (\mathrm{Re}\,\omega_{\alpha_j}{}') \wedge (\mathrm{Re}\,\omega_{\alpha_k}{}') = \int_S (\mathrm{Re}\omega_{\beta_j}{}') \wedge (\mathrm{Re}\omega_{\beta_k}{}') = 0$$

が成り立っているので，$\sum(\xi_k \mathrm{Re}\,\omega_{\alpha_k}{}' + \eta_k \mathrm{Re}\,\omega_{\beta_k}{}') = 0$ とおいて，両辺の $\mathrm{Re}\,\omega_{\beta_j}{}'$ および $\mathrm{Re}\,\omega_{\alpha_j}{}'$ との外積の積分をとって $\xi_j = 0$，$\eta_j = 0$ を得る．この結果，$\dim H(S) \geqq 2p$ となり，上記と併せて（i）を得る．そうなれば，（ii）と（iii）もいえたことになる． ∎

B． 以下の系において，S と $\{\alpha_1, \beta_1, \cdots, \alpha_p, \beta_p\}$ $(p \geqq 1)$ は定理と同じものとする．

系 1 S の任意の調和微分 ω はつぎのように表しうる：

$$\omega = \frac{1}{2\pi} \sum_{k=1}^{p} \left\{ \left(-\int_{\beta_k} \omega \right) \mathrm{Re}\,\omega_{\alpha_k}{}' + \left(\int_{\alpha_k} \omega \right) \mathrm{Re}\,\omega_{\beta_k}{}' \right\}.$$

（証明） $\omega \in H(S)$ は $\mathrm{Re}\,\omega_{\alpha_k}{}'$，$\mathrm{Re}\omega_{\beta_k}{}'$ $(k=1, \cdots, p)$ の1次結合として表せる．$\omega = \sum_j \{\xi_j \mathrm{Re}\,\omega_{\alpha_j}{}' + \eta_j \mathrm{Re}\,\omega_{\beta_j}{}'\}$ とおいて，$\mathrm{Re}\omega_{\beta_k}{}'$ との外積を積分すると，(4.8) と (4.1) によって

$$\xi_k = \frac{-1}{(2\pi)^2} \int_S (\mathrm{Re}\,\omega_{\beta_k}{}') \wedge \omega = \frac{-1}{2\pi} \int_{\beta_k} \omega.$$

同様に $\mathrm{Re}\,\omega_{\alpha_k}{}'$ との積を考えて η_k が定まる． ∎

系 2 任意の複素数 a_k, b_k $(k=1, \cdots, p)$ を与えたとき

$$\int_{\alpha_k} \omega = a_k, \quad \int_{\beta_k} \omega = b_k, \qquad k = 1, \cdots, p$$

をみたす $\omega \in H(S)$ がただ1つ存在し，それは

$$\omega = \frac{1}{2\pi} \sum_{k=1}^{p} \{(-b_k) \mathrm{Re}\,\omega_{\alpha_k}{}' + a_k \mathrm{Re}\,\omega_{\beta_k}{}'\}$$

である．

（証明） 前半は定理の (iii) のいいかえ，後半は系1に帰着する． ∎

系 3 S の調和微分 ω_1, ω_2 について

$$\int_S \omega_1 \wedge \omega_2 = \sum_{k=1}^{p} \left\{ \int_{\alpha_k} \omega_1 \int_{\beta_k} \omega_2 - \int_{\alpha_k} \omega_2 \int_{\beta_k} \omega_1 \right\}.$$

(証明) ω_1, ω_2 を系1による表し方で表し, $\int_S \omega_1 \wedge \omega_2$ の計算に(4.8)を用いればよい. ∎

注意 系3の関係式を, 調和微分に関する **Riemann の双1次関係** (bilinear relation) という.

C. 系1を利用して, 2.3.**E** の最後で述べた問に答えることができる. 結論はつぎのとおりである:

区分的になめらかな閉曲線 γ に対し, ただ1組の整数 $m_1, n_1, \cdots, m_p, n_p$ が存在し, すべての閉形式 ω に対し

$$\int_\gamma \omega = \sum_{k=1}^{p} \left\{ m_k \int_{\alpha_k} \omega + n_k \int_{\beta_k} \omega \right\}$$

が成り立つ.

(証明) γ とホモトープな, 区分的に解析的な γ' をとって (以下はこのとり方に依存しない), $\mathrm{Re}\,\omega_{\gamma'}{}'$ を考える. これを系1によって

$$\mathrm{Re}\,\omega_{\gamma'}{}' = \sum_{k=1}^{p} \left\{ \left(\frac{-1}{2\pi} \int_{\beta_k} \mathrm{Re}\,\omega_{\gamma'}{}' \right) \mathrm{Re}\,\omega_{\alpha_k}{}' + \left(\frac{1}{2\pi} \int_{\alpha_k} \mathrm{Re}\,\omega_{\gamma'}{}' \right) \mathrm{Re}\,\omega_{\beta_k}{}' \right\}$$

と表すと(4.3)の示すとおり

$$m_k = \frac{-1}{2\pi} \int_{\beta_k} \mathrm{Re}\,\omega_{\gamma'}{}', \qquad n_k = \frac{1}{2\pi} \int_{\alpha_k} \mathrm{Re}\,\omega_{\gamma'}{}'$$

は整数である. そして(4.1)を用いれば

$$\begin{aligned} \int_\gamma \omega &= \int_{\gamma'} \omega = \frac{1}{2\pi} \int_S (\mathrm{Re}\,\omega_{\gamma'}{}') \wedge \omega \\ &= \frac{1}{2\pi} \int_S \sum_{k=1}^{p} \{ m_k \mathrm{Re}\,\omega_{\alpha_k}{}' + n_k \mathrm{Re}\,\omega_{\beta_k}{}' \} \wedge \omega \\ &= \sum_{k=1}^{p} \left\{ m_k \int_{\alpha_k} \omega + n_k \int_{\beta_k} \omega \right\} \end{aligned}$$

を得る. つぎに, ただ1組存在することであるが, ほかに m_k', n_k' があったとして, 差をとると

$$\sum_{k=1}^{p} \left\{ (m_k - m_k') \int_{\alpha_k} \omega + (n_k - n_k') \int_{\beta_k} \omega \right\} = 0$$

がすべての閉形式 ω に対して成り立たねばならない. $\omega = \mathrm{Re}\,\omega_{\beta_j}{}'$, $\mathrm{Re}\,\omega_{\alpha_j}{}'$ を代入すると(4.4)により $m_j - m_j' = n_j - n_j' = 0$, $j = 1, \cdots, p$ を得る. ∎

注意 このような性質を持つ閉曲線の系 $\alpha_1, \beta_1, \cdots, \alpha_p, \beta_p$ を（標準切断から作ったものでなくても）S の**ホモロジー基底**という．

D． 閉形式 ω を与えたとき，調和微分 ω_h で $\int_{\alpha_k}\omega=\int_{\alpha_k}\omega_h$, $\int_{\beta_k}\omega=\int_{\beta_k}\omega_h$, $k=1,\cdots,p$ をみたすものをとる（存在は定理 4.3 によって保証される）．$\omega-\omega_h=\omega_e$ は完全形式である（2.3.**E** 参照）．分解

$$\omega=\omega_h+\omega_e, \qquad \omega_h \text{ は調和},\ \omega_e \text{ は完全}$$

が得られたことになるが，この分解は一意的である．じっさい，$\omega=\omega_h+\omega_e=\omega_h'+\omega_e'$ とすると $\omega_h-\omega_h'=\omega_e'-\omega_e$ であるが，調和な完全形式は 0 に限るから，$\omega_h-\omega_h'=\omega_e'-\omega_e=0$.

閉リーマン面 S の閉形式の全体から成る線型空間を $C(S)$，完全形式の全体から成る線型空間を $E(S)$ と表すと，上のことは，直和分解

$$C(S)=H(S)\dotplus E(S)$$

の成立を意味する．これより

$$C(S)/E(S)\cong H(S)$$

を得るが，左辺を **de Rham コホモロジー空間**という．

なお 2.2.**B** で導入した "内積" を用いると，$\omega_h\in H(S)$ と $\omega_e=df\in E(S)$ について Green の定理（定理 2.4 の系）はつぎのことを表している：$d*\omega_h=0$ であるので，

$$(\omega_e, \omega_h)=\int_S df\wedge *\bar{\omega}_h=-\int_S fd*\bar{\omega}_h=0.$$

つまり ω_e と ω_h は "直交する" わけで，前述の直和分解はさらに直交分解

$$C(S)=H(S)\oplus E(S)$$

でもあるのである．

E． つぎに，S の正則微分（第 1 種 Abel 微分）の全体を $A(S)$ と表す．これも $\mathbb{C}$ 係数の線型空間である．

われわれは調和微分というものを，2 つの正則微分 ω_1, ω_2 によって一意的に $\omega_1+\bar{\omega}_2$ と表わせるものと定義した（1.3.**F**）．したがって，$\bar{A}(S)=\{\omega|\bar{\omega}\in A(S)\}$ とおけば，直和分解

$$H(S)=A(S)\dotplus\bar{A}(S)$$

が成り立つことになる．このことから

$$\dim A(S)=p.$$

とくに $p=0$ のとき $A(S)=\{0\}$ ということになるが，このことは，つぎのように，直接たしかめることもできる： $p=0$ の閉リーマン面 S はリーマン球面 $\hat{\mathbb{C}}$ と等角同型であり（一意化定理），$\hat{\mathbb{C}}$ の正則微分形式 $\omega=a(z)dz$ は $\mathbb{C}$ で正則で ∞ で2位の零点を持つ関数と同一視される（1.3.**E**, 注意4）が，このようなものは0に限る．

$p\geqq 1$ に対して $A(S)$ の基底その他をしらべるには，先につぎのことを証明しておいた方がよい：

定理 4.4（正則微分に関する **Riemann の双1次関係**） $\{\alpha_1,\beta_1,\cdots,\alpha_p,\beta_p\}$ を種数 $p\geqq 1$ の閉リーマン面 S の区分的に解析的な曲線から成る標準切断とするとき，$\omega_1,\omega_2\in A(S)$ に対し

$$\sum_{k=1}^{p}\left\{\int_{\alpha_k}\omega_1\int_{\beta_k}\omega_2-\int_{\alpha_k}\omega_2\int_{\beta_k}\omega_1\right\}=0,$$

$$i\sum_{k=1}^{p}\left\{\int_{\alpha_k}\omega_1\int_{\beta_k}\bar{\omega}_2-\int_{\alpha_k}\bar{\omega}_2\int_{\beta_k}\omega_1\right\}=(\omega_1,\omega_2).$$

（証明） 第1式：調和微分 ω_1, ω_2 の双1次関係において，$\omega_j=a_jdz\ (j=1,2)$ ならば $\omega_1\wedge\omega_2=0$ である．第2式：調和微分 ω_1, $*\bar{\omega}_2$ の双1次関係において，右辺は

$$\int_S\omega_1\wedge *\bar{\omega}_2=(\omega_1,\omega_2)$$

であり，左辺は，$*\bar{\omega}_2=i\omega_2$ であるということを用いて変形する． ∎

定理 4.5 種数 $p\geqq 1$ の閉リーマン面 S において，区分的に解析的な閉曲線から成る標準切断 $\{\alpha_1,\beta_1,\cdots,\alpha_p,\beta_p\}$ に関して，つぎのことが成り立つ：

（i） $\omega_{\alpha_1}',\cdots,\omega_{\alpha_p}'$ は $A(S)$ の基底である；

（ii） 対応

$$\omega\longmapsto\left(\int_{\alpha_1}\omega,\cdots,\int_{\alpha_p}\omega\right)$$

は $A(S)$ から $\mathbb{C}^p$ の上への線型同型である；

(iii) $\int_{\alpha_k}\theta_j=\begin{cases}1 & j=k\\ 0 & j\neq k\end{cases}$ で特徴づけられる $\theta_1,\cdots,\theta_p\in A(S)$ がただ1組あり，$A(S)$ の基底をなす．

(証明) (ii) $(0,\cdots,0)$ に対応する ω は

$$\|\omega\|^2=i\sum_{k=1}^{p}\left\{\int_{\alpha_k}\omega\int_{\beta_k}\bar{\omega}-\int_{\alpha_k}\bar{\omega}\int_{\beta_k}\omega\right\}=0$$

であるので $\omega=0$，つまり対応 $A(S)\to\mathbb{C}^p$ は単射である．$\dim A(S)=p$ であるので，全単射となる．

(iii) $\mathbb{C}^p$ の単位ベクトルに (ii) で対応するものが $\theta_1,\cdots,\theta_p$ である．存在，一意性，独立性は，このことから自明．

(i) $\omega_{\alpha_1}{}',\cdots,\omega_{\alpha_p}{}'$ の1次独立性を示せばよい．$\sum\xi_j\omega_{\alpha_j}{}'=0$ とおいて，$\bar{\theta}_k$ との外積をとって積分すると

$$\sum_{j=1}^{p}\xi_j\int_S\omega_{\alpha_j}{}'\wedge\bar{\theta}_k=0.$$

式(4.7)によって

$$\sum_{j=1}^{p}\xi_j\int_{\alpha_j}\bar{\theta}_k=0$$

となるので，$\xi_k=0$ を得る，$k=1,\cdots,p$. ∎

注意 $\theta_1,\cdots,\theta_p$ を標準切断 $\{\alpha_1,\beta_1,\cdots,\alpha_p,\beta_p\}$ に所属する**正規**(normal)**正則微分**(または第1種正規 Abel 微分) という．

F． 以下の系において，S と $\{\alpha_1,\beta_1,\cdots,\alpha_p,\beta_p\}$ $(p\geqq 1)$ は定理 4.5 と同じものとする．なお，α_k に沿う積分のことを α_k-**周期**と呼ぶ．

系 1 α_k-周期 $(k=1,\cdots,p)$ が0であるような S の正則微分は0に限る．

(証明) 定理 4.5 の (ii) の証中にある． ∎

系 2 S の任意の正則微分 ω はつぎのように表しうる：

$$\omega=\sum_{k=1}^{p}\left(\int_{\alpha_k}\omega\right)\theta_k$$

（証明） $\theta_1, \cdots, \theta_p$ は $A(S)$ の基底であるので $\omega=\sum \xi_j \theta_j$ と表わしうるが，両辺の α_k-周期を比べると $\xi_k=\int_{\alpha_k} \omega$ であることがわかる． ▌

系 3 任意の複素数 a_k $(k=1, \cdots, p)$ を与えたとき

$$\int_{\alpha_k} \omega=a_k, \qquad k=1, \cdots, p$$

をみたす $\omega \in A(S)$ がただ1つ存在し，それは

$$\omega=\sum_{k=1}^{p} a_k \theta_k$$

である．

（証明） 前半は定理4.5の（ii）のいいかえ，後半は系2に帰着する． ▌

G． 以上，α_k-周期について述べてきたが，β_k-周期についても全く同様である．

いずれにせよ，正則微分は $\alpha_1, \cdots, \alpha_p$-周期（または $\beta_1, \cdots, \beta_p$-周期）のみによって決まってしまう．調和微分のように，$\alpha_1, \cdots, \alpha_p, \beta_1, \cdots, \beta_p$-周期のすべてを任意に与えることはできない．いいかえれば，$\alpha_1, \cdots, \alpha_p$-周期と $\beta_1, \cdots, \beta_p$-周期の間には関係が存在するのである．

系2の表示の両辺を β_j に沿って積分すると

$$\int_{\beta_j} \omega=\sum_{k=1}^{p}\left(\int_{\alpha_k} \omega\right)\left(\int_{\beta_j} \theta_k\right), \qquad j=1, \cdots, p$$

が成り立つことがわかる．(j, k) 成分が $\int_{\beta_k} \theta_j$ であるような p 次正方行列 T を導入すると，上の等式は

$$\left(\int_{\beta_1} \omega, \cdots, \int_{\beta_p} \omega\right)=\left(\int_{\alpha_1} \omega, \cdots, \int_{\alpha_p} \omega\right) T$$

と表せる；ただし左辺は横ベクトル，右辺は横ベクトルと行列の積である．この式が ω の $\beta_1, \cdots, \beta_p$-周期と $\alpha_1, \cdots, \alpha_p$-周期の関係を与えており，$T$ は ω に無関係である．

行列 T を，閉リーマン面 S の標準切断 $\{\alpha_1, \beta_1, \cdots, \alpha_p, \beta_p\}$ に関する**周期行列** (period matrix) という．

行列 T は対称，$\mathrm{Im}\,T$ は正値である．

（証明） 双1次関係（定理 4.4）の第1式に $\omega_1=\theta_j$，$\omega_2=\theta_l$ を代入すると

$$\int_{\beta_j}\theta_l-\int_{\beta_l}\theta_j=0$$

を得るが，これは T の対称性を表す．つぎに第2式に同じものを代入すると

$$\int_{\beta_j}\bar{\theta}_l-\int_{\beta_l}\theta_j=-i(\theta_j,\theta_l),$$

これとすぐ前の式との差をとると

$$\mathrm{Im}\int_{\beta_j}\theta_l=\frac{1}{2}(\theta_j,\theta_l)$$

を得るが，これは $\mathrm{Im}\,T$ の正値性を与える；じっさい，任意の実数 $\xi_1,\cdots,\xi_p$ に対して

$$\sum_{j,l}\xi_j\xi_l\,\mathrm{Im}\int_{\beta_j}\theta_l=\frac{1}{2}\left\|\sum_k\xi_k\theta_k\right\|^2\geqq 0$$

で，符号は $\xi_1=\cdots=\xi_p=0$ に限る． ▮

注意 周期行列は閉リーマン面を決定づけるものである．2つの閉リーマン面が等角同値なら（対応する標準切断の）周期行列がひとしいことは当然であるが，この逆が正しいことが知られている（Torelli の定理；そのわかりやすい証明は Martens [42] にある）．

4.3 Riemann-Roch の定理

A. 閉リーマン面上の有理型関数をしらべるのに，われわれは有理型微分を利用する．すでに有理型微分の比は有理型関数であるということを用いてきたが，両者の関係はほかにもある；たとえば（1）有理型関数 f の df は有理型微分である，（2）有理型関数 f に対し $d(\log f)=df/f$ は有理型微分である，など．本節で扱う Riemann-Roch の定理は関係（1）の応用であり，次節で扱う Abel の定理は（2）の応用である．

Riemann-Roch の定理を述べるには，つぎの概念を用いると便利である：リーマン面 S の**因子** (divisor) $\boldsymbol{d}$ とは，S で定義された整数値関数で，値が 0 でない点は有限個であるもののことである．

（例1） 閉リーマン面において非定値の有理型関数 f に対し，f の m 位の零点では値 m を，n 位の極では値 $-n$ を，その他の点では値 0 をとる関数は，因子である．これを

(f) と表し，**有理型関数 f の因子**という．なお，f が定数 $\neq 0$ のときは $(f)=0$ と約束し，$f\equiv 0$ のときは (f) を定義しないことにする．

（例2）　有理型微分 $\omega\neq 0$ に対し，同様に，**有理型微分 ω の因子** (ω) を定義する．

　1点で値を1をとり，他のすべての点で値0をとる因子を**素因子**という．値1をとる点が P のとき，因子も記号 P で表す．

　この記号を用いると，点 P_ν で値 n_ν をとり（$\nu=1,\cdots,k$），ほかで0をとるという因子 $\boldsymbol{d}$ は，素因子 P_ν の n_ν 倍の和となっているから

$$\boldsymbol{d}=n_1P_1+\cdots+n_kP_k$$

と表すことができる（"因子とはこのような形式的な和のこと"という定義をする人もいる）．

　因子 $\boldsymbol{d}$ の値の総和を $\boldsymbol{d}$ の**次数**（degree）といい $\deg\boldsymbol{d}$ と表す．たとえば

$$\deg(n_1P_1+\cdots+n_kP_k)=n_1+\cdots+n_k.$$

また，閉リーマン面における非定値な有理型関数 f の因子は，定理2.7によって

$$\deg(f)=0$$

である．

　$\boldsymbol{d}_1\leqq\boldsymbol{d}_2$ は，各点でとる $\boldsymbol{d}_1$ の値が $\boldsymbol{d}_2$ の値より小さくないことを示す．$\boldsymbol{d}\geqq 0$，$\boldsymbol{d}\leqq 0$ などの意味もこれに準ずる．

　さて，任意の因子 $\boldsymbol{d}$ に対しつぎの2つの線型空間（$\mathbb{C}$-係数）を考える：

$\boldsymbol{F}(\boldsymbol{d})=\{0\}\cup\{f|$有理型関数 $\neq 0$，$(f)\geqq-\boldsymbol{d}\}$，

$\boldsymbol{\Omega}(\boldsymbol{d})=\{0\}\cup\{\omega|$有理型微分 $\neq 0$，$(\omega)\geqq\boldsymbol{d}\}$．

　この定義を文章で表すと，つぎのようになる：$\boldsymbol{d}=m_1P_1+\cdots+m_kP_k-n_1Q_1-\cdots-n_lQ_l$（$m_\nu\geqq 1$，$n_\mu\geqq 1$）の場合，$f\not\equiv 0$ が $\in\boldsymbol{F}(\boldsymbol{d})$ であるということは，f が各 P_ν で位数 $\leqq m_\nu$ の極を持つか正則で，それ以外には極はなく，各 Q_μ で位数 $\geqq n_\mu$ の零点を持ち，さらにほかに零点があるかもしれない，ということを意味する．

　同じ $\boldsymbol{d}$ に対し，$\omega\neq 0$ が $\in\boldsymbol{\Omega}(\boldsymbol{d})$ ということは，ω が各 P_ν で位数 $\geqq m_\nu$ の零点を持ち，ほかに零点があるかもしれず，各 Q_μ で位数 $\leqq n_\mu$ の極を持つか，または正則で，ほかには極がないことを意味する．

閉リーマン面には非定値の正則関数は存在しないから，

$$\boldsymbol{d} \leqq 0 \text{ なら } \boldsymbol{F}(\boldsymbol{d}) = \{0\} \text{ である．}$$

定理 4.6 (Riemann-Roch) 種数 p の閉リーマン面 S において，任意の因子 $\boldsymbol{d}$ に対して

$$\dim \boldsymbol{F}(\boldsymbol{d}) < \infty, \quad \dim \boldsymbol{\Omega}(\boldsymbol{d}) < \infty$$

であり，これらの間にはつぎの関係がある：

$$\dim \boldsymbol{F}(\boldsymbol{d}) - \dim \boldsymbol{\Omega}(\boldsymbol{d}) = \deg \boldsymbol{d} - p + 1.$$

B. 以下 **D** までかかって与える一風変った証明は，Jenkins の講義（1968/69年，Washington 大学 (St. Louis)）に含まれているもので，同氏の師 Samuel Beatty (Toronto 大学) によるものだとのことである．

（証明）［第1段］ $\boldsymbol{d} \leqq 0$ が $\boldsymbol{d} = 0$ ではないとき定理が成り立つことをいう．まず $\boldsymbol{d} \leqq 0$ より $\dim \boldsymbol{F}(\boldsymbol{d}) = 0$ である．つぎに $\boldsymbol{d} = -n_1Q_1 - \cdots - n_lQ_l$, $n_\mu \geqq 1$ としたとき，$\omega \in \boldsymbol{\Omega}(\boldsymbol{d})$ とは各 Q_μ で n_μ 位以下の極を持つということであるが，定理 3.5 によって，極の主要部（Q_μ の局所座標を1つ定めて）は，留数和が 0 であることを除いて自由に与えうる．このことと $\dim A(S) = p$ ということを併せて，$\dim \boldsymbol{\Omega}(\boldsymbol{d}) = (n_1 + \cdots + n_l) - 1 + p$ を得る．結局 $\dim \boldsymbol{F}(\boldsymbol{d})$, $\dim \boldsymbol{\Omega}(\boldsymbol{d})$ は有限で $\dim \boldsymbol{F}(\boldsymbol{d}) - \dim \boldsymbol{\Omega}(\boldsymbol{d}) = \deg \boldsymbol{d} - p + 1$ が成り立つことになる．

［第2段］ $\boldsymbol{d} \geqq 0$ が十分（S に依存してよい）大きい $\deg \boldsymbol{d}$ を持つとき，$\dim \boldsymbol{\Omega}(\boldsymbol{d}) = 0$ と $\deg \boldsymbol{d} + p - 1 \leqq \dim \boldsymbol{F}(\boldsymbol{d}) < \infty$ が成り立つことを示す．$\boldsymbol{d} = m_1P_1 + \cdots + m_kP_k$, $m_\nu \geqq 1$ とする．$\boldsymbol{F}' = \{df \mid f \subset \boldsymbol{F}(\boldsymbol{d})\}$ とおいて準同型 $f \longmapsto df$ を考えると，核は定数の全体となっているから

$$\dim \boldsymbol{F}(\boldsymbol{d}) = \dim \boldsymbol{F}' + 1$$

ということが，ただちにわかる．

有理型微分形式 θ が $\boldsymbol{F}'$ に属するための条件は，各 P_ν で $m_\nu + 1$ 位以下の極を持ち，$\mathrm{Res}(\theta, P_\nu) = 0$ であるような，完全形式であることである．いま，各点 P_ν で（局所座標を与えて）4.1.**A** で扱った有理型微分 $\omega_{P_\nu, m}$ ($m = 2, \cdots, m_\nu + 1$, $\nu = 1, \cdots, k$) を構成する．つぎに，区分的に解析的な曲線から成る標準切断 $\{\alpha_1, \beta_1, \cdots, \alpha_p, \beta_p\}$ で，各曲線が $P_1, \cdots, P_k$ を通らないものを1つとる（必要なら P_ν を少し迂回して，このようなものの存在を示すことは容易である）．そしてそれに所属する正規正則微分 $\theta_1, \cdots, \theta_p$ をとる．すると

$$\theta_{P_\nu,m}=\omega_{P_\nu,m}-\sum_{j=1}^{p}\left(\int_{\alpha_j}\omega_{P_\nu,m}\right)\theta_j$$

は $\omega_{P_\nu,m}$ と同じ特異点を持ち，α_j-周期がすべて 0 であるような有理型微分である．これを用いると，$\boldsymbol{F}'$ に属する有理型微分 θ の特徴づけを，つぎのように与えることができる：複素定数 $c_{-m}^{(\nu)}$ ($m=2,\cdots,m_\nu+1,\ \nu=1,\cdots,k$) によって

$$\theta=\sum_{\nu=1}^{k}\sum_{m=2}^{m_\nu+1}c_{-m}^{(\nu)}\theta_{P_\nu,m}$$

と表される完全形式．

θ の α_j-周期はすべて 0 であるから，θ が完全形式であるための条件は β_j-周期がすべて 0 となることである．つまり

$$\int_{\beta_1}\theta=\cdots=\int_{\beta_p}\theta=0.$$

これは総数が $m_1+\cdots+m_k=\deg\boldsymbol{d}$ の定数 $c_{-m}^{(\nu)}$ に関する p 個の線型連立同次方程式であり，これの解空間の次元がちょうど $\dim\boldsymbol{F}'$ となっている．連立方程式の係数行列の階数は $\leqq p$ としかいえないが，とにかく $\infty>\dim\boldsymbol{F}'\geqq\deg\boldsymbol{d}-p$，よって

$$\deg\boldsymbol{d}-p+1\leqq\dim\boldsymbol{F}(\boldsymbol{d})<\infty$$

が成り立つことが証明された．

一方，有理型微分 $\omega\neq0$ の因子 (ω) の $\deg(\omega)$ を考えてみる．2 つの ω_1,ω_2 の比は有理型関数 f であり，$\deg(f)=0$ であるので $\deg(\omega_1)=\deg(\omega_2)$ を得る．つまり $\deg(\omega)$ は一定数なのである（後で，それが $2p-2$ であることを，Riemann-Roch の定理を使って証明するが，ともかくいまは S ごとに一定の数であるということがわかった）．この数より大きい数 N を 1 つとると，$\deg\boldsymbol{d}\geqq N$ なら $\boldsymbol{\Omega}(\boldsymbol{d})=\{0\}$ となる．

C． ［第 3 段］ 一般の $\boldsymbol{d}$ に対して $\dim\boldsymbol{F}(\boldsymbol{d})<\infty$，$\dim\boldsymbol{\Omega}(\boldsymbol{d})<\infty$ であること．

一般に，1 つの因子 $\boldsymbol{d}$ と素因子 P について

$$\boldsymbol{F}(\boldsymbol{d}-P)\subset\boldsymbol{F}(\boldsymbol{d})$$

が成り立つことはあきらかであるが，つぎの 2 つのうちの一方が必ず成り立つ：

$$(*)\qquad\begin{cases}\boldsymbol{F}(\boldsymbol{d}-P)=\boldsymbol{F}(\boldsymbol{d})\\ \dim\boldsymbol{F}(\boldsymbol{d}-P)+1=\dim\boldsymbol{F}(\boldsymbol{d})\end{cases}$$

なぜなら，$\boldsymbol{F}(\boldsymbol{d})-\boldsymbol{F}(\boldsymbol{d}-P)\ni f\neq0$ が存在するなら，その 1 つを f_0 とすると，任意の f は適当な定数 c による $f-cf_0\in\boldsymbol{F}(\boldsymbol{d}-P)$ をみたすからである（このことは，$\boldsymbol{d}$ の P における値が 0 のとき，正のとき，負のときと場合を分けてしらべれば容易にわかる）．

このことから，一般の $\boldsymbol{d}$ と P について

$$\dim\boldsymbol{F}(\boldsymbol{d})\leqq\dim\boldsymbol{F}(\boldsymbol{d}-P)+1$$

が成り立つことになる．

すると，$\boldsymbol{d}=m_1P_1+\cdots+m_kP_k-n_1Q_1-\cdots-n_lQ_l$ ($m_\nu\geqq1,\ n_\mu\geqq1$) が与えられたとき，$P_\nu$ を 1 つずつ引きながら上の不等式を適用していくと

$$\dim \boldsymbol{F}(\boldsymbol{d}) \leqq \dim \boldsymbol{F}(-n_1Q_1-\cdots-n_lQ_l)+m_1+\cdots+m_k$$

が得られる．右辺第1項は0であるので，$\dim \boldsymbol{F}(\boldsymbol{d})<\infty$ の証明が以上で終る．

つぎに $\boldsymbol{d}$ と $\boldsymbol{d}-P$ について上記と全く同様の議論で

$$(**)\qquad \begin{cases} \boldsymbol{\Omega}(\boldsymbol{d})=\boldsymbol{\Omega}(\boldsymbol{d}-P) \\ \dim \boldsymbol{\Omega}(\boldsymbol{d})+1=\dim \boldsymbol{\Omega}(\boldsymbol{d}-P) \end{cases}$$

のどちらか一方しか生じないことがいえる．このことから，一般の $\boldsymbol{d}$ と P について

$$\dim \boldsymbol{\Omega}(\boldsymbol{d}) \leqq \dim \boldsymbol{\Omega}(\boldsymbol{d}+P)+1$$

が成り立つことがわかる．

与えられた $\boldsymbol{d}=m_1P_1+\cdots+m_kP_k-n_1Q_1-\cdots-n_lQ_l$ に対し，Q_μ を1つずつ加えながら上の不等式を適用していくと

$$\dim \boldsymbol{\Omega}(\boldsymbol{d}) \leqq \dim \boldsymbol{\Omega}(m_1P_1+\cdots+m_kP_k)+n_1+\cdots+n_l$$

が得られる．右辺第1項は $\leqq \dim A(S)=p$ であるから，$\dim \boldsymbol{\Omega}(\boldsymbol{d})<\infty$.

当座の目的は以上で達せられたが，つぎに進むために，1つの注意を加えておく．それは，(＊)の第2の場合と(＊＊)の第2の場合とが同時には起らないということである．じっさい，$\boldsymbol{F}(\boldsymbol{d})-\boldsymbol{F}(\boldsymbol{d}-P)\ni f\neq 0$ と $\boldsymbol{\Omega}(\boldsymbol{d}-P)-\boldsymbol{\Omega}(\boldsymbol{d})\ni \omega\neq 0$ が存在するとすると，$f\omega$ は P で1位極を持ち，ほかでは正則な有理型微分となるが，これは留数和が0ではないので留数定理（定理2.6）に矛盾してしまう．

この結果，一般の因子 $\boldsymbol{d}$ と素因子 P について，つねに

$$(\sharp)\qquad (\dim \boldsymbol{F}(\boldsymbol{d})-\dim \boldsymbol{F}(\boldsymbol{d}-P))+(\dim \boldsymbol{\Omega}(\boldsymbol{d}-P)-\dim \boldsymbol{\Omega}(\boldsymbol{d})) \leqq 1$$

が成り立つことがわかる．

D．［第4段］ 最後に，一般的な場合を考える．記号

$$\Phi(\boldsymbol{d})=\dim \boldsymbol{F}(\boldsymbol{d})-\dim \boldsymbol{\Omega}(\boldsymbol{d})-\deg \boldsymbol{d}+p-1$$

を導入する．証明したいことは

$$\Phi(\boldsymbol{d})=0$$

である．

すぐ前の式($\sharp$)は

$$\Phi(\boldsymbol{d}) \leqq \Phi(\boldsymbol{d}-P)$$

の成立を示している．いま，与えられた因子は

$$\boldsymbol{d}=m_1P_1+\cdots+m_kP_k-n_1Q_1-\cdots-n_lQ_l \qquad (m_\nu \geqq 1,\ n_\mu \geqq 1)$$

であるとする．N を「第2段」でとった数とし，$m_1' \geqq m_1$ を十分大きくとって $m_1'+m_2+\cdots+m_k \geqq N$ となるようにする．そして

$$\boldsymbol{d}=m_1'P_1+m_2P_2+\cdots+m_kP_k-(m_1'-m_1)P_1-n_1Q_1-\cdots-n_lQ_l$$

と書きなおす．そこで

$$\boldsymbol{d}_0=-(m_1'-m_1)P_1-n_1Q_1-\cdots-n_lQ_l$$

とおき，これに素因子 P_ν $(\nu=1,\cdots,k)$ を1つずつ適当に加えていって，何回目かで $\boldsymbol{d}$ と

なり，さらに P_1 や Q_μ ($\mu=1,\cdots,l$) を1つずつ適当に加えていって

$$\hat{\boldsymbol{d}}=m_1'P_1+m_2P_2+\cdots+m_kP_k$$

となるようにする．そうすると

$$\boldsymbol{d}_0\leqq\boldsymbol{d}_1\leqq\cdots\leqq\boldsymbol{d}_r=\boldsymbol{d}\leqq\boldsymbol{d}_{r+1}\leqq\cdots\leqq\boldsymbol{d}_t=\hat{\boldsymbol{d}}$$

という系列が得られたことになるが，これまでに証明されたことによって

$$\Phi(\boldsymbol{d}_0)=0$$
$$\Phi(\boldsymbol{d}_{\lambda-1})\geqq\Phi(\boldsymbol{d}_\lambda),\qquad \lambda=1,\cdots,t$$
$$\Phi(\hat{\boldsymbol{d}})\geqq 0$$

が成り立っていることがわかる．ところが

$$0\geqq\sum_{\lambda=1}^{t}(\Phi(\boldsymbol{d}_\lambda)-\Phi(\boldsymbol{d}_{\lambda-1}))=\Phi(\hat{\boldsymbol{d}})-\Phi(\boldsymbol{d}_0)\geqq 0$$

が成り立つから，結局すべての λ に対して $\Phi(\boldsymbol{d}_{\lambda-1})=\Phi(\boldsymbol{d}_\lambda)$ でなければならない．よって与えられた $\boldsymbol{d}$ に対して $\Phi(\boldsymbol{d})=0$ を得る． ▮

E. Riemann-Roch の定理の応用は極めて多く，以下から次節にわたって述べることは，ごく一部にすぎない．

定理 4.7 種数 p の閉リーマン面上の，任意の有理型微分 $\omega\neq 0$ の因子について

$$\deg(\omega)=2p-2.$$

（証明） $\boldsymbol{d}_1=2(\omega)$，$\boldsymbol{d}_2=-(\omega)$ とおくと

$$\dim\boldsymbol{F}(\boldsymbol{d}_1)-\dim\boldsymbol{\Omega}(\boldsymbol{d}_1)=\deg\boldsymbol{d}_1-p+1$$
$$\dim\boldsymbol{F}(\boldsymbol{d}_2)-\dim\boldsymbol{\Omega}(\boldsymbol{d}_2)=\deg\boldsymbol{d}_2-p+1$$

が成り立っている．ところが，対応

$$f\longmapsto f\omega$$

によって $\boldsymbol{F}(\boldsymbol{d}_1)$ と $\boldsymbol{\Omega}(\boldsymbol{d}_2)$ は同型であり，$\boldsymbol{F}(\boldsymbol{d}_2)$ と $\boldsymbol{\Omega}(\boldsymbol{d}_1)$ は同型である．よって $\deg\boldsymbol{d}_1+\deg\boldsymbol{d}_2=2p-2$ が成り立つが，左辺は $\deg(\omega)$ にひとしい． ▮

注意 逆に $\deg\boldsymbol{d}=2p-2$ であるような因子 $\boldsymbol{d}$ がすべてある ω の因子であるとはいえない．因子 (ω) の特徴づけは，まだ完全にはわかっていないようである．

F. 2次微分 (quadratic differential) というものを，1.3.**H** で $q\,dz^2$ が不変であるような対応

$$\varphi\longmapsto q_\varphi(z)$$

のことと定義した．関数 $q_\varphi(z)$ の性質によって，微分 $a\,dz$ の場合と同様に，2 次微分の正則性，有理型性，因子などが定義される．

定理 4.8 種数 p の閉リーマン面 S において，任意の有理型 2 次微分 $\neq 0$ の因子の deg は $4p-4$ である．また，正則な 2 次微分全体のなす $\mathbb{C}$-係数線型空間 $A^2(S)$ の次元は

$$\dim A^2(S)=\begin{cases} 0 & p=0 \text{ のとき} \\ 1 & p=1 \text{ のとき} \\ 3p-3 & p\geqq 2 \text{ のとき}. \end{cases}$$

（証明） $A(S)\ni\omega_0=a\,dz\neq 0$ を 1 つとると，$\varphi\longmapsto a_\varphi(z)^2$ は正則な 2 次微分である．これを $\omega_0{}^2$ と表す．任意の有理型 2 次微分 $\Omega=q\,dz^2$ に対し，$q_\varphi(z)/a_\varphi(z)^2$ は φ によらないで，S 上の有理型関数を定める．これを $\Omega/\omega_0{}^2$ と表す．$\deg(\Omega/\omega_0{}^2)=0$ であるので $\deg(\Omega)=2\deg(\omega_0)=4p-4$.

つぎに Riemann-Roch の定理を $\boldsymbol{d}=2(\omega_0)$ に適用すれば

$$\dim \boldsymbol{F}(2(\omega_0))-\dim \boldsymbol{\Omega}(2(\omega_0))=3p-3$$

が成り立つ．ここで対応 $f\longmapsto f\omega_0{}^2$ によって $\boldsymbol{F}(2(\omega_0))$ と $A^2(S)$ が同型であることが容易にわかるので，

$$\dim A^2(S)=\dim \boldsymbol{F}(2(\omega_0)).$$

ところで，$\omega\in\boldsymbol{\Omega}(2(\omega_0))$ に対し，有理型関数 $f=\omega^2/\omega_0{}^2$ は正則であるから，定数でなければならない．$(f)\geqq(\omega)$ であるが，もし $p>1$ なら $\deg(\omega)=2p-2>0$ であるから，(ω) は必ず零点を持たねばならず，よって $\omega=0$ を得る．つまり $\dim\boldsymbol{\Omega}(2(\omega_0))=0$ である．$p>1$ のとき $\dim A^2(S)=3p-3$ であることが，これでたしかめられた．

$p=1$ のときは直接やった方が簡単である．$\deg(\omega_0)=2p-2=0$ だから ω_0 は零点を持たない．$\Omega\in A^2(S)$ に対し $\Omega/\omega_0{}^2$ は正則関数すなわち定数であるので，

$$A^2(S)=\{c\omega_0{}^2\,|\,c\in\mathbb{C}\},$$

つまり $\dim A^2(S)=1$ である．

$p=0$ のとき，S は $\hat{\mathbb{C}}$ と等角同値である（一意化定理）．1.3.**E** の注意 4 と全く同様に考えると，$\hat{\mathbb{C}}$ の 2 次微分は $\mathbb{C}$ の正則関数 $q(z)$ で

$$\lim_{z\to\infty} z^4 q(z)$$

が存在して，有限であるものと同じものと考えられる．このようなものは $q(z)\equiv 0$ しかないので，

$$A^2(S)=\{0\}$$

となる． ∎

4.4 有理型関数の存在

A. 閉リーマン面上の有理型関数には強い制限が課せられている．正則関数は定数以外に存在しないこと（**1.2.A**），すべての値（$\hat{\mathbb{C}}$ の）を同数回ずつとること（定理2.7）などは，すでに述べた．

定理 4.9 種数 p が $\geqq 1$ の閉リーマン面 S には，どのような1点をとっても，そこに1位極を持ち他で正則な関数 f は存在しない．

（証明） f は $\hat{\mathbb{C}}$ のすべての値を1つずつとるから，S から $\hat{\mathbb{C}}$ の上への等角写像を与える．これは $p\geqq 1$ と矛盾する． ∎

定理 4.10 種数 p ($\geqq 0$) の閉リーマン面 S において，重複を込めて $(p+1)$ 個以上の点を与えたとき，これら（全部または一部）で極を持ち他で正則な，非定値の関数が存在する．

（証明） $\boldsymbol{d}=m_1P_1+\cdots+m_kP_k$, $m_1+\cdots+m_k\geqq p+1$ とすると，$\dim \boldsymbol{F}(\boldsymbol{d})=\dim \boldsymbol{\Omega}(\boldsymbol{d})+\deg \boldsymbol{d}-p+1\geqq \deg \boldsymbol{d}-p+1\geqq 2$, よって非定値な $f\in \boldsymbol{F}(\boldsymbol{d})$ が存在する．これは P_ν でたかだか m_ν 位の極を持ち ($\nu=1,\cdots,k$) 他では正則である． ∎

つぎに，この定理において“全部または一部”を“ちょうど全部”とできるかどうか，という問題を考えたい．話を簡単なものに限り，$m_1P_1+\cdots+m_kP_k$ ではなく mP の形のものにとどめたい．つまり，問題は，“与えられた点で与えられた位数の極を持ち他で正則な関数は存在するか？”である．

$p=0$ のとき，定理によれば，与えられた点でたかだか1位の極を持ち他で正則な非定値の関数 f が存在する．ところが，非定値の関数は正則ではありえないから，f はちょうど1位の極を持つことになる（この f は $\hat{\mathbb{C}}$ のすべての価を1回ずつとるから，S から $\hat{\mathbb{C}}$ への等角写像となっており，ここまでの考察は種数0のリーマン面に対する一意化定理（**3.5.E** で証明）の別証となっている）．f の n 乗を考えれば，任意の位数 n の極を持ち他で正則な関数が存在することがわかる（これは $S=\hat{\mathbb{C}}$ で考えれば，もともと自明なことであろう）．

B. $p\geqq 1$ に対して考察をつづける．リーマン面 S の1点 P を与え，Riemann-Roch の定理を $\boldsymbol{d}=(m-1)P$, $\boldsymbol{d}=mP$ $(m\geqq 1)$ に対して適用し，差をとると

$$\dim\boldsymbol{F}(mP)-\dim\boldsymbol{F}((m-1)P)+\dim\boldsymbol{\Omega}((m-1)P)-\dim\boldsymbol{\Omega}(mP)=1$$

を得る．$\boldsymbol{F}((m-1)P)\subset\boldsymbol{F}(mP)$, $\boldsymbol{\Omega}(mP)\subset\boldsymbol{\Omega}((m-1)P)$ であるので，

$$\boldsymbol{F}(mP)=\boldsymbol{F}((m-1)P)\iff\boldsymbol{\Omega}((m-1)P)-\boldsymbol{\Omega}(mP)\neq\phi$$

ということがわかる．つまり，P で m 位極を持ち他では正則な関数が存在しないということと，P で $(m-1)$ 位の零点を持つ正則微分 $\neq 0$ が存在することは，同値であるというのである．

いま正則微分形式 $\omega\neq 0$ に対して

$$\mu(\omega)=\begin{cases}\mu & :P\text{は}\ \omega\ \text{の}\ \mu\ \text{位の零点}\\ 0 & :P\text{は}\ \omega\ \text{の零点でない}\end{cases}$$

とおき，整数集合

$$M=\{\mu(\omega)\,|\,\omega\in A(S),\ \omega\neq 0\}$$

を考える．

$p=1$ のときは $M=\{0\}$ である；じっさい $\deg(\omega)=2p-2=0$ であるから ω は零点を持たない．

$p\geqq 2$ のとき，M の最小元は0である．なぜならば，P にたかだか1位極を持ち他で正則な関数は定数に限るので素因子 P について $\dim\boldsymbol{F}(P)=1$, よって $\dim\boldsymbol{\Omega}(P)=p-1<\dim A(S)$ となり，P に零点を持たない正則微分が存在するからである．

$A(S)$ の基底 $\omega_1,\cdots,\omega_p$ を，$0=\mu(\omega_1)\leqq\mu(\omega_2)\leqq\cdots\leqq\mu(\omega_p)$ となるように並べるが，いま $0=\mu(\omega_1)=\cdots=\mu(\omega_k)<\mu(\omega_{k+1})\leqq\cdots\leqq\mu(\omega_p)$ であったとき，$\omega_j-c_j\omega_1$, $j=2,\cdots,k$ が P に零点を持つように定数 $c_2,\cdots,c_k$ を選ぶことができる．ω_j を $\omega_j-c_j\omega_1$ $(j=2,\cdots,k)$ ととりかえてもやはり基底である．したがって，記号を変えれば $0=\mu(\omega_1)<\mu(\omega_2)\leqq\cdots\leqq\mu(\omega_p)$ をみたすような基底が得られたことになる．この操作を順次行って，

$$0=\mu(\omega_1)<\mu(\omega_2)<\cdots<\mu(\omega_p)$$

をみたす $A(S)$ の基底 $\omega_1,\cdots,\omega_p$ が得られる．このようなものの存在がわかってしまえば，$\mu(\omega_1),\cdots,\mu(\omega_p)$ は M の元のすべてであることは，あきらかであ

ろう．なお，$\deg(\omega_p)=2p-2$ であるので，$\mu(\omega_p)\leqq 2p-2$ である．

M の各元に1を加えて，つぎの定理を得る：

定理 4.11 種数 $p\geqq 1$ の閉リーマン S において，点 $P\in S$ ごとに p 個の整数 n_j $(j=1,\cdots,p)$，

$$1=n_1<n_2<\cdots<n_p\leqq 2p-1$$

が存在し，P で m $(\geqq 1)$ 位極を持ち他で正則な S の有理型関数が存在するためには m が $n_1,\cdots,n_p$ と異なることが必要十分である．なお，P で $(n-1)$ 位の零点を持つ正則微分 $(\neq 0)$ が存在するための必要十分条件は，n が $n_1,\cdots,n_p$ のどれかと一致することである．

整数 $n_1, n_2, \cdots n_p$ を点 P の**間隙値** (gap value) という．

注意 有限個の P を除き $\{n_1,\cdots,n_p\}=\{1,\cdots,p\}$ であることが知られている．除外された点 P を S の **Weierstrass** 点という．

C． 間隙値について，$p=1,2$ の場合をしらべる．

$p=1$ のとき，間隙値は

$$n_1=1$$

ただ1つである．つまり，任意の $m\geqq 2$ に対し，任意の点 P において m 位の極を持ち他で正則な関数が存在する．つまり，定理 4.10 において，“または一部”という句は除くことができる．

$p=2$ のとき，間隙値となりうるのは

$$(n_1, n_2)=(1,2),\ (1,3)$$

である．P が前者である場合は，任意の $m\geqq 3$ に対して，P で m 位の極を持ち他で正則な関数が存在し（定理 4.10 の“または一部”は除け），$m=1,2$ に対してはこのような有理型関数は存在しない．

P が後者の場合，つまり P が Weierstrass 点の場合，$m\geqq 4$ および $m=2$ に対しては，P で m 位の極を持ち他で正則な関数は存在するが，$m=1,3$ に対してはこのようなものは存在しない．

ところで，$p=2$ のリーマン面に Weierstrass 点が必ず存在することは，つ

ぎの定理からわかる（したがって定理4.10から“または一部”の句を除くわけにはいかない）：

定理 4.12 種数が2の閉リーマン面の上には，つねに，2位の極を1個のみ持つ有理型関数が存在する．

（証明） 正則微分 $\omega_1 \neq 0$ をとると，$\dim \boldsymbol{\Omega}((\omega_1)) \geqq 1$ は自明である．$\deg(\omega_1)=2$ より，Riemann-Roch の定理で $\dim \boldsymbol{F}((\omega_1)) \geqq 2$，したがって非定値の $f_1 \in \boldsymbol{F}((\omega_1))$ が存在することがわかる．f_1 の極の位数の総和は2以下であるが，定理4.9によって1ということはないから，ちょうど2ということになる．これが2位極を持てば，それは求める有理型関数である．もし1位極を2つ持つなら，df_1 は（$\deg(df_1)=2$ であるから）必ず零点 P_1 を持つ．$f(P_1)=w_1$ とおくと，P_1 は f_1 の2位の w_1-点，したがって他に w_1-点は存在しない，関数 $f=1/(f_1-w_1)$ は P_1 に2位極を持ち，他で正則な有理型関数である． ∎

注意 一般に，$\hat{\mathbb{C}}$ のすべての値を2つ（重複を込めて）ずつとる有理型関数が存在するような種数が2以上の閉リーマン面は**超楕円的**（hyper-elliptic）であるという．上の定理は“種数が2の閉リーマン面はすべて超楕円的である”と表現することもできる．$p \geqq 3$ では，超楕円的でない面も存在することが知られている．

D． 閉リーマン面上の有理型関数の因子は deg が0であるが，deg が0であるような因子がすべて有理型関数の因子とは限らない．有理型関数の因子の特徴づけを与えるものは Abel の定理である．

この定理を述べるために，1つの記号を導入する．すなわちリーマン面 S の上に曲線 $\gamma_1, \cdots, \gamma_n$（開曲線・閉曲線どちらでもよいし，同じものが2度以上現れてもよい）が与えられたとき，γ_ν の始点を P_ν，終点を Q_ν（γ_ν が閉曲線なら $P_\nu = Q_\nu$ である）として，因子 $P_1+\cdots+P_n-Q_1-\cdots-Q_n$ を記号

$$\partial(\gamma_1+\cdots+\gamma_n)$$

で表す．

定理 4.13 （Abel）閉リーマン面 S において，$\deg \boldsymbol{d}=0$ であるような因子 $\boldsymbol{d}$ が，ある有理型関数 f に対して

$$\boldsymbol{d}=(f)$$

であるための必要十分条件は，

$$\boldsymbol{d}=\partial(\gamma_1+\cdots+\gamma_n)$$

をみたす区分的ななめらかな曲線$\gamma_1, \cdots, \gamma_n$が存在して

$$\int_{\gamma_1}\omega+\cdots+\int_{\gamma_n}\omega=0$$

が S の任意の正則微分 ω に対して成り立つことである．

（証明）［十分性］ 区分的に解析的な曲線から成るSの標準切断$\alpha_1, \beta_1, \cdots, \alpha_p, \beta_p$を，$\gamma_\nu$の始点$P_\nu$や終点$Q_\nu$（$\nu=1, \cdots, n$）を通らないようにとる（$\gamma_\nu$が閉曲線なら$P_\nu=Q_\nu$とする）．つぎに$P_\nu$から$Q_\nu$に至る区分的に解析的な曲線$\gamma_\nu'$を，各$\alpha_k, \beta_k$（$k=1, \cdots, p$）と交らないようにとる（$\nu=1, \cdots, n$）．$\gamma_\nu'\gamma_\nu^{-1}$は閉曲線であるので，2.3.**E** の式（$*$）を適用し，$\nu=1, \cdots, n$にわたって加えると，つぎのことがいえる：整数$m_j, n_j$（$j=1, \cdots, p$）が存在して，すべての閉形式$\omega$に対して

$$\sum_{\nu=1}^{n}\left(\int_{\gamma_\nu'}\omega-\int_{\gamma_\nu}\omega\right)=\sum_{j=1}^{p}\left(m_j\int_{\alpha_j}\omega+n_j\int_{\beta_j}\omega\right).$$

とくにωが正則微分なら，仮定によって，左辺は$\sum_{\nu=1}^{n}\int_{\gamma_\nu'}\omega$にひとしい．したがって$\omega=\omega_{\alpha_k}', \omega_{\beta_k}'$を代入して実部をとると式（4.4）によって

$$(*)\qquad \mathrm{Re}\sum_{\nu=1}^{n}\int_{\gamma_\nu'}\omega_{\alpha_k}'=-2\pi n_k,\qquad \mathrm{Re}\sum_{\nu=1}^{n}\int_{\gamma_\nu'}\omega_{\beta_k}'=2\pi m_k$$

であるが，定理 4.2 の系によって

$$\mathrm{Im}\sum_{\nu=1}^{n}\int_{\alpha_k}\omega_{\gamma_\nu'}=2\pi n_k,\qquad \mathrm{Im}\sum_{\nu=1}^{n}\int_{\beta_k}\omega_{\gamma_\nu'}=-2\pi m_k.$$

もともと$\mathrm{Re}\,\omega_{\gamma_\nu'}$は完全形式であったから

$$(**)\qquad \int_{\alpha_k}\sum_{\nu=1}^{n}\omega_{\gamma_\nu'}=2\pi n_k i,\qquad \int_{\beta_k}\sum_{\nu=1}^{n}\omega_{\gamma_\nu'}=-2\pi m_k i$$

が成り立ち，したがって$S-\{P_1, \cdots, P_n, Q_1, \cdots, Q_n\}$の任意の区分的になめらかな閉曲線$\gamma$に対し

$$\int_{\gamma}\sum_{\nu=1}^{n}\omega_{\gamma_\nu'}=(2\pi i\text{ の整数倍})$$

が成り立つ．すると1価関数

$$f(P)=\exp\int_{P_0}^{P}\sum_{\nu=1}^{n}\omega_{\gamma_\nu'}$$

はSで有理型で$(f)=\partial(\gamma_1+\cdots+\gamma_n)$をみたす．

［必要性］ fの零点を$P_1, \cdots, P_n$，極を$Q_1, \cdots, Q_n$，いずれも重複したものは重複度だけ書き並べたものとする．すると$(f)=P_1+\cdots+P_n-Q_1-\cdots-Q_n$である．$(df/f)$

$-\sum_{\nu=1}^{n}\omega_{P_\nu Q_\nu}$ の実部は調和な完全形式，よって0，したがって

$$\frac{df}{f}=\sum_{\nu=1}^{n}\omega_{P_\nu Q_\nu}$$

を得る．区分的に解析的な曲線から成る S の標準切断 $\alpha_1,\beta_1,\cdots,\alpha_p,\beta_p$ を，P_ν,Q_ν $(\nu=1,\cdots,n)$ を通らないようにとり，つぎに P_ν から Q_ν に至る区分的になめらかな γ_ν' を，α_k や β_k $(k=1,\cdots,p)$ と交らないようにとる $(\nu=1,\cdots,n)$．$\omega_{P_\nu Q_\nu}=\omega_{\gamma_\nu'}$ であることに注意する．df/f を α_k に沿って積分すると，それは $\log f$ の価の差であるから $2\pi i$ の整数倍である．β_k でも同じことがいえる．したがって，適当な整数 m_k,n_k に対して (**) が成り立ち，逆にたどって (*) が成り立つことがわかる．さて

$$\gamma_1=\gamma_1',\cdots,\gamma_{n-1}=\gamma_{n-1}'$$

とし，γ_n はつぎのようにする：P_n から標準切断 $\{\alpha_1,\beta_1,\cdots,\alpha_p,\beta_p\}$ の基点 P_0 に至る γ_0 をとり

$$\gamma_n=\gamma_0\prod_{j=1}^{p}\alpha_j^{-m_j}\beta_j^{-n_j}\gamma_0^{-1}\gamma_n'$$

とする．すると

$$\partial(\gamma_1+\cdots+\gamma_n)=P_1+\cdots+P_n-Q_1-\cdots-Q_n=(f)$$

であり，また式(4.4)から，$k=1,\cdots,p$ に対して

$$\sum_{\nu=1}^{n}\mathrm{Re}\int_{\gamma_\nu}\omega_{\alpha_k}'=-2\pi n_k+\sum_{j=1}^{p}\left(-m_j\int_{\alpha_j}\mathrm{Re}\,\omega_{\alpha_k}'-n_j\int_{\beta_j}\mathrm{Re}\,\omega_{\alpha_k}'\right)$$
$$=-2\pi n_k+2\pi n_k=0,$$

同様に

$$\sum_{\nu=1}^{n}\mathrm{Re}\int_{\gamma_\nu}\omega_{\beta_k}'=0.$$

$\mathrm{Re}\,\omega_{\alpha_k}'$，$\mathrm{Re}\,\omega_{\beta_k}'$ $(k=1,\cdots,p)$ は $H(S)$ の基底であるから

$$\sum_{\nu=1}^{n}\int_{\gamma_\nu}\omega=0$$

が任意の $\omega\in H(S)$ に対して成り立ち，したがって特に正則微分 ω に対しても成り立つことになる． ∎

4.5 有理型関数体

A. リーマン面 S の上の有理型関数の全体 $K(S)$ は，ふつうの加減乗除に関して体をなしている（関数値について $\infty-\infty$ や ∞/∞ が生じるが有理型関数の差や商をどう定義するかについては，読者は平面での関数論で学んだはずである）．

$K(S)$ をリーマン面 S の**関数体**という．定値関数 $f\equiv c$ を複素数 c と同一視

するならば，$K(S)$ は複素数体 $\mathbb{C}$ を含んでいる；いいかえれば $K(S)$ は $\mathbb{C}$ の拡大体であると考えることができる．

閉リーマン面 S における $K(S)$ の性質を論ずるため，複素係数の2変数多項式

$$\Phi(z,w)=\sum c_{jk}z^j w^k, \qquad c_{jk}\in\mathbb{C}$$

について少し触れておく．複素係数の1変数多項式 $\alpha_k(z)=\sum_j c_{jk}z^j$ を導入することによって

$$\Phi(z,w)=\alpha_n(z)w^n+\alpha_{n-1}(z)w^{n-1}+\cdots+\alpha_0(z)$$

と書き表すことができる．$\Phi(z,w)\not\equiv 0$（すなわち2変数関数として恒等的に0ではない）のとき，$\alpha_k(z)\not\equiv 0$（すなわち1変数関数として恒等的に0ではない）であるような最大の k を n とすることによって，始めから

$$\alpha_n(z)\not\equiv 0$$

と仮定しても一般性は失われない．このとき $\Phi(z,w)$ は **w に関して n 次**であるということにする．

$\Phi(z,w)$ が**既約**であるとは，$\Phi(z,w)\not\equiv 0$ であり，しかも $\Phi(z,w)=\Phi_1(z,w)\cdot\Phi_2(z,w)$ が成り立つのは Φ_1,Φ_2 の一方が定数（z,w の2変数関数として）であるときのみであることとする．

多項式 $\Phi(z,w)$，$\Psi(z,w)$（ただし $\Psi(z,w)\not\equiv 0$）の比

$$R(z,w)=\frac{\Phi(z,w)}{\Psi(z,w)}$$

を複素係数の**有理式**という．どのようなもの（例えば“通分”したもの）を同じとみるかの問題があるが，いまは必要ないので立ち入らない．

注意 いま扱っている多項式 $\alpha_n w^n+\alpha_{n-1}w^{n-1}+\cdots+\alpha_0$ の係数 α_k は多項式であり，そのようなものの全体は環を成すにすぎないので，体の元を係数とする多項式（例えば，複素係数の1変数多項式）に関する用語・性質などと混同しないように注意しないといけない．このことは**B**でも同様である．

つぎに $f_0,f_1,f_2\in K(S)$ と有理式 $R(z,w)$ について，リーマン面 S 上の，f_0,f_1,f_2 の極を含む有限個の点を除いた残りすべての点 P に対して $R(f_1(P),f_2(P))=f_0(P)\neq\infty$ が成り立つとき，われわれは“S において

$$f_0=R(f_1, f_2)$$

が成り立つ”ということにする．もちろん，$f_0\equiv 0$ のとき $R(f_1, f_2)=0$ などと表すことも許す．

定理 4.14 閉リーマン面 S において，非定値の $f_0\in K(S)$ について，つぎのことが成り立つ：

（i） 任意の $f\in K(S)$ に対し，既約な複素係数の 2 変数多項式 $\Phi(z, w)$ が存在して，S において

$$\Phi(f_0, f)=0$$

が成り立つ；f_0, f に対して Φ は定数（$\neq 0$）倍を無視して一意的に決まり，その w に関する次数は 1 以上で f_0 の葉数（2.2.**E**）を超えない．

（ii） ある $f_1\in K(S)$ が存在し，任意の $f\in K(S)$ に対して複素係数の 2 変数有理式 $R(z, w)$ を選び，S において

$$f=R(f_0, f_1)$$

が成り立つようにできる．

証明は **C**, **D** で与える．

B． 定理 4.14 の証明には，複素係数の 2 変数多項式に関するつぎの性質を必要とする：

補題 4.1 $\Phi(z, w)$ は既約で w に関する次数は 1 以上とする．

（i） $\Psi(z, w)$ が既約で，有限個を除いたすべての $z_0\in\mathbb{C}$ に対して $\Phi(z_0, w_0)=\Psi(z_0, w_0)=0$ をみたす $w_0\in\mathbb{C}$ が存在するなら，定数 $c\neq 0$ が存在して

$$\Phi(z, w)=c\Psi(z, w)\ ;$$

（ii） 有限個を除いたすべての $z_0\in\mathbb{C}$ について，もし $w_0\in\mathbb{C}$ が $\Phi(z_0, w_0)=0$ をみたすならば，$\Phi_w(z_0, w_0)\neq 0$ でなければならない．ただし $\Phi_w(z, w)$ は $\Phi(z, w)$ の w に関する偏導関数である．

これらがそのまま載っている初歩の代数学の邦書が見あたらなかった．環係

数の多項式を学んだことのある読者は自力で証明できることと思うが，そうでない読者のために，引用に準ずる証明を提供しておきたい．

（証明）　高木[60]，p. 135 の定理 4.10 は，いまのわれわれに適した形で表すと，"既約多項式 $\Phi(z, w)$ を 0 にするような (z, w) のすべての値に対して多項式 $H(z, w)$ が 0 になるならば，H は Φ で割り切れる" となっている．この証明は仮定をつぎのところまでゆるめても適用できる："$\Phi(z, w)$ は既約多項式，$H(z, w)$ は多項式であるとき，無限個の異なる $z_n \in \mathbb{C}$ $(n=1, 2, \cdots)$ に対して $\Phi(z_n, w_n)=H(z_n, w_n)=0$ をみたす $w_n \in \mathbb{C}$ が存在するならば，H は Φ で割り切れる"．

そこで，$H(z, w)$ として既約な $\Psi(z, w)$ をとれば，補助定理の（i）がただちに出る．

H として Φ_w をとると，Φ_w が Φ で割り切れることはないから，有限個の z_0 に対してしか $\Phi(z_0, w_0)=\Phi_w(z_0, w_0)=0$ をみたす w_0 は存在しえない．よって（ii）を得る．▌

C．（定理 4.14 の証明）　与えられた f_0 の葉数を n とする．

$n=1$ のとき，f_0 は S からリーマン球面 $\hat{\mathbb{C}}$ の上への等角写像となる．$f \in K(S)$ ということは $f \circ f_0^{-1}$ が有理関数ということと同値で，定理の（i）も（ii）も殆んど自明である．

以下，$n \geqq 2$ として話をすすめる．

（i）　与えられた f_0 と f に対し，$\mathbb{C}$ から f_0 の重複度が 2 以上の点における f_0 の値，および f の極における f_0 の値（いずれも有限個）を除いて得られる領域を D とおく．$z \in D$ に対して $f_0^{-1}(z)$ は n 個の点 $P_1, \cdots, P_n$ から成る．f の値 $f(P_1), \cdots, f(P_n)$ の基本対称式は $P_1, \cdots, P_n$ の番号の付け方に依存せず z のみで決まる：

$$s_1(z)=-(f(P_1)+\cdots+f(P_n))$$
$$s_2(z)=f(P_1)f(P_2)+f(P_1)f(P_3)+\cdots+f(P_{n-1})f(P_n)$$
$$\cdots\cdots\cdots\cdots$$
$$s_n(z)=(-1)^n f(P_1)\cdots f(P_n).$$

任意の $w \in \mathbb{C}$ に対して

$$\prod_{j=1}^{n}(w-f(P_j))=w^n+s_1(z)w^{n-1}+\cdots+s_n(z)$$

が成り立つことは，よく知られたとおりである．

いま，$(z, w) \in D \times \mathbb{C}$ で定義された関数

$$F(z, w)=w^n+s_1(z)w^{n-1}+\cdots+s_n(z)$$

を考える．任意の $P \in f_0^{-1}(D)$ に対して

$$F(f_0(P),\ f(P))=0$$

をみたしていることに注意する．

関数 $s_1, \cdots, s_n$ は D で正則である．このことは，$f_0^{-1}(D)$ で f_0 が局所的に位相的で f

が正則であることからわかる．

$a\in\hat{\mathbb{C}}-D$ では $s_1,\cdots,s_n$ は正則または極を持つ．たとえば $a\neq\infty$ なら，$f_0^{-1}(a)=\{Q_1,\cdots,Q_q\}$ として，Q_j における f の極としての位数を μ_j（極でないならば $\mu_j=0$）とするならば，Q_j の近傍で $|f_0-a|^{\mu_j}\cdot|f|$ は有界となる．$j=1,\cdots,q$ にわたっての μ_j の最大値を μ とおけば

$$|z-a|^{k\mu}|s_k(z)| \quad \text{は有界} \quad (k=1,\cdots,n)$$

でなければならない．$a=\infty$ でも同様である．

こうして，$s_1,\cdots,s_n$ は $\hat{\mathbb{C}}$ の有理型関数，すなわち有理関数に接続される．これらを互いに素な多項式の比として表し，$F(z,w)$ の定義式の右辺に代入して分母を払う．そうすれば複素係数の2変数多項式

$$H(z,w)=\beta_n(z)w^n+\cdots+\beta_0(z)$$

（ただし $\beta_n(z),\cdots,\beta_0(z)$ は複素係数の1変数多項式）で S において

$$H(f_0,f)=0$$

をみたすものが得られたことになる．

もし $H(z,w)$ が既約なら，これは求める $\Phi(z,w)$ である．

H が既約でないとき，非定値の H_1,H_2 によって $H(z,w)=H_1(z,w)\cdot H_2(z,w)$ が成り立ったが，少なくも一方，例えば H_1 に対して S において $H_1(f_0,f)=0$ が成り立つことはあきらかである．このとき，$H_1(z,w)$ の w に関する次数は0ではない．なぜなら，もし0なら，$H_1(z,w)=\beta(z)$ は有限個を除いたすべての $P\in S$ に対して $\beta(f_0(P))=0$ をみたすことになり，$\beta(z)\equiv0$ となってしまうからである．

とくに，$\beta_n(z),\cdots,\beta_0(z)$ の最大公約多項式 $\gamma(z)$ をとって $H(z,w)=\gamma(z)H_0(z,w)$ とすれば，上記によって，S において $H_0(f_0,f)=0$ が成り立たなければならない．いいかえるならば，始めから $\beta_n(z),\cdots,\beta_0(z)$ の最大公約多項式は定数 $\neq0$ であるものと仮定してよい．この仮定のもとに，分解 $H=H_1\cdot H_2$ ができたとすると，H_1 も H_2 も w に関する次数は $\geqq1$ でなければならず，いま S において $H_1(f_0,f)=0$ が成り立つとするならば，$H_1(z,w)$ の w に関する次数は1以上，n より小ということがわかる．

H_1 が既約ならばこれが求める Φ である．既約でないならば再び同じ議論をくり返す．w に関する次数は減っていき，最後に求める $\Phi(z,w)$ に到達する．

Φ の一意性は，補題4.1の（i）よりあきらかであろう；S から有限個の点を除いたところでの f_0 の値域に含まれない複素数は，あっても有限個である．

D．（（ii）の証明） ひきつづき，$n\geqq2$ を仮定している．$\mathbb{C}$ から f_0 の重複度が2以上の点における値（有限個）を除いて得られる領域を D_0 とし，$z^*\in D_0$ を1つとって $f_0^{-1}(z^*)=\{P_1^*,\cdots,P_n^*\}$ とする．

定理3.4によれば，値

$$f_1(P_1^*),\cdots,f_1(P_n^*)$$

が互いに異なるような $f_1 \in K(S)$ が存在する．以下，この f_1 が求めるものであることを証明する．

これら f_0, f_1 に対する（i）の既約多項式 $\Phi(z, w)$ をとる．これの w に関する次数は n である（じっさい $\Phi(z_0, w)=0$ は n 個の異なる根 $f_1(P_j^*)$，$j=1, \cdots, n$ を持つ）から

$$\Phi(z, w)=\alpha_n(z)w^n+\alpha_{n-1}(z)w^{n-1}+\cdots+\alpha_0(z), \qquad \alpha_n(z)\neq 0$$

と表せる．

さて，$f \in K(S)$ を任意に与える．D_0 からつぎの点（全体で有限個）を除いて D' とおく：f_1 の極における f_0 の値，$\alpha_0(z)$ の零点，f の極における f_0 の値，上記の $\Phi(z, w)$ に関する補題 4.1 の（ii）で除外された z_0．任意の $z \in D'$ に対して $f_0^{-1}(z)=\{P_1, \cdots, P_n\}$ とおくと，すべての $w \in \mathbb{C}$ は

$$\Phi(z, w)=\alpha_0(z)\prod_{j=1}^{n}(w-f_1(P_j))$$

$$\Phi_w(z, w)=\alpha_0(z)\sum_{j=1}^{n}\prod_{\substack{l=1 \\ (l\neq j)}}^{n}(w-f_1(P_l))$$

をみたしている．

与えられた f について，

$$\Phi(z, w)\sum_{j=1}^{n}\frac{f(P_j)}{w-f_1(P_j)}=\alpha_0(z)\sum_{j=1}^{n}\left\{f(P_j)\prod_{\substack{l=1 \\ (l\neq j)}}^{n}(w-f_1(P_l))\right\}$$

というものを考える．$z \in D'$ を固定して考えると，右辺は w に関する $(n-1)$ 次の多項式であるが，$w \neq f_1(P_1), \cdots, f_1(P_n)$ のときこの等式が成り立つので，左辺からみれば，右辺の多項式の係数は $P_1, \cdots, P_n$ の番号の付け方に依存せず，z のみで定まることがわかる．したがって，右辺は D' の関数を係数とする w の $(n-1)$ 次多項式であるということになる．この係数が $\hat{\mathbb{C}}$ に接続されて有理型，つまり有理関数であるということは，$\mathbf{C}$ における $s_1, \cdots, s_n$ に対する証明と全く同じである．分母を払って $\mathbb{C}$-係数の 2 変数多項式 $\Psi(z, w)$ が得られる．つまり，多項式 $\beta_0(z)\neq 0$ を適当にとれば

$$\Psi(z, w)=\beta_0(z)\alpha_0(z)\sum_{j=1}^{n}\left\{f(P_j)\prod_{\substack{l=1 \\ (l\neq j)}}^{n}(w-f_1(P_l))\right\}$$

が $(z, w)\in D'\times\mathbb{C}$ に対して成り立っている．

S において，有限個を除いた任意の点 P に対し，$f_0(P)\in D'$，$\beta_0(f_0(P))\neq 0$ である．P は $z=f_0(P)$ の $f_0^{-1}(z)=\{P_1, \cdots, P_n\}$ の元であるが，いま例えば P_1 であったとする．すると $\Psi(f_0(P), f_1(P))=\beta_0(f_0(P))\alpha_0(f_0(P))f(P)\prod_{l\neq 1}(f_1(P)-f_1(P_l))=\beta_0(f_0(P))$ $f(P)\Phi_w(f_0(P), f_1(P))$．いま $\Phi(f_0(P), f_1(P))=0$ であるので，補題 4.1 の（ii）により（そのように D' をとってある），$\Phi_w(f_0(P), f_1(P))\neq 0$ でなければならない．したがって $f(P)=\Psi(f_0(P), f_1(P))/(\beta_0(f_0(P))\cdot\Phi_w(f_0(P), f_1(P)))$ を得る．有理式

$$R(z, w)=\frac{\Psi(z, w)}{\beta_0(z)\Phi_w(z, w)}$$

を導入すれば, 以上のことは S において $f=R(f_0, f_1)$ が成り立つことを示している. ∎

E. 閉リーマン面の関数体に関する議論は以上で終るが, なお2つの重要な話題に触れておきたい.

リーマン面 S から S' の上への等角写像 h があるとき, 対応 $h^*: f \longmapsto f \circ h$ は $K(S')$ から $K(S)$ の上への同型であり, $\mathbb{C}$ への制限は恒等写像である. これはあきらかである. 大切なことは, これの逆が成り立つということである. つまり, $K(S')$ から $K(S)$ の上へ $\mathbb{C}$ への制限が恒等写像となっているような同型対応があれば, それをちょうど h^* とするような等角写像 $h: S \to S'$ が存在するということである. これによって, "リーマン面は関数体によって定まる" ということになるのである (中井 [4] の第6章に, 閉リーマン面, 開リーマン面双方に関する詳論がある).

一般に, 複素数体 $\mathbb{C}$ の拡大体 K がつぎの3条件をみたすとき, $\mathbb{C}$ 上の (1変数) **代数関数体** という:（a）K は $\mathbb{C}$ に2つの元 u, v を添加することによって得られる (すなわち K のすべての元は $\mathbb{C}$ 係数の有理式 R による $R(u, v)$ にひとしい),（b）u は $\mathbb{C}$ に関し超越的 (すなわち $\mathbb{C}$ 係数のいかなる多項式 $\alpha \not\equiv 0$ に対しても $\alpha(u)=0$ をみたさない),（c）v は体 $\mathbb{C}(u)$（$\mathbb{C}$ に u を添加して得られた体）に関して代数的である (すなわち $\mathbb{C}(u)$ 係数の適当な多項式 $\Phi \not\equiv 0$ に対して $\Phi(v)=0$ をみたす). 定理 4.14 により, 閉リーマン面 S の関数体は $\mathbb{C}$ 上の代数関数体ということがいえたが, 実はこれの逆が成り立つのである. つまり, $\mathbb{C}$ 上の代数関数体は, ある閉リーマン面の関数体と同型（$\mathbb{C}$ への制限が恒等写像であるような対応による）であることが知られている. このようにして, 閉リーマン面は純代数的な理論の対象とすることができるのである (詳細は, 岩沢 [31], 河田 [35] など参照).

なお, 細かいことであるが, 定理 4.14 の（ii）は（i）から純代数的に導くことができる (岩沢 [31], p.219 の第2パラグラフ) という注意を, 付け加えておく.

第5章　放物型リーマン面

5.1　調和測度

A.　開リーマン面については，論じたい話題が数多くあるが，紙数に制限があるので，大部分を割愛しないといけない．すでに3.4.**A**の注意1，2や3.4.**B**の注意2においても，開リーマン面上の正則・有理型関数や微分形式の存在について，重要な結果を紹介したが，証明は省略してしまっている．

この章では，開リーマン面に関して常識となっている話題の一例として，放物型リーマン面に関する基礎的なことがら（すべてを網羅するわけではない）を紹介する．

放物型リーマン面とは，3.6.**B**で述べたように，Green関数が存在しないような開リーマン面のことである．

閉リーマン面にはGreen関数が存在しない．

閉リーマン面S^*から有限個の点を除いて得られる開リーマン面SにもGreen関数は存在しない．じっさい，存在したとすると，それはS^*-Sの各点の近傍で有界（3.6.**D**の（3）による）であるので除去可能となり，S^*に1つの対数的極を持つ調和関数が存在するという矛盾が生じてしまう．

このように考えると，放物型リーマン面は，開リーマン面全体の中で“閉リーマン面に近いもの”といえないであろうか．閉リーマン面と類似の性質を持つのではなかろうか．このようなことを念頭において話をすすめていく．

B.　一般に開リーマン面Sにおいて，閉包がコンパクトな正則的部分領域Dの補集合$S-D$はコンパクトではない．したがって$S-\bar{D}$の成分のうちで閉包がコンパクトでないものが存在する．これら全部（有限個）の合併Ωはつぎの性質を持っている：

（ア）　Ωは開集合で$\neq\phi$，$S-\Omega$はコンパクト，

（イ） Ωは有限個の成分から成り，

（ウ） Ωの各成分はSの正則的部分領域で，

（エ） その閉包はコンパクトでなく，

（オ） その境界はコンパクト．

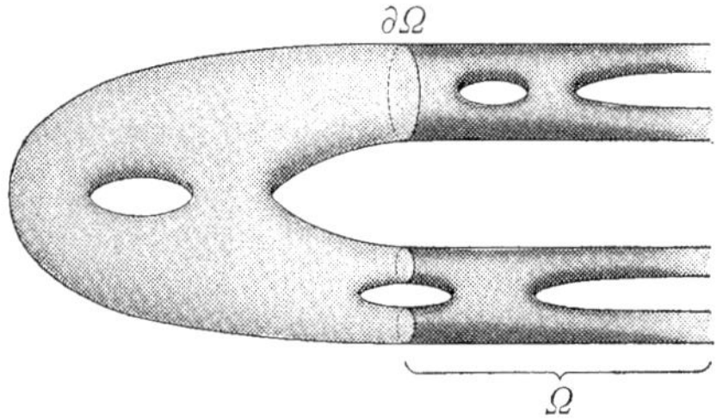

図 5.1

開リーマン面Sの部分開集合Ωで条件（ア）—（オ）をみたすものを，一般にSの**エンド**(end)と呼ぶ．つまりSの末端部，尾部といった意味で，そのイメージは図5.1より理解できよう．上に述べたように，開リーマン面には，つねにエンドが存在する．

注意 エンドの定義は，連結性を要求したり，われわれの意味のエンドの成分の1つを指したり，文献によって少し異なる場合がある．

図5.1は右の方にどこまでも延びているが，その先の方にSの境界があると想像すると便利なことが多い．Sが閉リーマン面S^*から有限個の点を除いたもの，あるいはコンパクトな境界付きリーマン面$\bar{S}$の内部のときは，S^*あるいは$\bar{S}$の部分集合Sの境界というものが定まっているが，一般の開リーマン面にはこのようなものはない．そこで，複素平面に無限遠点を導入するのと全く同じように，つぎのような考え方をする：開リーマン面Sが与えられたとき，そのほかに1つの点Bを考えて空間$S^*=S\cup\{B\}$を作り，その部分集合Oは，もし$B\notin O$ならばSの開集合のとき，もし$B\in O$ならばS^*-OがSのコンパクト集合となっているとき，S^*の開集合と定義することによって，S^*に位相を入れる．S^*はコンパクトで，Sはその中で稠密であることが簡単にたしかめられるが，S^*のことをSの**Alexandroff コンパクト化**といい，BのことをSの**ideal boundary**という．

注意 1 Ideal とは“想像上の”とか“実在しない”というような意味である．Ideal

boundaryを“理想境界”と訳す人も多い．上の定義によれば，ideal boundaryは1つの点のことであるが，前に述べた例などからみて，一般には集合と考えた方が，よりよいイメージが持てるであろう．なお，Sの部分集合の，ふつうの意味の境界のことを，ideal boundaryと区別したいときには，相対境界（relative boundary）と呼ぶことがある．

注意 2 開リーマン面Sには，上のS^*のほかにも，数多くのコンパクト化が考えられており，それからSを引いた残りはつねに“ideal boundary”と呼ばれている．われわれはコンパクト化の議論にはこれ以上立ち入らない（関心ある読者は，倉持[39], Sario-Nakai [56], Constantinescu-Cornea [26]などを参照されたい）．Ideal boundaryというものも，厳密に定義された数学的な対象というよりも，あると便利な語句という程度に考えて使っていく．例えば，点列がSに集積点を持たない，という代りに“ideal boundaryに集積する”，といったり，“エンドはideal boundaryの近傍である”というように．

C. 開リーマン面のエンドには調和測度と呼ばれる関数が存在する．

定理 5.1 開リーマン面SのエンドΩが与えられたとき，3条件

（a） Ωで調和で，区間$[0,1)$に属する実数値をとる，

（b） $\bar{\Omega}$で連続で，$\partial\Omega$では$\equiv 0$,

（c） 各点$P\in\Omega$で$v(P)\leqq u_\Omega(P)$が，（a），（b）をみたすすべての関数vに対して成立，

をみたすような関数u_Ωがただ1つ存在する．

（証明） 存在すればただ1つであることは（c）より自明である．存在を示すためSの近似列$\{D_n\}_{n=1}^{\infty}$で$\partial\Omega\subset D_1$であるものを1つとる．いま

$$\Omega_n = D_n\cap\Omega$$

とおくと$\partial\Omega_n=(\partial\Omega)\cup(\partial D_n)$であり，また$\Omega_n$の各成分は$S$の正則的部分領域で閉包はコンパクトである．Dirichlet問題を解くことによって，つぎのような関数u_nを構成することができる：

$$\Omega_n\text{ で調和，}\bar{\Omega}_n\text{ で連続，}$$

$$\partial\Omega\text{ で }u_n\equiv 0,\ \partial D_n\text{ で }u_n\equiv 1.$$

あきらかに$0<u_n<1$がΩ_nで成り立ち，さらに

$$u_n>u_{n+1}\qquad(n=1,2,\cdots)$$

が成り立つ．Harnack の定理（3.2.**E** の（3）の形のもの）を列 $\{-u_n\}$ に対して適用すると，

$$u_\Omega=\lim_{n\to\infty} u_n$$

が存在し，収束が Ω の任意のコンパクト集合の上で一様であることがわかる．この u_Ω が条件（a）をみたすことは明白であろう．

条件（b）は，ここまでの議論ではわからない；Harnack の定理は $\partial\Omega$ での収束を保証しないからである．そこで，$\bar{\Omega}$ と $\Omega_n\cup\partial\Omega$ の $\partial\Omega$ に関するダブルを考える．3.1.**A** で述べた鏡像の原理（その1）によって，u_n は $\Omega_n\cup\partial\Omega$ のダブル $\hat{\Omega}_n$ に接続され，$\hat{\Omega}_n-\partial\Omega$ の任意のコンパクト集合の上で一様に収束する．したがって最大・最小値の原理によって u_n は $\Omega\cup\partial\Omega=\bar{\Omega}$ の任意のコンパクト集合の上で一様に収束することになり，u_Ω は（b）をみたすことがわかる．

条件（c）は，各 u_n が Ω_n で $v\leqq u_n$ をみたすことからただちに導かれる． ▌

定義 関数 u_Ω を，S の ideal boundary のエンド Ω に関する**調和測度**という．

注意 "測度"とはいうが，上のような調和関数を習慣的にこう呼ぶのみ，と理解することにして，どのような測度空間（空間，可測集合族，測度）を考えているかは詮索しないことにする．

S がコンパクトな境界付きリーマン面 $\bar{S}$ の内部のとき，エンド Ω に関する調和測度はつぎの2つの性質を持つ唯一の関数として特徴づけられる：定理5.1における（a）および

（d） Ω の $\bar{S}$ における閉包で連続，$\bar{S}$ の境界 ∂S で $\equiv 1$，Ω の S における境界で $\equiv 0$．

じっさい，（a）と（d）から（b），（c）が容易に導かれる．

一般の場合にもつぎのところまでは成り立つ：

$$u_\Omega\neq 0 \Longrightarrow \sup_\Omega u_\Omega=1$$

（証明） $\sup_\Omega u_\Omega=a$ (>0) とおくと u_Ω/a も定理5.1の条件（a），（b）をみたすので，（c）によって Ω で $u_\Omega/a\leqq u_\Omega$ が成り立つ．$u_\Omega\neq 0$ であるから，$a<1$ とすると矛盾が生

じ，したがって $a=1$ でないといけない． ▮

D． 定理5.1の証中では

$$u_\Omega=\lim_{n\to\infty}u_n$$

が $\bar{\Omega}$ の任意のコンパクト集合上で一様に成り立つことを示したが，ダブルと鏡像を用いたその証明をよくみれば，$\partial\Omega$ の境界局所座標 φ に対する $u\circ\varphi^{-1}$ の偏導関数も一様収束していることがわかる．このことは Dirichlet 積分（2.2.F）に関して下記のことが成り立つことを示すのに利用される：

（i） $D_\Omega[u_\Omega]<\infty$,

（ii） $\lim_{n\to\infty}D_{\Omega_n}[u_n-u_\Omega]=0$,

（iii） $\lim_{n\to\infty}D_{\Omega_n}[u_n]=D_\Omega[u_\Omega]$,

（iv） 任意の n に対し $D_{\Omega_n}[u_n, u_\Omega]=D_\Omega[u_\Omega]$.

（証明） $n<m$ として $\Omega_n=D_n\cap\Omega$ において Green の公式を用いると，

$$\int_{\partial\Omega_n}=\int_{\partial D_n}+\int_{\partial\Omega}$$

であるので

$$D_{\Omega_n}[u_n, u_m]=\int_{\partial\Omega_n}u_n*du_m=\int_{\partial D_n}*du_m$$
$$=\int_{\partial D_m}*du_m=\int_{\partial\Omega_m}u_m*du_m=D_{\Omega_m}[u_m].$$

これを

$$D_{\Omega_n}[u_n-u_m]=D_{\Omega_n}[u_n]-2D_{\Omega_n}[u_n, u_m]+D_{\Omega_n}[u_m]$$

に代入して

$$D_{\Omega_n}[u_n]-D_{\Omega_m}[u_m]\geqq D_{\Omega_n}[u_n-u_m]\geqq 0.$$

このことより，まず $D_{\Omega_m}[u_m]$ は m がふえると減少することがわかり，したがって $\lim D_{\Omega_m}[u_m]<\infty$ が存在することがわかる．つぎに，上式において n を固定して $m\to\infty$ とすると，$u_\Omega=u$ と略記して

$$\begin{cases} D_{\Omega_n}[u_n, u]=\lim_{m\to\infty}D_{\Omega_m}[u_m] \\ D_{\Omega_n}[u_n-u]=D_{\Omega_n}[u_n]-\lim_{m\to\infty}D_{\Omega_m}[u_m] \end{cases}$$

の成立が（Ω_n における u_m およびその偏導関数の一様収束より）いえる．

この後者で $n\to\infty$ としたものが（ii）である．また前者（右辺は n によらないことに注意）を

$$D_{\Omega_n}[u_n - u] = D_{\Omega_n}[u_n] - 2D_{\Omega_n}[u_n, u] + D_{\Omega_n}[u]$$

に適用すれば，$n \to \infty$ として，$0 = -\lim D_{\Omega_n}[u_n] + \lim D_{\Omega_n}[u]$ つまり $D_\Omega[u] = \lim D_{\Omega_n}[u_n]$ を得るが，これは (iii) である．また，これを上にあらわれている式に代入して，(i), (iv) を導くのは容易である． ∎

E. リーマン面が放物型であるということを調和測度によって特徴づけることができる．すなわち

定理 5.2 開リーマン面 S とそのエンド Ω について

(i) $u_\Omega \equiv 0$,

(ii) $D_\Omega[u_\Omega] = 0$,

(iii) S は放物型である，

は互いに同値である．(i) と (ii) は，それぞれが，ある Ω に関して成り立つことと，すべての Ω に関して成り立つことは同値である．

(証明) 任意の Ω について (i) から (ii) が出ることは自明である．逆に (ii) が成り立てば，Ω の各成分で u_Ω は定数となるが，$\partial\Omega$ では $u_\Omega \equiv 0$ であるので，定数は 0，従って (i) が成り立つ．

つぎに (ii) と (iii) の関係をみるため，$Q \notin \bar{\Omega}$ と，S の近似列 $\{D_n\}$ で $Q \in D_1$, $\partial\Omega \subset D_1$ であるものをとる．u_n は定理 5.1 におけるもの，g_n は D_n における Green 関数 $g(\cdot, Q)$ のこととするならば

$$D_{\Omega_n}[u_n, g_n] = \int_{\partial\Omega_n} g_n * du_n = \int_{\partial\Omega} g_n * du_n$$

が成り立つ．ここで Ω の任意の境界局所座標 φ について，$\mathbb{R} \cap \varphi(U_\varphi)$ で

$$\frac{\partial(u_n \circ \varphi^{-1})}{\partial y} \geqq 0$$

でなければならない．$\partial\Omega$ に沿う $*du_n$ の積分と "内法線方向の微分" の関係 (2.2.G) によれば，上記の量と g_n の積の積分の和が $\int_{\partial\Omega} g_n * du_n$ にひとしい．よって平均値の定理によって，点 $P_n \in \partial\Omega$ が存在して

$$\int_{\partial\Omega} g_n * du_n = g_n(P_n) \int_{\partial\Omega} * du_n = -g_n(P_n) \int_{\partial D_n} * du_n$$
$$= -g_n(P_n) \int_{\partial\Omega_n} u_n * du_n = -g_n(P_n) D_{\Omega_n}[u_n]$$

が成り立つ．一方

$$D_{\Omega_n}[u_n, g_n] = \int_{\partial\Omega_n} u_n * dg_n = \int_{\partial\Omega} * dg_n$$

は g_n のもつ Q における調和特異点のフラックスにひとしい．つまり -2π である．結局

$$(*)\qquad g_n(P_n) D_{\Omega_n}[u_n] = 2\pi$$

ということになる．

さて，1つのエンド Ω に関して（ii）が成り立ったとする．すると $\lim D_{\Omega_n}[u_n]=0$ であるから，$\lim g_n(P_n)=\infty$ でなければならない．S の Green 関数 $g(\cdot, Q)$ が，もし存在したならば，$g_n(P_n, Q) \leqq g(P_n, Q) \leqq \max_{P \in \partial\Omega} g(P, Q) < \infty$ (3.6.**D** の（3）参照）という矛盾が生じるので，$g(\cdot, Q) \equiv \infty$，つまり S は放物型でなければならない．

逆に S が放物型であるとし，Ω を任意のエンドとする．$Q \in \bar{\Omega}$ に極を持つ Green 関数について，$\partial\Omega$ の上で一様に，$\lim g_n = \infty$ が成り立つので，

$$\lim_{n \to \infty} g_n(P_n) = \infty.$$

よって（$*$）から $\lim D_{\Omega_n}[u_n] = D_{\Omega}[u_{\Omega}] = 0$，つまり（ii）が成り立つ．∎

注意　調和測度 u_{Ω} が $\equiv 0$ であるということは，エンド Ω のとり方に依存しないので，このことを"S の ideal boundary の調和測度は零である"と考え，S が放物型であるということを S は**零境界を持つ**と表現することもある．

F．　放物型リーマン面と等角同値なリーマン面はやはり放物型である．つまり，放物型であるということは等角的不変（conformally invariant）である．これは定義から明らかであろう．

ところが，エンドの間に等角写像があるのみでも，放物型であるという性質は保たれるのである．正確にいうなら，開リーマン面 S, S' において，S が放物型であり，S のあるエンド Ω から S' のあるエンド Ω' の上への等角写像 h があれば，S' は放物型でなければならない．じっさい，h は $\bar{\Omega}$ から $\bar{\Omega}'$ の上への位相写像に拡張でき（等角写像の一般的性質，吉田［70］，pp. 182—186 参照）

$$u_{\Omega'} \circ h = u_{\Omega}$$

が成り立つから，$u_{\Omega} \equiv 0$ なら $u_{\Omega'} \equiv 0$ である．

一般に開リーマン面に関する性質 $\boldsymbol{P}$ は，もし開リーマン面 S が性質 $\boldsymbol{P}$ を持っていれば，S のあるエンドと等角同値なエンドをもつ開リーマン面 S' も性質 $\boldsymbol{P}$ を持っているとき，**ideal boundary の性質**（ideal boundary property）という．つまり，ideal boundary の近傍のみで決まり，リーマン面全体には

必ずしも依存しない性質，という意味である．

開リーマン面が放物型であるということは，ideal boundary の性質である．つぎの定理も，またこの事実の証明となる：

定理 5.3 開リーマン面 S のエンド Ω に対し，$\bar{\Omega}$ で連続，Ω で調和で有界な関数の全体を $HB(\bar{\Omega})$，その中で $\partial\Omega$ で $\equiv 0$ であるものの全体を $H_0B(\bar{\Omega})$ とおく．

（i） ある Ω に対して

$$H_0B(\bar{\Omega})=\{0\}$$

ならば S は放物型であり，逆に S が放物型ならばこれがすべての Ω に対して成り立つ．

（ii） ある Ω において

$$\min_{\partial\Omega} u \leqq u \leqq \max_{\partial\Omega} u$$

がすべての $u\in HB(\bar{\Omega})$ に対して成り立つならば S は放物型であり，逆に S が放物型ならばこれがすべての Ω に対して成り立つ．

（証明） Ω において $\min_{\partial\Omega} u\leqq u\leqq \max_{\partial\Omega} u$ がすべての $u\in HB(\bar{\Omega})$ に対して成り立つなら $u\in H_0B(\bar{\Omega})$ は $\equiv 0$，つまり $H_0B(\bar{\Omega})=\{0\}$．

つぎに，もし $H_0B(\bar{\Omega})$ が $u\equiv 0$ のみから成るなら，$u_\Omega\in H_0B(\bar{\Omega})$ は $\equiv 0$，つまり S は放物型．

最後に，$u_\Omega\equiv 0$ として，任意の $u\in HB(\bar{\Omega})$ を考える．$M_0=\max_{\partial\Omega} u$，$M=\sup_{\bar{\Omega}} u$ とおく．S の近似列 $\{D_n\}$ をとって，定理 5.1 の証明における u_n を $\Omega_n=\Omega\cap D_n$ で考えると，境界値を比較することによって

$$u\leqq Mu_n+M_0(1-u_n)$$

が Ω_n で成り立つことが容易にわかる．$n\to\infty$ とすると $u_n\to u_\Omega\equiv 0$ であるので，$u\leqq M_0=\max_{\partial\Omega} u$ が Ω で成り立つことがわかる．$-u$ に対して同じことを考えると $u\geqq\min_{\partial\Omega} u$ がいえる． ∎

系 放物型のリーマン面 S における有界調和関数は定数に限る．

（証明） S のエンド Ω を1つとっておく．S の有界調和関数 u の $\partial\Omega$ での最大値が P_0 でとられたとする．定理によって，Ω では $u \leqq u(P_0)$ が成り立つ．一方，$S-\Omega$ はコンパクトだから，最大値の原理によって，そこで $u \leqq u(P_0)$．結局，S 全体での u の最大値が P_0 でとられることになるので，最大値の原理によって，u は定数でなければならない．∎

G． エンドでないところでも，定理5.3の（ii）の後半は成り立つ．

すなわち，放物型リーマン面 S の部分領域 D は $\partial D \neq \phi$ とするとき，$\bar{D}$ で連続，D で調和な有界関数 u に対し

$$\inf_{\partial D} u \leqq u \leqq \sup_{\partial D} u$$

が D で成り立つ．

（証明） $\sup_{\partial D} u = M_0 < \infty$ と仮定し，$M_0 < u(P_0)$ をみたす $P_0 \in D$ が存在したとする．$M_1 = (M_0 + u(P_0))/2$ とおき，$\{P \in D | M_1 < u(P)\}$ の成分で P_0 を含むものを D^* とおくと，これは領域で，$\bar{D}^* \subset D$，また ∂D^* で $u \equiv M_1$ が成り立つ．さらに D^* は S に外点 Q を持つ．Q 中心の座標円板 V で D^* と素なものをとると，$\Omega = S - \bar{V}$ はエンドで，$D^* \subset \Omega$ である．S の近似列 $\{D_n\}$ を $\bar{V} \subset D_1$ であるようにとり，$\Omega_n = \Omega \cap D_n$ で定理5.1の証中の u_n を考える．D^* において $u - M_1$ は上に有界であるから，有限な正の上界 M が存在する．$\partial(D^* \cap \Omega_n)$ での値は，∂D^* に含まれる部分では $u - M_1 \equiv 0$，∂D_n に含まれる部分では $\leqq M$ であるから，

$$u - M_1 \leqq M u_n$$

が $D^* \cap \Omega_n$ で成り立つことがわかる．$n \to \infty$ として $u_n \to u_\Omega \equiv 0$ であるので，結局 D^* で $u - M_1 \leqq 0$，これは $u(P_0) > M_1$ に矛盾する．つまり，$M_0 < \infty$ のとき，$M_0 < u(P_0)$ であるような $P_0 \in D$ は存在しない．$M_0 = \infty$ のときは自明で，いずれの場合も $u \leqq M_0$ が D で成り立たなければならない．

$\inf_{\partial\Omega} u \leqq u$ の証明は，$-u$ に上の結果を適用すればよい．∎

5.2 対数容量

A． 与えられたリーマン面が放物型か否かを判定する際，放物型の必要十分条件を与えている定理5.2や5.3は，あまり実用的ではない．必要十分条件でなくてもよいから，具体的な必要条件または十分条件の方が欲しくなる場合がある．

1つのリーマン面の部分領域となっているようなリーマン面，とくに閉リーマン面の部分領域や平面領域に対しては，対数容量は有力な手がかりを与えるものの1つである．

複素平面$\mathbb{C}$のコンパクト集合Eが与えられたとする．$\hat{\mathbb{C}}-E$の成分で∞を含むものをDとし，そこにおける Green 関数$g(z,\infty)$を考える．それが存在するとき，∞における局所座標$z\longmapsto 1/z$に関する Robin 定数 (3.6.E) を単に集合Eの **Robin 定数**と呼んで$\gamma(E)$と表す；すなわち

$$\gamma(E)=\lim_{z\to\infty}(g(z,\infty)-\log|z|).$$

そして下式の右辺で定義される量をEの**対数容量**といい，左辺の記号で表す：

$$\mathrm{Cap}\,E=e^{-\gamma(E)}.$$

Dの Green 関数が存在しないときは，$\gamma(E)=\infty$，$\mathrm{Cap}\,E=0$と約束する．とくに空集合の Cap は 0 である．

したがって，Dが放物型であるための必要十分条件は

$$\mathrm{Cap}\,E=0$$

ということになる．

（例1） $\Delta_r=\{z\,|\,|z|\leqq r\}$，$C_r=\{z\,|\,|z|=r\}$ $(0\leqq r<\infty)$ のとき，Dは共通であり，$r>0$なら$g(z,\infty)=\log(|z|/r)$，$r=0$なら$g(z,\infty)\equiv\infty$である．よって

$$\mathrm{Cap}\,\Delta_r=\mathrm{Cap}\,C_r=r.$$

平面のコンパクト集合E_1,E_2の間に

$$E_1\subset E_2$$

の関係があるとき，これらの$\hat{\mathbb{C}}$に関する補集合の∞の成分D_1,D_2は$D_1\supset D_2$をみたすので，∞を極とする Green 関数の大小を比較（3.6.D の（4）による）して，

$$\mathrm{Cap}\,E_1\leqq\mathrm{Cap}\,E_2$$

を得る．これは Cap が 0 のときも込めて成り立つ．

つぎに，平面のコンパクト集合Eの，$\hat{\mathbb{C}}-E$の∞の成分Dにおいて，等角写像

$$h: D \to \widetilde{D}$$

で $h(\infty)=\infty$ をみたし，さらに ∞ での Laurent 展開が $h(z)=az+b+(c/z)+\cdots$ となっているものがあるとする．$\widetilde{D}$ の Green 関数 $g(z,\infty)$ に対し $g(h(z),\infty)$ は D の Green 関数であるので，$\widetilde{E}=\hat{\mathbb{C}}-\widetilde{D}$ とすると，$\gamma(E)=\gamma(\widetilde{E})+\log|a|$，よって

$$\mathrm{Cap}\,\widetilde{E}=|a|\cdot\mathrm{Cap}\,E.$$

これも Cap が 0 の場合を込めて成立する．

（例 2） 実軸上の閉区間 $[-d, d]$ の対数容量．等角写像 $z\longmapsto d(z+(1/z))/2$ は $1<|z|\leqq\infty$ を $[-d, d]$ の補集合の上に写しているから，例 1 と比較して

$$\mathrm{Cap}[-d, d]=\frac{d}{2}.$$

平面のコンパクト集合 E を含む開集合 $O\subset\mathbb{C}$ から $O'\subset\mathbb{C}$ の上への等角写像 h があるとき，E と $h(E)$ の対数容量の間に上のような簡単な関係はないが，

$$\mathrm{Cap}\,E=0 \Longleftrightarrow \mathrm{Cap}\,h(E)=0$$

ということなら成り立つ．つまり“コンパクト集合の対数容量が 0 である”ということは等角写像で保存される．なぜならば，$\hat{\mathbb{C}}-E$ の ∞ の成分と $\hat{\mathbb{C}}-h(E)$ の ∞ の成分とは等角同値なエンドを持つからである．

B． 対数容量が 0 となるための必要条件を二，三与える．

定理 5.4 平面 $\mathbb{C}$ のコンパクト集合 E が $\mathrm{Cap}\,E=0$ ならば

（i） E の成分はすべて 1 点から成る，

（ii） E の面積（2 次元 Lebesgue 測度）は 0 である，

（iii） もし E が直線または円周に含まれているならば，E の長さ（1 次元 Lebesgue 測度）は 0 である．

（証明）（i） いま E のある成分 A が 2 点以上から成るとする．$\hat{\mathbb{C}}-A$ の ∞ の成分を Ω とおくと，少し考えればすぐわかるように，Ω は 2 つ以上の境界点を持ち，$\hat{\mathbb{C}}-\Omega$ が連結である． Riemann の写像定理によって Ω を単位円 $|z|<1$ の上に等角写像する f

が存在する（Riemann の写像定理として，いまは Ahlfors（笠原訳）[18]，pp. 247 ff を用いるのが適当である；同書では $\mathbb{C}$ での補集合が連結なとき“単連結”と定義している）．$\hat{\mathbb{C}}-E$ の ∞ の成分 D は Ω に含まれるが，$\mathrm{Re}\, f$ は D の上で有界調和な非定値の関数である．定理 5.3 の系によって，D は放物型になることができず，$\mathrm{Cap}\, E=0$ との間に矛盾が生じる．

（ii）は（iii）に Fubini の定理を適用すればよい．

（iii）直線の場合は 1 次変換で円周の場合に帰着できる．以下，E は単位円周 $C=\{z\,|\,|z|=1\}$ に含まれるものと仮定して一般性は失われない．E の 1 次元測度を mE と表す．任意の $\varepsilon>0$ に対して，有限個の開円孤 $I_1, \cdots, I_k \subset C$ で E を覆い，長さの和が $<mE+\varepsilon$ であるようにできる．$\varepsilon=1/n$ に対してこれを行い，$I_1, \cdots, I_k$ の閉包の合併を E_n' とし，そして $E_n=E_1' \cap \cdots \cap E_n'$ とおく．これは C に含まれるコンパクト集合で，

$$E \subset E_n \subset E_{n-1}, \qquad mE_n < mE + \frac{1}{n}$$

である．$C-E_n=C_n$ は，C に関して相対的開集合である．いま，単位円周上，E_n で $\equiv 1$，C_n で $\equiv 0$ という関数の Poisson 積分を考える．それは

$$u_n(z)=\frac{1}{2\pi}\int_{E_n}\frac{1-|z|^2}{|e^{i\theta}-z|^2}\,d\theta$$

と表され，$u_n(0)=mE_n/2\pi$ をみたす．任意の $z_0 \in C_n$ では

$$\lim_{z \to z_0} u_n(z)=0$$

が成り立つことが知られている（吉田 [70]，p. 197）．よって u_n は $\{z\,|\,|z|<1\} \cup C_n$ で連続となり，C_n 上で $u_n \equiv 0$，したがって鏡像の原理によって $1<|z|$ の調和関数に

$$u_n\left(\frac{1}{\bar{z}}\right)=u_n(z)$$

によって接続できる．こうして $D_n=\hat{\mathbb{C}}-E_n$ に拡張された u_n も，同じ記号 u_n で表すと，$0 \leqq u_n \leqq u_{u-1} \leqq 1$ $(n=2, 3, \cdots)$ が成り立つので，Harnack の定理によって D の調和関数

$$u=\lim u_n$$

を得る．

さて，もし $mE>0$ なら $u(0)=\lim u_n(0) \geqq mE/2\pi>0$ である．一方 $z_0 \in C_1$ では $u(z_0)=\lim u_n(z_0)=0$ であるから，u は非定値である．$0 \leqq u \leqq 1$ であるので，D に非定値の有界調和関数が存在することになり $\mathrm{Cap}\, E=0$ に矛盾する．よって $mE=0$ を得る．▌

上記の（i）の性質，すなわち各成分が 1 点から成るという性質のある集合は，**完全非連結**（totally disconnected）であるという．このような集合を扱うとき，下記はしばしば有用である：

補題 5.1　複素平面 $\mathbb{C}$ のコンパクト集合 E が完全非連結のとき，任意の $z_0 \in E$ と任意の実数 $\varepsilon>0$ に対し，z_0 を内部に含み，円板 $|z-z_0|<\varepsilon$ 内にあり，E とは点を共有しないような解析的ループが存在する．

（証明）　$\hat{\mathbb{C}}-E$ の成分で ∞ を含むものを D とする（じつは $D=\hat{\mathbb{C}}-E$ なのであるが，そのことは用いない）．D の近似列 $\{D_n\}$ で $\infty \in D_1$ であるものを1つとる．$\hat{\mathbb{C}}-\bar{D}_n$ の成分で z_0 を含むものを Δ_n と表すと，$\bar{\Delta}_n$ は連結なコンパクト集合で，$\bar{\Delta}_1 \supset \bar{\Delta}_2 \supset \cdots$ をみたす．E の成分で z_0 を含むものは，$\{z_0\}$ であるので，いまは $\bigcap_{n=1}^{\infty} \bar{\Delta}_n=\{z_0\}$ が成り立ち，また，ある番号から先は $\bar{\Delta}_n \subset \{z \mid |z-z_0|<\varepsilon\}$ となる．$E \cap \partial \Delta_n=\phi$ であるのは当然である．じつは，一般に近似列 $\{D_n\}$ の ∂D_n の成分は解析的ループなのであるが（したがって $\partial \Delta_n$ が求めるものになるのであるが）そのことをまだ証明していなかったし，いまここでするのも繁雑なので，つぎのように考える．すなわち，Δ_n は単連結な Jordan 領域であるので，Riemann の写像定理によって $|w|<1$ の上に等角写像すると，十分1に近い $r<1$ に対する $|w|=r$ の逆像は，求める解析的ループである．∎

C．　平面 $\mathbb{C}$ のコンパクト集合 E の $\hat{\mathbb{C}}-E$ の ∞ の成分 D の近似列 $\{D_n\}$ で $\infty \in D_1$ であるものを考えると，$E_n=\hat{\mathbb{C}}-D_n$ はコンパクト集合であり

$$\operatorname{Cap} E=\lim_{n \to \infty} \operatorname{Cap} E_n$$

が成り立つ．これは $\operatorname{Cap} E=0$ のときも込めて正しい．証明は容易である．

この E_n のような集合の対数容量の性質を少し述べる．

定理 5.5　D は $\hat{\mathbb{C}}$ の正則的部分領域で ∞ を含むものとし，$E=\hat{\mathbb{C}}-D$ とすると，D の Green 関数 $g(z,\infty)$ は，任意の $z_0 \in D-\{\infty\}$ においてつぎの等式をみたす：

$$\gamma(E)=g(z_0,\infty)+\frac{1}{2\pi}\int_{\partial D} \log\frac{1}{|z-z_0|} * dg(z,\infty).$$

（証明）　$g(z,\infty)$ を $g(z)$ と，$\log(z-z_0)$ を $l(z)$ と略記する．$r>0$ を $\{z \mid r \leqq |z| \leqq \infty\} \subset D$ であるように，また $\rho>0$ を $\{z \mid |z-z_0| \leqq \rho\} \subset D-\{z \mid r \leqq |z|\}$ であるようにとり，$D \cap \{z \mid |z|<r\}-\{z \mid |z-z_0| \leqq \rho\}$ において Green 公式

$$\int (g * dl-l * dg)=0$$

を用いる．∂D では $g=0$ であるので，つぎの式が成り立つ；ただし，以下において，円周での積分はすべて円の内部に関して正向きのものとする：

$$\int_{|z|=r}(g*dl-l*dg)-\int_{|z-z_0|=\rho}g*dl=\int_{\partial D}l*dg-\int_{|z-z_0|=\rho}l*dg.$$

$r\to\infty$ に対する左辺第1項をみるため，　$u(z)=g(z)-\log|z|$，$v(z)=l(z)-\log|z|$ とおく．これらは $r\leqq|z|\leqq\infty$ で調和で，$u(\infty)=\gamma(E)$，$v(\infty)=0$ であるので，

$$\begin{aligned}\int_{|z|=r}(g*dl-l*dg)&=\log r\cdot\int_{|z|=r}*d(l-g)+\int_{|z|=r}(u-v)*d\log|z|\\&\qquad+\int_{|z|=r}(u*dv-v*du)\\&=\int_{|z|=r}(u-v)d\arg z\to2\pi\gamma(E)\qquad(r\to\infty).\end{aligned}$$

つぎに $\rho\to0$ に対しては

$$\int_{|z-z_0|=\rho}g*dl=2\pi g(z_0)+o(1),$$

$$\int_{|z-z_0|=\rho}l*dg=O(\rho\log\rho)$$

であるので，

$$\gamma(E)-g(z_0)=\frac{1}{2\pi}\int_{\partial D}l*dg.$$ ▮

系 1 定理と同じ条件のもとに，任意の $z_0\in\partial D$ に対し，

$$\gamma(E)=\lim_{z\to z_0}\frac{1}{2\pi}\int_{\partial D}\log\frac{1}{|\zeta-z|}*dg(\zeta,\infty).$$

（証明） 定理の等式で z_0 を z に，z を ζ に改め，つぎに $z\to z_0$ とする．すると $g(z,\infty)\to0$ であるので求める式を得る． ▮

D. 複素平面 $\mathbb{C}$ のコンパクト集合 E において，E の Borel 部分集合族に対して定義された非負の完全加法的な測度 μ を考える（必要なら，伊藤 [34] など参照）．$\mu(E)<\infty$ も仮定に加え，$z\in\mathbb{C}-E$ で

$$u(z)=\int_E\log\frac{1}{|z-\zeta|}d\mu(\zeta)$$

という関数 u を考える．u を質量分布 μ による**対数ポテンシャル**という．u は $\mathbb{C}-E$ で調和な関数であり，$|z|\to\infty$ に対して

$$u(z)+\mu(E)\cdot\log|z|\to 0$$

であることが容易にたしかめられる．

とくに $\mu(E)=1$ のとき，$\hat{\mathbb{C}}-E$ の成分で ∞ を含むものを D とし，その Green 関数 $g(z,\infty)$ が存在するものと仮定すると，関数

$$v(z)=g(z,\infty)+u(z)$$

は D で調和であり，$v(\infty)=\gamma(E)$ である．したがって，調和関数の最小値の原理によって

$$\underline{\lim}_{z\to z_0} v(z)\leqq\gamma(E)$$

をみたす点 $z_0\in\partial D$ が存在する．

いま，E は定理 5.5 のものとする．このとき，任意の $z_0\in\partial D$ において $\lim_{z\to z_0} g(z,\infty)=0$ であるので，$\underline{\lim}\, u(z)\leqq\gamma(E)$，つまり

$$\underline{\lim}_{z\to z_0}\int_E \log\frac{1}{|z-\zeta|}\,d\mu(\zeta)\leqq\gamma(E)$$

が成り立つことになる．一方，系 1 の右辺にあらわれている積分は対数ポテンシャルである．じっさい，E の相対的開部分集合 O に対して，$O\cap\partial D$ に沿う $*dg(z,\infty)$ の積分の $(1/2\pi)$ 倍を $\mu(O)$ とし，これをもとに，E の任意の Borel 部分集合 e に対する $\mu(e)$ を定めてやれば，完全加法的な測度が得られる．$\mu(E)=1$ が成り立っているので，定理 5.5 の系 1 と上の不等式を比較すれば，つぎのものが得られる：

系 2 定理 5.5 と同じ条件のもとに，$\mu(E)=1$ であるような E の質量分布 μ による対数ポテンシャルすべてを考えて max をとると，

$$\gamma(E)=\max\left\{\inf_{z_0\in\partial D}\ \underline{\lim}_{z\to z_0}\int_E\log\frac{1}{|z-\zeta|}\,d\mu(\zeta)\right\}.$$

注意 この関係式は一般の E に対しても成り立つことが知られている：ポテンシャル論の本（二宮[50]，岸[36]など）を見られたい．

E． 対数容量が 0 となるための十分条件の 1 つとして，平面のコンパクトな可算集合 E は

$$\mathrm{Cap}\, E=0$$

であるというのがある．これは下記の定理からただちに出る（1点から成る集合は Cap=0 である（5.2.**A**，例1））．

この十分条件と定理5.4の必要条件の間には，まだかなりのギャップがあるが，これ以上精密な必要条件や十分条件に興味ある読者は，他の参考書（二宮[50]，岸[36]，Nevanlinna [49]，Carleson [24] など）を見ていただきたい；"超越直径"という概念による必要十分条件もある．

定理 5.6 平面のコンパクト集合 E, E_k $(k=1,2,\cdots)$ の間に関係

$$E=\bigcup_{k=1}^{\infty} E_k$$

があるとき，もし $\mathrm{Cap}\, E_k=0$ $(k=1,2,\cdots)$ ならば $\mathrm{Cap}\, E=0$ である．

（証明）（Nevanlinna [49]，pp. 127—129 による）対数容量が0であるか否かは等角的不変であるから，とくに伸縮によっても不変である．したがって，E が円板 $|z|<1/2$ に含まれるものと仮定しても一般性は失われない．任意に $\varepsilon>0$ を与え，しばらくこれを固定して考える．$\hat{\mathbb{C}}-E_k$ の成分で ∞ を含むものを D^k とし，その近似列 $\{D_n{}^k\}_{n=1}^{\infty}$ を考える．$\hat{\mathbb{C}}-\bar{D}_n{}^k=O_n{}^k$ とおくと，$\bar{O}_n{}^k$ はコンパクトで Robin 定数は $\lim_{n\to\infty}\gamma(\bar{O}_n{}^k)=\gamma(E_k)=\infty$ をみたす．したがって，k ごとに番号 $n(k)$ をとり，

$$\tilde{E}_k=\bar{O}_{n(k)}{}^k$$

は $\{z\,||z|<1/2\}$ に含まれ，$1/\gamma(\tilde{E}_k)<\varepsilon/2^k$ をみたすようにできる．

さて $E_k\subset O_{n(k)}{}^k$，したがって $E\subset\bigcup_{k=1}^{\infty}O_{n(k)}{}^k$ であるが，E はコンパクトであるので有限個で覆うことができる；番号を付けなおし，$k=1,\cdots,K$ によって $E\subset\bigcup_{k=1}^{K}O_{n(k)}{}^k$ となっているとする．$\hat{\mathbb{C}}-\tilde{E}_k$ の成分で ∞ を含むものを $\tilde{D}_k$，$\hat{\mathbb{C}}-\bigcup_{k=1}^{K}\tilde{E}_k$ の成分で ∞ を含むものを $\tilde{D}$，さらに $\hat{\mathbb{C}}-\tilde{D}=\tilde{E}$ とおく．あきらかに $E\subset\tilde{E}$ であるので

$$(*)\qquad \frac{1}{\gamma(E)}\leqq\frac{1}{\gamma(\tilde{E})},$$

また作り方から

$$(**)\qquad \sum_{k=1}^{K}\frac{1}{\gamma(\tilde{E}_k)}<\sum_{k=1}^{\infty}\frac{\varepsilon}{2^k}=\varepsilon.$$

そこで（*）の右辺と（**）の左辺を比べるため，∞ に極を持つ $\tilde{D}_k$ の Green 関数を g_k と表すと，定理5.5により

$$\gamma(\tilde{E}_k)=g_k(z)+\frac{1}{2\pi}\int_{\partial\tilde{D}_k}\log\frac{1}{|\zeta-z|}*dg_k(\zeta).$$

$\partial\tilde{D}_k$ における質量分布 $\dfrac{1}{2\pi}*dg_k$ は，**D** で $\tilde{E}_k$ への分布と考えたが，これを μ_k と表す．$\tilde{E}_k\subset\tilde{E}$ であるので μ_k は，さらに $\tilde{E}$ への分布とも考えられ（すなわち，Borel 集合 $e\subset\tilde{E}$ に対する $\mu_k(e\cap\tilde{E}_k)$ を改めて $\mu_k(e)$ とする），$\mu_k(\tilde{E})=1$ をみたす．いま

$$\delta_j=\frac{1}{\gamma(\tilde{E}_j)}\Bigg/\sum_{k=1}^{K}\frac{1}{\gamma(\tilde{E}_k)}\qquad(j=1,\cdots,K)$$

とおくと，$0<\delta_j<1$，$\sum\delta_j=1$ が成り立つ．

$$\mu=\sum_{j=1}^{K}\delta_j\mu_j$$

は $\tilde{E}$ の分布で $\mu(\tilde{E})=1$ をみたす．**D** で論じたように，このような μ による対数ポテンシャルに対しては

$$(\sharp)\qquad \varliminf_{z\to z_0}\int_{\tilde{E}}\log\frac{1}{|\zeta-z|}d\mu(\zeta)\leqq\gamma(\tilde{E})$$

をみたす $z_0\in\partial\tilde{D}$ が存在する．あきらかに，ある k に対して $z_0\in\partial\tilde{D}_k$ でなければならない．

いま，$\tilde{E}$ は $|z|<1/2$ に含まれているので，z が z_0 に十分近いとき，任意の $\zeta\in\tilde{E}$ に対して $\log(1/|\zeta-z|)>0$ が成り立つ．したがって

$$\begin{aligned}\gamma(\tilde{E})&\geqq\varliminf_{z\to z_0}\int_{\tilde{E}}\log\frac{1}{|\zeta-z|}d\mu(\zeta)\geqq\sum_{j=1}^{K}\delta_j\varliminf_{z\to z_0}\int_{\tilde{E}}\log\frac{1}{|\zeta-z|}d\mu_j(\zeta)\\&\geqq\delta_k\varliminf_{z\to z_0}\int_{\tilde{E}}\log\frac{1}{|\zeta-z|}d\mu_k(\zeta)=\frac{\delta_k}{2\pi}\lim_{z\to z_0}\int_{\partial\tilde{D}_k}\log\frac{1}{|\zeta-z|}*dg_k(\zeta),\end{aligned}$$

よって

$$(\sharp\sharp)\qquad \frac{1}{\gamma(\tilde{E})}\leqq\sum_{k=1}^{K}\frac{1}{\gamma(\tilde{E}_k)}$$

を得る．（＊）と（＊＊）から $1/\gamma(E)<\varepsilon$ となるが，ε は任意であったので $\gamma(E)=\infty$，つまり $\mathrm{Cap}\,E=0$. ∎

F. 平面集合の対数容量に関して，後で有用となることがらを二，三述べたい．開円板を表すのに，つぎの記号を用いる：

$$\Delta_{a,r}=\{z\,|\,|z-a|<r\}.$$

補題 5.2 複素平面のコンパクト集合 E が $\mathrm{Cap}\,E>0$ ならば，$\mathrm{Cap}(E\cap\bar{\Delta}_{a,r})>0$ がすべての r $(0<r<\infty)$ に対して成り立つような点 $a\in E$ が存在する（このような a を E の**対数容量密度点**という）．

（証明） もし存在しないと，すべての $\zeta\in E$ に対して適当な $r=r(\zeta)$ をとって $\mathrm{Cap}(E\cap\bar{\varDelta}_{\zeta,r})=0$ でなければならない．有限個の $\zeta=\zeta_k$ $(k=1,\cdots,K)$ に対する $\varDelta_{\zeta,r}$ で E を覆えるが，$r_k=r(\zeta_k)$ とおけば，

$$E\subset\bigcup_{k=1}^{K}(E\cap\varDelta_{\zeta_k,r_k})$$

である．定理 5.6 より $\mathrm{Cap}\,E=0$ となって，矛盾が生じる． ▮

補題 5.3 複素平面のコンパクト集合 E が $\mathrm{Cap}\,E>0$ ならば，つぎのような $E_j,\varDelta_j$ $(j=1,2)$ が存在する：E_j はコンパクトで

$$E_j\subset E,\qquad \mathrm{Cap}\,E_j>0,$$

$\varDelta_j$ は円板 $\varDelta_{a_j,\rho_j}$ で，

$$a_j\in E,\qquad E_j\subset\varDelta_j,\qquad \bar{\varDelta}_1\cap\bar{\varDelta}_2=\phi.$$

なお，$\rho_j>0$ は任意に小さくとることができる．

（証明） 一般性を失うことなく $E\subset\{z\,|\,|z|<1/2\}$ と仮定できる．補題 5.2 を適用して，対数容量密度点 $a_1\in E$ を1つとる．そして $r>0$ を

$$\varDelta_{a_1,r}\subset\{z\,|\,|z|<1/2\},\qquad r<(\mathrm{Cap}\,E)^2$$

であるように，任意に1つとる．そして $\rho_1=r/2$ として

$$E_1=E\cap\varDelta_{a_1,r/3},\qquad \varDelta_1=\varDelta_{a_1,\rho_1},\qquad \tilde{\varDelta}_1=\varDelta_{a_1,r}$$

とおく．$\mathrm{Cap}\,\bar{\tilde{\varDelta}}_1=r$ であるので

$$\gamma(\bar{\tilde{\varDelta}}_1)>2\gamma(E)$$

が成り立つ．

つぎに，$E'=E-\tilde{\varDelta}_1$ の対数容量が0でないことをいう．もし $\mathrm{Cap}\,E'=0$ ならば，$\hat{\mathbb{C}}-E'$ の成分で ∞ を含むものの近似列 $\{D_n\}$（ただし $\infty\in D_n$）に対し，$\hat{\mathbb{C}}-D_n$ の Robin 定数が，$n\to\infty$ のとき ∞ に発散する．n を十分大きくとって

$$E''=\hat{\mathbb{C}}-D_n$$

は $\{z\,|\,|z|<1/2\}$ に含まれ，しかも

$$\gamma(E'')>2\gamma(E)$$

をみたすようにする．あきらかに $E\subset\bar{\tilde{\varDelta}}_1\cup E''$ である．$\bar{\tilde{\varDelta}}_1$ と E'' に対し，定理 5.6 の証明中の式 (##) を適用する（そのときの仮定をみたしている）：

$$\frac{1}{\gamma(E)}\leqq\frac{1}{\gamma(\bar{\tilde{\varDelta}}_1\cup E'')}\leqq\frac{1}{\gamma(\bar{\tilde{\varDelta}})}+\frac{1}{\gamma(E'')}<\frac{1}{\gamma(E)}.$$

これは矛盾である．よって $\mathrm{Cap}\,E'>0$ でなければならない．

E' の対数容量密度点 a_2 をとり，円板 $\varDelta_{a_2,\rho}$ を $\bar{\varDelta}_1 \cap \bar{\varDelta}_{a_2,\rho} = \phi$ が成り立つようにとる．そして，$\rho_2 = \rho$ とおいて，

$$E_2 = E' \cap \bar{\varDelta}_{a_2,\rho/2}, \qquad \varDelta_2 = \varDelta_{a_2,\rho_2}$$

とする．

以上得られた $\varDelta_1, \varDelta_2, E_1, E_2$ が求めるものである．ρ_1, ρ_2 が任意に小さくとれることは，証明からあきらかであろう．　▮

G． リーマン面上の集合に対しては，その対数容量というものを定義せず，それが零であるということのみを，つぎのように定義する：

定義　リーマン面上の集合 E が**対数内容量零の集合**であるとは，任意の局所座標 φ に対して，平面集合 $\varphi(E \cap U_\varphi)$ の任意のコンパクト部分集合の対数容量が 0 であることとする．とくに E がコンパクトのときは**対数容量零の集合**という．

コンパクト集合 E が対数容量零の集合であるということ，ないということを，それぞれ，つぎの略記法で表す：

$$\mathrm{Cap}\, E = 0, \qquad \mathrm{Cap}\, E > 0.$$

注意 1　平面のコンパクト集合 E に対しては，この意味で $\mathrm{Cap}\, E = 0$ ということと，5.2.**A** の意味で $\mathrm{Cap}\, E = 0$ ということは，あきらかに同値である．

注意 2　E が対数内容量零の集合であることと，E の任意のコンパクト部分集合が対数容量零の集合であることと，E が可算個のコンパクトな対数容量零の集合の合併となっていることは，互いに同値である．これは $\mathrm{Cap}=0$ の等角的不変性や，定理 5.6 から簡単に導ける．

注意 3　同じ理由で，リーマン面上の集合 E が対数内容量零の集合であるためには，可算個の U_φ で E を覆って，各 $\varphi(E \cap U_\varphi)$ の任意のコンパクト部分集合の対数容量が 0 であるようにできれば十分である．

定理 5.7　閉リーマン面 S^* の部分領域 S と，コンパクト集合 $E = S^* - S$ に関して，下記の 4 つの性質は互いに同値である：

（i）　S は放物型である，

(ii) Eは対数容量零の集合である，

(iii) $E\subset O\subset S^*$であるようなある（または，任意の，といっても同値）開集合Oに対し，$O\cap S$の有界調和関数はすべてOの調和関数に接続できる，

(iv) Sに非定値の有界調和関数は存在しない．

注意 3 性質(iii)を，"Eは有界調和関数に対して**除去可能**である"と表現する．

（証明）(ii)$\Longrightarrow$(任意のOに対する(iii))：$O\cap S$の有界調和関数uを任意にとる．任意の$P\in E$に対し，P中心の（S^*における）座標円板U_φで$\subset O$であるものをとり，$\varphi(U_\varphi)=\{z||z|<r\}$として，$\varphi(U_\varphi\cap E)\cap\{z||z|\leqq r/2\}=F$とする．仮定によって$\mathrm{Cap}\,F=0$であるので，$F$は完全非連結，したがってつぎのような解析的ループが存在する（補題5.1参照）：その内部$\varDelta$は$\varphi(P)=0$を含み，$\bar{\varDelta}\subset\{z||z|<r/2\}$であり，$F\cap\partial\varDelta=\phi$．集合$F'=\varDelta\cap F$はコンパクトで$\mathrm{Cap}\,F'=0$であるので，$\hat{\mathbb{C}}-F'$の$\infty$の成分$D$は放物型である．$\varDelta-F'$の成分で$\partial\varDelta$を境界に持つもの$\Omega$は$D$のエンドであるので，定理5.3により$H_0B(\bar{\Omega})$（ただし$\bar{\Omega}$は$D$でとった閉包）は0のみから成らなければならない．

$\varphi^{-1}(\varDelta)$はS^*の正則的部分領域で，閉包はコンパクト，境界はSに含まれる．Dirichlet問題を解くことによって，$\varphi^{-1}(\varDelta)$で調和，その閉包で連続，境界でuと一致するような関数vを作る．$u\circ\varphi^{-1}-v\circ\varphi^{-1}\in H_0B(\bar{\Omega})$であるので，これは$\equiv 0$，すなわち$u\equiv v$が$\varphi^{-1}(\Omega)$で成り立つ．つまり，$u$は$P$の近傍$\varphi^{-1}(\varDelta)$の$v$に接続できたことになる．このようにして，$u$は任意の$P\in S^*-S$の近傍に接続できることがわかる．

(あるOに対する(iii))$\Longrightarrow$(i)：SのGreen関数がもし存在したとすると，それはEの近傍で有界（3.6.**D**の(3)参照）なので，S^*で極以外で調和な関数に接続される．閉リーマン面S^*に1つの対数的特異点を持つ調和関数が存在することは矛盾である．よってSのGreen関数は存在しないことになる．

(i)$\Longrightarrow$(iv) 定理5.3の系そのものである．

(iv)$\Longrightarrow$(ii) 対偶，すなわち，Eが対数容量零の集合でないと仮定して，Sの上に非定値の有界調和関数が存在することをいう．

Eに内点Pがあるなら，P中心の座標円板$V_\varphi\subset E$を用いた，3.3.**A**の例1の特異点を持つS^*の調和関数で，S^*-V_φで有界なものが存在する（3.3.**E**の注意）．これはSで非定値な有界調和関数である．

つぎにEは内点を持たないとする．仮定により，S^*の局所座標φを適当にとると，コンパクトなFで

$$F\subset E\cap U_\varphi,\qquad \mathrm{Cap}\,\varphi(F)>0$$

をみたすものが存在する．$\varphi(F)$ に対して補題5.3を適用すると，つぎのような $F^{(j)}$, Δ_j $(j=1,2)$ が存在することがいえる：$F^{(j)}$ は F のコンパクト部分集合で $\mathrm{Cap}\,\varphi(F^{(j)})>0$, Δ_j は複素平面の開円板で，$\varphi(F^{(j)})\subset\Delta_j$, $\bar{\Delta}_j\subset\varphi(U_\varphi)$, $\bar{\Delta}_1\cap\bar{\Delta}_2=\phi$.

$\Delta_j-\varphi(F^{(j)})$ の成分で境界が $\partial\Delta_j$ を含むものが一意的に定まるが，その φ^{-1}-像を $\Omega^{(j)}$ と表す．いま $S\not\subset\varphi^{-1}(\Delta_j)$ だから，

$$S\cap\varphi^{-1}(\Delta_j)\subset\Omega^{(j)}\qquad(j=1,2)$$

が成り立つことが容易にわかる．したがって S^* の部分領域

$$S'=(S^*-\varphi^{-1}(\Delta_1\cup\Delta_2))\cup\Omega^{(1)}\cup\Omega^{(2)}$$

は S を含む．以下，S' の上に非定値の有界調和関数が存在することを示す．

$\hat{\mathrm{C}}-\varphi(F^{(j)})$ の成分で∞を含むもの D_j は，双曲型である．$\varphi(\Omega^{(j)})$ は，あきらかに D_j のエンドであるが，そこの調和測度を $u^{(j)}$ と表すと，それは $\neq0$ である．よって5.1.Cで注意したように，D_j における $u^{(j)}$ の上限は1でなければならない．

つぎに $\Omega=\Omega^{(1)}\cup\Omega^{(2)}$ とおくと，これは S' のエンドであり，それの（S' における）境界は $\varphi^{-1}(\partial\Delta_1\cup\partial\Delta_2)$ である．Ω における調和測度 u_Ω の $\Omega^{(j)}$ への制限は $u^{(j)}\circ\varphi$ にひとしい．したがって $\sup_{\Omega^{(j)}}u_\Omega=1$, $j=1,2$ が成り立っている．

そこで，S' の近似列 $\{D_n\}$ を考える．$D_n\supset\partial\Omega$ であるような n に対しては，S' における境界 ∂D_n は，互いに素な $\Omega^{(1)}\cap\partial D_n$ と $\Omega^{(2)}\cap\partial D_n$ の合併になっている．Dirichlet問題を解くことによって，$\bar{D}_n$ で連続，D_n で調和，$\Omega^{(1)}\cap\partial D_n$ で $\equiv0$, $\Omega^{(2)}\cap\partial D_n$ で $\equiv1$ であるような関数 v_n を構成する．$0\leqq v_n\leqq1$ をみたすので，適当な部分列（番号を付けなおして，それを v_n とする）は S' の調和関数 v に収束する：$v=\lim_{n\to\infty}v_n$. あきらかに

$$0\leqq v\leqq1$$

が S' で成り立つ．一方，近似列 D_n による $u_\Omega=\lim_{n\to\infty}u_n$（定理5.1の証明中のもの）の u_n と比べると，

$$v_n\leqq1-u_n\quad が\ D_n\cap\Omega^{(1)}\ で,$$
$$v_n\geqq u_n\quad が\ D_n\cap\Omega^{(2)}\ で$$

成り立つ．したがって $\Omega^{(1)}$ で $v\leqq1-u_\Omega$, $\Omega^{(2)}$ で $v\geqq u_\Omega$, よって

$$\inf_{\Omega^{(1)}}v\leqq0,\qquad\sup_{\Omega^{(2)}}v\geqq1$$

ということになる．つまり，S' には非定値の有界調和関数が存在することがいえた．∎

H. S^* が開リーマン面であっても，上の証明の一部は適用できる，つぎのことは，それぞれ，(ii)⟹(iii), (iii)⟹(i) の証明をそのまま用いて証される：

(1) リーマン面 S^* のコンパクト集合 E は，もし対数容量零の集合なら，有界調和関数に対して除去可能である；

（2）　放物型のリーマン面 S^* の部分領域 S は，もし $E=S^*-S$ がコンパクトな対数容量零の集合なら，放物型である．

定理5.7の（ⅰ）$\Longrightarrow$（ⅱ）の対偶に相当するつぎの命題は，（ⅳ）$\Longrightarrow$（ⅱ）の証明の考え方を利用して直接に証明することができる：

（3）　リーマン面 S^* の部分領域 S は，もし $E=S^*-S$ が対数内容量零の集合でないならば，双曲型である．

（証明）　E が内点を持てば，194 ページで示したように，S に非定値な有界調和関数が存在する．

以下，E は内点を持たないものとする．仮定により，S^* の局所座標 φ を適当にとると，コンパクトな F で

$$F\subset E\cap U_\varphi,\qquad \mathrm{Cap}\,\varphi(F)>0$$

をみたすものが存在する．$\varphi(F)$ は対数容量密度点（補題5.2）を持つから，その点中心の開円板 $\varDelta',\varDelta$ で $\bar{\varDelta}'\subset\varDelta,\bar{\varDelta}\subset\varphi(U_\varphi)$ をみたすものをとると，

$$F'=\varphi^{-1}(\bar{\varDelta}'\cap\varphi(F))$$

は $\varphi(F')\subset\varDelta$ で $\mathrm{Cap}\,\varphi(F')>0$ である．$\varDelta-\varphi(F')$ の成分で境界が $\partial\varDelta$ を含むものが一意的に定まるが，その φ^{-1}-像を $\varOmega$ と表す．いまは $S\not\subset\varphi^{-1}(\varDelta)$ であるので $S\cap\varphi^{-1}(\varDelta)\subset\varOmega$ であり，よって S^* の部分領域

$$S'=(S^*-\varphi^{-1}(\varDelta))\cup\varOmega$$

は S を含む．

$\hat{\mathbb{C}}-\varphi(F')$ の成分で ∞ を含むもの D は双曲型であり，$\varphi(\varOmega)$ はそのエンドであるので，そこの調和測度 u は $\not\equiv 0$ である．一方 $\varOmega$ は S' のエンドであり，そこにおける調和測度 $u_\varOmega$ は，ちょうど $u\circ\varphi$ と一致している．よって S' は双曲型，したがって S は双曲型でなければならない．　∎

命題（1）—（3）は，いずれも，S^* の ideal boundary については何の制限も付けていないので，逆の成立は望めない．

注意　必要条件や十分条件からみて，対数容量が零である集合は“小さい”集合であると考えられる．$\mathbf{G}$ や $\mathbf{H}$ において，“小さいこと”が関数の行動にどのような影響を与えるかを説明してきた．5.1. $\mathbf{F}$ や $\mathbf{G}$ の結果も，とくに S を定理5.7のものに限って考えてみれば，集合 E の“小さいこと”の表れといえるであろう．一般の場合には，**放物型リー**

マン面の **ideal boundary** は小さいと考えるとものごとが理解しやすいことが多い.

5.3 放物型リーマン面の性質

A. 開リーマン面 S の近似列 $\{D_n\}_{n=1}^{\infty}$ は，もし $S-D_n$ の各成分の $\bar{D}_n$ との共通部分が連結 $(n=1,2,\cdots)$ であるとき，**正規**近似列という.

正規近似列はつねに存在する；じっさい，任意の近似列 $\{D_n'\}$ を手なおしして正規近似列を作ることができる.

（証明） まず $S-D_n'$ の成分（有限個）のうちコンパクトなものをすべて D_n' に付け加えて D_n'' とする $(n=1,2,\cdots)$. つぎに，必要なら部分列をとって番号を付けかえ，各 n についてつぎのことが成り立つようにする：$\partial D_n''$ の成分で $S-D_n''$ の同一成分に含まれるものは，つねに $\bar{D}_{n+1}''-D_n''$ の同一成分に含まれる.

いま，$S-D_n''$ の成分 H について，$H\cap\partial D_n''$ が 2 つ以上の成分を持つならば，これらすべてを $\bar{D}_{n+1}''-D_n''$ の成分 T の中で，互いに交らない，区分的に解析的な弧でつ

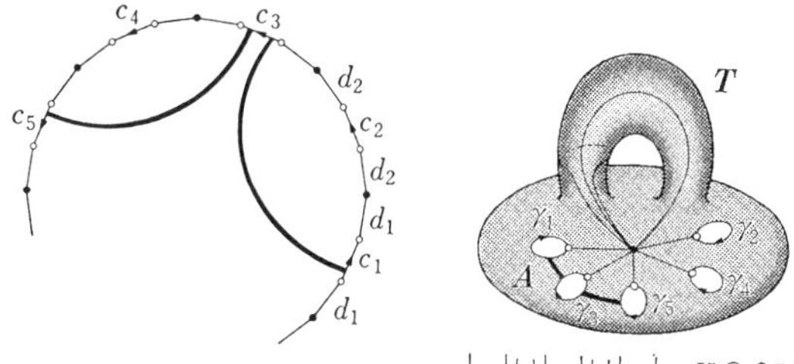

$|\gamma_1|\cup|\gamma_3|\cup|\gamma_5|=H\cap\partial D_n''$

図 5.2

ないで連結集合 A とし，$T-A$ が連結であるようにする．これは，境界付きリーマン面 T の標準切断を用いれば容易に可能である（図 5.2 参照）．$T-A$ で Dirichlet 問題を解き，そこで調和な関数 v_H で，閉包で連続，A で $\equiv 0$，$(\partial T)\cap(\partial D_{n+1}'')$ で $\equiv 1$ であるものを作る．$D_n''\cup\{P\in\bar{H}\,|\,0\leqq v_H(P)<\varepsilon\}$ は，等高線 $v_H=\varepsilon$ の上に正則微分 dv_H+i*dv_H の零点が存在する場合（そのような ε は有限個のみ）を除いて，正則的部分領域であり，$\varepsilon(>0)$ が十分小さければ H との共通部分は連結である．以上のことを各 H で行い

$$D_n=D_n''\cup\bigcup_H\{P\in\bar{H}\,|\,0\leqq v_H(P)<\varepsilon\}$$

とする．得られた $\{D_n\}_{n=1}^{\infty}$ が正規近似列であることはあきらかであろう． ∎

B.　$\{D_n\}_{n=1}^{\infty}$ を開リーマン面 S の正規近似列とすると，$\bar{D}_n$ は境界付きリーマン面であるが，その種数を p_n, ∂D_n の成分の個数を q_n とする．

$\bar{D}_{n+1}-D_n$ の成分は q_n 個ある．それらは境界付きリーマン面であるが，$\bar{S}_{nj}$ $(j=1,\cdots,q_n)$ と表し，種数と境界成分の個数をそれぞれ p_{nj}, q_{nj} と表す．$p_{nj}\geqq 0$, $q_{nj}\geqq 2$ である．このとき，まず

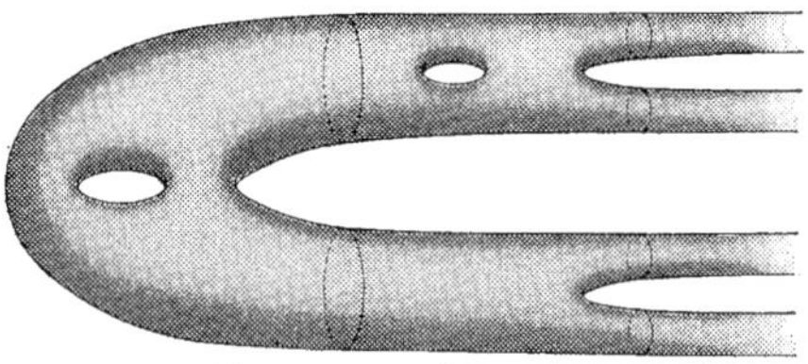

図 5.3

$$(5.1)\qquad \sum_j q_{nj}-q_n=q_{n+1}$$

が成り立つことは正規近似列の定義より自明である．つぎに

$$(5.2)\qquad p_n+\sum_j p_{nj}=p_{n+1}$$

が成り立つことは，適当に三角形分割して Euler 数（2.4.C）を比べればわかる（直観的にも，図よりあきらかであろう）．

以上の2つの等式よりただちに

$$p_n\leqq p_{n+1},\qquad q_n\leqq q_{n+1}\qquad (n=1,2,\cdots)$$

がわかる．前者より

$$\lim_{n\to\infty}p_n=p\qquad (\leqq\infty)$$

が存在することがいえるが，この p は正規近似列 $\{D_n\}$ のとり方に依存しない．なぜならば，ほかの正規近似列 $\{\tilde{D}_n\}$ と比べると，任意の n に対し $D_n\subset\tilde{D}_m$ であるような番号 m が存在するが，$\tilde{D}_m$ の種数 $\tilde{p}_m$ は $p_n\leqq\tilde{p}_m$ をみたす（これは前述の $p_n\leqq p_{n+1}$ と全く同様に証しうる）ので，$p\leqq\tilde{p}=\lim\tilde{p}_n$；$\{D_n\}$ と $\{\tilde{D}_n\}$ を交換して $\tilde{p}\leqq p$．

この p を，開リーマン面 S の**種数**という．

例 1　種数 p の閉リーマン面から有限個の点を除いて得られる開リーマン面や，種数 p の境界付きリーマン面 $\bar{S}$ の内部 S の種数は p である．

例 2　種数 p^* の閉リーマン面 S^* の部分領域 S の種数は p^* をこえない．

（証明）　S の正規近似列 $\{D_n\}$ をとり，n ごとに，適当な三角形分割をとって考えると，$\bar{D}_n, S^*-D_n$ の各成分の Euler 数の和は S^* のそれに等しいので，$p_n\leqq p^*$ を得る．

よって $p=\lim p_n \leqq p^*$. ∎

例 3 無限個の区間 $[2n-1, 2n] \subset \mathbb{R}$ $(n=1,2,\cdots)$ に沿って切込みの入った複素平面 $\mathbb{C}$ のレプリカ2つから，切込みに沿う交差した接合（以上 1.6.**G** 参照）によって得られるリーマン面 S は，種数が ∞ である．

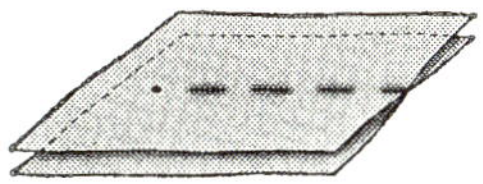

図 5.4

（証明） 円板 $|z|<2n+(3/2)$ の上にある部分は連結で，これを D_n とすると $\{D_n\}_{n=1}^{\infty}$ は S の正規近似列である．n ごとに適当な三角形分割をとって Euler 数をしらべれば，$p_n=n$ であることが容易にわかり，$p=\lim p_n=\infty$. ∎

種数有限の開リーマン面について論ずるため，用語を1つ定める：開リーマン面 S のエンドは，もし各成分が単葉型（3.5.**A**）のとき，**単葉型のエンド**という．

定理 5.8 開リーマン面 S の種数を p としたとき，

（i） $p<\infty$ であるための必要十分条件は S が単葉型のエンドを持つことであり，

（ii） そのとき，S を種数 p の閉リーマン面の部分領域の上に等角写像することができる．

この定理と定理 5.7 より，ただちに

系 種数が有限な開リーマン面に対しては，放物型であることと，その上に非定値の有界調和関数が存在しないこととは同値である．

（定理 5.8 の証明） （i） S の正規近似列 $\{D_n\}$ を1つ考え，D_n の種数を p_n とおく．S の種数 p が有限なら，ある番号 n_0 があって $p=p_n$ $(n=n_0, n_0+1, \cdots)$ でなければならない．このとき，S のエンド

$$\Omega=S-\bar{D}_{n_0}$$

が単葉型であることが，つぎのようにしてたしかめられる．Ω の任意の成分 H を考え，$H_n=D_n \cap H$ とおく．すると，$n>n_0$ に対し，$\bar{H}_{n+1}-H_n$ の各成分の種数が (5.2) によって0であることがいえるので，Euler 数をしらべることによって $\bar{H}_n$ $(n=n_0+1, n_0+2, \cdots)$ の種数が0であることがわかる．このことから

$$H=\bigcup_{n=n_0+1}^{\infty} H_n$$

が単葉型であることを示すには，純位相的な方法もないではないが，いまはリーマン面であるから，3.5.C の推論を適用すればよい．列 $\{H_n\}_{n=n_0+1}^{\infty}$ は本来の意味の近似列ではないが，このことは全く障害とならず，H から平面領域への等角写像を構成することができ，H が単葉型であることが示される．

逆に S のあるエンド Ω の各成分が単葉型であるとする．このとき，ある番号 n_0 があって $\bar{D}_{n+1}-D_n\subset\Omega$ がすべての $n\geqq n_0$ に対して成り立つが，$p_{nj}>0$ であるような $\bar{S}_{nj}$ がもし存在したとすると，その標準切断に属する単純閉曲線 α_1（2.4.**A** 参照）に対して，

$$\bar{S}_{nj}-|\alpha_1|$$

は連結，したがって Ω の成分で S_{nj} を含むもの H について，$H-|\alpha_1|$ は連結であるという矛盾が生じる．よって $p_{n+1}=p$ がすべての $n\geqq n_0$ に対して成り立ち，$p<\infty$ となる．

（ii）$S-\bar{D}_{n_0}=\Omega$ の各成分 $H^{(j)}$ $(j=1,\cdots,q_{n_0})$ が単葉型のとき，定理3.6によって H_j を平面領域の上に等角写像することができる．写像関数 f_j は $\bar{H}_j$ からの位相写像に接続でき（吉田［70］，pp.182—186 参照），$f_j(\partial H_j)$ は Jordan 閉曲線である．$\hat{\mathrm{C}}-f_j(\partial H_j)$ の2つの成分のうち $f_j(H_j)$ を含む方を Δ_j とおく．そして，S と Δ_1 を f_1 で接着して

$$S\cup_{f_1}\Delta_1$$

を作る（定義は1.6.**C** 参照）．順次に $j=2,\cdots,q_{n_0}$ に対する Δ_j を f_j で接着していく．最後に得られる S^* は閉リーマン面である．その種数が p_{n_0} に等しいことは，Euler 数を用いて計算すれば容易にわかる．一方，（i）の証明中でみたように，p_{n_0} は S の種数に等しい．∎

C． 一般の開リーマン面 S に戻って，1つの正規近似列 $\{D_n\}_{n=1}^{\infty}$ を固定して考える．$\bar{D}_{n+1}-D_n$ の各成分 $\bar{S}_{nj}$ の点 $P_{nj}\in S_{nj}$ を基点とする標準切断

$$\alpha_{knj},\ \beta_{knj}\qquad (k=1,\cdots,p_{nj})$$
$$\delta_{lnj}\gamma_{lnj}\delta_{lnj}^{-1}\qquad (l=1,\cdots,q_{nj})$$

を考える $(j=1,\cdots,q_n,\ n=1,2,\cdots)$．この際，各 n,j に対して，$|\gamma_{1nj}|$ が ∂D_n の成分となっているように番号を付ける$\left(\text{したがって } \partial D_n=\bigcup_{j=1}^{q_n}|\gamma_{1nj}|\right)$．これらの閉曲線の系について，2.3.**E** の式（＊）の一般化に相当するつぎの公式が成り立つ：

区分的に解析的な任意の閉曲線 γ に対し，有限個以外は0であるような整数

$$\mu_{knj},\qquad \nu_{knj},\qquad \lambda_{lnj}$$

が存在し，任意の閉形式 ω に対してつぎの式をみたす：

$$\int_{\gamma}\omega=\sum_{k,n,j}\left\{\mu_{knj}\int_{\alpha_{knj}}\omega+\nu_{knj}\int_{\beta_{knj}}\omega\right\}+\sum_{l,n,j}\lambda_{lnj}\int_{\gamma_{lnj}}\omega.$$

（証明） $|\gamma|\subset\bar{D}_{n+1}$ であるような最小の n をとる．$|\gamma|\subset\bar{D}_{n+1}-D_n$ なら，γ はある $\bar{S}_{nj}$ 内にあるので2.3.**E**の式（$*$）がそのまま適用されて証は終る．以下，$|\gamma|\cap D_n\neq\phi$ であるものとし，必要なら γ の基点を移動（1.4.**A**）させて，それが ∂D_n 上にあるものとする $\left(\text{基点の移動によって}\int_{\gamma}\omega\text{の値は変らない}\right)$．$|\gamma|\cap(\bar{D}_{n+1}-D_n)$ は有限個の弧から成っている．基点 $P_0\in\partial D_n$ から γ に沿って進み，初めて $\bar{D}_{n+1}-\bar{D}_n$ に入っていく点を P_1（$\in\partial D_n$；$P_0=P_1$ かもしれない）とし，つぎに $\bar{D}_{n+1}-\bar{D}_n$ から $\bar{D}_n$ に入る点を $P_2(\in\partial D_n)$ とする．$\{D_n\}$ は正規近似列であるので，P_1 と P_2 は ∂D_n の同じ成分に含まれなければならない．したがって ∂D_n の弧 $\sigma=\overrightarrow{P_2P_1}$ が存在する． P_0 から γ に沿って P_1, P_2 と進み，つぎに σ に沿って P_0 に戻ってくる閉曲線を γ_1，P_0 から σ^{-1} に沿って P_2 にいき，そこから先は γ に沿って終点 P_0 に戻る閉曲線を γ' とすると，γ は $\gamma_1\cdot\gamma'$ の助変数を入れかえたものにひとしく，したがって，任意の閉形式 ω に対して

$$\int_{\gamma}\omega=\int_{\gamma'}\omega+\int_{\gamma_1}\omega$$

が成り立つ．γ_1 は $\bar{D}_{n+1}-D_n$ 内の閉曲線である．

$\gamma'\subset\bar{D}_n$ なら，つぎのパラグラフまで，何もすることはない．もし $\gamma'\not\subset\bar{D}_n$ なら，P_2 から γ' に沿って進み，初めて $\bar{D}_{n+1}-\bar{D}_n$ に入っていく点 P_3，そして $\bar{D}_n$ に戻る点 P_4 をとり，∂D_n 上の弧 $\sigma'=\overrightarrow{P_4P_3}$ をとる．そして P_0 から γ' に沿って P_3 を経由して P_4 に至り，つぎに σ' に沿って P_3 に戻り，そこから $(\gamma')^{-1}$ に沿って P_0 まで戻るものを γ_2，P_0 から P_3 まで γ' に沿い，つぎに σ' に沿って P_4 までいき，あと γ に沿って終点まで戻るものを γ'' とする．すると $\gamma'=\gamma_2\cdot\gamma''$ であり，γ_2 は $\bar{D}_{n+1}-D_n$ 内の閉曲線となる．この操作を有限回くり返すことにより，$\bar{D}_{n+1}-D_n$ 内の閉曲線有限個 $\gamma_1,\cdots,\gamma_s$ と，$\bar{D}_n$ 内の閉曲線 $\tilde{\gamma}$ によって

$$\int_{\gamma}\omega=\int_{\tilde{\gamma}}\omega+\sum_{i=1}^{s}\int_{\gamma_i}\omega$$

が成り立つようにすることができる．各 γ_i は，それぞれ，$\bar{D}_{n+1}-D_n$ の1つの成分 $\bar{S}_{nj}$ に含まれていることは，いうまでもない．

$\tilde{\gamma}$ は $\bar{D}_n$ に含まれるから，これについて以上の議論をくり返せば，帰納的に，つぎのことが証明される：有限個の，区分的に解析的な閉曲線 γ_i で，それぞれが1つの $\bar{S}_{nj}$ に含まれているものが存在し，任意の閉形式 ω に対して

$$\int_{\gamma}\omega=\int_{\gamma_1}\omega+\cdots+\int_{\gamma_N}\omega$$

が成り立つようにすることができる．

この右辺の各項に対し，$\bar{S}_{nj}$ において，2.3.**E** の (＊) を適用すれば，求める公式を得る． ∎

D． 一般に開リーマン面の上の正則・調和微分形式について，事情は閉リーマン面の上のものとは全く異なっている．このことは 3.4.**B** の注意 1, 2 で触れておいた．しかし，リーマン面や微分形式に制限を付けて，開リーマン面においても，閉リーマン面におけるものと類似の結果が導ける場合がある．

開リーマン面 S において，ノルム

$$\|\omega\|=\left(\int_S \omega\wedge *\bar{\omega}\right)^{\frac{1}{2}}$$

が有限であるような正則微分の全体，調和微分の全体を，それぞれ

$$A(S), \qquad H(S)$$

で表す (4.2 節で同じ記号を閉リーマン面 S に対して導入したが混乱は生じないはずである)．これらが $\mathbb{C}$-係数の線型空間であることは明白であるが，さらに内積

$$(\omega_1, \omega_2)=\int_S \omega_1\wedge *\bar{\omega}_2$$

に関してヒルベルト空間 (これに関しては，伊藤 [34] など参照) になっている．このことをつぎにたしかめておこう．

そのための用語として，まず $\lim\|\omega_n-\omega\|=0$ のとき，列 $\{\omega_n\}$ は ω に**強収束**するという．

つぎに $\{\omega_n\}$ が ω に**各コンパクト集合上一様収束する**ということを，以下のように定義する：ω_n, ω が 1.3.**B** の意味の対応

$$\varphi\longmapsto(a_{n\varphi}, b_{n\varphi}), \qquad \varphi\longmapsto(a_\varphi, b_\varphi)$$

であるとき，任意の局所座標 φ と $\varphi(U_\varphi)$ 内の任意のコンパクト集合 F に対し，$\lim a_{n\varphi}=a_\varphi$, $\lim b_{n\varphi}=b_\varphi$ が F で一様に成り立つこと．平面領域における線積分や複素関数の性質から容易にわかるように，この場合

(ア) 区分的になめらかな任意の曲線 γ に対し $\lim\int_\gamma \omega_n=\int_\gamma \omega$,

(イ) 任意のコンパクト集合 K に対し $\lim\|\omega_n-\omega\|_K=0$

$$\left(\text{ただし } \|\cdot\|_E \text{ は } \|\sigma\|_E{}^2=\int_E \sigma\wedge *\bar{\sigma} \text{ で定義する}\right),$$

（ウ） 各 ω_n が正則なら ω も正則,

（エ） 各 ω_n が調和なら ω も調和.

さて，正則微分

$$\omega = a\,dz : \varphi \longmapsto (a_\varphi, 0)$$

において，$\{z \mid |z-z_0|<\rho\} \subset \varphi(U_\varphi)$ であるような $\rho>0$ をとり，$\rho_0=\rho/2$ と略記する．$a_\varphi(z)^2$ は正則関数であるから，$|z-z_0| \leqq \rho_0$ であるような任意の z と $0<r<\rho_0$ であるような任意の r に対して

$$a_\varphi(z)^2 = \frac{1}{2\pi}\int_0^{2\pi} a_\varphi(z+re^{i\theta})^2 d\theta$$

が成り立つ．両辺を r 倍して，0 から ρ_0 まで積分すると，

$$a_\varphi(z)^2 \frac{{\rho_0}^2}{2} = \frac{1}{2\pi}\iint_{|z-\zeta|<\rho_0} a_\varphi(\zeta)^2 d\xi\, d\eta \qquad (\zeta=\xi+i\eta).$$

したがって，$V_\varphi = \varphi^{-1}(\{z \mid |z-z_0|<\rho_0\})$ とおけば，a_φ は不等式

$$|a_\varphi(z)|^2 \leqq \frac{1}{\pi {\rho_0}^2}\iint_{\varphi(U_\varphi)} |a_\varphi|^2 d\xi\, d\eta \tag{5.3}$$

を任意の $z \in V_\varphi$ でみたすことがわかる．

補題 5.4 $\omega_n \in A(S)$, $n=1,2,\cdots$ が $\omega \in A(S)$ に強収束していれば，各コンパクト集合上一様収束している．

（証明） $\omega_n-\omega$ に対して (5.3) を用いれば明白である． ∎

補題 5.5 $\omega_n \in A(S)$, $n=1,2,\cdots$ が基本列をなすとき（すなわち $\lim_{m>n\to\infty} \|\omega_m-\omega_n\|=0$ のとき），ただ 1 つの $\omega \in A(S)$ が存在して $\lim_{n\to\infty}\|\omega_n-\omega\|=0$.

（証明） このような ω が存在すればただ 1 つに限ることはあきらかである．以下，存在を示す．式 (5.3) を $\omega_n-\omega_m$ に対して用いると，$z \in \varphi(V_\varphi)$ に対し

$$|a_{n\varphi}(z)-a_{m\varphi}(z)| \leqq \frac{1}{\sqrt{\pi}\,\rho_0}\|\omega_n-\omega_m\|$$

が成り立つ．よって $\varphi(V_\varphi)$ で一様に

$$\lim_{m>n\to\infty} |a_{n\varphi}-a_{m\varphi}|=0$$

が成り立ち，したがって関数列 $\{a_{n\varphi}\}$ は $\varphi(V_\varphi)$ のある正則関数に一様収束する．このこ

とを，すべての局所座標 φ に対して行う．

φ の V_φ への制限を $\tilde{\varphi}$ とおくと，これも局所座標である．上に得られた極限関数を $a_{\tilde{\varphi}}$ と表す．$V_\varphi \cap V_\psi \neq \phi$ であるような $a_{n\varphi}$ と $a_{n\psi}$ の間には 1.3.**A** の (1.1) の関係があるので，$a_{\tilde{\varphi}}$ と $a_{\tilde{\psi}}$ の間にも同様な関係がある．対応

$$\tilde{\varphi} \longmapsto a_{\tilde{\varphi}}$$

は，上に述べたように V_φ を定義域とする特別な局所座標 $\tilde{\varphi}$ に対してのみ定められたが，V_φ の全体は S を覆うので，1.3.**A** の注意1で述べたように，対応を一般の局所座標に拡張することができる．そうすることによって正則微分

$$\omega = a\,dz$$

が得られる．そして，$\{\omega_n\}$ が ω に各コンパクト集合上一様収束していることは，定義より自明である．

以下 $\lim \|\omega_n - \omega\| = 0$ を示す．仮定により，任意の $\varepsilon > 0$ に対して番号 $n_0 = n_0(\varepsilon)$ があり，$m > n \geqq n_0$ のとき $\|\omega_n - \omega_m\| < \varepsilon$ が成り立っている．よって任意のコンパクト集合 K に対して $\|\omega_n - \omega_m\|_K < \varepsilon$ である．ここで n を固定して $m \to \infty$ とすると，前述の（イ）により $\|\omega_n - \omega\|_K \leqq \varepsilon$．$K$ は任意であるので，積分の定義から

$$\|\omega_n - \omega\| \leqq \varepsilon$$

がすべての $n \geqq n_0(\varepsilon)$ に対して成り立つことになる． ▌

こうして $A(S)$ がヒルベルト空間であることがわかった．

つぎに，調和微分 ω は，1.3.**F** で定義したように，正則微分 ω_1, ω_2 によって $\omega = \omega_1 + \bar{\omega}_2$ と表される．$\omega_1, \omega_2 \in A(S)$ なら $\omega \in H(S)$ であるが，逆はどうであろうか？ $\omega_k = a_k dz$ $(k = 1, 2)$ のとき，$\omega_1 \wedge * \omega_2 = i\omega_1 \wedge \omega_2 = ia_1 dz \wedge a_2 dz = 0$ であるから，任意のコンパクト集合 K での内積

$$(\omega_1, \omega_2)_K = \int_K \omega_1 \wedge * \bar{\omega}_2$$

は 0，よって $\|\omega\|_K{}^2 = \|\omega_1\|_K{}^2 + \|\omega_2\|_K{}^2$ が成り立つ．したがって $\|\omega\| < \infty$ なら $\|\omega_k\| < \infty$ $(k = 1, 2)$，つまり $\omega \in H(S)$ なら $\omega_1, \omega_2 \in A(S)$ である．$\bar{A}(S) = \{\bar{\omega} | \omega \in A(S)\}$ とおくなら

$$H(S) = A(S) + A(\bar{S})$$

ということがわかる．補題5.4を経て（ウ）を用いると $A(S)$，したがって $\bar{A}(S)$ も，$H(S)$ の閉部分空間であり，上述の議論は

$$A(S) \perp \bar{A}(S)$$

を示している．$H(S)$ がヒルベルト空間であることは，ここまでくれば明白で

あろう.

$H(S)$ に対しても，補題5.4, 5.5と同様なことが成り立つが，詳細は読者にゆずる.

つぎに，実数値調和関数 u に対して

$$\omega=du+i*du$$

は正則微分である．u の Dirichlet 積分（2.2.**F**）と ω のノルムの間には

$$\|\omega\|^2=\int_S (du+i*du)\wedge(*du+idu)=2\int_S du\wedge *du=2D[u]$$

の関係がある．よって $D[u]<\infty$ なら $\omega+i*\omega,\ \bar{\omega}+i*\bar{\omega}\in A(S)$，したがって

$$du=\frac{1}{2}(\omega+i*\omega)+\frac{1}{2}\overline{(\bar{\omega}+i*\bar{\omega})}\in H(S).$$

なお，いうまでもなく，$du=\mathrm{Re}\,\omega$ である.

さて，$D[u_n]<\infty$ であるような u_n に対し $\omega_n=du_n+i*du_n$ $(n=1,2,\cdots)$ が基本列をなしたとしよう．補題5.5によって，ある $\omega\in A(S)$ に対して $\lim\|\omega_n-\omega\|=0$ が成り立つ．補題5.4を経て（ア）を用いると，区分的になめらかなすべての閉曲線 γ に対して

$$\int_\gamma \mathrm{Re}\,\omega=\lim\int_\gamma \mathrm{Re}\,\omega_n=\lim\int_\gamma du_n=0,$$

よって $\mathrm{Re}\,\omega$ は完全形式である．つまり，実数値調和関数 u が存在して $du=\mathrm{Re}\,\omega$，よって

$$\lim_{n\to\infty} D[u_n-u]=0.$$

もしさらに1点 $P_0\in S$ で $u_n(P_0)=0$ $(n=1,2,\cdots)$ ならば，$u(P_0)=0$ととってやることによって $\lim u_n=u$ が各コンパクト集合上一様収束するようにできる.

以上，リーマン面全体で論じたが，u_n の定義域が n ごとに異なった場合も（3.2.**E** の（1）—（3）のように）議論を少し変更してつぎのものが得られる：

補題 5.6 開リーマン面 S の近似列 $\{D_n\}_{n=1}^{\infty}$ と，D_n で定義された実数値調和関数 u_n $(n=1,2,\cdots)$ が，もし条件

$$\lim_{m>n\to\infty} D_{D_n}[u_n-u_m]=0$$

をみたすならば，S で定義された実数値調和関数 u で

$$D_S[u]<\infty, \quad \lim_{n\to\infty} D_{D_n}[u_n-u]=0$$

をみたすものが，定数差を無視してただ1つ存在する．もしさらに1点 $P_0\in S$ で $u_n(P_0)=0$ $(n=1,2,\cdots)$ ならば，$u(P_0)=0$ となる u に対して

$$\lim u_n=u$$

が S の各コンパクト集合上一様に成り立つ．

E． つぎのものは閉リーマン面における定理4.3の一部分を放物型リーマン面へ拡張したものである．種数 p について，$\sum_{n=1}^{\infty}\left(\sum_{j=1}^{q_n} p_{nj}\right)=p$ が成り立っている（式(5.2)参照）ことに注意する．

定理 5.9 放物型リーマン面 S において，1つの正規近似列 $\{D_n\}$ をとり，$\bar{D}_{n+1}-D_n$ の成分 S_{nj} の標準切断 α_{knj}，β_{knj} $(k=1,\cdots,p_{nj})$，γ_{lnj} $(l=1,\cdots,q_{nj})$ を与えたとき，$H(S)$ から複素 $2p$ $(\leqq\infty)$ 次元ベクトル空間 $\mathbb{C}^{2p}$ への対応

$$\omega\longmapsto\left(\int_{\alpha_{knj}}\omega,\quad \int_{\beta_{knj}}\omega\right)_{\substack{k=1,\cdots,p_{nj}\\ j=1,\cdots,q_n\\ n=1,2,\cdots}}$$

は線型の単射である．

注意 全射でないことはわかっているが，像がどのようなものであるかは，よくわかっていない．また，$A(S)$ から $\mathbb{C}^p$ への写像についても，あまりわかっていない．第4章の諸定理の開リーマン面への一般化について興味ある読者は，楠[1]，第9章や，Ahlfors-Sario[5]，第5章を参照されたい．なお水本[45]も関連した特殊な話題を含んでいる．

（証明） $\mathbb{C}^{2p}$ の零ベクトルに対応する ω は0に限ることを，2段に分けて証明する．

［第1段］ 零ベクトルに対応する ω は完全形式であることをいう．そのためには，放物型リーマン面 S 上の $\omega\in H(S)$ は任意の l,n,j に対し

$$\int_{\gamma_{lnj}}\omega=0$$

をみたすことを示せばよい；そうすれば，**C**の公式により，区分的に解析的な任意の閉曲線に沿う積分が0となって，ω が完全形式であることがわかる．

任意に γ_{lnj} をとって固定して考える．$\{D_n\}$ は正規近似列であるから，$l>1$ の γ_{nlj} に

沿う ω の積分はある番号 i に対する $\gamma_{1,n+1,i}^{-1}$ に沿う ω の積分とひとしい．したがって，始めから，$l=1$ と考えても一般性は失われない．$S-\bar{D}_n=\Omega$ はエンドであり，その1成分 H に対して

$$\int_{\gamma_{1nj}}\omega=\int_{\partial H}\omega$$

が成り立つ．S は放物型であるので，Ω の調和測度 u_Ω は $\equiv 0$ である．$m>n$ に対して $\Omega_m=D_m\cap\Omega$ とおいて，そこで5.1.**C** で導入した u_m を考えると，$\lim_{m\to\infty}D_{\Omega_m}[u_m]=0$ が成り立っている．すると

$$\left|\int_{\partial H}\omega\right|^2=\left|\int_{\partial H}(1-u_m)\omega\right|^2=\left|\int_{H\cap D_m}du_m\wedge\omega\right|^2$$
$$\leqq\|du_m\|^2{}_{H\cap D_m}\cdot\|\omega\|^2{}_{H\cap D_m}\leqq D_{\Omega_m}[u_m]\cdot\|\omega\|^2\to 0$$

であるので

$$\int_{\partial H}\omega=0.$$

［第2段］ $\omega\in H(S)$ が完全形式ならば $\omega=0$ であることをいう．$\omega=du$ をみたす複素数値調和関数 u が存在する．実部・虚部を別々に考えるなら，始めから u は実数値をとるものと仮定しておいても一般性は失われない．条件 $\omega\in H(S)$ に応じ，$D[u]<\infty$ が成り立っている．以下 u が定値であることを証明するのであるが，そのため，u は非定値であると仮定して矛盾を導く．2点 $Q_1,Q_2\in D_1$ を適当にとって

$$u(Q_1)\neq u(Q_2)$$

が成り立つようにしておく．

さて，D_n における Green 関数 $g(\cdot,Q_1)$，$g(\cdot,Q_2)$ をそれぞれ $g_n^{(1)}, g_n^{(2)}$ と略記し，さらに下記の条件をみたす関数 h_n を考える：$\bar{D}_n-\{Q_1,Q_2\}$ で調和，∂D_n ではすべての境界局所座標 ψ について

$$\frac{\partial}{\partial y}h_n\circ\psi^{-1}(x)=0$$

がすべての $x\in\psi(U_\psi\cap\partial D_n)$ で成り立ち，Q_1 では対数的極を持ち，Q_2 では $-h_n$ が対数的極を持つ（h_n は3.5.**B** でやったように D_n のダブルを用いれば構成できる）．関数

$$\eta_n=\frac{1}{2\pi}(h_n+g_n^{(2)}-g_n^{(1)})-(\text{定数})$$

は $\bar{D}_n$ で調和である．定数を

$$\eta_n(Q_2)=0$$

が成り立つようにとる．定理3.9の証明の中でやったように，Q_1,Q_2 中心の座標円板 $V_1^{(r)}, V_2^{(r)}$ をとって $r\to 0$ とすると，$\bar{D}_n$ における任意の調和関数 v に対し

$$\int_{D_n-V_1^{(r)}-V_2^{(r)}}dv\wedge *dg_n^{(1)}=\int_{D_n-V_1^{(r)}-V_2^{(r)}}dg_n^{(1)}\wedge *dv$$
$$=\int_{\partial D_n}g_n^{(1)}*dv-\int_{\partial V_1^{(r)}}g_n^{(1)}*dv-\int_{\partial V_2^{(r)}}g_n^{(1)}*dv\to 0$$

$$\int_{D_n-V_1^{(r)}-V_2^{(r)}} dv\wedge *dg_n^{(2)}\quad \text{も同様に} \to 0$$

$$\int_{D_n-V_1^{(r)}-V_2^{(r)}} dv\wedge *dh_n=\int_{\partial D_n} v*dh_n-\int_{\partial V_1^{(r)}} v*dh_n-\int_{\partial V_2^{(r)}} v*dh_n$$
$$\to 2\pi(v(Q_1)-v(Q_2))$$

が成り立ち，したがって

$$(*)\qquad D_{D_n}[v,\eta_n]=v(Q_1)-v(Q_2)$$

が成り立つ．よって $m>n$ に対して

$$D_{D_n}[\eta_m,\eta_n]=\eta_m(Q_1)-\eta_m(Q_2)=D_{D_m}[\eta_m],$$
$$0\leqq D_{D_n}[\eta_m-\eta_n]=D_{D_n}[\eta_m]-2D_{D_n}[\eta_m,\eta_n]+D_{D_n}[\eta_n]$$
$$=D_{D_n}[\eta_m]-2D_{D_m}[\eta_m]+D_{D_n}[\eta_n]\leqq D_{D_n}[\eta_n]-D_{D_m}[\eta_m]$$

となって，$D_{D_n}[\eta_n]$ は単調減少数列であることがいえ，さらに，そのことから

$$\lim_{m>n\to\infty} D_{D_n}[\eta_m-\eta_n]=0$$

が成り立つことがわかる．補題 5.6 によれば，S の調和関数 η が存在して $D[\eta]<\infty$, $\lim D_{D_n}[\eta_n-\eta]=0$ をみたす．よって，式 $(*)$ において v として与えられた u をとり，$n\to\infty$ とするならば，

$$D[u,\eta]=u(Q_1)-u(Q_2)\neq 0$$

を得る．したがって η は非定値である．

ところが，一方において，η は S で有界でなければならないのである．なぜならば，まず S の各コンパクト集合上一様に η_n は η に収束する．つぎに，Q_1, Q_2 の局所座標を任意にとって固定し，それらに関する D_n のRobin 定数 (3. 6. **E**) をそれぞれ $g_n^{(1)}, g_n^{(2)}$ から引いて $\tilde{g}_n^{(1)}, \tilde{g}_n^{(2)}$ とおくと，定理 3. 10 によって，適当な部分列（それを改めて $\{n\}$ とおく）は Q_1, Q_2 にそれぞれ対数的極を持つ S の調和関数 $\tilde{g}^{(1)}, \tilde{g}^{(2)}$ に $S-\{Q_1,Q_2\}$ の任意のコンパクト集合で一様収束する．h_n に適当な定数を加えて $\tilde{h}_n$ とおき

$$\eta_n=\frac{1}{2\pi}(\tilde{h}_n+\tilde{g}_n^{(1)}-\tilde{g}_n^{(2)})$$

が成り立つようにすると，$\tilde{h}_n$ も関数 $\tilde{h}$ に $S-\{Q_1,Q_2\}$ の任意のコンパクト集合で一様に収束する．さて，$\bar{D}_n-D_1$ において $g_n^{(1)}, g_n^{(2)}$ の最大値は，あきらかに ∂D_1 でとられ，したがって $\tilde{g}_n^{(1)}, \tilde{g}_n^{(2)}$ についても同じことがいえる．h_n については，$\bar{D}_n$ のダブルに接続（3. 1. **A**, 調和関数の鏡像の原理（その 2）による）して考えれば，$\bar{D}_n-D_1$ における最大値は，やはり ∂D_1 でとられる．したがって $\tilde{h}_n$ についてもそうである．
これら $\bar{D}_n-D_1$ における値の評価で $n\to\infty$ とすると，

$$|\eta|\leqq\frac{1}{2\pi}(\max_{\partial D_1}|\tilde{h}|+\max_{\partial D_1}|\tilde{g}^{(1)}|+\max_{\partial D_1}|\tilde{g}^{(2)}|)$$

が $S-D_1$ で成り立つことがいえ，したがって η は S で有界ということがいえる．

こうして，η は S の上の有界な非定値の調和関数ということになる．定理 5. 3 の系によれば，このことは S が放物的であるということに矛盾する． ▌

この証明の［第2段］は Virtanen [69] に基くが，途中で定理3.10を用いるアイデアは森（リーマン面の分類．数学5 (1953)，pp.42—51）による．Sが放物型であるという仮定は最後に出てくるのみであり，また$D[\eta]<\infty$ということもいえているので，つぎの定理が証明されたことになる．

定理 5.10 開リーマン面Sの上に非定値でDirichlet積分が有限な調和関数が存在しなければ，非定値でDirichlet積分が有限で有界な調和関数も存在しない．したがって，開リーマン面に関する下記の条件の間に

$$\text{(i)} \Longrightarrow \text{(ii)} \Longleftrightarrow \text{(iii)}$$

の関係がある：

（i） 有界な調和関数は定数に限る；

（ii） Dirichlet積分が有限な調和関数は定数に限る；

（iii） 有界でDirichlet積分が有限な調和関数は定数に限る．

F. 複素平面において有理型な非定値の関数に対し，それがとらない値は，あるとしても2個を超えることはない，というPicardの定理（吉田[70]，p.165参照）は，リーマン面上の関数，あるいはリーマン面間の正則写像について，いろいろの形で拡張が論じられている．ここでは，その最も簡単なものの1つを述べたい．

リーマン面Sの上の非定値の有理型関数fにおいて，$w\in\hat{\mathbb{C}}$に対して，fのw-点の位数の総和（すなわち重複度も込めて数えたfのw点の総数）をN_wと表し

$$N=\sup_{w\in\hat{\mathbb{C}}} N_w \qquad (\leqq\infty)$$

とおく．

定理 5.11 放物型の開リーマン面S上の非定値な有理型関数fにおいて，集合

$$E=\{w\in\hat{\mathbb{C}}\,|\,N_w<N\}$$

は対数内容量零の集合である．

注意 Eは$\mathbb{C}$に含まれるとは限らないので，リーマン面$\hat{\mathbb{C}}$の部分集合として5.2.**G**の意味で対数内容量零の集合と考える.

（証明） 背理法で証明する．すなわち，Eが対数内容量零の集合でなかったとして矛盾を導く.

整数n（$0\leqq n<N$）に対して

$$E_n=\{w\in\hat{\mathbb{C}}\mid N_w\leqq n\}$$

はコンパクトで$E_{n-1}\subset E_n$（$n=1,2,\cdots$），そして

$$E=\bigcup_{0\leqq n<N}E_n$$

をみたす．背理法の仮定によって，あるnに対して

$$\operatorname{Cap}E_n>0$$

である（5.2.**G**，注意2参照)．以後，このようなnのうち最小のものをとることにする.

もし$n=0$なら$\operatorname{Cap}(\hat{\mathbb{C}}-f(S))>0$ということになる．定理5.7によって領域$f(S)$の上に非定値の有界調和関数$u$が存在するが，$u\circ f$は$S$の上の非定値の有界調和関数となるので，定理5.3の系と矛盾する.

以下，$n\geqq1$の場合をしらべる.

$\operatorname{Cap}E_n>0$で$E_n\neq\hat{\mathbb{C}}$であるので，$\operatorname{Cap}\partial E_n>0$でなければならない（もし$\operatorname{Cap}\partial E_n=0$だと，$\partial E_n$は完全非連結なので$E_n=\partial E_n$となり，矛盾を生じる)．いま$\operatorname{Cap}E_{n-1}=0$であるから$(\mathbb{C}\cap\partial E_n)-E_{n-1}$は対数内容量零の集合ではありえない．対数容量密度点に関する補題5.2を適用することによって，つぎの性質を持つ点w_0の存在が示される：

$$w_0\in(\mathbb{C}\cap\partial E_n)-E_{n-1},$$

そして任意の近傍Uに対して

$$\operatorname{Cap}(E_n\cap U)>0.$$

$N_{w_0}=n$であるので，$f^{-1}(w_0)=\{P_1,\cdots,P_k\}$とおくと，$P_1,\cdots,P_k$の$w_0$-点としての重複度の総和は$n$である．$\rho>0$をとって$\varDelta=\{w\mid|w-w_0|<\rho\}$とおき，$f^{-1}(\varDelta)$の成分で$P_j$を含むものを$D_j$とする（$j=1,\cdots,k$)．非定値の有理型関数の局所的行動（1.2.**B**で述べた）からすぐわかるように，ρを十分小さくとると，$D_1,\cdots,D_k$は互いに素であり，任意の$w\in\varDelta$に対し$D_1\cup\cdots\cup D_k$内のw-点の総和はちょうどnに等しい．$w_0\in\partial E_n$であるので，$\varDelta$の中にはE_nに属さない点があり，したがって$f^{-1}(\varDelta)$の成分で$D_1,\cdots,D_k$と異なるDが存在しなければならない．当然

$$f(D)\cap E_n=\phi$$

が成り立つ.

$E_n'=E_n\cap\{w\mid|w-w_0|\leqq\rho/2\}$は$\operatorname{Cap}E_n'>0$である．$\hat{\mathbb{C}}-E_n'$の成分で$\infty$を含むものを$H$とすると，これは双曲型のリーマン面であるので，エンド$\Omega=H\cap\varDelta$の調和測度u_Ω

は非定値である．一方，$u_\Omega \circ f$ は $\bar{D}$ で連続，∂D で $\equiv 0$，D で有界な非定値の調和関数であるが，S は放物型であるので，それは $\equiv 0$ でなければならない（5.1.**G**）．こうして矛盾に到達した． ∎

G． リーマン面 S において，1つのリーマン面 S^* と，S から S^* の真部分領域の上への等角写像 h（つまり $h(S) \subsetneqq S^*$）が存在するとき，S^* は S の**接続**という．接続が存在するとき**接続可能**，存在しないとき**極大**という．

例えば，閉リーマン面は，あきらかに極大である．

種数有限な開リーマン面は，定理 5.8 の（ii）の示すように，接続可能，しかも同じ種数の閉リーマン面に接続することができる．

つぎに接続不可能な開リーマン面の例を出したいが，そのためには少し準備を必要とする．

まず，定理 5.8 の（ii）の証明をそのままあてはめて，リーマン面 S に境界がコンパクトで，それ自身はコンパクトでない，単葉型の正則的部分領域 D が存在すれば，S は接続可能なことがいえる．（直観的には，D の平面領域への等角写像を用いて，S の ideal boundary に蓋をしていると考えられよう）．

いま，このような D の存在しない S が接続可能であったとしよう．等角写像 h が S を $h(S) \subsetneqq S^*$ の上に写すとすると，$S^*-h(S)$ の成分はすべて 2 点以上から成り立っていなければならない．このことの証明は，つぎのとおりである：いま Q_0 を含む $S^*-h(S)$ の成分が 1 点から成るとすると，Q_0 の局所座標をとって補題 5.1 と同様に考える（5.2.**B** での証明において，E の成分で $\{z_0\}$ 以外のものは 1 点のみから成る要はない）ならば，Q_0 の座標円板内の領域 $\varDelta$ で，Q_0 を含み，$\partial\varDelta$ は $h(S)$ 内の解析的ループであるようなものを見いだすことができる．$h^{-1}(\varDelta \cap h(S))=D$ は S の正則的部分領域であるが，単葉型で，コンパクトではなく，∂D はコンパクトである．このようなものは存在しえないはずであった．

もし $S^*-h(S)$ の成分が 2 点以上から成るとすると，定理 5.4 の（i）と 5.2.**H** の（3）によって，S は双曲的でなければならない．

以上の考察は，つぎの定理の証明を含んでいる：

定理 5.12 開リーマン面 S がもし

（a） 境界がコンパクトでそれ自身コンパクトではない正則的部分領域で単葉型のものを含まず，

（b） 放物型である

ならば，極大である．

例 Bの例3のリーマン面は極大である．

（証明） Sが条件（a）をみたすことはあきらかであろう．放物型であることを示すため，Green関数$g(P, Q_0)$が存在したとして矛盾を導く．Q_0は$z=0$の上にあるものと仮定してよい．$z\in\mathbb{C}$が正整数ではないとすると，その上にはSの点が2つある．それらをz^+, z^-と表す（どちらをz^+とするかは，以下の話には影響ない）ならば，

$$g(z^+, Q_0)+g(z^-, Q_0)$$

はzのみで定まる．これは$\mathbb{C}-\{0, 1, 2, \cdots\}$で調和で正値をとる関数で，$z=0$に対数的極を持つ．点$z=1, 2, \cdots$では，まわりで有界であるので除去可能である．よって$z=0$に対数的極を持つ$\mathbb{C}$の正値調和関数ということになるが，このことは$\mathbb{C}$が放物型ということに矛盾する． ∎

注意 1 極大な開リーマン面の存在はRadó［55］が初めて示した．それが上の例である．ただし証明はかなりちがう．

注意 2 Sが極大であるためには，（a）および

（c） 単連結な正則的部分領域$D\subset S$に対し，$\bar{D}$で調和でDirichlet積分が有限，∂Dで$\equiv 0$であるような関数は0に限る，

をみたすことが必要かつ十分であることが知られている（Sario-Oikawa［57］，pp. 269—271）．これによって，極大であるということはideal boundaryの性質（5.1.**F**）であることがわかる．しかし，この判定条件は必ずしも使いやすくはなく，例えばつぎの問に瞬時に答えられるほどではない．

注意 3 極大であるための条件として，純位相的な（a）に加えて，等角的な条件が必要となるわけであるが，それは上の定理や例においては“ideal boundaryが小さい”という印象を与えている．この直観がどこまで通用するか，つぎの形で問題を提供しておく：

（問） 適当に切込みの入った単位円板のレプリカ2個から，切込みに沿う交差した接続によって極大リーマン面を構成することができるか？

H.　放物型リーマン面上には，非定値な有界調和関数は存在しない（定理5.3の系）．したがって，あきらかに，非定値な有界正則関数も存在しない．

任意のリーマン面から対数容量正の集合を除くと，双曲型のリーマン面である（5.2.**H**の（3））．のみならず，その証明にまで戻ると，非定値な有界調和関数が存在することもいえている．では，正則関数はどうかというと，今度は全く異なった話となってくる．“リーマン面から座標円板1つを除いた残りに，非定値な有界正則関数が存在しない場合がある”のである．**B**の例3のリーマン面Sの一方のレプリカから，分岐点を含まない閉円板を除いたものが，その一例である．これが有名な**Myrbergの例**である（Myrberg [46]；なお，この上に非定値な有界正則関数の存在しないことの証明は，楠 [1]，p.279，中井 [4]，p.192にあるから，本書では省略する）．

一般に，開リーマン面の上での有界な正則関数や$\|df\|<\infty$であるような正則関数の議論は，対応する調和関数のそれに比べて（とくに種数∞のリーマン面上で）格段にむずかしい．

第6章　被　覆　面

6.1　分岐のない被覆面

A.　リーマン面をしらべるときに生じる位相的な諸問題を処理するのに，2次元位相多様体の被覆面という概念は，しばしば有用である．われわれの議論にとって必要となるものは，トポロジーでふつう扱う被覆空間（例えば松本 [44]，pp. 253 ff）より一般的なもので，それは非定値の正則写像と位相的に同じものといってよい．

重要なことは，トポロジーでもそうであるように，写像 $\sigma: \tilde{S} \to S$ を右図のように，縦に考えるということである．たとえば $\sigma(P)=Q$ のとき P は Q の“上にある”というように，$\tilde{S}$ は S を覆っているものと考えるのであるが，このような発想の転換は現象の直観的把握に新しい効果を生じる．

$$\begin{array}{c}\tilde{S}\\ \downarrow\sigma\\ S\end{array}$$

この本では，紙数の節減のため，書くときにはふつうの写像と同様に横に書くが，読者には自ら縦に書きながら考えられることをすすめたい．

この章の初めの4節は純粋にトポロジーの議論である．

一般の被覆面の定義は6.4節にまわし，分岐のない被覆面から話を始める．

位相空間 X から Y の中への写像 f が**局所位相写像**であるとは，連続であり，任意の $x \in X$ に対し，x の近傍 U と $f(x)$ の近傍 V を適当に選ぶと f の U への制限 $f|U$ が U から V の上への位相写像となっていることとする．

定義　連結な Hausdorff 空間 $\tilde{S}$，連結な2次元位相多様体 S, $\tilde{S}$ から S の中への局所位相写像 σ から成る組

$$(\tilde{S}, \sigma, S)$$

を**分岐のない被覆面**という．

σは**被覆写像**(covering map)または**射影**(projection)と呼ばれる.$(\tilde{S}, \sigma, S)$を

$$\sigma : \tilde{S} \to S$$

と表すこともある.

点$P \in \tilde{S}$と$Q \in S$の間に$\sigma(P) = Q$の関係があるとき,PはQの**上にある**点,QはPの**下にある**点という.

対$(\tilde{S}, \sigma)$,または(混乱のない限り)$\tilde{S}$そのものを,“Sの”分岐のない被覆面という.

Sの2つの分岐のない被覆面$(\tilde{S}_1, \sigma_1)$,$(\tilde{S}_2, \sigma_2)$は,もしつぎの条件をみたすとき,**同値**であるという:S_1からS_2の上への位相写像$\tilde{h}$で

$$\sigma_2 \circ \tilde{h} = \sigma_1$$

をみたすものが存在する.

注意 1 定義からただちにわかるように,$\tilde{S}$は必然的に2次元位相多様体である.

例 1 リーマン面Sの上に非定値の正則関数fがあるとき,Sからdfの零点を除いた残りをS'とすれば,$(S', f, \mathbb{C})$は分岐のない被覆面である.dfの零点では,その近傍をどのようにとっても,そこでfが単射とはなれないので,$S' \neq S$のとき,$(S, f, \mathbb{C})$は分岐のない被覆面ではない.

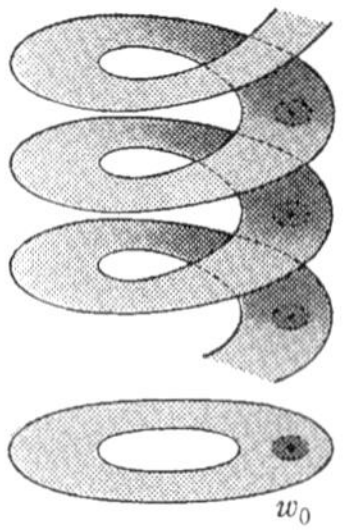

図 6.1

例 2 上の例の特別なものとして,$\tilde{S} = \{z | 0 < \mathrm{Re}\, z < 1\}$,$S = \{w | 1 < |w| < e\}$,$\sigma = \exp$とすると$(\tilde{S}, \sigma, S)$は分岐のない被覆面である.$w_0 = \sqrt{e}$の上にある点は$(1/2) + (2n+1)\pi i$ $(n = 0, \pm 1, \pm 2, \cdots)$である. これらの点の適当な近傍から$w_0$の適当な近傍の上へ$\sigma$(の制限)は位相写像となっている.直観的には,図6.1のように,縦に考えるのがよいであろう.

例 3 同じように,$(\mathbb{C}, \exp, \mathbb{C} - \{0\})$は分岐のない被覆面である.

例 4 第1章の冒頭で述べたような,複素関数論の初歩で導入する,平面を多葉に覆う面は被覆面の例である(むしろ起源であるといってよい).平面領域のレプリカの接着を用いて1.6.**F**と**G**で定義したもののうち,後者,すなわち“$w = \sqrt{z}$のリーマン面”Sについて述べるなら,そこで記号P_0, P_∞で表した2点をSから除いてS'とし,そこ

で定義した“射影”σを用いると，分岐のない被覆面$(S', \sigma, \hat{\mathbb{C}})$を得る．$P_0, P_\infty$では，近傍をどのようにとっても$\sigma$の制限は単射ではないので，$(S, \sigma, \hat{\mathbb{C}})$は分岐のない被覆面ではない．

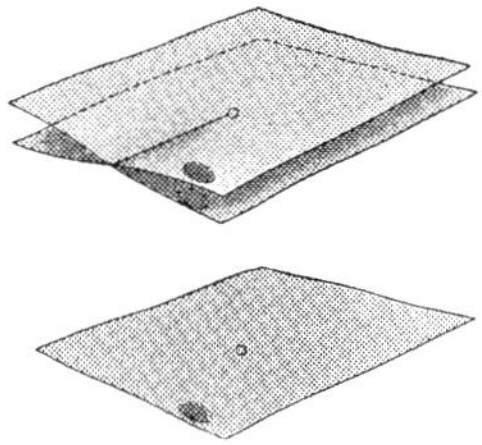

図 6.2

例 5 “$w=\log z$のリーマン面”をSとし，1.6.**F**で定義した“射影”σを用いた$(S, \sigma, \hat{\mathbb{C}})$は分岐のない被覆面である．$(S, \sigma, \mathbb{C}-\{0\})$もそうである．$\mathbb{C}-\{0\}$の被覆面としての$(S, \sigma)$は，例3の$(\mathbb{C}, \exp)$と同値である；じっさい，1.6.**F**で示したように，τはSから$\mathbb{C}$の上への位相写像で$\exp\circ\tau=\sigma$をみたしている．

注意 2 分岐しない被覆面$(\tilde{S}, \sigma, S)$の議論は，6.1節から6.3節まで，Sを連結な2次元位相多様体より一般的なものとしても成り立つものが多い．Sを弧状連結，局所コンパクト，局所単連結（各点が単連結な近傍を持つ）ならばすべての結果はそのまま成り立つ．例えば，Sが境界付きリーマン面のときなどは，そうである．

B． $(\tilde{S}, \sigma, S)$を分岐のない被覆面とする．Sの曲線$\gamma: I\to S$に対し，$\tilde{S}$の曲線$\tilde{\gamma}: I\to\tilde{S}$で

$$\sigma\circ\tilde{\gamma}=\gamma$$

をみたすものがもしあれば，それをγの**リフト** (lift) という．Iは一般に実数軸上の閉区間を表す．

γの始点Qの上にある点$P\in\tilde{S}$を与えたとき，γのリフトでPを始点とするもの$\tilde{\gamma}$は，あればただ1つに限る（この命題を**Unique Lifting Lemma**と呼ぶ）．

（証明） ほかに$\tilde{\gamma}'$があったとする．$I=[t_0, t_1]$とすると，σが局所位相写像であるということにより，t_0のある近傍$[t_0, \tau_0)$では$\tilde{\gamma}$と$\tilde{\gamma}'$とは一致しなければならない．いま$[t_0, \tau)$では$\tilde{\gamma}$と$\tilde{\gamma}'$が一致するようなτの上限をτ_1'とし，$\tilde{\gamma}(\tau_1')=\tilde{\gamma}'(\tau_1')=P'$とおく．$t_0<\tau_1'\leqq t_1$である．$P'$のある近傍から$\sigma(P')=Q'$のある近傍へ$\sigma$は位相写像となっているので，この範囲で逆写像$\sigma^{-1}$を考えることができる．$\tau_1'<t_1$なら，$\tau_1'$の近傍で

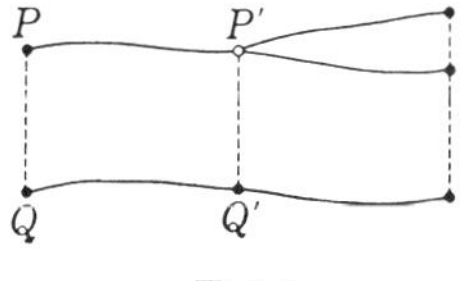

図 6.3

$\sigma^{-1}\circ\gamma$をとって$\tilde{\gamma}, \tilde{\gamma}'$を比べると，$\tilde{\gamma}$と$\tilde{\gamma}'$は$\tau_1'$の少し先まで一致しなければならなくなる．これは矛盾であるので$\tau_1'=t_1$．$\tilde{\gamma}, \tilde{\gamma}'$の連続性から，$t_0\leqq t\leqq t_1$に対して$\tilde{\gamma}(t)=\tilde{\gamma}'(t)$

が成り立つことになる. ∎

C. つぎの定理を**1価性の定理** (Monodromy Theorem) という この名前は解析接続におけるもの (例えば吉田 [70], p.245) から来たが, それとの関係は **D** で述べる.

定理 6.1 $(\widetilde{S}, \sigma, S)$ を分岐のない被覆面とし, S の曲線 $\gamma_0 : \boldsymbol{I} \to S$ と $\gamma_1 : \boldsymbol{I} \to S$ (ただし $\boldsymbol{I}=[0,1]$) は端点固定でホモトープであるとし, $F(t,\tau)$ をホモトピーとする ($F(\cdot,0)=\gamma_0$, $F(\cdot,1)=\gamma_1$). $P \in \widetilde{S}$ を $\gamma_0(0)=\gamma_1(0)$ の上にある点とし, $\gamma_\tau = F(\cdot, \tau)$ のリフトで P を始点とするもの $\tilde{\gamma}_\tau$ が, すべての $\tau (0 \leqq \tau \leqq 1)$ に対して存在するものと仮定する. すると $\tilde{\gamma}_0$ と $\tilde{\gamma}_1$ は同じ終点を持ち, しかも $\widetilde{S}$ において端点固定でホモトープである.

(証明) 直観的には図 6.4 より殆んど自明であろう (図で各 $\tilde{\gamma}_\tau$ を終りまで延ばしてみよ).

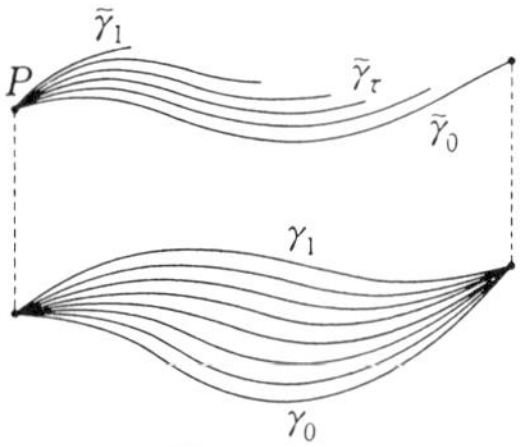

図 6.4

本式に証明するには, 連続写像

$$\widetilde{F} : \boldsymbol{I} \times \boldsymbol{I} \to \widetilde{S}$$

で $\widetilde{F}(0,0)=P$, $\sigma \circ \widetilde{F} = F$ をみたすものを作ればよい (それで十分なことはあきらかであろう). そのため, 十分細かい分割 $0=t_0<t_1<\cdots<t_n=1$, $0=\tau_0<\tau_1<\cdots<\tau_n=1$ をとって, つぎのことが成り立つようにする: 点 $\tilde{\gamma}_{\tau_k}(t_j)=P_{jk}$ の近傍 $\widetilde{U}_{jk}$, 点 $\gamma_{\tau_k}(t_j)=F(t_j,\tau_k)=Q_{jk}$ の近傍 U_{jk} が存在して, $F([t_j,t_{j+1}]\times[\tau_k,\tau_{k+1}]) \subset U_{jk}$, しかも $\sigma_{jk}=\sigma|\widetilde{U}_{jk}$ は $\widetilde{U}_{jk}$ から U_{jk} の上への位相写像.

いま, $[t_j,t_{j+1}]\times[\tau_k,\tau_{k+1}]$ において

$$\widetilde{F}_{jk}=\sigma_{jk}^{-1}\circ F$$

とおく. Unique Lifting Lemma によって, $t_j \leqq t \leqq t_{j+1}$ に対して $\widetilde{F}_{jk}(t,\tau_k)=\tilde{\gamma}_{\tau_k}(t)$ が成り立つ ($j=0,1,\cdots,n-1$). したがって, 曲線 $t \longmapsto \widetilde{F}_{j-1,k}(t,\tau_k)$ の終点 $\widetilde{F}_{j-1,k}(t_j,\tau_k)$ と $t \longmapsto \widetilde{F}_{jk}(t,\tau_k)$ の始点 $\widetilde{F}_{jk}(t_j,\tau_k)$ は (ともに $\tilde{\gamma}_{\tau_k}(t_j)$ であるので) 一致する. すると, 曲線 $[\tau_k,\tau_{k+1}] \ni \tau \longmapsto \widetilde{F}_{j-1,k}(t_j,\tau)$ の始点と $\tau \longmapsto \widetilde{F}_{jk}(t_j,\tau)$ の始点が一致することになるので, 再び Unique Lifting Lemma により, $\tau_k \leqq \tau \leqq \tau_{k+1}$ に対して

$$\widetilde{F}_{j-1,k}(t_j,\tau)=\widetilde{F}_{jk}(t_j,\tau)$$

が成り立つことになる. このことは, $\widetilde{F}_{j-1,k}$ と $\widetilde{F}_{jk}$ が定義域の共通部分で一致することを表す. よって, これらをつないで, 合併での連続写像が得られることになる.

この操作を $j=1,2,\cdots,n-1$ について行うと，全部つないで得られるものは，$[0,1]\times[\tau_k,\tau_{k+1}]$ から $\tilde{S}$ の中への連続写像 $\tilde{F}_k$ で，つぎの性質を持つものである：$[t_j,t_{j+1}]\times[\tau_k,\tau_{k+1}]$ への制限は $\tilde{F}_{jk}$ と一致し，$\tilde{F}_k(\cdot,\tau_k)=\tilde{\gamma}_{\tau_k}$，$\tilde{F}_k(0,\tau)=P$，$\sigma\circ\tilde{F}_k=F$，$k=0,1,\cdots,n-1$.

曲線 $[0,1]\ni t\longmapsto\tilde{F}_{k-1}(t,\tau_k)$ と $[0,1]\ni t\longmapsto\tilde{F}_k(t,\tau_k)$ は，ともに γ_{τ_k} のリフトで P を始点とするものである．よって一致しなければならない；つまり $0\leqq t\leqq 1$ に対して

$$\tilde{F}_{k-1}(t,\tau_k)=\tilde{F}_k(t,\tau_k).$$

このことは，$\tilde{F}_{k-1}$ と $\tilde{F}_k$ が定義域の共通部分で一致することを表す．$k=1,2,\cdots,n-1$ に対してこのことがいえるので，全部つなぎあわせると，求める $\tilde{F}:[0,1]\times[0,1]\to\tilde{S}$ が得られる． ∎

D． 上に予告した，解析接続と分岐のない被覆面との関連について述べる．

複素平面上の点 a を与え，a を含む領域 Ω と，Ω で正則な関数 f から成る対

$$(f,\Omega)$$

の全体を考える．2つの対 (f_1,Ω_1)，(f_2,Ω_2) が（a に関して）同値であるということを，a のある近傍 $\Delta\subset\Omega_1\cap\Omega_2$ において $f_1\equiv f_2$ が成り立つことと定義し，同値類のことを a を**中心**とする**関数要素**（または**正則関数芽**）と呼ぶ．記号 $\boldsymbol{e}$ などを用いる．値 $f(a)$ は $(f,\Omega)\in\boldsymbol{e}$ の選び方によらないが，これを $\boldsymbol{e}$ の**値**という．

注意 “a を中心とする関数要素とは a 中心で収束半径が正（$\leqq\infty$）の整級数のこと” といってもよい．じっさい，f を a で Taylor 展開したときの係数は (f,Ω) の $\boldsymbol{e}$ からの選び方に依存せずに決まるし，逆にこのような整級数は1つの $\boldsymbol{e}$ を定める．

関数要素の全体から成る集合を記号 $\mathcal{O}$ で表す．つまり $\mathcal{O}$ は，a 中心の関数要素のすべてを，すべての $a\in\mathbb{C}$ にわたってとって集めたものである．2つの $\boldsymbol{e}_1,\boldsymbol{e}_2\in\mathcal{O}$ が一致するための条件は，まず中心が一致し，つぎに $(f_k,\Omega_k)\in\boldsymbol{e}_k$ $(k=1,2)$ に対して $f_1=f_2$ が中心の近傍で成り立つことである．$\mathcal{O}$ から $\mathbb{C}$ の中へ2つの写像

$$\sigma:\boldsymbol{e}\longmapsto(\boldsymbol{e}\text{ の中心})$$

$$\tau:\boldsymbol{e}\longmapsto(\boldsymbol{e}\text{ の値})$$

が定まる．

$\mathcal{O}$ の位相をつぎのように入れる：$\boldsymbol{e}\in\mathcal{O}$ に対して $(f,\Omega)\in\boldsymbol{e}$ をとり，任意の $b\in\Omega$ に対して，b を中心とする関数要素で (f,Ω) を含むものを $\boldsymbol{e}_b$ とし，

$$U=\{\boldsymbol{e}_b | b\in\Omega\}$$

を $\boldsymbol{e}$ の近傍とする．$\boldsymbol{e}$ からの (f,Ω) の選び方によっていろいろの U が得られるが，それらを $\boldsymbol{e}$ の近傍系の基底とするのである．近傍系の基底の条件をみたすこと，したがって $\mathcal{O}$ に位相が定まることは，容易にたしかめられる．

写像 σ と τ がこの位相に関して連続なことは自明である．さらに σ が局所位相写像であることもあきらかで，じっさい上記の U から Ω の上への位相写像となっている．また U で

$$f\circ\sigma=\tau$$

が成り立っていることを注意しておく．

$\mathcal{O}$ は Hausdolff 空間である． 異なる $\boldsymbol{e}_1,\boldsymbol{e}_2\in\mathcal{O}$ に対して，それぞれの近傍 U_1, U_2 で

$$U_1\cap U_2=\phi$$

をみたすものをとることは，$\boldsymbol{e}_1,\boldsymbol{e}_2$ の中心が異なる場合は簡単である（詳細は省略する）．中心が同じ a であるとき，$(f_k,\Omega_k)\in\boldsymbol{e}_k$，$a\in\Omega_k$ $(k=1,2)$ に対しては，$e_1\neq e_2$ である以上，a のどんな近傍でも $f_1\equiv f_2$ は成立できないわけである．正則関数に関する一致の定理によれば，このとき a 中心のある近傍 $\varDelta\subset\Omega_1\cap\Omega_2$ があって，$\varDelta-\{a\}$ の任意の b で $f_1(b)\neq f_2(b)$ とならなければならない．これを用いた $(f_k|\varDelta,\varDelta)\in\boldsymbol{e}_k$ から $\boldsymbol{e}_k$ の近傍 U_k $(k=1,2)$ を定めれば，$U_1\cap U_2=\phi$ は自明であろう．

$\mathcal{O}$ には特に名を付けないでおく；ある種の代数的構造を入れて“正則関数芽の sheaf”と呼ぶ人もある．

$\mathcal{O}$ の任意の領域 $\tilde{S}$ に対し，$\sigma(\tilde{S})$ を含む任意の領域 $S\subset\hat{\mathbb{C}}$ による $(\tilde{S},\sigma,S)$ は，分岐のない被覆面である．

さて，$\mathcal{O}$ の曲線

$$\tilde{\gamma}: I\ni t\longmapsto\boldsymbol{e}(t)$$

について考えてみよう．写像 $t\longmapsto\boldsymbol{e}(t)$ が連続ということに基いて，まず

$$\gamma: I\ni t\longmapsto\sigma(\boldsymbol{e}(t))$$

は $\mathbb{C}$ の曲線であり，つぎに，任意の $t^*\in I$ と任意の $(f^*,\Omega^*)\in\boldsymbol{e}(t^*)$ に対して

適当に $\delta>0$ をとると，$|t-t^*|<\delta$ であるような任意の t は $\gamma(t)\in\Omega^*$ で $(f,\Omega)\in\boldsymbol{e}(t)$ は点 $\gamma(t)$ の近傍で $f^*\equiv f$ をみたすことがいえる．このことは，$\mathcal{O}$ の曲線 $\tilde{\gamma}$ は曲線 $\gamma=\sigma\circ\tilde{\gamma}$ に沿う解析接続（吉田［70］，pp. 232 ff）と本質的に同じものであることを示している．このように考えるならば，解析接続における "1価性の定理"（吉田［70］，pp. 245 ff）は，$(\tilde{S},\sigma,S)$ に対する定理 6.1 から導かれることがわかるであろう．

注意 正則微分の不定積分は解析接続の一種である（例えば吉田［70］，pp. 253 ff の議論を参考に読者自ら検討されたい）．したがって，正則微分に関する定理 1.4（よって特に Cauchy の積分定理）は定理 6.1 の特別な場合と考えられる．

6.2 限界のない被覆面

A. 標題の意味を説明する前に定理を述べなければならない．

定理 6.2 分岐のない被覆面 $(\tilde{S},\sigma,S)$ に対して，つぎの3条件は同値である：

（a） S の任意の曲線 γ，その始点の上にある任意の点 $P\in\tilde{S}$ に対し，γ のリフトで P を始点とするものが，つねに存在する；

（b） 任意の $Q\in S$ に対し，その近傍 V を適当にとると，$\sigma^{-1}(V)$ の任意の成分 D への σ の制限は，D から V の上への位相写像である；

（c） 任意の $Q\in S$ に対し，Q を内点とするコンパクト集合 B を適当にとると，$\sigma^{-1}(B)$ の成分はすべてコンパクトである．

定義 この条件をみたす分岐のない被覆面は**限界のない**被覆面という．

注意 1 "限界のない" は unbegrenzt（ドイツ語）の訳である．"非有界"，"無境界" などの訳語も使われる．英語では unbounded または unlimited と訳されている．

注意 2 トポロジーで "被覆空間" というときは，分岐のない，限界のないものを考えるのがふつうである（例えば，松本［44］，pp. 253 ff）．

例 1 6.1.**A** の例2および例3の，$\sigma=\exp$ による $(\tilde{S},\sigma,S)$ は限界のない被覆面であ

る．条件（b）をみたすからである．

例 2　1.6.**F**の“$w=\log z$のリーマン面”をSとし，そこで定義した“射影”σを用いた$(S, \sigma, \mathbb{C}-\{0\})$は，限界のない被覆面である．これは$(\mathbb{C}, \exp, \mathbb{C}-\{0\})$と同値(6.1.**A**の例5で述べた）であるので，上の例1に含まれるといえるが，条件（b）をみたすことを直接しらべることも簡単である．一方，$(S, \sigma, \mathbb{C})$や$(S, \sigma, \hat{\mathbb{C}})$は限界のない被覆面ではない．$Q=0$または$\infty$で条件（b）がみたされないし，またこれらの点を終点とする曲線のリフトは存在しない．

例 3　$\tilde{S}$がコンパクトならば，分岐のない被覆面$(\tilde{S}, \sigma, S)$は，条件（c）により，つねに限界のない被覆面である．

（定理の証明）（a）$\Longrightarrow$（b）：Qの近傍Vとして，開円板と位相同型なものをとれば，つねに（b）の条件をみたすことを示す．$\sigma^{-1}(V)$の任意の成分Dをとり，$\sigma|D$をσ_0と表す．点$P_0 \in D$を1つとり，$Q_0=\sigma(P_0)$とおく．

まずσ_0は，あきらかに，DからVの中への連続な開写像である．つぎに，σ_0は全射である；なぜならば，$Q_1 \in V$を任意にとり，Q_0からQ_1に至るV内の曲線γを考えると，そのリフトでP_0を始点とするものが仮定（a）によって存在するが，それはD内にあるので，$Q_1 \in \sigma_0(D)$．最後にσ_0が単射であることを示すため，$P_1, P_2 \in D$が$\sigma_0(P_1)=\sigma_0(P_2)$をみたしたとする．$\tilde{\gamma}_1, \tilde{\gamma}_2$を$P_0$からそれぞれ$P_1, P_2$に至る$D$内の曲線とすると，$\sigma \circ \tilde{\gamma}_1$，$\sigma_2 \circ \tilde{\gamma}_2$は$V$内にあって，始点と終点が，それぞれ一致する．$V$は単連結であるから，これらはホモトープである．分岐のない被覆面(D, σ_0, V)は，仮定（a）によって，定理6.1の仮定をみたし，したがって$\tilde{\gamma}_1, \tilde{\gamma}_2$の終点$P_1$と$P_2$は一致しなければならない．こうして$\sigma_0 : D \to V$は位相写像であることがわかる．

（b）$\Longrightarrow$（c）：仮定をみたすVをとり，つぎにQを内点にする，閉円板と位相同型な$B \subset V$をとる．$\sigma^{-1}(B)$の任意の成分Aをとり，以下Aがコンパクトであることを示す．$\sigma^{-1}(V)$の成分でAを含むものをDとしたとき，$\sigma|D=\sigma_0$は仮定（b）によって位相写像である．ここで

$$\sigma^{-1}(B) \cap D = \sigma_0{}^{-1}(B)$$

が成り立つことに注意する．Aは閉集合$\sigma^{-1}(B)$の成分だから閉集合，そして$A \subset \sigma_0{}^{-1}(B)$であるが，コンパクト集合の位相像$\sigma_0{}^{-1}(B)$はコンパクトであり，したがって$A$はコンパクトでなければならない．

（c）$\Longrightarrow$（a）：Sの曲線

$$\gamma : [t_0, t_1] \to S$$

と始点$Q=\gamma(t_0)$の上の点$P \in \tilde{S}$を与える．$\tau \in (t_0, t_1]$に対し，γの$[t_0, \tau]$への制限をγ_τとおくと，そのリフトでPを始点とするものは，τが十分t_0に近ければ存在する（なぜならば，σはQの近傍からPの近傍の上への位相写像であるので，$\sigma^{-1} \circ \gamma_\tau$が考えら

れる)．いま，Pを始点とするリフト$\tilde{\gamma}_\tau$の存在するようなτの上限をτ^*とおく($t_0<\tau^*\leqq t_1$)と，$t_0\leqq t<\tau^*$に対する$\tilde{\gamma}_\tau(t)$は，$t\leqq\tau<\tau^*$である限りτに依存しない．これを$\tilde{\gamma}(t)$と表すことによって，連続写像

$$\tilde{\gamma}:[t_0,\tau^*)\to\tilde{S}$$

で条件$\tilde{\gamma}(t_0)=P$，$\sigma\circ\tilde{\gamma}=$($\gamma$の$[t_0,\tau^*)$への制限)をみたすものが得られる．

この$\tilde{\gamma}$に対して$\tilde{S}$の点$\lim\limits_{t\to\tau^*-0}\tilde{\gamma}(t)$の存在することを示すため，つぎの集合を考える：

$$E=\bigcap_{\varepsilon>0}\mathrm{Cl}\,\tilde{\gamma}([\tau^*-\varepsilon,\tau^*)),$$

ただしClは閉包を表すものとする．あきらかに$\sigma(E)$は$\gamma(\tau^*)$ただ1点から成る．仮定(c)によると$E\neq\phi$である；なぜならば，点$\gamma(\tau^*)$に対して条件(c)におけるコンパクト集合Bを考えると，十分小さい$\varepsilon>0$に対する$\gamma([\tau^*-\varepsilon,\tau^*])$は$B$に含まれ，その結果$\mathrm{Cl}\,\tilde{\gamma}([\tau^*-\varepsilon,\tau^*))$は$\sigma^{-1}(B)$の成分に含まれる閉集合なのでコンパクトだからである．Eがもし異なる2点P^*,P^{**}を含んだとすると，すべての$\tilde{\gamma}([\tau^*-\varepsilon,\tau^*))$は$P^*$，$P^{**}$の近くを通らなければならないが，一方$\varepsilon$が小さいと$\gamma([\tau^*-\varepsilon,\tau^*))$は$\gamma(\tau^*)$の近傍に入らねばならないので，$\sigma$が局所位相写像ということに矛盾してしまう．こうしてEは1点から成ることがわかる．これをP^*とおけば

$$\lim_{t\to\tau^*-0}\tilde{\gamma}(t)=P^*$$

が成り立つことになる．

そこで，$[t_0,\tau^*)$で定義されている$\tilde{\gamma}$を，$\tilde{\gamma}(\tau^*)=P^*$とおくことによって，$[t_0,\tau^*]$にまで拡張すると，それは$\gamma_{\tau^*}$のリフトで$P$を始点とするものにほかならない．

もし$\tau^*<t_1$が成り立つとすると，σは点P^*の近傍から$\gamma(\tau^*)$の近傍の上への位相写像であるから，$\sigma^{-1}\circ\gamma$を用いることによって，τ^*より少し大きい$\tau^{**}(\leqq t_1)$に対する$\gamma_{\tau^{**}}$のリフトを構成することができ，τ^*の定義に矛盾する結果となってしまう．よって$\tau^*=t_1$，つまり与えられたγのリフトでPを始点とするものが存在することがわかる．▌

B． 基本的性質を8つ列挙する．簡単なものの証明は略す．

(1) $(\tilde{S},\sigma,S)$が分岐のない限界のない被覆面，$D\subset S$は領域，$\tilde{D}$は$\sigma^{-1}(D)$の任意の成分とすると，$(\tilde{D},\sigma|\tilde{D},D)$は分岐のない，限界のない被覆面である．

(2) $(\tilde{S},\sigma,S)$が分岐のない限界のない被覆面のとき，$Q\in S$に対する$\sigma^{-1}(Q)$の濃度(元の個数)はQによらない．

(証明) 任意の$Q,Q'\in S$を与えたとき，曲線$\gamma=\overrightarrow{QQ'}$を1つとる．$P\in\sigma^{-1}(Q)$に対

し，γ のリフトで P を始点とするものの終点を P' とする．対応 $P \longmapsto P'$ が集合 $\sigma^{-1}(Q)$ から $\sigma^{-1}(Q')$ の上への1対1対応を与える． ▮

定義 上述の，Q によらない $\sigma^{-1}(Q)$ の濃度を，分岐のない限界のない被覆面 $(\tilde{S}, \sigma, S)$ の**被覆度**，または**葉数**という．

葉数が1のとき，被覆面は**単葉**であるというが，このとき，あきらかに，σ は $\tilde{S}$ から S の上への位相写像である．

定理6.1の仮定の一部は，限界のない被覆面ではつねにみたされるので，1価性の定理はつぎの形になる：

（3） 分岐のない限界のない被覆面 $(\tilde{S}, \sigma, S)$ において，S の曲線 γ_0 と γ_1 が端点固定でホモトープのとき，これらのリフトで始点を共有するものは，終点を共有し，しかも端点固定でホモトープである．とくに，S のホモトープ零の閉曲線のリフトは，すべて閉曲線で，ホモトープ零である．

（4） S が単連結なら，分岐のない限界のない被覆面 $(\tilde{S}, \sigma, S)$ はすべて単葉である．

（証明） $Q \in S$ を1つとって，$P, P' \in \sigma^{-1}(Q)$ を任意にとる．曲線 $\tilde{\gamma} = \overset{\frown}{PP'}$ の $\sigma \circ \tilde{\gamma} = \gamma$ は Q を基点とする閉曲線であるが，仮定により，それはホモトープ0である．よって，そのリフト $\tilde{\gamma}$ は閉曲線，つまり $P = P'$ となって，$\sigma^{-1}(Q)$ が1点のみから成ることがわかる． ▮

注意 逆に，分岐のない限界のないすべての被覆面 $(\tilde{S}, \sigma, S)$ が単葉であるような S は単連結である．このことは後述の（7）でわかる．

つぎに，分岐のない限界のない被覆面 $(\tilde{S}, \sigma, S)$ において，点 $P \in \tilde{S}$ に関する $\tilde{S}$ の基本群 $\pi_1(\tilde{S}, P)$ と，P の下にある点 $Q = \sigma(P) \in S$ に関する S の基本群 $\pi_1(S, Q)$ の関係をしらべよう．写像 σ は 1.4.**H** で述べたように，$\pi_1(\tilde{S}, P)$ から $\pi_1(S, Q)$ の中への準同型

$$\sigma_{\#} : [\tilde{\gamma}] \longmapsto [\sigma \circ \tilde{\gamma}]$$

を定める；もしPを明示する必要があるときは$\sigma_\sharp$を$\sigma_\sharp{}^P$などとも表すことにする.

（5） $\sigma_\sharp$は$\pi_1(\tilde{S}, P)$から像$\sigma_\sharp(\pi_1(\tilde{S}, P))$の上への同型である.

（証明） 単射であることをいえばよい. $\tilde{\gamma}$は$\sigma\circ\tilde{\gamma}$のリフトであるので，もし後者がホモトープ零ならば（3）によって前者もそうである. ▮

（6） $\sigma_\sharp$による$\pi_1(\tilde{S}, P)$の像をHとしたとき，

(6_1) Qを基点とするSの閉曲線のリフトでPを始点とするもの$\tilde{\gamma}$は，$[\gamma]\in H$のとき，しかもそのときに限って閉曲線である；

(6_2) Qを基点とするSの閉曲線γ_0, γ_1のリフトでPを始点とするもの$\tilde{\gamma}_0, \tilde{\gamma}_1$は，$[\gamma_0\gamma_1{}^{-1}]\in H$のとき，しかもそのときに限って，同じ終点を持つ.

（証明） (6_2) $[\gamma_0\gamma_1{}^{-1}]\in H$なら，ある$[\tilde{\gamma}]\in\pi_1(\tilde{S}, P)$の$\gamma=\sigma\circ\tilde{\gamma}$によって$[\gamma_0\gamma_1]^{-1}=[\gamma]$，したがって$\gamma_0\approx\gamma\gamma_1$. $\tilde{\gamma}$はPを基点とする閉曲線なので，$\gamma\gamma_1$のリフトでPを始点とするものは$\tilde{\gamma}\tilde{\gamma}_1$と一致する. よって$\tilde{\gamma}_0$と$\tilde{\gamma}\tilde{\gamma}_1$は同じ終点を持ち，したがって$\tilde{\gamma}_0$と$\tilde{\gamma}_1$は同じ終点を持つ. 逆に$\tilde{\gamma}_0$と$\tilde{\gamma}_1$が同じ終点を持つなら，$\tilde{\gamma}_0\tilde{\gamma}_1{}^{-1}$は$P$を基点とする閉曲線である. よって$[\gamma_0\gamma_1{}^{-1}]=\sigma_\sharp([\tilde{\gamma}_0\tilde{\gamma}_1{}^{-1}])\in H$.
(6_1)の証明も同様である. ▮

（7） 上述のHについて，指数$[\pi_1(S, Q):H]$は被覆面の葉数にひとしい.

（証明） 集合$\sigma^{-1}(Q)$の任意の点P_0に対し，PからP_0に至る$\tilde{\gamma}_0$をとって$\gamma_0=\sigma\circ\tilde{\gamma}_0$とおくと，これは$Q$を基点とする閉曲線である. 他の$P_1\in\sigma^{-1}(Q)$に対して$\tilde{\gamma}_1$，$\gamma_1=\sigma\circ\tilde{\gamma}_1$を同様にとると，$(P_0=P_1)\longleftrightarrow(\tilde{\gamma}_0$と$\tilde{\gamma}_1$の終点は一致$)\longleftrightarrow([\gamma_0\gamma_1{}^{-1}]\in H)\longleftrightarrow$（剰余類$H\cdot[\gamma_0]$と$H\cdot[\gamma_1]$は一致）. つまり，集合$\sigma^{-1}(Q)$と$H$の右剰余類の全体との間に1対1対応がつく. ▮

以上（5）―（7）は点Pを定めての話であったが，異なった点に対してはど

うなるであろうか．

(8) $Q\in S$ の上に P, P' をとると，$\sigma_{\#}{}^{P}(\pi_1(\tilde{S}, P))$ と $\sigma_{\#}{}^{P'}(\pi_1(\tilde{S}, P'))$ は $\pi_1(S, Q)$ の部分群として互いに共役である．逆に $\sigma_{\#}{}^{P}(\pi_1(\tilde{S}, P))$ と共役な部分群は，Q の上の適当な P' の $\sigma_{\#}{}^{P'}(\pi_1(\tilde{S}, P'))$ と一致する．

（証明） $H=\sigma_{\#}{}^{P}(\pi_1(\tilde{S}, P))$，$H'=\sigma_{\#}{}^{P'}(\pi_1(\tilde{S}, P'))$ と略記する．P から P' に至る曲線 $\tilde{\delta}$ をとると，$\delta=\sigma\circ\tilde{\delta}$ は $[\delta]H[\delta]^{-1}=H'$ をみたすことがすぐわかる．このことを利用すれば証明はすべて容易である． ▌

C． 連結な2次元位相多様体 S の点 Q_0 の $\pi_1(S, Q_0)$ の任意の部分群 H を与えたとき，分岐のない限界のない被覆面 $(\tilde{S}, \sigma, S)$ で，Q_0 上のある点 P_0 に対して

$$H=\sigma_{\#}(\pi_1(\tilde{S}, P_0))$$

をみたすものが，つねに存在する．

（証明） Q_0 を始点とする S の曲線の全体を考える．γ_1 と γ_2 が同値であるということを，γ_1 と γ_2 の終点が一致し，しかも Q_0 を基点とする閉曲線 $\gamma_1\gamma_2{}^{-1}$ の属するホモトピー類が H に属することと定義する．同値関係の公理をみたすことが容易にわかるが，同値類を $\langle\gamma\rangle$ と表す．これ全体を $\tilde{S}$，$\langle\gamma\rangle$ に対して γ の終点を対応させる写像を σ とし，$(\tilde{S}, \sigma, S)$ が求めるものとなることを示す．$\tilde{S}$ の点 $\langle\gamma\rangle$ は，また P とも表す．

$\tilde{S}$ の位相を近傍系によって入れる．点 $P=\langle\gamma\rangle\in\tilde{S}$ に対し，γ の終点 Q の近傍で開円板と位相同型な U をとり，Q を始点とする U 内の曲線 γ' のすべてにわたっての $\langle\gamma\gamma'\rangle$ の全体を $\tilde{U}$ とおく．すると，これを近傍系の基底として $\tilde{S}$ に位相が入り，Hausdorff 空間となることが容易にわかる．σ は $\tilde{U}$ から U の上への1対1対応である．このことから，σ は $\tilde{U}$ から U の上への位相写像であることがわかり，したがって $\tilde{S}$ から S の中への局所位相写像であることがわかる．さらに，この $\tilde{U}$ は U と P のみで決まるので，定理 6.2 の条件 (b) をみたすことがたしかめられる．

$\tilde{S}$ の連結性をいうため，任意の点 $P_1=\langle\gamma_1\rangle$，$P_2=\langle\gamma_2\rangle$ が $\tilde{S}$ の曲線で結ばれることを示す．$\gamma^*=\gamma_1{}^{-1}\gamma_2:[a, b]\to S$ とおき，$a<\tau\leqq b$ に対して

$$\gamma_\tau{}^*:[a, \tau]\ni t\longmapsto\gamma^*(t)$$

とおいて

$$\tilde{\gamma}:[a, b]\ni\tau\longmapsto\begin{cases}\gamma_1 & \tau=a\\ \gamma_1\cdot\gamma_\tau{}^* & a<\tau\leqq b\end{cases}$$

とする．$\tilde{\gamma}$ が連続写像で $\tilde{\gamma}(a)=P_1$，$\tilde{\gamma}(b)=P_2$ をみたすことは殆んど自明であろう．

以上によって $(\widetilde{S}, \sigma, S)$ が分岐のない，限界のない被覆面であることがわかった．

最後に，$\varepsilon : [0,1] \ni t \longmapsto Q_0$ を定値曲線とし，$P_0 = \langle \varepsilon \rangle$ としたとき，$\sigma_\sharp(\pi(\widetilde{S}, P_0))$ が与えられた H と一致することを示す．Q_0 を基点とする閉曲線 $\gamma : [a, b] \to S$ が与えられたとき，上でやったのと全く同様に，$a < \tau \leqq b$ に対する $\gamma_\tau{}^* : [a, \tau] \ni t \longmapsto \gamma(t)$ を用いて構成した

$$\tilde{\gamma} : [a, b] \ni \tau \longmapsto \begin{cases} \langle \varepsilon \rangle & \tau = a \\ \langle \gamma_\tau{}^* \rangle & a < \tau \leqq b \end{cases}$$

は，P_0 を始点とする γ のリフトである．これが閉曲線となる条件 $\langle \varepsilon \rangle = \langle \gamma_1{}^* \rangle$ は，γ の属するホモトピー類が H に含まれることにほかならない．**B** の (6_1) によって，$\sigma_\sharp(\pi_1(\widetilde{S}, P_0)) = H$ が成り立つ． ∎

とくに H が単位元のみから成る場合を考えよう．H は $\pi_1(\widetilde{S}, P_0)$ と同型であるから，このとき $\widetilde{S}$ は単連結ということになる．このような被覆面に名前を付ける．

定義 $\hat{S}$ が単連結であるような，分岐のない限界のない被覆面 $(\hat{S}, \sigma, S)$ を S の**普遍被覆面** (universal covering surface) という．このとき σ を**普遍被覆写像**という．

上述の結果によりつぎの定理を得る：

定理 6.3 連結な2次元位相多様体 S に対し，その普遍被覆面がつねに存在する．

D. 分岐のない2つの被覆面 $(\widetilde{S}_k, \sigma_k, S_k)$, $k=1,2$ において，S_1 から S_2 の上への位相写像 h が与えられているとする．このとき，$\widetilde{S}_1$ から $\widetilde{S}_2$ の上への位相写像 $\tilde{h}$ で

$$\sigma_2 \circ \tilde{h} = h \circ \sigma_1$$

をみたすものがもしあれば，それを h の**リフト**という．

$\widetilde{S}_1$ から $\widetilde{S}_2$ の上への位相写像 $\tilde{h}$ が，ある位相写像 $h : S_1 \to S_2$ のリフトであるための必要十分条件は，容易にわかることであるが，$\widetilde{S}_1$ の任意の2点 P, P' に対して

$$(*) \qquad \sigma_1(P)=\sigma_1(P') \iff \sigma_2(\tilde{h}(P))=\sigma_2(\tilde{h}(P'))$$

が成り立つことである.

位相写像 $h: S_1 \to S_2$ に対し，いつリフトが存在するか？ 限界のない被覆面に対しては，つぎのような判定条件がある：

定理 6.4 分岐のない限界のない被覆面 $(\tilde{S}_k, \sigma_k, S_k)$，$k=1,2$ と位相写像

$$h: S_1 \to S_2$$

が与えられたとし，点 $Q_1 \in S_1$，その上の点 $P_1 \in \tilde{S}_1$，$h(Q_1)=Q_2$ の上の点 $P_2 \in \tilde{S}_2$ を任意に与える．写像の与える基本群の同型に関して，もし

$$(**) \qquad h_\#(\sigma_{1\#}(\pi_1(\tilde{S}_1, P_1)))=\sigma_{2\#}(\pi_1(\tilde{S}_2, P_2))$$

が成り立つならば，h のリフト

$$\tilde{h}: \tilde{S}_1 \to \tilde{S}_2$$

で条件 $\tilde{h}(P_1)=P_2$ をみたすものが存在し，また逆も正しい．このとき $\tilde{h}$ は一意的に定まる．

（証明） まず（$**$）が成り立つ場合，任意の $P \in \tilde{S}_1$ に対し，曲線 $\overrightarrow{P_1P}=\tilde{\gamma}$ をとり，順次に $\gamma=\sigma_1 \circ \tilde{\gamma}$，$h \circ \gamma$，そのリフトで P_2 を始点とする $\tilde{\gamma}'$ をとると，（$**$）によって，P' は曲線 $\tilde{\gamma}$ のとり方に依存しない．こうして得られた写像

$$\tilde{h}: P \to P'$$

は，$\tilde{S}_1$ から $\tilde{S}_2$ の上への1対1写像であり，$\sigma_2 \circ \tilde{h}=h \circ \sigma_1$ をみたす．局所的には $\tilde{h}=\sigma_2^{-1} \circ h \circ \sigma_1$ と表せるので，位相写像であることがわかる．$\tilde{h}(P_1)=P_2$ をみたす．

h のリフトで P_1 を P_2 に対応させるものは，必然的に，上に構成した $\tilde{h}$ と一致しなければならない．これは，上述の $\tilde{\gamma}, \gamma, h \circ \gamma, \tilde{\gamma}'$ を考えればあきらかである．

逆に，h のリフトで P_1 を P_2 に対応させるもの $\tilde{h}$ が存在したとき，（$**$）が成り立つことの証明はつぎのとおりである．$[\gamma] \in \sigma_{1\#}(\pi_1(\tilde{S}_1, P_1))$ の γ のリフトで P_1 を始点とする $\tilde{\gamma}$ は閉曲線であるので，$\tilde{h} \circ \tilde{\gamma}$ は閉曲線である．$\tilde{h} \circ \tilde{\gamma}$ は P_2 を始点とする $h \circ \gamma$ のリフトである．したがって $h_\#([\gamma]) \in \sigma_{2\#}(\pi_1(\tilde{S}_2, P_2))$，よって式（$**$）の $=$ を $\subset$ とした関係式を得る．h^{-1} を考えることによって $\supset$ を得，結局（$**$）が成り立つ． ∎

とくに $S_1=S_2$ で h が恒等写像のときは，6.1.**A** で述べたように，$S=S_1=S_2$ として，$(\tilde{S}_1, \sigma_1)$ と $(\tilde{S}_2, \sigma_2)$ は S の同値な被覆面である．定理より，ただちにつぎのものを得る：

系 1 Sの分岐のない限界のない被覆面$(\tilde{S}_k, \sigma_k)$, $k=1,2$が同値であるための必要十分条件は, Sの同一点の上にある$P_k \in S_k$ $(k=1,2)$ に対して

$$\sigma_{1\sharp}(\pi_1(\tilde{S}_1, P_1)) = \sigma_{2\sharp}(\pi_1(\tilde{S}_2, P_2))$$

が成り立つことである. このとき, $\sigma_2 \circ \tilde{h} = \sigma_1$ および $\tilde{h}(P_1) = P_2$ をみたす位相写像 $\tilde{h} : \tilde{S}_1 \to \tilde{S}_2$ がただ1つ存在する.

系 2 Sの点Q_0の$\pi_1(S, Q_0)$の任意の部分群Hに対し, $H = \sigma_\sharp(\pi_1(\tilde{S}, P_0))$をみたす, 分岐のない限界のない被覆面$(\tilde{S}, \sigma, S)$は(**C**で存在を示したが), 同値の意味でただ1つ存在する.

とくに普遍被覆面は, 同値の意味でただ1つ存在する.

E. ここまで論じてきたことを$H=\{1\}$について述べれば, 普遍被覆面の性質となる. 後での引用に便利なように, 重複をかえりみることなく列挙しておく.

(1) 分岐のない限界のない被覆面$(\tilde{S}, \sigma, S)$がSの普遍被覆面であるための必要十分条件は, ある(または任意の)$P \in \tilde{S}$に対し$\sigma_\sharp(\pi_1(\tilde{S}, P))$が単位元のみから成ることである.

(2) Sの普遍被覆面$(\hat{S}, \sigma, S)$においては, Sの閉曲線がホモトープ零であるための必要十分条件は, リフトが閉曲線であること; また始点と終点をそれぞれ共有するSの2曲線がホモトープであることは, それらのリフトで同じ始点を持つものは終点も一致することである.

(3) S_kの普遍被覆面$(\hat{S}_k, \sigma_k, S_k)$, $k=1,2$と位相写像

$$h : S_1 \to S_2$$

に対し, リフト$\hat{S}_1 \to \hat{S}_2$はつねに存在する. しかも, 任意の$P_1 \in \hat{S}_1$と$h(\sigma_1(P_1))$上の任意のP_2を与えたとき, $\tilde{h}(P_1) = P_2$をみたすようなリフト$\tilde{h}$が, ただ1つ存在する.

（4） S の普遍被覆面 $(\hat{S}, \sigma, S)$，任意の分岐のない限界のない被覆面 $(\tilde{S}, \sigma', S)$ に対し，連続写像

$$\sigma_1 : \hat{S} \to \tilde{S}$$

が存在して $\sigma = \sigma' \circ \sigma_1$ をみたし，$(\hat{S}, \sigma, \tilde{S})$ は分岐のない限界のない被覆面である．

（証明） 恒等写像 $S \to S$ に定理 6.4 の論法を用いると（$\tilde{h}$ に相当する）σ_1 が得られる．局所位相写像であることは自明であり，$(\hat{S}, \sigma, \tilde{S})$ が限界のない被覆面であることは，定理 6.2 の条件（a）を用いれば，すぐわかる． ∎

注意 この結果は，“普遍被覆面は S の最も強い（つまり最も多重に覆っている）被覆面（分岐のない限界のない）である”といい表すことができる．

F． 2つの例について，分岐のない限界のない被覆面をしらべる．

例 1 単連結な S の，分岐のない限界のない被覆面は，普遍被覆面に限られる．じっさい，つぎの3条件は互いに同値である：

（a） S は単連結である，

（b） S の分岐のない限界のない被覆面はすべて単葉，

（c） S の分岐のない限界のない被覆面はすべて普遍被覆面と同値．

例 2 複素平面の環状領域

$$\Omega = \{z \mid r_1 < |z| < r_2\},$$

ただし $0 \leqq r_1 < r_2 \leqq \infty$，に対して，$\Omega_m = \{z \mid \sqrt[m]{r_1} < |z| < \sqrt[m]{r_2}\}$ と $p_m(z) = z^m$ による

（I_m） (Ω_m, p_m, Ω)，　$m = 1, 2, \cdots$，

および $\hat{\Omega} = \{z \mid \log r_1 < \mathrm{Re}\, z < \log r_2\}$ と指数関数 exp による

（II） $(\hat{\Omega}, \exp, \Omega)$

は，すべて分岐のない限界のない被覆面である．ほかのものは，すべて以上のどれかと同値であることが，つぎのようにしてわかる．

（証明） $z_0 \in \Omega$ に関する基本群は，1.4.**H** で述べたように，曲線

$$\gamma_0 : [0, 1] \ni t \longmapsto z_0 e^{2\pi i t}$$

を含むホモトピー類 $[\gamma_0]$ で生成される自由群である； すなわち $\pi_1(\Omega, z_0) = \{[\gamma_0]^n \mid n = 0, \pm 1, \pm 2, \cdots\}$ であって，加法群 $\mathbb{Z}$ と同型である．これの部分群は $m = 0, 1, 2, \cdots$ に対

する

$$H_m=\{[\gamma_0]^{mn}|n=0, \pm 1, \pm 2, \cdots\}$$

がすべてである(証明は，例えば，成田[47]，p. 160，定理1)．上述の(I$_m$)がH_mに($m=1, 2, \cdots$)，(II)が$H_0=\{1\}$に対して(定理6.4，系2の意味で)定まることは，$\gamma_0{}^n$のリフトがどのようなnに対して閉曲線となるかをしらべれば，容易にわかる．Ωのほかの被覆面(分岐しない限界のない)が(I$_m$)，(II)のどれかと同値であることは，定理6.4，系1が示している． ▌

$H_0=\{1\}$に対応するから(II)はΩの普遍被覆面である．これは6.1.**A**の例2，例3で(それぞれ特別のr_1, r_2について)与えられている．例5("$w=\log z$のリーマン面"によるもの)も，$\gamma_0{}^n$のリフトの開・閉をしらべればわかるように，H_0に対応するので例3と同値，つまり$0<|z|<\infty$の普遍被覆面である．

6.1.**A**の例4("$w=\sqrt{z}$のリーマン面"からP_0とP_∞を除いたもの)は，H_2に対応することがわかるので，$r_1=0$，$r_2=\infty$のときの(I$_2$)と同値である．

一般のr_1, r_2, mに対しても，同じようにして，切込みの入った平面領域をつなぎあわせて模型を作ることができる(1.6.**F**参照)．

6.3 正規被覆面

A つぎの定義は，"限界のない"という条件は付けずに与える：

定義 分岐のない被覆面$(\tilde{S}, \sigma, S)$において，$\tilde{S}$の自己自身の上への位相写像gで

$$g\circ\sigma=\sigma$$

をみたすものを**被覆変換**(cover transformation)という．被覆変換の全体は(合成を積として)群をなすが，これを**被覆変換群**という．

簡単な性質を二，三述べる．

(1) 恒等写像と異なる被覆変換gに対しては，$g(P)=P$をみたす点$P\in\tilde{S}$(gの**不動点**(fixed point)という)は存在しない．

(証明) いま不動点Pがあったとし，任意の$P'\in\tilde{S}$を考える．曲線$\tilde{\gamma}=\overrightarrow{PP'}$をとると，$g\circ\tilde{\gamma}$も$\sigma\circ\tilde{\gamma}$のリフトである．Unique Lifting Lemma (6.1.**B**)によって$g(P')=$

P' となる．P' は任意だから $g=\mathrm{id}$． ▮

（2） $P_1, P_2 \in \tilde{S}$ が S の同じ点の上にあるとき，$g(P_1)=P_2$ をみたす被覆変換 g は，もしあればただ1つに限る．

（証明） 2つの g_1, g_2 を考えたとき，$g_1 \circ g_2^{-1}$ は P_2 を不動点とするので，（1）を適用して $g_1=g_2$ を得る． ▮

（3） とくに限界のない被覆面の場合は，S の同じ点の上にある $P_1, P_2 \in \tilde{S}$ に対して $g(P_1)=P_2$ をみたす被覆変換が存在するための必要十分条件は

$$\sigma_\#^{P_1}(\pi_1(\tilde{S}, P_1)) = \sigma_\#^{P_2}(\pi_1(\tilde{S}, P_2)).$$

（証明） 定理6.4を $\tilde{S}_1=\tilde{S}_2=\tilde{S}$，$S_1=S_2=S$，$\sigma_1=\sigma_2=\sigma$，$h=\mathrm{id}$ に対して用いればよい；$\tilde{h}=g$ である． ▮

B． 標題の正規被覆面を定義する前に，定理を1つ述べておく：

定理 6.5 分岐のない限界のない被覆面 $(\tilde{S}, \sigma, S)$ に対して，つぎの3条件は互いに同値である：

（a） 被覆変換群が**遷移的** (transitive) である；つまり，$\sigma(P_1)=\sigma(P_2)$ であるような $P_1, P_2 \in \tilde{S}$ に対して，$g(P_1)=P_2$ であるような被覆変換がつねに存在する；'

（b） S の任意の閉曲線に対し，そのリフトの1つが閉曲線で，他の1つが開曲線ということはない．

（c） 任意の（またはある）$Q \in S$ と，その上の任意の（またはある）$P \in \tilde{S}$ に対し，$\sigma_\#(\pi_1(\tilde{S}, P))$ は $\pi_1(S, Q)$ の正規部分群である．

定義 分岐のない限界のない被覆面でこの条件をみたすものを，**分岐のない正規被覆面** (unramified normal covering surface) という．

注意 “正規” という代りに “正則 (regular)” という人もある．その一方 “正則” を

“限界のない”という意味に用いる人もある．本書では，混乱を避ける目的で“正則な被覆面”なる語は用いない．

例 1 普遍被覆面は正規である；6.2.**E**の（1）と上記の条件（c）よりいえる．

例 2 複素平面の環状領域（6.2.**F**, 例2）の，分岐のない限界のない被覆面はすべて正規である．Ω の基本群は可換なので，すべての部分解は正規部分群だからである．

例 3 分岐のない限界のない被覆面で正規でないものの例は，条件（b）を考えながら，切込みの入った平面を接着して作ることができる．$w=\sqrt{z}$ のリーマン面（1.6.**G**）Sから P_0, P_∞ を除いたものを S' とする．つぎに S' の1つのレプリカと，原点抜きの平面 $\mathbb{C}-\{0\}$ に，負虚軸に沿って $-2i$ から ∞ まで切込みを入れ，これらの切込みに沿う交差した接合をとる．最後に，得られたものから，点 $-2i$ の上にある点をすべてとり除いて $\widetilde{S}$ とする．自然な射影 σ とによって分岐のない被覆面 $(\widetilde{S}, \sigma, \mathbb{C}-\{0, -2i\})$ が得られるが，これが限界のないものであることは自明である．単位円周を一周する閉曲線と定理の条件（b）を比べれば，正規被覆面でないことがたしかめられる．

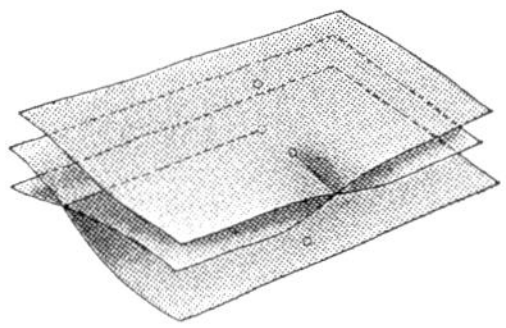

図 6.5

（定理の証明）（a）$\Longrightarrow$（b） リフトどうしは被覆変換で移れるから，1つが閉［開］曲線ならすべてが閉［開］曲線でなければならない．

（b）$\Longrightarrow$（c） Q 上に $P, P'\in S'$ を与えたとき，条件（b）によって，P を基点とする閉曲線 γ の $\sigma\circ\gamma$ の全体と，P' を基点とするそれの全体は一致している．つまり $\sigma_\sharp{}^P(\pi_1(\widetilde{S}, P))=\sigma_\sharp{}^{P'}(\pi_1(\widetilde{S}, P'))$ でなければならない．右辺は $\pi_1(S, Q)$ の部分群として左辺と共役であり，また逆に，すべての共役部分群は適当な P' による右辺に一致している（6.2.**B** の（8））．したがって $\sigma_\sharp{}^P(\pi_1(\widetilde{S}, P))$ は正規部分群である．

（c）$\Longrightarrow$（a） ある Q の上のある P に対して $\sigma_\sharp{}^P(\pi_1(\widetilde{S}, P))$ が正規部分群であるとき，任意の Q の上の任意の P に対して同じことが成り立つことは，異なる基点に関する基本群の関係（1.4.**H**）よりあきらかである．6.2.**B** の（8）によって，Q 上の任意の P' に対し $\sigma_\sharp{}^{P'}(\pi_1(\widetilde{S}, P'))=\sigma_\sharp{}^P(\pi_1(\widetilde{S}, P))$ が成り立つので，**A** の（3）によって $g(P)=P'$ をみたす被覆変換が存在する． ∎

C． 分岐のない正規被覆面 $(\widetilde{S}, \sigma, S)$ の葉数は，被覆変換群 G の位数にひとしい．これは $g\neq\mathrm{id}$ が不動点を持たないことと，G が遷移的であることからあきらかであろう．

つぎに，任意の点 $P\in\widetilde{S}$ に対する $\sigma_\sharp(\pi_1(\widetilde{S}, P))$ は $Q=\sigma(P)$ に対する $\pi_1(S, Q)$

の正規部分群であるから，商群 $\pi_1(S,Q)/\sigma_\sharp(\pi_1(\tilde{S},P))$ が考えられる．被覆変換 g に対し，P から $g(P)$ に至る曲線 $\tilde{\gamma}$ の $\sigma\circ\tilde{\gamma}=\gamma$ は Q を基点とする閉曲線である．ホモトピー類 $[\gamma]\in\pi_1(S,Q)$ を代表元とする剰余類を $\langle\gamma\rangle$ と表す：$\langle\gamma\rangle\in\pi_1(S,Q)/\sigma_\sharp(\pi_1(\tilde{S},P))$．$\tilde{\gamma}$ とは異なった $\tilde{\gamma}'=\overrightarrow{P\ g(P)}$ に対しては，$\gamma'=\sigma\circ\tilde{\gamma}'$ とおくと，6.2.**B** の (6_2) によって $[\gamma'\cdot\gamma^{-1}]\in\sigma_\sharp(\pi_1(\tilde{S},P))$．すなわち $\langle\gamma\rangle=\langle\gamma'\rangle$ が成り立つ．つまり $\langle\gamma\rangle$ は g のみで定まることがわかる．

定理 6.6 分岐のない正規被覆面 $(\tilde{S},\sigma,S)$ において，$P\in\tilde{S}$ を任意に1つ定め $Q=\sigma(P)$ とすると，上述の対応

$$\Psi : g\longmapsto\langle\gamma\rangle$$

は，被覆変換群 G から商群 $\pi_1(S,Q)/\sigma_\sharp(\pi_1(\tilde{S},P))$ の上への同型である．

（証明） 単射であること：$g_1,g_2\in G$ に対する γ_1,γ_2 が $\langle\gamma_1\rangle=\langle\gamma_2\rangle$ ということは，$\gamma_1\gamma_2{}^{-1}\in\sigma_\sharp(\pi_1(S,P))$ ということであるが，6.2.**B** の (6_2) によって，$\tilde{\gamma}_1$ と $\tilde{\gamma}_2$ の終点が一致することにひとしい．これは $g_1(P)=g_2(P)$ を表すが，**A** の（2）によって $g_1=g_2$ でなければならない．

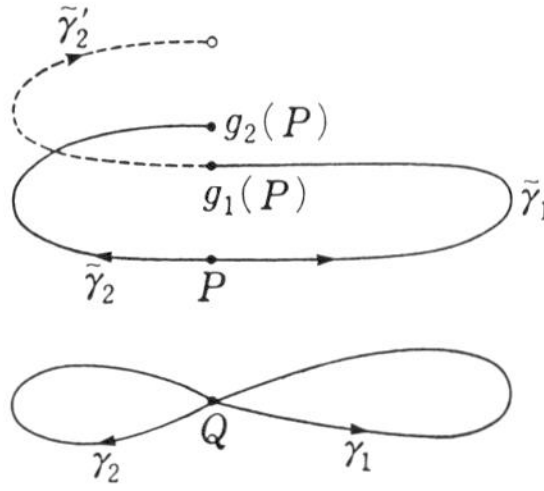

図 6.6

全射であること：任意の $\langle\gamma\rangle$ に対し，そのリフトで P を始点とするもの $\tilde{\gamma}$ の終点 P' は Q 上にある．よって（定理 6.5 の条件（a）の示すように）$g(P)=P'$ をみたす $g\in G$ が存在する．つまり与えられた $\langle\gamma\rangle$ は g の Ψ による像である．

同型であること：g_k から $\tilde{\gamma}_k=\overrightarrow{P\ g_k(P)}$ を経て $\gamma_k=\sigma\circ\tilde{\gamma}_k$ を作ったとする，$k=1,2$．$g_1\circ\tilde{\gamma}_2=\tilde{\gamma}_2'$ は γ_2 のリフトで，$g_1(P)$ を始点に持つものである．積 $\tilde{\gamma}_1\cdot\tilde{\gamma}_2'$ が考えられるが，これは $\gamma_1\cdot\gamma_2$ のリフトで P を始点に持ち，終点は $\tilde{\gamma}_2'$ のそれ，つまり $g_1(g_2(P))$ である．よって $g_1\circ g_2$ に $\gamma_1\cdot\gamma_2$ が対応する． ∎

注意 Ψ が同型であるとは $g_1,g_2\in G$ に対して

$$\Psi(g_1\circ g_2)=\langle\gamma_1\cdot\gamma_2\rangle$$

が成り立つことである．ここで，$g_1\circ g_2$ は先に g_2 を作用させて，後で g_1 を作用させることであるのに反して，$\gamma_1\cdot\gamma_2$ は先に γ_1 をたどり，後で γ_2 をたどることを意味する．$\Psi(g_2\circ g_1)=\langle\gamma_1\cdot\gamma_2\rangle$ が成り立つと誤解してはいけない．

系 普遍被覆面 $(\hat{S},\sigma,S)$ の被覆変換群は S の基本群と同型である．

例 1 6.2.**F** の例2の(I_m)型の被覆面(Ω_m, p_m, Ω)においては，m 個の

$$z \longmapsto e^{2\pi ik}z, \qquad k=0,1,\cdots,m-1$$

はすべて被覆変換である．これらで尽くされるということは，$z_0{}^m \in \Omega$ の上にある点は $e^{2\pi ik}z_0$ ($k=0,1,\cdots,m-1$) がすべてであるということからわかる．

例 2 同じく 6.2.**F** の例2の(II)の普遍被覆面($\hat{\Omega}, \exp, \Omega$)においては，無限個の

$$z \longmapsto z+2\pi ni, \qquad n=0,\pm 1,\pm 2,\cdots$$

が被覆変換のすべてである．

D. 一般に位相空間 X において，自分自身の上への位相写像を元とする群(合成を積とする) G は，つぎの条件をみたすとき**固有不連続** (properly discontinuous) という：任意のコンパクト集合 $K_1, K_2 \subset X$ に対し，$g(K_1) \cap K_2 \neq \phi$ をみたす $g \in G$ は，たかだか有限個である．

X が位相多様体の場合は，この条件は下記のものと同値である(それは容易にわかる)：任意の $x_1, x_2 \in X$ (一致しても，しなくても) に対し，それらの近傍 U_1, U_2 を適当にとると，$g(U_1) \cap U_2 \neq \phi$ であるような $g \in G$ はたかだか有限個である．

定理 6.7 分岐のない限界のない被覆面 ($\tilde{S}, \sigma, S$) の被覆変換群 G は $\tilde{S}$ で固有不連続である．

(証明) $P_1, P_2 \in \tilde{S}$ が $\sigma(P_1) \neq \sigma(P_2)$ なら，P_k の近傍 U_k ($k=1,2$) を $\sigma(U_1) \cap \sigma(U_2) = \phi$ であるようにとることができるが，このときすべての $g \in G$ に対して，あきらかに，$g(U_1) \cap U_2 = \phi$ である．

$\sigma(P_1) = \sigma(P_2)$ のとき，これらを $=Q$ として，その近傍 V を定理 6.2 の条件(b)をみたすようにとる．一般に Q 上の点 P を含む $\sigma^{-1}(V)$ の成分を U_P と表すと，$g \in G$ に対して，$g(U_P) = U_{g(P)}$ が成り立つので，$U_k = U_{P_k}$ ($k=1,2$) とおけば

$$g(P_1) = P_2 \iff g(U_1) = U_2 \iff g(U_1) \cap U_2 \neq \phi$$

が成り立つ．このような g は存在しても1個である． ∎

E. いま $k=1,2$ に対して ($\tilde{S}_k, \sigma_k, S_k$) を分岐のない正規被覆面とし，$G_k$ をその被覆変換群とする．位相写像

$$\tilde{h} : \tilde{S}_1 \to \tilde{S}_2$$

があったとして，それがある位相写像 $h: S_1 \to S_2$ のリフトとなっているための条件を考える．

それは，6.2.D において（$*$）の形で与えられているが，いまは正規被覆面であるので，つぎのようにいいかえることができる：$\tilde{S}_1$ の任意の 2 点 P, P' に対して

$$(P'=g_1(P)\text{ をみたす } g_1 \in G_1 \text{ が存在する})$$
$$\Longleftrightarrow (\tilde{h}(P')=g_2(\tilde{h}(P))\text{ をみたす } g_2 \in G_2 \text{ が存在する}).$$

したがって，任意の $P \in \tilde{S}_1$, $g_1 \in G_1$ に対して，

$$(\sharp) \qquad \tilde{h}(g_1(P))=g_2(\tilde{h}(P))$$

をみたす $g_2 \in G_2$ が存在することになるが，この g_2 は g_1 のみで定まり，P のとり方に依存しないことがつぎのようにして示される．

（証明） $g_1 \in G_1$ を固定し，点 $P_1 \in \tilde{S}_1$ について，$\tilde{h}(g_1(P_1))=g_2(\tilde{h}(P_1))$ がある $g_2 \in G_2$ について成り立ったとする．G_2 は固有不連続であるので，定理 6.7 の証明の中に現れたように，点 $\tilde{h}(P_1)$ の近傍 U_2 を適当にとると，$U_2 \cap g(U_2)=\phi$ がすべての $g \in G_2-\{id\}$ で成り立つ．よって $\check{g}_2 \neq g_2$ なら $g_2(U_2) \cap \check{g}_2(U_2)=\phi$ である．いま P_1 の近傍 U_1 を

$$\tilde{h}(U_1) \subset U_2, \quad \tilde{h}(g_1(U_1)) \subset g_2(U_2)$$

が成り立つようにとる．任意の $P' \in U_1$ に対して，$\tilde{h}(g_1(P'))=\check{g}_2(\tilde{h}(P'))$ をみたす $\check{g}_2 \in G_2$ は $\tilde{h}(g_1(P')) \in g_2(U_2) \cap \check{g}_2(U_2) \neq \phi$ をみたすので $\check{g}_2=g_2$ でなければならない．よって $g_1 \in G_1$ を固定したとき，1 つの $g_2 \in G_2$ に対して $\{P \mid \tilde{h}(g_1(P))=g_2(\tilde{h}(P))\}$ は $\tilde{S}_1$ の開集合であることがわかる．$\tilde{S}_1$ が連結なので，すべての P に共通なただ 1 つの g_2 が定まることになる． ▌

こうして P に無関係な g_2 について式 ($\sharp$) がすべての P で成り立つなら，式 ($\sharp$) を解いて $g_2=\tilde{h}g_1\tilde{h}^{-1}$ を得る．あきらかに，対応

$$\Phi: g \longmapsto \tilde{h}g\tilde{h}^{-1}$$

は G_1 から G_2 の上への同型対応である．

逆に，このような Φ が存在すれば，あきらかに ($\sharp$) が成り立つ．

よって，$\tilde{h}: \tilde{S}_1 \to \tilde{S}_2$ がある位相写像 $h: S_1 \to S_2$ のリフトとなっているための必要十分条件は，G_1 から G_2 の上への同型対応 Φ が存在し，すべての $g \in G_1$

に対し

$$(\#\#) \qquad \tilde{h}\circ g=\Phi(g)\circ\tilde{h}$$

が成り立つことである，という結論を得た．

つぎに，逆に，位相写像

$$h: S_1\to S_2$$

のリフト $\tilde{h}: \tilde{S}_1\to\tilde{S}_2$ が存在したとする（存在の条件としては，定理 6.4 以外に新しいことは，いまはない）．このとき $\tilde{g}\in G_2$ による

$$\tilde{g}\circ\tilde{h}$$

も h のリフトであり，また逆も正しい．つまり，h のリフトのすべては（存在すれば）この形の $\tilde{g}\circ\tilde{h}$ で尽くされることになる．

$\tilde{h}$ の定める前述の同型対応 $\Phi: G_1\to G_2$ に比べ，$\tilde{g}\circ\tilde{h}$ の定めるそれは

$$g\longmapsto\tilde{g}(\tilde{h}\circ g\circ\tilde{h}^{-1})\tilde{g}^{-1},$$

つまり $\tilde{h}$ による Φ と G_2 の内部同型 (inner automorphism) の差を生ずる．

逆に，Φ と G_2 の内部同型だけ異なる同型対応 $G_1\to G_2$ は，h の適当なリフトの定める Φ と一致している．

$Q_k\in S_k$ $(k=1,2)$ を $h(Q_1)=Q_2$ となるようにとり，Q_k 上に $P_k\in\tilde{S}_k$ $(k=1,2)$ をとって，$\tilde{h}(P_1)=P_2$ となるようなリフト $\tilde{h}$ を考える（定理 6.4 参照）．$\pi_1(S_1,Q_1)$ から $\pi_1(S_2,Q_2)$ の上への同型対応 $h_\sharp:[\gamma]\longmapsto[h\circ\gamma]$ は定理 6.4 の条件 (**) をみたしているので，商群 $\pi_1(S_1,Q_1)/\sigma_{1\sharp}(\pi_1(\tilde{S}_1,P_1))$ から $\pi_1(S_2,Q_2)/\sigma_{2\sharp}(\pi_1(\tilde{S}_2,P_2))$ の上への同型対応

$$H: \langle\gamma\rangle\longmapsto\langle h\circ\gamma\rangle$$

が定まる．これと，定理 6.6 を $(\tilde{S}_k,\sigma_k,S_k)$ と $P_k\in\tilde{S}_k$ に対して適用して得られる同型対応

$$\Psi_k: G_k\to\pi_1(S_k,Q_k)/\sigma_{k\sharp}(\pi_1(\tilde{S}_k,P_k)), \qquad k=1,2$$

から得られる同型対応

$$\Psi_2^{-1}\circ H\circ\Psi_1: G_1\to G_2$$

は，このリフト $\tilde{h}$ から得られる前述の Φ と一致している．このことは定義に戻ってしらべれば容易にわかることであり，詳細は読者にゆずりたい．

6.4 被 覆 面

A. “分岐のない”という条件を付けない一般の被覆面をつぎのように定義する：

定義 連結な Hausdorff 空間 $\widetilde{S}$，連結な2次元位相多様体 S，$\widetilde{S}$ から S の中への連続写像 σ から成る組

$$(\widetilde{S}, \sigma, S)$$

が**被覆面**であるとは，各点 $P\in\widetilde{S}$ に対しつぎの条件をみたす $\widetilde{U}, U, \tilde{\eta}, \eta, m$ が存在することである：$\widetilde{U}$ は P の近傍，U は $Q=\sigma(P)$ の近傍，$\tilde{\eta}$ は $\widetilde{U}$ から単位開円板 $\varDelta$ の上への位相写像で $\tilde{\eta}(P)=0$，η は U から $\varDelta$ の上への位相写像で $\eta(Q)=0$，m は正整数で $\widetilde{U}$ で

$$\begin{array}{ccc} \widetilde{U} & \xrightarrow{\tilde{\eta}} & \varDelta \\ {\scriptstyle\sigma}\downarrow & & \downarrow{\scriptstyle p_m} \\ U & \xrightarrow{\eta} & \varDelta \end{array}$$

$$\eta\circ\sigma=p_m\circ\tilde{\eta}$$

をみたす；ただし $p_m(z)=z^m$ とする．

分岐しない場合と同様に，σ を**被覆写像**または**射影**という．$(\widetilde{S}, \sigma, S)$ を

$$\sigma:\widetilde{S}\to S$$

と表すこともある．$\sigma(P)=Q$ の関係のある $P\in\widetilde{S}$ は，$Q\in S$ の**上にある**点，Q は P の**下にある**点という．

対 $(\widetilde{S}, \sigma)$，または $\widetilde{S}$ そのものを，“S の”被覆面ということもある．S の2つの被覆面 $(\widetilde{S}_k, \sigma_k)$，$k=1,2$ は，

$$\sigma_2\circ\tilde{h}=\sigma_1$$

をみたす位相写像 $\tilde{h}:\widetilde{S}_1\to\widetilde{S}_2$ が存在するとき，**同値**という．

定義における $\widetilde{U}$ は $\sigma^{-1}(U)$ の1つの成分であることに注意する；証明は容易であるので読者にゆずる．

定義において，m は P に対して一意的に決まる数で，$\widetilde{U}, U, \tilde{\eta}, \eta$ には依存しない．じっさい，ほかに $\widetilde{U}', U', \tilde{\eta}', \eta'$ があって整数 n に対して

$$\eta'\circ\sigma=p_n\circ\tilde{\eta}'$$

が成り立ったとする．$\varDelta_0=\varDelta-\{0\}$ とおくと，分岐しない限界のない被覆面 $(\varDelta_0, p_m, \varDelta_0)$，$(\varDelta_0, p_n, \varDelta_0)$ において，基底面の位相写像 $\eta'\circ\eta^{-1}:\varDelta_0\to\varDelta_0$ はリフト $\tilde{\eta}'\circ\tilde{\eta}^{-1}:\varDelta_0\to\varDelta_0$ を持っているので，6.2.**F** の例2の記号で $H_m=H_n$，よ

って $m=n$.

この正整数 m を，点 P の**分岐位数** (order of ramification または branch number) という．そして $m\geqq 2$ なら P を**分岐点** (point of ramification または branch point) といい，$m-1$ を**分岐度** (index of ramification) という．

分岐点を持たない被覆面と，6.1.**A** で定義した分岐のない被覆面とは，容易にわかるように，同じものである．

分岐点は，あきらかに孤立する．$\tilde{S}$ から分岐点をすべて除いたものを $\tilde{S}'$ と表したとき $(\tilde{S}', \sigma, S)$ は分岐のない被覆面である．

例 1　f がリーマン面 $\tilde{S}$ から S の中への非定値の正則写像ならば，$(\tilde{S}, f, S)$ は被覆面である．じっさい，P と $Q=f(P)$ の座標円板 $\tilde{U}_{\tilde{\varphi}}$, U_φ で，$\tilde{\varphi}(\tilde{U}_{\tilde{\varphi}})$ と $\varphi(U_\varphi)$ は単位開円板で，適当な整数 $m\geqq 1$ に対して

$$\varphi\circ f=p_m\circ\tilde{\varphi}$$

が $\tilde{U}_{\tilde{\varphi}}$ で成り立つようなものが存在する；このことは P, Q の任意の座標近傍 $\tilde{U}_{\tilde{\psi}}$, U_ψ をいったんとって，正則関数 $\psi\circ f\circ\tilde{\psi}^{-1}$ をしらべればわかる (1.2.**B** 参照)．つまり $\tilde{U}_{\tilde{\varphi}}$, $U_\varphi, \tilde{\varphi}, \varphi, m$ が定義で述べた $\tilde{U}, U, \tilde{\eta}, \eta, m$ の役をはたしている．

例 2　とくに f がリーマン面 S 上の非定値の有理型関数ならば $(S, f, \hat{\mathbf{C}})$ は被覆面である．分岐点は重複度 $\geqq 2$ であるような点 (a-点または極) であり，分岐位数は重複度に等しい．

例 3　"$w=\sqrt{z}$ のリーマン面" S (1.6.**G**；なお 1.1.**A** の図 1.1 も参照) より得られる $(S, \sigma, \hat{\mathbf{C}})$ は被覆面である．分岐点は 0 の上にある点 P_0 と，∞ の上にある P_∞ であり，分岐位数はともに 2 である．

B.　被覆面 $(\tilde{S}, \sigma, S)$ に関して，いくつかの注意を列挙する．

まず $\tilde{S}$ は必然的に連結な 2 次元位相多様体である．

つぎに，σ は開写像で軽 (light，すなわち任意の Q の $\sigma^{-1}(Q)$ の各成分は 1 点より成る)．以上はあきらかであろう．

じつは，逆に，連結な 2 次元位相多様体 $\tilde{S}$，S と，$\tilde{S}$ から S の中への連続，開，軽写像 σ から成る $(\tilde{S}, \sigma, S)$ はわれわれの意味の被覆面となることが知られている．つまり各 $P\in\tilde{S}$ に対し，定義で述べた $\tilde{U}, U, \tilde{\eta}, \eta, m$ が存在することが証明できるのである．この証明 (Stoïlow [15], pp. 107—116 にある) は

はなはだ面倒であるので本書では立ち入ることを避け，前記のような，かなり技巧的な定義を出発点にした．

われわれの定義に戻って，$\tilde{U}, U$は，それぞれあらかじめ与えられたP, Qの近傍内にとることができる．じっさい，$|z|<\sqrt[m]{r}$，$|z|<r$ $(r<1)$ の逆像をとり，$\tilde{\eta}, \eta$を，それぞれ，$\sqrt[m]{r}$倍，r倍すればよい．

最後に，定義における$\tilde{U}, U, \tilde{\eta}, \eta, m$について，$U$と$\eta$を任意に与えうることを注意する．すなわち，$U$から$\varDelta$の上への$\eta_0(Q)=0$をみたす任意の位相写像$\eta_0$に対し，$\tilde{U}$から$\varDelta$の上への$\tilde{\eta}_0(P)=0$をみたす位相写像が存在して$\tilde{\eta}_0\circ\sigma=p_m\circ\tilde{\eta}_0$をみたすのである．なぜなら，$\varDelta_0=\varDelta-\{0\}$として分岐のない限界のない被覆面$(\varDelta_0, p_m, \varDelta_0)$を考えたとき，$\eta\circ\eta_0^{-1}:\varDelta_0\to\varDelta_0$のリフト$\varDelta_0\to\varDelta_0$を考え，それが$\tilde{\eta}\circ\tilde{\eta}_0^{-1}$となるように$\tilde{\eta}_0:\tilde{U}\to\varDelta$を定めることができるからである．

C． 限界のない被覆面の定義は，分岐のない場合のものの，定理6.2の条件（c）を，そのまま採用する：

定義 被覆面$(\tilde{S}, \sigma, S)$が**限界のない**被覆面であるとは，任意の$Q\in S$に対し，Qを内点とするコンパクト集合$B\subset S$が存在して，$\sigma^{-1}(B)$の成分はすべてコンパクトなこととする．

定理 6.8 限界のない被覆面$(\tilde{S}, \sigma, S)$においては，$Q\in S$に対する$\sigma^{-1}(Q)$の元の重複を込めた個数（すなわち分岐位数の総和）$n(Q)$はQによらない．とくにσは全射である．

注意 1 このQによらない数$n(Q)$を**被覆度**または**葉数**という．以下に与える証明は，分岐のない場合のものと異なって，可算無限と非可算無限の区別がつかない．けれども，われわれが後で扱うSは主としてリーマン面であるので，この点は殆んど問題にならない（Sが可算基底を持てば$\tilde{S}$も持つということは，3.2.Cの後半（fを用いてSが可算基底を持つことを証明すること）をそのまま適用してたしかめることができる）からである．

注意 2　$\tilde{S}$ がコンパクトなら被覆面 $(\tilde{S}, \sigma, S)$ はつねに限界のない（しかも葉数有限）のものである．$(S, f, \hat{\mathbb{C}})$ に定理 6.8 を適用すると，定理 2.7 の別証明（純位相的な）が得られたことになる．

（定理 6.7 の証明）　先に σ が全射であることをいう．そのためには $\sigma(\tilde{S})$ が開かつ閉であることを示せばよい．σ は開写像だから $\sigma(\tilde{S})$ が開であることは自明である．$\sigma(\tilde{S})$ が閉であることをいうため，任意の $Q \in \partial(\sigma(\tilde{S}))$ をとり，以下，$Q \in \sigma(\tilde{S})$ を示す．Q の近傍 V を，開円板と位相同型，$\bar{V}$ がコンパクトで $\sigma^{-1}(\bar{V})$ の任意の成分がコンパクトであるようにとる．これは可能である．$\sigma^{-1}(V)$ の任意の成分 D を考えると，$\bar{D}$ はコンパクトなので，D に分岐点は有限個しかない．これらを D から除いて D' とし，D の分岐点の下にある点を全部 V から除いて V' とする．$\sigma|D'$ を σ' と表すと，容易にわかるように，(D', σ', V') は分岐のない限界のない被覆面である．したがって $\sigma(D') = V'$ が成り立つ．さて $\lim Q_n = Q$ をみたす点列 $Q_n \in V'$ $(n = 1, 2, \cdots)$ をとり，Q_n の上にある $P_n \in D'$ をとる．部分列 P_{n_k} で $\lim P_{n_k} = P \in \bar{D}$ を持つものをとれば，$Q = \sigma(P) \in \sigma(\tilde{S})$ がいえる．

つぎに定理の前半を示すため，$n = 1, 2, \cdots$ に対して集合 $O_n = \{Q \in S \mid n(Q) \geqq n\}$ を考える．あきらかに開集合であるが，つぎに示すように閉集合でもある．任意の $Q \in S - O_n$ の上に $P_1, \cdots, P_k$ があり，それらの分岐位数 $m_1, \cdots, m_k$ の和が $\leqq n-1$ となっている．いま各 P_j に対して被覆面の定義 (6.4. **A**) で述べた $\tilde{U}_j, U_j, \tilde{\eta}_j, \eta_j, m_j$ $(j = 1, \cdots, k)$ を考える．すると Q の近傍 V で，開円板と位相同型，

$$\bar{V} \subset \bigcap_{j=1}^{k} U_j$$

をみたし，しかも $\sigma^{-1}(\bar{V})$ の各成分がコンパクトであるものをとることができる．$\sigma^{-1}(V)$ の任意の成分 D を考えると $(D, \sigma|D, V)$ は限界のない被覆面であるので，すでに証明したように $\sigma|D$ は全射となる；すなわち

$$\sigma(D) = V.$$

よって D は少なくも 1 つの P_j を含み，したがって $D \subset \tilde{U}_j$ となる．各 D についてこのことがいえるから，

$$\sigma^{-1}(V) \subset \tilde{U}_1 \cup \cdots \cup \tilde{U}_k$$

ということがわかる．であるから，任意の $Q' \in V$ に対して $n(Q') \leqq n-1$，よって $V \subset S - O_n$．こうして $S - O_n$ は開集合であることがいえる．

O_n は開かつ閉であることがわかったが，S は連結であるから，$O \neq \phi$ なら $O_n = S$ である．そこで

$$N = \sup\{n(Q) \mid Q \in S\}$$

とおく．もし $N < \infty$ なら，$O_1 = \cdots = O_N = S$，$O_{N+1} = \phi$ となって，すべての $Q \in S$ に対して $n(Q) = N$ が成り立つ．もし $N = \infty$ なら，すべての n に対して $O_n = S$ が成り立つので，$n(Q) = \infty$ が成り立つ．　∎

D. 被覆面$(\tilde{S},\sigma,S)$は，もし$\tilde{S}$がコンパクトなら，つねに限界のない被覆面である．このとき，Sもコンパクトで，さらに葉数は有限である．分岐点はたかだか有限個しかない．

以下，分岐点の下にある点のすべてを，$Q_1,\cdots,Q_r$とおく（Q_jの上にある点は分岐点であることも，ないこともある）．

いま，Sに1つの三角形分割$\mathcal{T}$（2.1.**A**）で$Q_1,\cdots,Q_r$はすべて頂点となっているものを考える（存在したと仮定する）．そして三角形$\tau\in\mathcal{T}$の$\sigma^{-1}(|\tau|)$についてしらべる．

簡単のため$D=|\mathring{\tau}|$とおけば，$\bar{D}=|\tau|$である．$\sigma^{-1}(D)$の成分の1つ$\tilde{D}$を指定する．Dは単連結領域であるので，分岐のない限界のない被覆面$(\tilde{D},\sigma|\tilde{D},D)$は単葉，したがって$\sigma$（の制限）は$\tilde{D}$から$D$の上への位相写像である．同じことが写像

$$\sigma:\bar{\tilde{D}}\to\bar{D}$$

についていえるであろうか？ 6.2節の議論には曲線のリフトが用いられたが，分岐点が存在するとそこで枝分かれが生じるので，Unique Lifting Lemma (6.1.**B**)は一般には成り立たず，したがってリフトを用いた議論は必ずしも有効ではないときがある．

けれども，いまは，$Q\in D$とその上の（ただ1つの）$P\in\tilde{D}$をとり，Qを始点とする終点以外はD内にある$\bar{D}$の曲線のリフトでPを始点とするものについては，6.1.**B**の証明および定理6.2の（c）$\Longrightarrow$（a）の証明がそのまま成り立って，ただ1つ存在することがわかり，定理6.1（1価性の定理）が適用できる．このような見なおしを行えば（詳細は読者にゆずるが），写像σは$\tilde{D}$の閉包から$\bar{D}$の上への位相写像であることがたしかめられる．σの$\bar{\tilde{D}}$への制限をσと略記し，$\sigma^{-1}\circ\tau$を$\tilde{\tau}$と表して，三角形τの**リフト**と呼ぶ．これは$\sigma^{-1}(|\mathring{\tau}|)$の成分ごとに考えられる．

つぎにτの辺σ_jのリフトについて同じことがいえる．そのうち$\bar{D}$に含まれるものがただ1つあり，それが三角形$\tilde{\tau}$の辺となっている（なお，$\bar{\tilde{D}}$は$\sigma^{-1}(|\tau|)$の成分とは必ずしも一致しない）．

すべての$\tau\in\mathcal{T}$のすべてのリフトの全体から成る族$\tilde{\mathcal{T}}$は，三角形分割の条件をみたしている．このことは，$\mathcal{T}$が三角形分割であるということと，上述の，

終点以外は分岐点でない曲線のリフトの一意性を用いれば，容易に示すことができる．こうして得られた $\tilde{S}$ の三角形分割 $\tilde{\mathcal{T}}$ を，S の三角形分割 $\mathcal{T}$ の**リフト**ということにする．

被覆面 $(\tilde{S},\sigma,S)$ の葉数を N とおくと，各 $\tau\in\mathcal{T}$ のリフト τ は N 個あるので，$\tilde{\mathcal{T}}$ の三角形の総数は $\mathcal{T}$ のそれの N 倍である．辺の総数についても同じことがいえる．頂点 Q の上にある点については，それらの分岐位数の総和が N であるというのであるから，点の総数は N から分岐度の総和を減じたものに等しいことになる．したがって Euler 数（2.3.**D**）を比較すると

$$\chi(\tilde{\mathcal{T}})=N\cdot\chi(\mathcal{T})-(\text{分岐点の分岐度の総和})$$

を得る．これを **Riemann-Hurwitz の公式**というが，定理としてまとめておこう．

定理 6.9 (Riemann-Hurwitz の公式)　$(\tilde{S},\sigma,S)$ は限界のない被覆面で $\tilde{S}$ は（よって S も）コンパクトであるとし，S には三角形分割 $\mathcal{T}$ で分岐点はすべて頂点の上にあるようなものが存在するものとする．このとき，被覆面の葉数を N，分岐点の分岐度の総和を B とすると，$\mathcal{T}$ と，そのリフト $\tilde{\mathcal{T}}$ の Euler 数の間につぎの関係がある：

$$\chi(\tilde{\mathcal{T}})=N\cdot\chi(\mathcal{T})-B.$$

注意　S が閉リーマン面ならば，上の仮定をみたすような三角形分割はつねに存在する．そして Euler 数と種数の関係（2.3.**D**）から，$\tilde{S}$ と S の種数 $\tilde{p},p$ の間につぎの関係が成り立つことになる：

$$2\tilde{p}-2=N\cdot(2p-2)+B.$$

例 1　$w=\sqrt{z}$ のリーマン面 S は，負実軸に沿って切込みの入ったリーマン球面のレプリカ 2 つから，切込みに沿って交差した接合によって得られるが，それが球面と同位相であることは 1.6.**G** で直接たしかめた．この S はまた **A** の例 3 の被覆面 $(S,\sigma,\hat{\mathbb{C}})$ を定めるが，$N=2$，$B=2$，$p=0$ であるので，Riemann-Hurwitz の公式より，$2\tilde{p}=2+2\cdot(-2)+2=0$ より $\tilde{p}=0$ を得る．つまり S が球面と位相同型であることの別証である．

例 2　互いに素な s 個の線分に沿って切込みの入ったリーマン球面のレプリカ 2 つか

ら，切込みに沿って交差した接合によって得られる閉リーマン面の種数は $s-1$ である．じっさい，$2\tilde{p}-2=2\cdot(-2)+2s=2(s-1)-2$.

E. 被覆変換の定義 (6.3.**A**) はそのまま一般の場合に拡張される．すなわち，被覆面 $(\tilde{S},\sigma,S)$ において，$\tilde{S}$ の自己自身の上への位相写像 g で

$$\sigma\circ g=\sigma$$

をみたすものを**被覆変換**という．それの全体から成る群を**被覆変換群**という．

被覆変換 g に対し，$g(P)=P$ をみたす点 $P\in\tilde{S}$ を，もしあれば，g の**不動点**という．また，与えられた $P\in\tilde{S}$ に対し P が不動点になっているような被覆変換の全体は，被覆変換群の部分群であるが，これを P の**不動化群** (stabilizer group，または等方群 (isotropy group)) という．

これらに関して基本的なことを二，三列挙する．

（1） 被覆変換 $g\neq\mathrm{id}$ の不動点は，分岐点以外にありえない．

（証明） g の不動点全体を F，$S-$(分岐点全体) を S' と表す．$P\in\tilde{S}$ において，被覆面の定義 (6.4.**A**) で述べた $\tilde{U},U,\tilde{\eta},\eta,m$ について，すでに注意したように，$\tilde{U}$ は $\sigma^{-1}(U)$ の成分で P を含むものと一致するという事実がある．よって $P\in F$ なら

$$g(\tilde{U})=\tilde{U}$$

となり，したがって $g|\tilde{U}$ は被覆面 $(\tilde{U},\sigma|\tilde{U},U)$ の被覆変換ということになる．もし $P\in F\cap S'$ なら，この被覆面は分岐のないものであり，$g|\tilde{U}$ は不動点 P を持つから，6.3.**A** の（1）で示したとおり $g|\tilde{U}=\mathrm{id}$，よって

$$\tilde{U}\subset F\cap S'$$

を得る．これは $F\cap S'$ が開集合であることを示している．一方 $F\cap S'$ はあきらかに（相対的）閉集合であり，S' は連結である．よって $F\cap S'=S'$ または $F\cap S'=\phi$ でなければいけないが，$g\neq\mathrm{id}$ なので後者が成り立つことになる． ▮

（2） 被覆変換 g_1,g_2 に対し，分岐点以外に $g_1(P)=g_2(P)$ をみたす $P\in\tilde{S}$ が存在すれば，$g_1=g_2$.

（証明） $g_2\circ g_1^{-1}$ に（1）を適用する． ▮

（3）　$P \in \tilde{S}$ の不動化群の位数は，P の分岐位数をこえない．

（証明）　P の不動化群を G_P と表す．P に対して，定義 (6.4.**A**) で述べた $\tilde{U}, U, \tilde{\eta}, \eta, m$（＝分岐位数）をとると，任意の $g \in G_P$ に対し，（1）の証中で注意したとおり $g(\tilde{U})=\tilde{U}$ が成り立つ．いま $Q=\sigma(P)$ とし，$\tilde{U}'=\tilde{U}-\{P\}$，$U'=U-\{Q\}$，$g'=g|\tilde{U}'$ とおく．（2）の示すように，$g_1, g_2 \in G_P$ について

$$g_1=g_2 \Longleftrightarrow g_1'=g_2'$$

が成り立つので，G_P の位数は $G_P'=\{g' \mid g \in G_P\}$ のそれと一致する．いま $\eta\circ\sigma=p_m\circ\tilde{\eta}$ が成り立っているが，$p_m: z \longmapsto z^m$ を被覆写像とする $0<|z|<1$ の被覆面 (6.3.**C**，例1) と比べると，分岐のない被覆面 $(\tilde{U}', \sigma|\tilde{U}', U')$ は正規で，被覆変換群の位数は m である．この群は G_P' を含むので，G_P' の位数は m 以下である．∎

定義　被覆面 $(\tilde{S}, \sigma, S)$ が**正規**であるとは，被覆変換群が遷移的なこと，すなわち $\sigma(P)=\sigma(P')$ をみたす任意の $P, P' \in \tilde{S}$ に対して，$g(P)=P'$ をみたす被覆変換 g が存在すること，とする．

正規被覆面は，容易にわかるように，限界のない被覆面である．

定理 6.10　正規被覆面 $(\tilde{S}, \sigma, S)$ において

（i）　被覆変換群 G は固有不連続である；

（ii）　$P \in \tilde{S}$ の不動化群 G_P の位数は P の分岐位数に等しい；

（iii）　とくに P が分岐点であるための必要十分条件は，ある被覆変換 $g \neq \mathrm{id}$ の不動点であること，すなわち $G_P \neq \{\mathrm{id}\}$，である．

（証明）（i）　任意の $P_1, P_2 \in \tilde{S}$ に対し，それらの近傍 $\tilde{U}_1, \tilde{U}_2$ を

$$g(\tilde{U}_1)\cap\tilde{U}_2 \neq \phi$$

をみたす g が有限個しかないようにとれればよい．まず $\sigma(P_1)\neq\sigma(P_2)$ のときは，P_j に対して，被覆面の定義で述べた $\tilde{U}_j, U_j, \tilde{\eta}_j, \eta_j, m_j$ $(j=1,2)$ を $U_1\cap U_2=\phi$ であるようにとれるが，このとき任意の $g \in G$ に対して $g(\tilde{U}_1)\cap\tilde{U}_2=\phi$ である．つぎに $\sigma(P_1)=\sigma(P_2)$ のときは，P_2 に対して同じく $\tilde{U}_2, U_2, \tilde{\eta}_2, \eta_2, m_2$ をとる．$\tilde{U}_2$ は $\sigma^{-1}(U_2)$ の成分で P_2 を含むものにひとしいので，任意の $g \in G$ に対して

$$g(P_2)=P_2 \iff g(\tilde{U}_2)=\tilde{U}_2 \iff g(\tilde{U}_2)\cap\tilde{U}_2\neq\phi$$

が成り立つ．被覆変換群はいま遷移的であるので，$g_1(P_1)=P_2$ であるような $g_1 \in G$ が

存在する．それを1つとって$\tilde{U}_1=g_1^{-1}(\tilde{U}_2)$とおくと，任意の$g\in G$に対して

$$g(\tilde{U}_1)\cap\tilde{U}_2\neq\phi\Longleftrightarrow g(P_1)=P_2\Longleftrightarrow g\circ g_1^{-1}\in G_{P_2}$$

となって，$g(\tilde{U}_1)\cap\tilde{U}_2\neq\phi$をみたす$g$は有限個となる．

（ii） 上の（3）で，一般の場合について$\mathrm{ord}\,G_P\leqq m$を示した．いまPに対して，被覆面の定義で述べた$\tilde{U}, U, \tilde{\eta}, \eta, m$（＝分岐位数）をとり，$Q'\in U-\{Q\}$（ただし$Q=\sigma(P)$）の上の$m$個の点$P_1', \cdots, P_m'\in\tilde{U}$を考えると，正規性によって$g_j(P_1')=P_j'$をみたす$g_j\in G$（$j=1, \cdots, m$）が存在する．$g_j(\tilde{U})\cap\tilde{U}\neq\phi$だから，何回も述べたように$g_j(P)=P$．つまり$g_1, \cdots, g_m\in G_P$となって，$\mathrm{ord}\,G_P\geqq m$を得る．

（iii） は（ii）の特別な場合である． ∎

注意 （i）の命題は正規性がなくても成り立つが，証明が少し長くなる．興味ある読者への練習問題として提供しておく．

F. 正規被覆面$(\tilde{S}, \sigma, S)$において，同じ点の上にある$P, P'\in\tilde{S}$の不動化群に関して，つぎの関係があることが容易にわかる：$g(P)=P'$であるような任意の被覆変換gに対し

$$G_{P'}=gG_Pg^{-1}.$$

したがって，とくに，Pが分岐点ならばP'もそうで，これらの分岐位数は一致することになる．

とくに$\tilde{S}$がコンパクトのとき，葉数をNとして，分岐点の下にある点Qを考える．Qの上にある点は，すべて同じ分岐位数を持つが，それをmとすると，Qの上にある点の個数はN/mということになる．よって，Qの上にある点の分岐度の総和は$(N/m)(m-1)=N(1-1/m)$．こうして，**正規被覆面における Riemann-Hurwitz の公式**はつぎのようになる：定理6.9において$(\tilde{S}, \sigma, S)$は正規被覆面であるとし，$Q_1, \cdots, Q_r\in S$を分岐点の下にある点のすべてとして，Q_jの上にある点の分岐位数をm_j（$j=1, \cdots, r$）とすると，

$$\frac{\chi(\tilde{\mathcal{T}})}{N}=\chi(\mathcal{T})-\sum_{j=1}^{r}\left(1-\frac{1}{m_j}\right),$$

$$\frac{2\tilde{p}-2}{N}=2p-2+\sum_{j=1}^{r}\left(1-\frac{1}{m_j}\right).$$

一般の場合に戻って，正規被覆面$(\tilde{S}, \sigma, S)$においては，分岐点が孤立するのみならず，分岐点の下にある点も孤立する．そして$\tilde{S}'=\tilde{S}-$(分岐点全体)，$\sigma'=\sigma|\tilde{S}'$，$S'=S-$(分岐点の下にある点全体）としたとき，

$$(\tilde{S}', \sigma', S')$$

は分岐のない正規被覆面となっている.

注意 逆も正しい(ただし $(\tilde{S}, \sigma, S)$ は限界のない被覆面と仮定する) ことがいえる. それほど面倒ではないので, 証明は興味ある読者への練習問題として提供する.

G. 被覆面 $(\tilde{S}_k, \sigma_k, S_k)$, $k=1,2$ において, S_1 から S_2 の上への位相写像 h があるとき, $\tilde{S}_1$ から $\tilde{S}_2$ の上への位相写像 $\tilde{h}$ で

$$\sigma_2 \circ \tilde{h} = h \circ \sigma_1$$

をみたすものを, h の**リフト**という. もし存在すると被覆変換群 G_1 から G_2 の上への同型対応

$$g \longmapsto \tilde{h} \circ g \circ \tilde{h}^{-1}$$

が定まる.

以上のものに関して, 6.2.**D** や 6.3.**E** の議論がいろいろの変形や制限を与えて成り立つ. それらは, 必要になったところで扱うこととし, ここでは定義を述べるにとどめておく.

6.5 被覆リーマン面

A. リーマン面 $\tilde{S}, S$ と, $\tilde{S}$ から S の中への非定値の正則写像 σ から成る組

$$(\tilde{S}, \sigma, S)$$

のことを**被覆リーマン面**という. $(\tilde{S}, \sigma)$ や $\tilde{S}$ を "S の" 被覆リーマン面ということもある. $(\tilde{S}, \sigma, S)$ の代りに記号

$$\sigma : \tilde{S} \to S$$

も用いられる. σ は被覆写像と呼ばれるが, 被覆面の場合と区別するために**解析的被覆写像**と呼ばれることもある.

被覆リーマン面は被覆面である. これは 6.4.**A** の例 1 で見たとおりである. 任意の $P \in \tilde{S}$ に対し, その標準局所座標 $\tilde{\varphi}$ で

(6.1) $$\tilde{\varphi}(\tilde{U}_{\tilde{\varphi}}) = \{z \mid |z| < 1\}$$

となっているものと, $Q = \sigma(P)$ の標準局所座標 φ で

(6.2) $$\varphi(U_{\varphi}) = \{\zeta \mid |\zeta| < 1\}$$

となっているもので，$\tilde{U}_{\tilde{\varphi}}$ で

(6.3) $$\varphi\circ\sigma=p_m\circ\tilde{\varphi}$$

（ただし m は P の分岐位数，$p_m(z)=z^m$）をみたすものが存在する．

被覆リーマン面は被覆面であるから，“限界のない”とか，“分岐点”とか“正規”とか，被覆面に関する用語は，当然，自由に使われる．

リーマン面 S の2つの被覆リーマン面 $(\tilde{S}_j,\sigma_j)$，$j=1,2$ が同値であるとは，6.4.**A** で定義したように，

$$\sigma_2\circ\tilde{h}=\sigma_1$$

をみたす位相写像 $\tilde{h}:\tilde{S}_1\to\tilde{S}_2$ が存在することであるが，ここで $\tilde{h}$ は等角写像であることに注意する．証明は，分岐点を除いて考えればよく（除去可能性!），分岐点以外では σ_1,σ_2 は局所的に位相的であることによって，局所的に成り立つ関係 $\tilde{h}=\sigma_2^{-1}\circ\sigma_1$ から容易であろう．

被覆リーマン面 $(\tilde{S}_j,\sigma_j,S_j)$，$j=1,2$ において，S_1 から S_2 の上への等角写像 h が存在して，さらにそれのリフト $\tilde{h}$ が存在するとき，$\tilde{h}$ は $\tilde{S}_1$ から $\tilde{S}_2$ の上への等角写像である．証明は，上と全く同じである．

とくに，被覆リーマン面 $(\tilde{S},\sigma,S)$ の被覆変換は $\tilde{S}$ の自己自身の上への等角写像である．

6.4.**B** の最後で述べた注意に上の考え方を適用すると，被覆リーマン面 $(\tilde{S},\sigma,S)$ において，任意の $P\in\tilde{S}$ と $Q=\sigma(P)$ を考えたとき，(6.2) をみたすような Q の任意の標準局所座標 φ に対して，(6.1) および (6.3) をみたす P の標準局所座標 $\tilde{\varphi}$ が存在することがわかる．

最後に，名称を1つ： 普遍被覆面となっている被覆リーマン面を**普遍被覆リーマン面**という．

B． つぎの定理は，リーマン面の被覆面は，つねに被覆リーマン面となるようにできることを示している：

定理 6.11 被覆面 $(\tilde{S},\sigma,S)$ において，S が等角構造 $\mathcal{A}$ を持つとき，$\tilde{S}$ に等角構造 $\tilde{\mathcal{A}}$ を入れて σ がリーマン面 $(\tilde{S},\tilde{\mathcal{A}})$ からリーマン面 $(S,\mathcal{A})$ の中への正則写像となるようにすることができる．このような $\tilde{\mathcal{A}}$ はただ1つ存在す

る.

（証明） 任意の$P\in\widetilde{S}$に対し，被覆面の定義（6.4.**A**）で述べた$\widetilde{U}, U, \tilde{\eta}, \eta, m$をとる．6.4.**B**で注意したように，$\widetilde{U}$や$U$は自由に小さくとれるので，$U$はある局所座標$\varphi\in\mathcal{A}$の定義域$U_\varphi$に含まれるようにできる．初めから$\varphi(U)$は単位開円板$\varDelta$で$\varphi(Q)=0$（ただし$Q=\sigma(P)$）をみたすものと仮定しても一般性を失わないことはあきらかである．6.4.**B**の最後の項での注意により（η_0をφとして）$\widetilde{U}$から$\varDelta$の上への位相写像$\tilde{\varphi}$で

$$\varphi\circ\sigma=p_m\circ\tilde{\varphi}, \qquad \tilde{\varphi}(P)=0$$

をみたすものが存在することになる；mはPの分岐位数，$p_m(z)=z^m$である．

以上のことを各$P\in\widetilde{S}$について行い，得られるものに添字Pを付けて$\tilde{\varphi}_P, \varphi_P, \widetilde{U}_P$などと表す．また$\sigma|\widetilde{U}_P=\sigma_P$とおく．そして，以下

$$\widetilde{\mathcal{A}}_1=\{\tilde{\varphi}_P|P\in\widetilde{S}\}$$

が等角構造の基底の条件をみたすことと，それを含む等角構造$\mathcal{A}$が求めるものであることを示す．

$P\neq P'$が$\widetilde{U}_P\cap\widetilde{U}_{P'}\neq\phi$のとき，$\tilde{\varphi}_{P'}\circ\tilde{\varphi}_P{}^{-1}$が等角写像であることを示すには，定義域の各点での正則性をいえばよい．任意の$P''\in\widetilde{U}_P\cap\widetilde{U}_{P'}$をとって

$$\tilde{\varphi}_{P'}\circ\tilde{\varphi}_P{}^{-1}=(\tilde{\varphi}_{P''}\circ\tilde{\varphi}_{P'}{}^{-1})^{-1}\circ(\tilde{\varphi}_{P''}\circ\tilde{\varphi}_P{}^{-1})$$

に注意する．P'の分岐位数をnとすると，P''は分岐点ではないのでその近傍で$\sigma_{P'}=\sigma_{P''}$は逆写像を持ち，

$$\tilde{\varphi}_{P''}\circ\tilde{\varphi}_{P'}{}^{-1}(z)=\varphi_{P''}\circ\sigma_{P''}\circ\sigma_{P'}{}^{-1}\circ\varphi_{P'}{}^{-1}\circ p_n(z)=(\varphi_{P''}\circ\varphi_{P'}{}^{-1})(z^n).$$

よってこの位相写像$\tilde{\varphi}_{P''}\circ\tilde{\varphi}_{P'}{}^{-1}$は正則関数である．$\tilde{\varphi}_{P''}\circ\tilde{\varphi}_P{}^{-1}$も同様である．

以上により$\widetilde{\mathcal{A}}_1$は等角構造の基底であることがわかる．等角構造$\widetilde{\mathcal{A}}\supset\widetilde{\mathcal{A}}_1$がただ1つ決まるが，$\sigma$がリーマン面$(\widetilde{S}, \widetilde{\mathcal{A}})$から$(S, \mathcal{A})$の中への正則写像であることは，任意の点$P\in\widetilde{S}$に対して（その分岐位数を$m$として）

$$\varphi_P\circ\sigma\circ\tilde{\varphi}_P{}^{-1}=p_m$$

が$\widetilde{U}_P$で成り立つことから自明である．

最後に一意性であるが，ほかに等角構造$\widetilde{\mathcal{A}}^*$が存在して$\sigma$が$(\widetilde{S}, \widetilde{\mathcal{A}}^*)\to(S, \mathcal{A})$の正則写像であったとする．$\widetilde{\mathcal{A}}=\widetilde{\mathcal{A}}^*$を示すには，恒等写像$\mathrm{id}:\widetilde{S}\to\widetilde{S}$が，リーマン面$(\widetilde{S}, \widetilde{\mathcal{A}}^*)$から$(\widetilde{S}, \widetilde{\mathcal{A}})$の上への等角写像であることを示せばよい．$P$が分岐点でないならば，$P$を定義域に含む任意の$\tilde{\varphi}^*\in\widetilde{\mathcal{A}}^*$について

$$\tilde{\varphi}_P\circ\mathrm{id}\circ(\tilde{\varphi}^*)^{-1}=(\varphi_P\circ\sigma_P)\circ(\tilde{\varphi}^*)^{-1}=\varphi_P\circ\sigma\circ(\tilde{\varphi}^*)^{-1}$$

は正則，したがって id は$\widetilde{S}-$(分岐点全体）の等角写像ということがわかる．分岐点は孤立するので除去可能，つまり id は$\widetilde{S}$全体の等角写像ということになる． ▌

注意 Stoïlow（[15], p. 34）は“リーマン面とはリーマン球面$\hat{\mathbb{C}}$の被覆面のことで

ある”と定義した(Stoïlow による被覆面の定義は，見かけ上，われわれのより一般的であるが，6.4.**B** で注意したように，同値である)．定理3.4の示すとおり，任意のリーマン面 S の上には非定値の有理型関数 f が存在するが，

$$(S, f, \hat{\mathbb{C}})$$

は被覆面である．逆に定理6.11は，被覆面 $(S, \sigma, \hat{\mathbb{C}})$ が与えられたとき，つねに1通りの方法で S をリーマン面とすることができることを示している．このような理由から，**Stoïlow の定義によるリーマン面は 1.1.A で定義したリーマン面と本質的に同じものである**ということができる．

C． 本書の冒頭で述べた，複素関数論の初歩段階で説明されるような，切込みの入った平面を重ねてつなぎあわせて作られる“リーマン面”について考えたい．このようなものを，簡単のため，ここでは（その模型を作り方からみて）“紙鋏糊リーマン面”と呼んでおこう．それが 1.1.**A** で定義されたリーマン面であることは1.6節で示した．

では逆に任意のリーマン面は“紙鋏糊リーマン面”と考えることができるか？ この問に答えるには“紙鋏糊リーマン面”をどう定義するかを考えなければならない（まだ例をいくつか挙げて“このようなもの”と紹介したにすぎない）．

1.6.**F** で定義した“$w=\log z$ のリーマン面” S には上・下半平面（より正確には $\bar{\mathbb{H}}_+-\{0\}$ と $\bar{\mathbb{H}}_--\{0\}$ のレプリカ無限個の適当な接着によって，位相と解析構造を導入した．この S と，そのとき定義した正則関数 σ（“射影”と呼んだ）を用いた

$$(S, \sigma, \hat{\mathbb{C}})$$

は，あきらかに被覆リーマン面である．したがって S の等角構造は $\hat{\mathbb{C}}$ のそれから，定理6.11によって定められたものと一致していることになる．上・下半平面の各レプリカは，S の正則的部分領域の閉包であり，σ のそこへの制限は単射である．

上・下半平面を，4半平面を虚軸に沿って接着したものと考え，S を4半平面のレプリカ無限個の接着で得られると考えることもできる．

さらに，$\bar{\mathbb{H}}_+-\{0\}$，$\bar{\mathbb{H}}_--\{0\}$ に解析的三角形分割（2.1.**A**，注意2）を与え，おのおのは三角形の接着で得られたものと考えるなら，S は三角形のレプ

リカ無限個の接着で構成されたものと考えることもできる．$\bar{\mathbb{H}}_+ - \{0\}$ と $\bar{\mathbb{H}}_- - \{0\}$ に与える三角形分割が $\mathbb{R} - \{0\}$ では頂点を共有しているならば，S における三角形のレプリカ全体は S に三角形分割を与えている．そして，σ は各三角形で単射となっている．

このように細かく分ける反面，上・下半平面のレプリカ1つずつを正実軸に沿って接着して，"負実軸に沿って切込みの入った平面"（1.6.**F** で記号 Δ_n で表したもの）を作っておき，それらの接着で S を構成したと考えることもできる．この際も σ は Δ_n の内部では単射である．

1.6.**G** で述べた "$w=\sqrt{z}$ のリーマン面" は，分岐点の処理が加わるが，上の議論はそのままあてはまる．

そこで，一般的に，われわれはつぎのように定義したい："紙鋏糊リーマン面" とは，被覆リーマン面 $(S, \sigma, \hat{\mathbb{C}})$ と S の解析的三角形分割 $\mathcal{T}$ の組で，各三角形 $\tau \in \mathcal{T}$ の $|\tau|$ への σ の制限が単射となっているもののことである．

S は $|\tau|$ すべての接着，あるいはいくつかの $|\tau|$ をあらかじめ接着して得られる領域（ただし σ はそこで単射）の接着で得られるものと考えるのである．

さて，任意にリーマン面 S が与えられたとき，定理3.4の示すように，つねに非定値の有理型関数 f が存在する．いうまでもなく

$$(S, f, \hat{\mathbb{C}})$$

は被覆リーマン面である．S の解析的三角形分割を，条件(6.1)—(6.3)をみたす座標円板 $\tilde{U}_{\tilde{\varphi}}$ を用いて定理2.1の証明と同様に考えて構成する；この際，分岐点はすべて頂点となるようにする；また分岐点から分岐位数に等しい個数の弧を $\partial\tilde{U}_{\tilde{\varphi}}$ まで与えて，$(p_m \circ \tilde{\varphi})$-像が1つの半径となっているようにし，これらの弧は，得られる三角形分割の辺の有限個の合併となっているようにできる（2.1.**A**，注意3参照）．こうして得ら

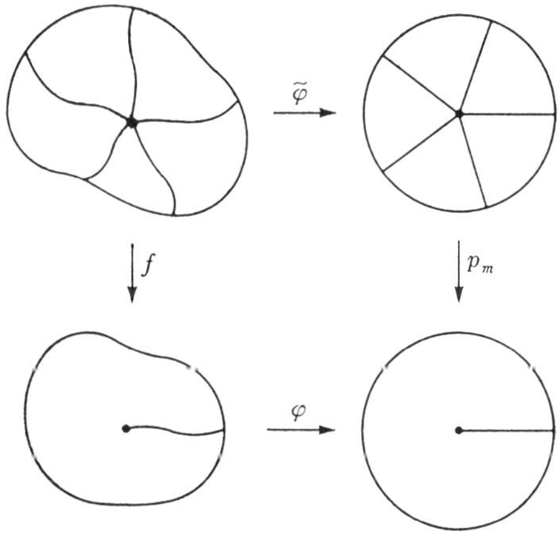

図 6.7

れる三角形分割では，f の各 $|\tau|$ への制限が単射となっていることは明白であろう．こうして，任意に与えられたリーマン面 S は“紙鋏糊リーマン面”であることがいえた．

つまり，**複素関数論の初歩段階で説明される（本書の冒頭で述べたような）“リーマン面”は，本質的には，われわれの定義で述べたリーマン面と同じもの**ということができるのである．

注意 1 リーマン面の定義としてわれわれが採用したものは，他の定義と区別するときは“Weyl–Radó による定義”と呼びならわされている．それが Stoïlow による定義，および初等的定義（“紙鋏糊リーマン面”）と同値であることがわかったことになる．

注意 2 リーマン面の定義として，もう 1 つのものが解析接続を用いて与えられている（例えば吉田［70］，p. 265）．これについては **6. 6. C** で論じ，結局 Weyl–Radó によるものと同値であることを示す．

D． リーマン面 S の有理型関数 f の性質を被覆リーマン面 $(S, f, \hat{\mathbb{C}})$ について述べなおすということは，重要な発想の転換である．値分布論における Ahlfors の被覆面の理論（能代［51］，遠木［66］など参照）はその代表的なものである．

$$\begin{array}{c} S \\ \downarrow f \\ \hat{\mathbb{C}} \end{array}$$

ここでは簡単な一例としてつぎの定理を挙げるにとどめるが，（ i ）は定理 5.11 のいいかえであることに注意する：

定理 6.12 被覆リーマン面 $(\tilde{S}, \sigma, \hat{\mathbb{C}})$ において，$w \in \hat{\mathbb{C}}$ に対して w の上にある点の分岐位数の総和を N_w $(0 \leqq N_w \leqq \infty)$ と表し，

$$N = \sup_{w \in \hat{\mathbb{C}}} N_w \qquad (\leqq \infty)$$

$$E = \{w \in \hat{\mathbb{C}} \mid N_w < N\}$$

とおく．

（ i ） もし $\tilde{S}$ が放物型ならば，E は対数内容量零の集合，

（ii） 逆は一般に正しくないが，

（iii） もし $N < \infty$ で E が対数内容量零の集合ならば，$\tilde{S}$ は放物型である．

（証明）（i）は，前述のごとく，定理5.11と同値である．

（ii） リーマン球面$\hat{\mathbb{C}}$から3点を除いて得られる領域Dの普遍被覆リーマン面$(\hat{S}, \sigma, D)$を考えると，$\hat{S}$は双曲型であることが後でわかる（7.2.節）．$(\hat{S}, \sigma, \hat{\mathbb{C}})$においては，$E$は3点より成る集合で，対数容量零である．

（iii） $N<\infty$ならEはコンパクトである．対数容量零の集合であるので，$D=\hat{\mathbb{C}}-E$は放物型である．任意の$z\in D$に対し，その上にある点は，重複を込めて数えれば，n個ある．それらを$P_1(z), \cdots, P_n(z)$と表す（番号の付け方は以下の議論に影響ない）．いま$\tilde{S}$は双曲型であったと仮定し，$P_0\in\tilde{S}$（簡単のため分岐点でないとする）を極とするGreen関数を$\tilde{g}$と表す．すると

$$\check{g}(z)=\sum_{k=1}^{n}\tilde{g}(P_k(z))$$

はDで正値をとる1価関数であるが，$\sigma(P_0)=z_0$に対数的極を持つDの調和関数であることが容易に（分岐点の下にないzでは自明，分岐点の下にあるzでは除去可能性により）たしかめられる．このような関数の下限として特徴づけられる，z_0に極を持つDのGreen関数が存在することになって，矛盾が生じる．したがって$\tilde{S}$は放物型でなければならない． ∎

E. $(\tilde{S}, \sigma, S)$が被覆リーマン面のとき，Sの有理型関数fに対し

$$\tilde{f}=f\circ\sigma$$

は$\tilde{S}$の有理型関数である．fが正則なら$\tilde{f}$も正則である．

点Pの分岐位数がm，点$Q=\sigma(P)$がfのν位のa-点（ただし極は$a=\infty$とみなす）ならば，$\tilde{f}$はPで$m\nu$位のa-点を持つ．じっさい(6.1)—(6.3)をみたす標準局所座標$\tilde{\varphi}, \varphi$についてしらべると（簡単のため$a\neq\infty$のときのみ考える），ある$c\neq 0$によって

$$\begin{aligned} &f\circ\varphi^{-1}(\zeta)=a+c\zeta^{\nu}+\cdots,\\ &\tilde{f}\circ\tilde{\varphi}^{-1}(z)=(f\circ\varphi^{-1})\circ(\varphi\circ\sigma\circ\tilde{\varphi}^{-1})(z)=f\circ\varphi^{-1}(z^m)\\ &\qquad=a+cz^{m\nu}+\cdots. \end{aligned}$$

同様に，Sの有理型微分$\omega=a\,dz$に対し

$$\tilde{\omega}=\sigma^{\#}\omega$$

は$\tilde{S}$の有理型微分であり，とくにωが正則なら$\tilde{\omega}$も正則である．これらは$\sigma^{\#}$の定義（1.3.**G**）に戻ってしらべれば容易にわかることである．じっさい，$\tilde{\omega}$，ωによって，それぞれ$\tilde{S}, S$の局所座標$\tilde{\varphi}, \varphi$に対応する（意味は1.3.**A**で定義した）関数の対

$$(\tilde{a}_{\tilde{\varphi}}, \tilde{b}_{\tilde{\varphi}}),\quad (a_\varphi, 0)$$

の間には，$\zeta=\varphi\circ\sigma\circ\tilde{\varphi}^{-1}(z)=\zeta(z)$ とおけば

$$\tilde{a}_{\tilde{\varphi}}(z)=a_\varphi(\zeta(z))\frac{d\zeta}{dz},\qquad \tilde{b}_{\tilde{\varphi}}(z)=0$$

の関係がある．

とくに $P\in\tilde{S}$ が分岐位数 m を持つとして，$\tilde{\varphi}$ と φ を (6.1)—(6.3) をみたす標準局所座標とすると，$\zeta(z)=z^m$ であるので

$$\tilde{a}_{\tilde{\varphi}}(z)=ma_\varphi(z^m)z^{m-1}$$

が成り立つ．したがって，つぎのことがわかる：

ω が Q で k 位の零点を持てば $\tilde{\omega}$ は P で $(km+m-1)$ 位の零点を，ω が Q で k 位の極を持てば，$\tilde{\omega}$ は P で $(km-m+1)$ 位の極を持つ．

いま，$\tilde{S}$ と S を閉リーマン面とし，S の有理型微分 $\omega\neq0$（そのようなものの存在は第3章で示した）を任意に1つとる．$\tilde{S}, S$ の種数を，それぞれ $\tilde{p}, p$ とおくと，$\tilde{\omega}, \omega$ の因子の次数（4.3.**A**）は，定理4.7の示すとおり

$$\deg(\tilde{\omega})=2\tilde{p}-2,\qquad \deg(\omega)=2p-2$$

をみたす．点 $P\in\tilde{S}$ の下にある点 Q における因子 (ω) の値 k が >0 ならば，P における $(\tilde{\omega})$ の値は $km+m-1$ である．$k<0$ ならば ω は Q に $(-k)$ 位の極を持つので，$\tilde{\omega}$ は P に $(-km-m+1)$ 位の極を持ち，よって P における $(\tilde{\omega})$ の値は $km+m-1$ である．値の総和が次数であるから $2\tilde{p}-2=\sum km+\sum(m-1)$ という式を得る．第2の $\sum$ は分岐度の総和である．これを B と表わそう．第1の $\sum$ は，まず1つの Q の上のすべての点 P について加えて $\sum km=k\sum m=kN$（k は Q における (ω) の値で共通，N は被覆面の葉数），つぎにすべての Q について加えると $N\sum k=N\cdot\deg(\omega)$ となる．したがってつぎの等式が成り立つ：

$$2\tilde{p}-2=N\cdot(2p-2)+B.$$

定理6.9とその注意（6.4.**D**）と比べてみれば，被覆リーマン面に対するRiemann-Hurwitz公式の別証明が得られたことになる．

F. 被覆リーマン面 $(\tilde{S}, \sigma, S)$ において，点 $Q \in S$ を中心とする座標円板 U_ψ と，$\tilde{S}$ の領域 $\tilde{D}$ から成る対

$$(\tilde{D}, U_\psi)$$

は，もし条件

（a） $\tilde{D}$ は $\sigma^{-1}(U_\psi)$ の成分の1つ，

（b） $(\tilde{D}, \sigma|\tilde{D}, U_\psi - \{0\})$ は分岐のない限界のない被覆面，

をみたすなら，“Q の上に**孤立特異点を定める**”という．

注意 1 この用語は，解析接続において慣用のもの（吉田[70]，p. 258）を拡張利用した（後述 6.6.**B** 参照）．

注意 2 $(\tilde{D}, U_\psi)$ について，条件（b）のもとに，（a）と $Q \notin \sigma(\overline{\tilde{D}})$ とは同値である．証明は読者にゆずる．

いま $U' = U_\psi - \{Q\}$ とおき，$\sigma|\tilde{D}$ を σ と略記して，被覆面

$$(\tilde{D}, \sigma, U')$$

について考える．U' は円環領域と位相同型であるから，6.2.**F** の例2によって，起りうるすべての場合がわかっている．$\Delta' = \psi(U')$ とおいて，位相写像 $\psi : U' \to \Delta'$ のリフトに関して定理 6.4 を用いると，つぎのどれかが生じることになる（ただし $\psi(U_\psi) = \{z \,|\, |z| < \rho\}$ とする）：

（I） 正整数 m と，$\tilde{D}$ から $\Omega_m{}' = \{\zeta | 0 < |\zeta| < \sqrt[m]{\rho}\}$ の上への等角写像 $\tilde{\varPsi}$ で，$p_m \circ \tilde{\varPsi} = \psi \circ \sigma$ をみたすものが存在する（ただし $p_m(z) = z^m$）；

（II） $\tilde{D}$ から $\hat{\Omega} = \{\zeta | \mathrm{Re}\,\zeta < \log \rho\}$ の上への等角写像 $\tilde{\varPsi}$ で，$\exp \circ \tilde{\varPsi} = \psi \circ \sigma$ をみたすものが存在する（ただし，$\exp z = e^z$）．

あきらかに，（I）か（II）の一方の場合しか生じないし，前者のとき，m もただ1つに定まる．

さて，Q 上に孤立特異点を定める $(\tilde{D}_1, U_{\psi_1})$ と $(\tilde{D}_2, U_{\psi_2})$ は，もし Q 上に孤立特異点を定める $(\tilde{D}_0, U_{\psi_0})$ が存在して

$$U_{\psi_0} \subset U_{\psi_1} \cap U_{\psi_2}, \qquad \tilde{D}_0 \subset \tilde{D}_1 \cap \tilde{D}_2$$

が成り立つとき，“同値”と定義する（同値関係の条件のうち推移律をみたすことも，上述の結果を用いれば，証明することはやさしい）．この意味の同値類

$$[\tilde{D}, U_\varphi]$$

のことを，被覆面 $(\tilde{S}, \sigma, S)$ の点 Q 上の**孤立特異点**と名づける．

$(\tilde{D}_1, U_{\varphi_1})$ と $(\tilde{D}_2, U_{\varphi_2})$ が同値なら，型（I），（II）は一致するし，また（I）のとき整数 m は一致する．これらは，したがって，孤立特異点 $[\tilde{D}, U_\varphi]$ の性質ということができる．

いま $(\tilde{D}, U_\varphi)$ が（I）型であるとし，$\tilde{S}$ に $\Omega_m=\{\zeta\,|\,|\zeta|<\sqrt[m]{\rho}\}$ を $\tilde{\varPhi}$ で接着してリーマン面 $\tilde{S}^*$ を構成する（1.6.C）：

$$\tilde{S}^*=\tilde{S}\cup_{\tilde{\varphi}}\Omega_m.$$

$\tilde{S}^*-\tilde{S}$ は Ω_m の $z=0$ に対応する1点 P^* から成り，したがって

$$\tilde{S}^*=\tilde{S}\cup\{P^*\}$$

である．写像 $\tilde{\varPhi}: \tilde{D}\to\Omega_m'$ を，$\tilde{\varPhi}(P^*)=0$ と定義することによって，$\tilde{S}^*$ の部分領域 $\tilde{D}\cup\{P^*\}$ から Ω_m の上への等角写像に拡張することができる．そして，これは $p_m\circ\tilde{\varPhi}=\psi\circ\sigma$ をみたす．したがって，$\sigma(P)=Q$ として σ を拡張すると

$$(\tilde{S}^*, \sigma, S)$$

は被覆リーマン面となり，P^* は Q の上にある点であって，分岐指数は m に等しい．

このリーマン面 $\tilde{S}^*$ は，孤立特異点 $[\tilde{D}, U_\varphi]$ によって一意的に定まる．じっさい，$(\tilde{D}, U_\varphi)$ と同値な $(\tilde{D}_1, U_{\varphi_1})$ から $\tilde{S}_1{}^*=\tilde{S}\cup\{P_1{}^*\}$ を得たとき，$\tilde{S}$ では恒等写像，P^* は $P_1{}^*$ に写す，という写像 h は，$\tilde{S}^*$ から $\tilde{S}_1{}^*$ の上への位相写像で $\tilde{S}$ では等角写像，よって P^* では除去可能となって，$\tilde{S}^*$ から $\tilde{S}_1{}^*$ の上への等角写像となる．

つぎに $Q_\nu\in S$ $(\nu=1,2,\cdots)$ の上の（I）型の孤立特異点 $[\tilde{D}_\nu, U_{\varphi_\nu}]$ が与えられており，互いに異なっている（Q_ν が異なるか，または，同じ Q_ν の上の異なった同値類）とする．すると，$\tilde{D}_\nu$ どうしが互いに素ととれることは，あきらかであろう．したがって，$\tilde{S}$ に順次に $P_\nu{}^*$ $(\nu=1,2,\cdots)$ を付け加えて

$$\tilde{S}^*=\tilde{S}\cup\{P_1{}^*, P_2{}^*, \cdots\}$$

を構成することができる．$P_\nu{}^*$ どうし異なっているから，与えられた $[\tilde{D}_\nu, U_{\varphi_\nu}]$ の全体と $P_\nu{}^*$ の全体との間に1対1対応がある．であるから対応するものを同じものとみて，$\tilde{S}^*$ は “$\tilde{S}$ に Q_ν の上の孤立特異点 $[\tilde{D}_\nu, U_{\varphi_\nu}]$ $(\nu=1,2,\cdots)$ を付

け加えて得られたリーマン面”という．いうまでもなく，σ は $\widetilde{S}^*$ に拡張されて，被覆リーマン面

$$(\widetilde{S}^*, \sigma, S)$$

を定める．

(II) 型の孤立特異点のことを**対数的特異点**という．“$w=\log z$ のリーマン面”S の定める被覆リーマン面 $(S, \sigma, \hat{\mathbb{C}})$ (6.1.**A**，例5(例3も参照)) は0の上に対数的特異点を持っている(そして，このことが名前の由来である)．(I) 型の場合と異なり，対数的特異点を $\widetilde{S}$ に付け加えてリーマン面を構成することは，ふつう行わない(なお定理7.6参照)．

6.6 解析形成体

A． 1つの関数要素から出発して，あらゆる曲線に沿って，可能な限り解析接続し，得られる関数要素のすべてから成る集合を“Weierstrass の意味の解析関数”という(吉田[70]，p.239)．

この集合は，6.1.**D** で導入した $\mathcal{O}$ を用いれば，$\mathcal{O}$ の(連結)成分といい表すことができる．

われわれは，これに等角構造を入れてリーマン面としておきたい．$\mathcal{O}$ の成分 $\mathcal{F}$ が与えられたとき，すでに定義された局所位相写像 $\sigma: \mathcal{O} \to \mathbb{C}$ の $\mathcal{F}$ への制限を，同じ記号 σ で表せば，分岐のない被覆面

$$(\mathcal{F}, \sigma, \mathbb{C})$$

が得られる．定理6.11によって $\mathcal{F}$ に一意的に等角構造が定まるが，それを用いてつぎの定義を与える：

定義 $\mathcal{O}$ の成分に，σ が正則写像となるような等角構造を入れて定まるリーマン面 $\mathcal{F}$ を(**Weierstrass の意味の**) **解析関数**という．

τ と σ は $\mathcal{F}$ 上の正則関数，そして各 $\boldsymbol{e} \in \mathcal{F}$ において，$(f, \Omega) \in \boldsymbol{e}$ の定める近傍 U で

$$\tau = f \circ \sigma$$

が成り立つ．つまり，解析接続で定まる“多価正則関数 $w=f(z)$”が，リーマ

ン面 $\mathcal{F}$ 上の2つの1価正則関数 τ と σ によって表されることになるのである.

例 1 $\Omega=\{z\,|\,|z-1|<1\}$, $f(z)=\mathrm{p.\,v.}\log z=(\log z$ の主値) で定まる (f,Ω) を含む関数要素を含む $\mathcal{O}$ の成分を $\mathcal{F}_l$ と表し,(解析関数としての)**対数関数**という(吉田[70], pp. 250—255). τ,σ の $\mathcal{F}_l$ への制限を τ_l,σ_l と表したとき,各点 $P\in\mathcal{F}_l$ において

$$\sigma_l(P)=\exp(\tau_l(P))$$

が成り立っている.このリーマン面 $\mathcal{F}_l$ は,1.6.**F** で導入した"$w=\log z$ のリーマン面" S と,つぎの意味で同じものである.すなわち,そこで定義した σ による (S,σ) と,いまの $(\mathcal{F}_l,\sigma_l)$ は,ともに $\mathbb{C}$ の被覆リーマン面であるが,$\mathcal{F}_l$ から S の上への位相写像 $\tilde{h}$ で

$$\sigma\circ\tilde{h}=\sigma_l$$

をみたすものがつぎのように作られて,同値な被覆リーマン面となる:$\mathcal{F}_l\ni\boldsymbol{e}$ が a 中心の要素で $\boldsymbol{e}\ni(f,\Omega)$ が $f(a)=\mathrm{p.\,v.}\log a+2\pi ik$ のとき,$S=\bigcup_{-\infty}^{\infty}\Delta_n$ の点 P で $\sigma(P)=a$, $P\in\Delta_k$ であるものがただ1つ存在するので,$\tilde{h}:\boldsymbol{e}\longmapsto P$ と定める.

領域 $\Omega^*\subset\mathbb{C}$ における(1価)正則関数 f^* が与えられたとき,各 $a\in\Omega^*$ において,(f^*,Ω^*) を含む a 中心の関数要素 $\boldsymbol{e}_a$ が定まるが,対応 $a\longmapsto\boldsymbol{e}_a$ は Ω^* から $\mathcal{O}$ の中への連続写像である.

一般に,複素平面の領域 Ω^* から $\mathcal{O}$ の中への連続写像で

$$\sigma\circ s=\mathrm{id}$$

をみたす s のことを,$\mathcal{O}$ の**切断** (section) という.$s(\Omega^*)$ は $\sigma^{-1}(\Omega^*)$ の1つの成分であり,したがって1つの解析関数 $\mathcal{F}$ に含まれている.Ω^* における正則関数

$$f^*=\tau\circ s$$

のことを,$\mathcal{F}$ の1つの(**1価な**)**分枝** (branch) という.

例 2 $\Omega^*=\mathbb{C}-\{x\in\mathbb{R}\,|\,x\leqq 0\}$ における $f^*(z)=\mathrm{p.\,v.}\log z$ は,解析関数としての対数関数(例1)の Ω^* における分岐である.

上に述べたとおり,通常の正則関数はすべて(Weierstrass の意味の)解析関数の分枝である.

B. 一般に $\mathscr{F}$ を解析関数として，被覆リーマン面

$$(\mathscr{F}, \sigma, \hat{\mathbb{C}})$$

を考える．（I）型の孤立特異点 $[\tilde{D}, U_\psi]$ において，関数 $\tau \circ \psi^{-1}$ は

$$\Omega_m{}' = \{\zeta | 0 < |\zeta| < \sqrt[m]{\rho}\}$$

の有理型関数であるが，もしこれが $\zeta=0$ に真性特異点を持たないなら，$[\tilde{D}, U_\psi]$ を**代数的特異点**という．

$\mathscr{F}$ に，被覆リーマン面 $(\mathscr{F}, \sigma, \hat{\mathbb{C}})$ の代数的特異点をすべて付け加えて得られるリーマン面 $\mathscr{F}^*$ を，**解析形成体**（ドイツ語の analytische Gebilde の訳，“広義の解析関数”ともいう（能代 [52]，p. 89）；なお英語には適切な訳語が見あたらない）という．あきらかに $\mathscr{F}^* - \mathscr{F}$ は孤立点集合，σ と τ は $\mathscr{F}^*$ の有理型関数，そして

$$(\mathscr{F}^*, \sigma, \hat{\mathbb{C}})$$

は被覆リーマン面である．

注意 1　6.5.**F** の注意 2 からわかるように，$z_0 \in \hat{\mathbb{C}}$ の上の代数的特異点においては，

$$z_0 \neq \infty,\quad m=1,\quad \tau \circ \psi^{-1} \text{ は } 0 \text{ で除去可能（正則）}$$

ということが同時には起らない．

注意 2　$(\mathscr{F}, \sigma, \hat{\mathbb{C}})$ の z_0 の上の（I）型の孤立特異点が代数的特異点であるための必要十分条件は，適当な整数 $\mu \geqq 0$ と点列 $P_n \in \mathscr{F}$，$n=1, 2, \cdots$ に対して，

$$\lim_{n\to\infty} \sigma(P_n) = z_0, \qquad \varlimsup_{n\to\infty} |\sigma(P_n) - z_0|^\mu |\tau(P_n)| < \infty$$

が成り立つことである（証明は読者にゆずる）．

注意 3　$z_0 \neq \infty$，$z_0 = \infty$ に応じて $\psi(z)$ を $z - z_0$，$1/z$ ととり，U_ψ を $\{z \,|\, |z-z_0| < \rho\}$，$\{z | \rho < |z| \leqq \infty\}$ ととったとき，$\tau \circ \tilde{\psi}^{-1}(\zeta)$ の Laurent 展開と $\sigma \circ \tilde{\psi}^{-1}(\zeta)$ を併記した

$$\begin{cases} w = \tau \circ \tilde{\psi}^{-1}(\zeta) = \sum_{-\infty}^{\infty} c_k \zeta^k \\ z = \sigma \circ \tilde{\psi}^{-1}(\zeta) = \begin{cases} z_0 + \zeta^m & (z_0 \neq \infty) \\ \zeta^{-m} & (z_0 = \infty) \end{cases} \end{cases}$$

を 1 つにまとめて

$$z_0 \neq \infty \text{ のとき} \quad w = \sum_{k=-\infty}^{\infty} c_k (z - z_0)^{\frac{k}{m}},$$

$$z_0=\infty \text{ のとき } \quad w=\sum_{k=-\infty}^{\infty}\frac{c_k}{\zeta^{\frac{k}{m}}}$$

と書くことがある．右辺を **Puiseaux 級数**という．

注意 4 解析形成体を，解析関数 $\mathscr{F}$ を経由しないで，直接に定義することができる（Weyl（田村訳）[16]，pp. 5—13）．

多価関数が具体的に与えられたとき（例えば sin の逆関数としての $w=\sin^{-1}z$ のように），その解析形成体 $\mathscr{F}^*$ そのものや被覆リーマン面 $(\mathscr{F}^*, \sigma, \hat{\mathbb{C}})$ がどのようなものであるか，またそれをどのようにして知り，どのように表現するか，これらの話題には立ち入る余裕がない．関心のある読者は能代 [52] を見られたい．

C． ここまでは解析形成体はリーマン面の一例であるという話をしてきたが，つぎに逆向きの問題を考える．

定理 6.13 リーマン面 S の上の非定値の有理型関数 g に対し，適当な解析形成体 $\mathscr{F}^*$ と，S からその上への等角写像 λ が存在して，$g=\sigma\circ\lambda$ が成り立つ．

注意 任意のリーマン面の上に非定値の有理型関数が存在する（定理 3.4）から，任意のリーマン面は適当な解析形成体と等角同値であることがわかる．リーマン面の定義として"解析形成体のこと"というのがある（吉田 [70]，p. 265）が，結局は Weyl-Radó の定義と同値ということが，このようにして示される．

（定理の証明）（Stoïlow [15]，pp. 61—62；田村 [64]，Graeub [27]，一松 [33]，pp. 139—144 などによる）4 段に分けて与える．

［第 1 段］ つぎのような，互いに異なる 3 種類の点をとる；ただし S が開リーマン面なら一般に無限個で集積点を持たず，S が閉リーマン面なら P_ν, P_ν' は有限個で P_ν'' は不要である．

（i） P_ν $(\nu=1,2,\cdots)$ は g の重複度 $\geqq 2$ の点すべて；

（ii） P_ν' $(\nu=1,2,\cdots)$ は $w_0\in g(S)-\{g(P_\nu)|\nu=1,2,\cdots\}-\{\infty\}$ を 1 つ固定して，g の w_0-点のすべて．

つぎに，リーマン球面 $\hat{\mathbb{C}}$ の点の間の弦距離を $[\ ,\ ]$ と表し（吉田 [70]，p. 131 参照），これによる円板をつぎの記号で表す：

$$\varDelta(z_0, r)=\{z|[z, z_0]<r\}.$$

そこで，Sが開リーマン面のとき

(iii) P_ν'' ($\nu=1, 2, \cdots$) はSに集積点を持たず，P_ν, P_ν' のすべてと異なり，値 $g(P_\nu'')$ は互いに異なり，さらに任意の $z_0\in\hat{\mathbb{C}}$ と任意の $\rho>0$ に対する $g^{-1}(\overline{\varDelta(z_0, \rho/2)})$ の任意の成分 $\tilde{B}$ について，もしそれがコンパクトでないならば，$g^{-1}(\varDelta(z_0, \rho))$ の成分で $\tilde{B}$ を含むものは無限個の P_ν'' を含むようなものとする．

点列 $\{P_\nu''\}$ の作り方はつぎのとおりである．S の近似列 $\{D_n\}_{n=1}^{\infty}$ を1つとって，$n=1, 2, \cdots$ について考える．$\bar{D}_{n+1}-D_n$ の任意の点 P に対し，それを中心とした座標円板 U_φ を

$$g(U_\varphi)\subset\varDelta(g(P),\ 1/n)$$

であるようにとる．$\varphi(U_\varphi)=\{\zeta||\zeta|<r_\varphi\}$ とし，$V_\varphi=\varphi^{-1}(\{\zeta||\zeta|<r_\varphi/2\})$ とおく．P ごとに V_φ をとると，全体は $\bar{D}_{n+1}-D_n$ を覆っているから，有限個の P_{nk} ($k=1, \cdots, N(n)$) をとり出して，対応する V_φ で $\bar{D}_{n+1}-D_n$ を覆うことができる．得られた P_{nk} を少し動かして P_ν, P_ν' ($\nu=1, 2, \cdots$) のすべてと異なり，また値 $g(P_{nk})$ ($k=1, \cdots, N(n)$) が互いに異なり，しかも $g(P_{jk})$ ($k=1, \cdots, N(j)$, $j=1, \cdots, n-1$) のすべてと異なっているようにできる．動かし方が小さければ，対応する U_φ によって，$\bar{D}_{n+1}-D_n$ は覆われており，また g の値は $\hat{\mathbb{C}}$ の弦距離で測って，もとと $1/2n$ 以上変わっていない．$n=1, 2, \cdots$ に対して得られた以上の P_{nk} のすべてを辞書式順序に並べて

$$P_1'', P_2'', \cdots$$

とすればよい．$P_\nu''=P_{nk}$ のとき $1/2n=\varepsilon_\nu$ とおくと，あきらかに

$$\lim_{\nu\to\infty}\varepsilon_\nu=0$$

である．また P_ν'' に対応する U_φ を $U^{(\nu)}$ と表すと

$$g(U^{(\nu)})\subset\varDelta(g(P_\nu''),\ \varepsilon_\nu)$$

が成り立つ．いま，$g^{-1}(\overline{\varDelta(z_0, \rho/2)})$ の成分 $\tilde{B}$ がコンパクトでないとすると，有限個の $U^{(\nu)}$ では覆いえないから，$\tilde{B}$ と交わる $U^{(\nu)}$ は無限個存在しなければならない．ある番号から先の ν は $\varepsilon_\nu<\rho/2$ となるので，$g^{-1}(\varDelta(z_0, \rho))$ の成分で $\tilde{B}$ を含むもの $\tilde{D}$ は $\tilde{B}\cap U^{(\nu)}\neq\phi$ であるような P_ν'' を含まねばならない．よって，無限個の P_ν'' が $\tilde{D}$ に含まれる．

［第2段］ S に非定値の有理型関数 f で P_ν ($\nu=1, 2, \cdots$) のすべてにおいて重複度1，P_ν' ($\nu=1, 2, \cdots$) における値は互いに異なり，P_ν'' ($\nu=1, 2, \cdots$) のすべてを零点に持つものを構成する．ほかに極などあってもかまわないので，定理3.4を用いて構成することができる．

ただちにわかるように，任意の $P\in S$ に対して適当な近傍 U をとると，そこから $\hat{\mathbb{C}}\times\hat{\mathbb{C}}$ の中への写像

$$P\longmapsto(f(P), g(P))$$

は単射である.

いま，S から f の極，g の極，dg の零点をすべて除いたものを S' と表す.

任意の $P\in S'$ に対して近傍 V を小さくとると，$g|V$ は V で単射である．$g(V)=\Omega$ と表し，また $g|V$ を g と略記し，

$$(f\circ g^{-1}, \Omega)\in \boldsymbol{e}$$

であるような関数要素 $\boldsymbol{e}$ をとる．中心は $g(P)$，値は $f(P)$ である．写像

$$\lambda : P\longmapsto \boldsymbol{e}$$

は S' から $\mathcal{O}$ の中への写像であるが，$\mathcal{O}$ の位相の定義からただちにわかるように，λ は連続で局所的に位相的である．λ による S' の像は，したがって，連結であるので，それを含む $\mathcal{O}$ の成分 $\mathcal{F}$（すなわち解析関数）が定まる.

あきらかに λ は S' から $\mathcal{F}$ の中への正則写像で

$$g=\sigma\circ\lambda, \qquad f=\tau\circ\lambda$$

をみたしている.

［第3段］ この $\mathcal{F}$ に代数的特異点をすべて付け加えて得られる解析形成体を $\mathcal{F}^*$ と表し，上述の $\lambda : S'\to\mathcal{F}$ が，S から $\mathcal{F}^*$ の中への局所位相写像に拡張できることを，つぎに示す.

いま $P_0\in S-S'$ が g の m 位の z_0 点（ただし $z_0\neq\infty$）であるとする．このとき，z_0 中心の座標円板

$$U_\varphi=\{z||z-z_0|<\rho\}, \qquad \varphi(z)=\frac{z-z_0}{\rho},$$

P_0 中心の座標円板

$$\tilde{U}_{\tilde{\varphi}}$$

で $\tilde{\varphi}(\tilde{U}_{\tilde{\varphi}})$ は単位開円板 Δ となっており，

$$\varphi\circ g=p_m\circ\tilde{\varphi} \qquad (\text{ただし } p_m(z)=z^m)$$

が $\tilde{U}_{\tilde{\varphi}}$ で成り立つようなものが存在する（6. 4. **A** の例1参照）．これらを小さくとることによって，前述の $P\longmapsto(f(P), g(P))$ が $\tilde{U}_{\tilde{\varphi}}$ から $\hat{\mathbb{C}}\times\hat{\mathbb{C}}$ の中への単射となっているようにできる.

さて，$\tilde{U}'=\tilde{U}_{\tilde{\varphi}}-\{P_0\}$，$U'=U_\varphi-\{z_0\}$，$\Delta'=\Delta-\{0\}$ とおき，また $\tilde{D}=\lambda(\tilde{U}')$ とおく．$\tilde{D}$ は領域で，λ は $\tilde{U}'$ から $\tilde{D}$ の上への位相写像であることが容易にわかる．不分岐被覆面

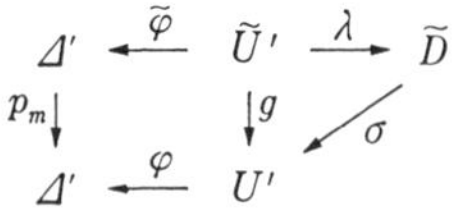

$$(\tilde{D}, \sigma, U')$$

を得るが，位相写像 $\varphi^{-1} : \Delta'\to U'$ が $\lambda\circ\tilde{\varphi}^{-1} : \Delta'\to\tilde{D}$ にリフトされるので，この被覆面は (Δ', p_m, Δ') と同じ性質を持つ．つまり $(\tilde{D}, \sigma, U')$ は分岐のない限界のない被覆面で，$\tilde{D}$ は $\sigma^{-1}(U)$ の成分の1つである．したがって z_0 の上に被覆リーマン面 $(\mathcal{F}, \sigma, \hat{\mathbb{C}})$ の孤立特異点 $[\tilde{D}, U_\varphi]$ を定めている（$\psi, \tilde{\Psi}$ に相当するものが，いまは $\varphi, \tilde{\varphi}\circ\lambda^{-1}$ である）.

関数 $\tau\circ(\tilde{\varphi}\circ\lambda^{-1})^{-1}=f\circ\tilde{\varphi}^{-1}$ は $\tilde{\varphi}(P_0)=0$ に真性特異点を持たないので，これは代数的特異点である．これが $\mathcal{F}^*$ の点となって $\mathcal{F}$ に付け加えられているが，$\lambda(P_0)=[\tilde{D}, U_\varphi]$ と定義することによって，λ は $S'\cup\{P_0\}$ から $\mathcal{F}^*$ の中への写像に拡張される．それが連続で局所的に位相的なことは $\mathcal{F}^*$ の作り方（つまり孤立特異点を付け加えることの定義）よりあきらかである．

以上，$P_0\in S-S'$ が g の m 位の $z_0(\neq\infty)$-点の場合について論じた．他の場合も同様である．

［第4段］ こうして，分岐のない被覆面

$$(S, \lambda, \mathcal{F}^*)$$

が得られた．点 P_ν'（$\nu=1,2,\cdots$）のとり方からただちにわかるように，点 $\lambda(P_1')\in\mathcal{F}^*$ の上にある S の点は P_1' のみである．したがって，この被覆面が限界のない被覆面であるということがたしかめられれば，単葉となって，λ は S から $\mathcal{F}^*$ の上への位相写像ということになる（6.2.**B** 参照）．もともと S' から $\mathcal{F}$ への正則写像であったから，除去可能性によって，S から $\mathcal{F}^*$ の上への等角写像となり，定理の証明が完結する．

以下，被覆面 $(S, \lambda, \mathcal{F}^*)$ が限界のない被覆面であることを証明するため，定理6.2の条件（c）をみたすことを示す．S が閉リーマン面のときは自明であるので，S が開リーマン面のときのみ考える．

任意の $Q\in\mathcal{F}^*$ において，$\sigma(Q)=z_0$ とおく．Q の近傍 U を，それがある $\rho>0$ に対する $\sigma^{-1}(\Delta(z_0,\rho))$ の成分の1つで，閉包 $\bar{U}$ がコンパクトであるようにとる．すると

$$B=(\sigma|U)^{-1}(\overline{\Delta(z_0,\rho/2)})$$

は Q を内点として含むコンパクト集合である．

$\lambda^{-1}(B)$ の任意の成分 $\tilde{B}$ は，容易にわかるように，$g^{-1}(\overline{\Delta(z_0,\rho/2)})$ の成分の1つでもある．もし $\tilde{B}$ がコンパクトでないと，それを含む $g^{-1}(\Delta(z_0,\rho))$ の成分 $\tilde{D}$ は無限個の P_ν'' を含む．$g(P_\nu'')=\sigma(\lambda(P_\nu''))$ どうし異なるから，$\lambda(P_\nu'')$ どうし異なり，しかも $\bar{U}$ 内に集積点を持たなければならない．ところが $f=\tau\circ\lambda$ は非定値なので τ は非定値であり，$\tau(\lambda(P_\nu''))=f(P_\nu'')=0$（$\nu=1,2,\cdots$）であるということは矛盾である．よって，$\tilde{B}$ はすべてコンパクトでなければならない．定理6.2の条件（c）がみたされる． ∎

D. 複素係数の2変数多項式 $\Phi(z,w)$ について，それが既約ということの定義は4.5.**A** で述べた．このようなものが与えられたとき，Ω で $\Phi(z,f(z))\equiv 0$ をみたす (f,Ω) を含む関数要素 $\boldsymbol{e}$ の全体は1つの解析関数となるが，これを記号 $\mathcal{F}_\Phi$ で表す．これの定める解析的形成体 $\mathcal{F}_\Phi{}^*$ の

$$(\mathcal{F}_\Phi{}^*, \sigma, \hat{\mathbb{C}})$$

は限界のない被覆リーマン面で，葉数は Φ の w に関する次数にひとしい．

逆に $(\mathcal{F}^*, \sigma, \hat{\mathbb{C}})$ が $n(<\infty)$ 葉の限界のない被覆リーマン面となっているような解析関数 $\mathcal{F}$ は，w に関して n 次のある既約多項式 $\Phi(z, w)$ の定める $\mathcal{F}_\Phi$ にひとしい．

$\mathcal{F}_\Phi$ を既約代数方程式

$$\Phi(z, w)=0$$

の定める**代数関数**という（便宜的に，“$\Phi(z, w)=0$ を w について解いて得られる多価関数 $w=w(z)$” などと表現する）．

以上は，複素関数論の初歩段階でよく知られたことである（例えば，吉田［70］，pp. 270—278）．

さて，$(\mathcal{F}_\Phi^*, \sigma, \hat{\mathbb{C}})$ が有限葉の限界のない被覆面であるということから，ただちに $\mathcal{F}_\Phi^*$ は閉リーマン面であることがわかる．

逆に任意の閉リーマン面 S は，定理 6.13 によって，解析形成体 $\mathcal{F}^*$ と等角同値であるが，$\mathcal{F}^*$ は閉リーマン面であるから $(\mathcal{F}^*, \sigma, \hat{\mathbb{C}})$ は有限葉の限界のない被覆面である．よって $\mathcal{F}^*$ はある Φ の $\mathcal{F}_\Phi^*$ でなければならない．

いま $(\mathcal{F}_\Phi^*, \sigma, \hat{\mathbb{C}})$ が n 葉なら，$\sigma(\boldsymbol{e}_1)=\cdots=\sigma(\boldsymbol{e}_n)$ であるような異なる $\boldsymbol{e}_1, \cdots, \boldsymbol{e}_n \in \mathcal{F}_\Phi^*$ が存在する．$\tau(\boldsymbol{e}_1), \cdots, \tau(\boldsymbol{e}_n)$ が互いに異なるとは限らないが，$\boldsymbol{e}_1, \cdots, \boldsymbol{e}_n$ を少しずつ変えて

$$\sigma(\boldsymbol{e}_1)=\cdots=\sigma(\boldsymbol{e}_n),$$

$$\tau(\boldsymbol{e}_1), \cdots, \tau(\boldsymbol{e}_n) : \text{互いに異なる}$$

となるようにできる．すると，$\mathcal{F}_\Phi^*$ 上の有理型関数 σ, τ は，定理 4.14 の (ii) の f_0, f_1 の条件をみたしている（4.5.**D** 参照）［なお，定理 6.13 の証中の g と f も，S が閉リーマン面の場合，同じ条件をみたしている］．よって

定理 6.14 代数関数 $\mathcal{F}_\Phi$ の定める解析形成体 $\mathcal{F}_\Phi^*$ は閉リーマン面であり，その上の任意の有理型関数は σ と τ の有理関数として表される．逆に任意の閉リーマン面 S とその上の非定値の有理型関数 g を与えたとき，S からある代数関数の解析形成体 $\mathcal{F}_\Phi^*$ の上への等角写像 λ で $g=\sigma\circ\lambda$ をみたすものが存在する．

第7章　リーマン面の一意化

7.1　商リーマン面

A.　現在では**一意化** (uniformization) という語は“与えられたリーマン面を，平面領域を1次（分数）変換の固有不連続な群で割って表すこと”の意味に用いられている．

もとは，“一意化”とは，代数方程式 $\Phi(z,w)=0$ の定める多価な代数関数 $w=w(z)$ を1価な関数で表すこと，つまり

$$\Phi(\varphi(\zeta),\psi(\zeta))=0$$

をみたす1価関数 φ,ψ を求めることであった．すでに定理6.14によって，閉リーマン面で定義された φ,ψ の存在は示した（つまり $\varphi=\sigma,\psi=\tau$ とする）が，いま要求されているものは，平面領域で定義された φ,ψ である．現在の意味の一意化ができれば，もとの意味の“一意化”がただちに可能となることはあきらかであろう．

ここでは，まず一般的なつぎの定理から話を始める．

定理 7.1　リーマン面 $\tilde{S}$ と，$\tilde{S}$ の自分自身の上への等角写像（これを**自己等角写像** (conformal automorphism) と称する）を元とする固有不連続な群 (6.3.**D**) G を与えたとき，リーマン面 S と，$\tilde{S}$ から S の上への正則写像 σ で，条件

$$\sigma(P_1)=\sigma(P_2) \Longleftrightarrow g(P_1)=P_2 \text{ であるような } g\in G \text{ が存在}$$

をみたすものが，つぎの意味で一意的に存在する：他の $\check{S}$ と $\check{\sigma}$ に対して，S から $\check{S}$ の上の等角写像 h で

$$\check{\sigma}=h\circ\sigma$$

をみたすものが存在する．

証明は**C**で与えることにして，先につぎの用語を導入する：

定義 リーマン面 $\widetilde{S}$ と，そこの自己等角写像を元とする固有不連続な群 G に対して，定理7.1によって定まるリーマン面 S を，"$\widetilde{S}$ を G で**割って得られる**（商）リーマン面"といい，つぎの記号で表す：

$$\widetilde{S}/G.$$

例 1 1.6.**B** のリーマン面 $T(\omega_1, \omega_2)$ は，そこで用いた g_{mn} から成る群

$$G=\{g_{mn}|m, n=0, \pm1, \pm2, \cdots\}$$

で $\mathbb{C}$ を割って得られるリーマン面

$$\mathbb{C}/G$$

にほかならない（定理7.1の証明も，そのときの議論と同じ方針にしたがって与えられる）．

例 2 $\widetilde{S}=\{z|\mathrm{Re}\, z<\log\rho\}$，$g_n(z)=z+2n\pi i$，$G=\{g_n|n=0, \pm1, \pm2, \cdots\}$ とすると，G は $\widetilde{S}$ で固有不連続であるが，リーマン面

$$\widetilde{S}/G \quad \text{は} \quad \{w|0<|w|<\rho\} \text{ と等角同値}$$

である．じっさい，6.3.**C** の例2と比較すると，定理7.1の主張する等角写像 h が存在しなければならない．

B． 定理7.1の証明の準備をする．$\widetilde{S}$ や G は定理で与えられているものとする．

$P\in\widetilde{S}$ に対し，不動化群（6.4.**E**）

$$G_P=\{g\in G|g(P)=P\}$$

を考える．G が固有不連続なので，G_P は有限群である．また，$g_0\in G$，$P'=g_0(P)$ のとき，あきらかに

$$G_{P'}=g_0G_Pg_0^{-1}$$

が成り立つ．

補題 7.1 任意の $P\in\widetilde{S}$ に対し，その近傍 $\widetilde{U}$ で

$$(7.1) \qquad \begin{cases} g\in G_P \text{ に対し } g(\widetilde{U})=\widetilde{U} \\ g\in G-G_P \text{ に対し } g(\widetilde{U})\cap\widetilde{U}=\phi \end{cases}$$

が成り立つものが存在する.

(証明) P の近傍 $\tilde{V}$ で閉包がコンパクトなものをとると, $g(\tilde{V})\cap\tilde{V}\neq\phi$ をみたす $g\in G$ は有限個しかない. $\tilde{V}$ を小さくとりなおすと, $g(\tilde{V})\cap\tilde{V}\neq\phi$ をみたすものは $g\in G_P$ に限るようにできる. その $\tilde{V}$ を用いた

$$\tilde{U}=\bigcap_{g\in G_P} g(\tilde{V})$$

が求めるものである. ∎

性質 (7.1) を, $\tilde{U}$ は**ちょうど G_P のみで不変** (precisely invariant under G_P) という.

ここまでは純位相的な考察であったが, G の元が等角写像であるということに基づいて,

補題 7.2 任意の $P\in\tilde{S}$ に対し G_P は巡回群である.

補題 7.3 P 中心の座標円板 $\tilde{U}_{\tilde{\varphi}}$ で, ちょうど G_P のみで不変なものを適当にとると, G_P のある生成元 g_0 は

$$\tilde{\varphi}\circ g_0\circ\tilde{\varphi}^{-1}(z)=e^{2\pi i/m}z$$

と表せる ; ただし $m=\mathrm{ord}\,G_P$.

(補題 7.2 と 7.3 の証明) 2つをいっしょに証明する. とりあえず局所座標 $\tilde{\psi}$ で $P\in\tilde{U}_{\tilde{\psi}}$, $\tilde{\psi}(P)=0$ であるものをとり, (7.1) をみたす $\tilde{U}\subset\tilde{U}_{\tilde{\psi}}$ をとる. 各 $g\in G_P$ に対し $\zeta=0$ の近傍における Taylor 展開

$$\tilde{\psi}\circ g\circ\tilde{\psi}^{-1}(\zeta)=c_g\zeta+\cdots$$

を考えると, あきらかに $c_g\neq0$ である. また $g_1, g_2\in G_P$ に対して

$$c_{g_1\circ g_2}=c_{g_1}\cdot c_{g_2}$$

が成り立つ ; つまり $g\longmapsto c_g$ は G_P から乗法群 $\mathbb{C}^*=\mathbb{C}-\{0\}$ の中への準同型である. つぎに

$$\Psi(\zeta)=\frac{1}{m}\sum_{g\in G_P}\frac{1}{c_g}\tilde{\psi}\circ g\circ\tilde{\psi}^{-1}(\zeta)=\zeta+\cdots$$

とおく. $\Psi'(0)=1$ であるから, Ψ は $\zeta=0$ の近傍で正則単葉である. よって

$$\tilde{\varphi}=\Psi\circ\tilde{\psi}$$

は, $\tilde{U}$ を小さくとりなおせば, そこから平面領域の上への等角写像となる. $\tilde{\varphi}(P)=0$ を

みたし，さらに

$$\frac{1}{c_g}\Psi(\tilde{\varphi}g\tilde{\varphi}^{-1}(\zeta))=\frac{1}{m}\sum_{g_1\in G_P}\frac{1}{c_g c_{g_1}}\tilde{\varphi}g_1\tilde{\varphi}^{-1}(\tilde{\varphi}g\tilde{\varphi}^{-1}(\zeta))$$
$$=\frac{1}{m}\sum_{g_1\in G_P}\frac{1}{c_{gg_1}}\tilde{\varphi}gg_1\tilde{\varphi}^{-1}(\zeta)=\Psi(\zeta)$$

より，$\Psi\circ\tilde{\varphi}\circ g=c_g\cdot\Psi\circ\tilde{\varphi}$，つまり

$$\tilde{\varphi}\circ g\circ\tilde{\varphi}^{-1}(z)=c_g z$$

をみたしている．このことから，準同型 $g\longmapsto c_g$ は G_P から $\mathbb{C}^*$ の中への単射であることがわかる．ところが，乗法群 $\mathbb{C}^*$ の有限部分群は，絶対値が1であるような複素数を元とする巡回群である（例えば，成田[48]，定理5.30など参照）から，その生成元に対応する g_0 をとって

$$c_{g_0}=e^{2\pi i/m}$$

を得る．十分小さい ρ をとって $\tilde{U}_{\tilde{\varphi}}=\tilde{\varphi}^{-1}(\{\zeta||\zeta|<\rho\})\subset\tilde{U}$ とおけば，求めるものとなる． ∎

C．（定理7.1の証明） 3段に分けて与える．

［第1段］ $\tilde{S}$ の2点 P_1, P_2 は，ある $g\in G$ によって $P_2=g(P_1)$ とできるとき，Gに関して同値であるということにする．これは，あきらかに同値関係であるので，同一視による商位相空間(1.6.**A**)が定まる．それを S と表す．射影

$$\sigma: P\longmapsto[P]$$

は $\sigma^{-1}(\sigma(E))=\bigcup_{g\in G}g(E)$ をみたすので，$\tilde{S}$ から S の上への開写像である(1.6.**A** の(3)参照)．S が連結であるのは自明として，Hausdorff 空間であるということは，つぎのようにしてたしかめることができる：$[P_1],[P_2]\in S$ が異なるとき，まず P_1 の近傍 $\tilde{U}_1$ で閉包がコンパクトなものをとる．集合

$$G(P_2)=\{g(P_2)|g\in G\}$$

は P_1 を含まず，また有限個しか $\tilde{U}_1$ の閉包に含まれえない．したがって $\tilde{U}_1$ を小さくとりなおして $\overline{\tilde{U}}_1\cap G(P_2)=\phi$ が成り立つようにすると，

$$(\bigcup_{g\in G}g(\overline{\tilde{U}}_1))\cap G(P_2)=\phi$$

である．いま G は固有不連続であるから，P_2 の近傍 $\tilde{U}_2$ で閉包がコンパクトなものをとると，$g(\overline{\tilde{U}}_1)\cap\overline{\tilde{U}}_2\neq\phi$ をみたす g は有限個しかない．$P_2\notin g(\overline{\tilde{U}}_1)$ であるので，$\tilde{U}_2$ を小さくとりなおすと $g(\tilde{U}_1)\cap\tilde{U}_2=\phi$ がすべての $g\in G$ に対して成り立つことになる．したがって

$$(\bigcup_{g\in G}g(\tilde{U}_1))\cap(\bigcup_{g\in G}g(\tilde{U}_2))=\phi$$

となる．σ は開写像であるので $\sigma(\tilde{U}_1)$，$\sigma(\tilde{U}_2)$ はそれぞれ $[P_1]$，$[P_2]\in S$ の近傍であるが，これらは互いに素である．こうして，S が Hausdorff 空間であることが示された．

［第2段］ つぎに S に等角構造を入れるため， 各点 $P\in\widetilde{S}$ に対して，補題7.3の性質を持った座標円板 $\widetilde{U}_{\tilde{\varphi}}$ をとる．$\tilde{\varphi}$ は $\widetilde{U}_{\tilde{\varphi}}$ から円板 $|\zeta|<\rho$ の上への位相写像で $\tilde{\varphi}(P)=0$ をみたしているが， 円板 $|\zeta|<\rho$ は p_m : $\zeta\longmapsto\zeta^m$ によって円板 $\varDelta=\{z||z|<\rho^m\}$ の上に写される．一方 σ は $\widetilde{U}_{\tilde{\varphi}}$ から開集合 $U=\sigma(\widetilde{U}_{\tilde{\varphi}})$ の上への開写像である．任意の $[P']\in U$ に対し $P'\in\widetilde{U}_{\tilde{\varphi}}$ をとって $z'=p_m(\tilde{\varphi}(P'))\in\varDelta$ を考えると， これは $[P']$ の代表元のとり方によらずに定まる．対応

$$\begin{array}{ccc} \widetilde{U}_{\tilde{\varphi}} & \xrightarrow{\ \tilde{\varphi}\ } & (|\zeta|<\rho) \\ \downarrow\sigma & & \downarrow p_m \\ U & \xrightarrow{\ \varphi\ } & \varDelta \end{array}$$

$$\varphi : [P']\longmapsto z'$$

が得られるが， 容易にわかるように， これは U から $\varDelta$ の上への1対1対応である． 開集合の φ-像，φ^{-1}-像をしらべることによって，位相写像であることも簡単にわかる．作り方からみて

$$\varphi\circ\sigma=p_m\circ\tilde{\varphi} \tag{7.2}$$

が成り立っている．φ の定義域 U（それは点 $[P]\in S$ の近傍である）を

$$U_{\varphi}$$

と表すことにする．

すべての $P\in\widetilde{S}$ に対して以上の φ を作り，それら全体を $\mathcal{A}_1$ と表す．以下

$$U_{\varphi}\cap U_{\psi}\neq\phi$$

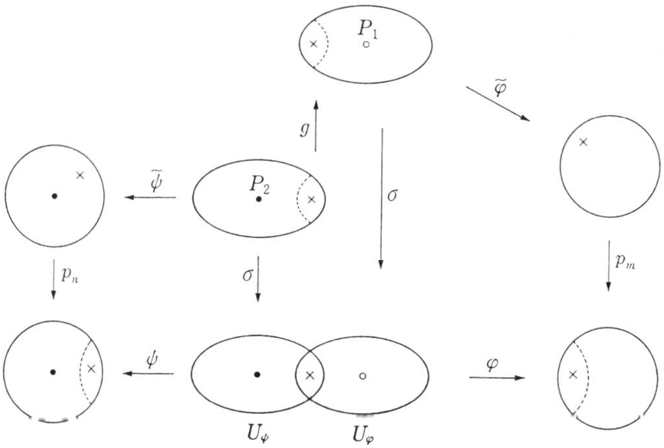

図 7.1

であるような $\varphi,\psi\in\mathcal{A}_1$ に対して，$\varphi\circ\psi^{-1}$ が等角写像であることを示したい．φ は $P_1\in\widetilde{S}$ から，ψ は $P_2\in\widetilde{S}$ から上のようにして作られたものとする．

$\sigma(P_1)\neq\sigma(P_2)$ のとき， 任意の $z'\in\psi(U_{\varphi}\cap U_{\psi})$ に対して， $z'=\psi(\sigma(P'))$ であるような $P'\in\widetilde{U}_{\tilde{\psi}}$，$g(P')\in\widetilde{U}_{\tilde{\varphi}}$ であるような $g\in G$ をとる．$\tilde{\psi}(P')\neq0$ であるので $p_n:\zeta\longmapsto\zeta^n$ は局所的に逆写像を持ち，z' の近傍で

$$\varphi\circ\psi^{-1}=p_m\circ\tilde{\varphi}\circ g\circ\tilde{\psi}^{-1}\circ p_n{}^{-1}$$

と表される．よって $\varphi\circ\psi^{-1}$ は z' で正則である．

$\sigma(P_1)=\sigma(P_2)$ のときは，$z'\neq 0$ においては上の議論が適用される．$\varphi\circ\psi^{-1}$ は $\psi(U_\varphi\cap U_\psi)$ から $\varphi(U_\varphi\cap U_\psi)$ の上への位相写像であるので，0は除去可能となり，全域で等角写像ということがいえる．

こうして $\mathscr{A}_1$ は S の等角構造の基底であることがわかった．$\mathscr{A}_1$ を含む解析構造を $\mathscr{A}$ として，リーマン面

$$(S,\mathscr{A})$$

が得られる．以下，記号 S は，このリーマン面を表すものとする．

［第3段］ 射影 $\sigma:\tilde{S}\to S$ は正則写像である．実際，各点 $P\in\tilde{S}$ の近傍 $\tilde{U}_{\tilde{\varphi}}$ の $\tilde{\varphi}$-像において $\varphi\circ\sigma\circ\tilde{\varphi}^{-1}=p_m$ が成り立つからである．

$P_1,P_2\in\tilde{S}$ に対して，$\sigma(P_1)=\sigma(P_2)$ が成り立つことと，$g(P_1)=P_2$ をみたす $g\in G$ が存在することは同値である．これは S の作り方より自明であろう．

ほかに，このような $\check{S}$ と $\check{\sigma}$ があったとする．$[P]\in S$ に対して $P\in\tilde{S}$ を1つとって $\check{\sigma}(P)\in\check{S}$ を考えると，これは $[P]$ の代表元 P のとり方によらずに決まる．写像

$$h:[P]\longmapsto\check{\sigma}(P)$$

が得られるが，これが S から $\check{S}$ の上への1対1対応で

$$\check{\sigma}=h\circ\sigma$$

をみたすことは，あきらかである．σ も $\check{\sigma}$ も連続な開写像であるので，h が位相写像であることも明白である．性質(7.2)をみればわかるように，$m>1$ であるような $P,\sigma(P)$ は，それぞれ $\tilde{S},S$ で孤立する．そのような P を除けば σ は局所的に逆を持ち，$h=\check{\sigma}\circ\sigma^{-1}$ の正則性がわかる．除去可能性によって，h は S 全体から $\check{S}$ の上への等角写像ということになる．　∎

D. いうまでもないことであるが，定理7.1の $\tilde{S},\sigma,S$ の組は正規被覆リーマン面である．したがって，定理7.1はつぎの形に述べることもできる：

“リーマン面 $\tilde{S}$ と，$\tilde{S}$ の自己等角写像を元とする固有不連続な群 G を与えたとき，正規被覆リーマン面

$$(\tilde{S},\sigma,S)$$

で，被覆変換群が G と一致するものが存在する；他の同様な $(\tilde{S},\check{\sigma},\check{S})$ に対しては，S から $\check{S}$ の上への等角写像 h で $\check{\sigma}=h\circ\sigma$ をみたすものが存在する”．

逆につぎのことが成り立つということも，蛇足ながら，注意しておく：

"$(\widetilde{S}, \sigma, S)$ が正規被覆リーマン面，G をその被覆変換群とすると（それは定理 6.10 で述べたように固有不連続であるが），S と $\widetilde{S}/G$ とは等角同値である；詳しくは，S から $\widetilde{S}/G$ の上への等角写像 h で $h\circ\sigma=\tilde{\sigma}$ をみたすものが存在する（ただし $\tilde{\sigma}$ は射影 $\widetilde{S}\to\widetilde{S}/G$ を表す）".

正規被覆リーマン面 $\sigma:\widetilde{S}\to\widetilde{S}/G$ において，$\widetilde{S}$ の複素関数 $\tilde{f}$ が $\widetilde{S}/G$ の f によって

$$\tilde{f}=f\circ\sigma$$

と表されるためには

(7.3) $$\tilde{f}=\tilde{f}\circ g$$

がすべての $g\in G$ に対して成り立つことが必要十分である．f が有理型［正則，調和］であることと $\tilde{f}$ がそうであることは同値である；じっさい，1.6.**A** の（5）で述べたように $\tilde{f}$ と f の連続性は同値であり，分岐点以外では局所的に $f=\tilde{f}\circ\sigma^{-1}$ が成り立つからである（分岐点は除去可能となる）．

$\tilde{f}$ と f の分岐点における極などの位数の関係は 6.5.**E** で触れた．

すべての $g\in G$ に対して (7.3) をみたす $\tilde{f}$ は，群 G に関する**保型関数** (automorphic function) という．

同じように，$\widetilde{S}$ の有理型［正則］微分 $\tilde{\omega}$ が $\widetilde{S}/G$ の有理型［正則］微分 ω によって

$$\tilde{\omega}=\sigma^{\sharp}\omega$$

と表されるための必要十分条件は，すべての $g\in G$ に対して

(7.4) $$g^{\sharp}\tilde{\omega}=\tilde{\omega}$$

が成り立つことである．このような $\tilde{\omega}$ を群 G に関する**保型形式** (automorphic form) という．

注意　$\widetilde{S}$ が複素平面の領域 ($\not\ni\infty$) のとき，有理型［正則］微分 $\tilde{\omega}=\tilde{a}\,dz$ と有理型［正則］関数 $\tilde{a}$ とを同じものと考える (1.3.**E**，注意 3)．この際，$g^{\sharp}\tilde{\omega}$ の定義 (1.3.**G**) に戻ってしらべれば簡単にわかるように，$g^{\sharp}\tilde{\omega}$ と同一視される関数は $(\tilde{a}\circ g)\cdot g'$ である．したがって

(7.5) $$(\tilde{a}\circ g)\cdot g'=\tilde{a}$$

が (7.4) と同値な式となる．このような $\tilde{a}$ は，"関数" ではあるが，やはり "保型形式"

と呼ばれている．なお，$\tilde{S}$ が $\hat{\mathbb{C}}$ の領域で ∞ を含む場合は，$\tilde{\omega}$ が正則であるためには関数 $\tilde{a}$ が ∞ で2位の零を持つ（1.3.**E**，注意4）ことのみ異なるが，それ以外については同じことがいえる．

例． 前述の例 $T(\omega_1, \omega_2)=\mathbb{C}/G$ における有理型関数 f を表す $\mathbb{C}$ の保型関数 $\tilde{f}$ は，1.6.**B** で述べたように楕円関数である．$T(\omega_1, \omega_2)$ の有理型微分 ω を表す $\mathbb{C}$ の保型形式 $\tilde{\omega}$ は，上の注意のごとく，$\mathbb{C}$ の関数 $\tilde{a}$ と同じものと考えられる．$g_{mn}(z)=z+m\omega_1+n\omega_2$ は $g_{mn}'(z)\equiv 1$ であるので，条件 (7.5) は (7.3) と同じ，したがって $\tilde{a}$ も楕円関数となる．とくに正則な楕円関数は定数に限られるが，このことは，4.2.**E** における一般的結果より導かれる，$\dim A(T(\omega_1, \omega_2))=1$ を直接にたしかめたことになる．

E． 本書における商リーマン面の最初の例は（7.1.**A** の例1で述べたように）1.6.**B** のトーラス $T(\omega_1, \omega_2)=\mathbb{C}/G$ であった．その話は1.6.**A** の例1，例2から続いており，じっさい例2の X の辺の接合を考えることによって $\mathbb{C}/G$ の位相的性質がよくわかった（この接合は1.6.**G** の注意1で述べたように等角構造も定める）．

一般に，定理7.1の $\tilde{S}$ と G において，つぎのような集合 $F\subset\tilde{S}$ を "G に関する**基本集合** (fundamental set)" という：任意の $P\in\tilde{S}$ に対し，ただ1つの $P'\in F$ が存在して，適当な $g\in G$ に対して $P=g(P')$ をみたす．

いいかえれば，$\sigma|F$ が S への全単射となるような集合 F のことである．

また，つぎのような開集合 D を "G に関する**基本領域** (fundamental domain)" という：任意の $P\in\tilde{S}$ に対し，適当な $P'\in\bar{D}$ と適当な $g\in G$ が存在して $P=g(P')$ をみたす；$P'\in D$ のとき，このような g はただ1つに限る．

基本領域に境界の一部を付け加えると基本集合が得られる．定義から，$g\in G-\{\mathrm{id}\}$ に対して $g(D)\cap D=\phi$ であり，とくに $G_P\neq\{\mathrm{id}\}$ であるような P は $\notin D$ である．

基本集合も基本領域も一意的に定まるものではない．

注意 "基本領域" というとき，さらに連結性を要求したり，$\bar{D}$ の内核は D と一致するという条件を付加したり，∂D が解析弧をつないだものから成ることを仮定したり，文献によって細かい相異がある．

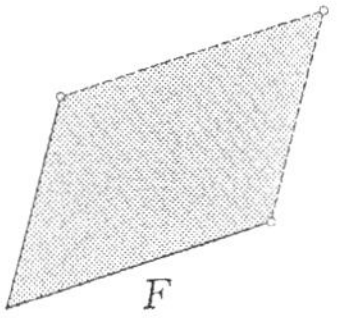

図 7.2

例 1　7.1.**A** の例 1 においては，$F=\{\xi\omega_1+\eta\omega_2 | 0\leqq\xi<1, 0\leqq\eta<1\}$ は 1 つの基本集合である．この内部は 1 つの基本領域である．基本領域の境界の接合で $\mathbb{C}/G$ が得られるということが，1.6.**A** の例 1，例 2 での議論であった．

例 2　7.1.**A** の例 2 においては $F=\{z | \mathrm{Re}\,z<\log\rho,\ 0\leqq\mathrm{Im}\,z<2\pi\}$ は基本集合の 1 つであり，この内部 D は 1 つの基本領域である．D の辺 $\{z | \mathrm{Re}\,z<\log\rho, \mathrm{Im}\,z=0\}$ と $\{z | \mathrm{Re}\,z<\log\rho,\ \mathrm{Im}\,z=2\pi\}$ を，z と $z+2\pi i$ を同一視することによって接合すると $\tilde{S}/G$ が得られる．位相的な模型としては円筒（一方向に無限に延びた）も得られる．指数関数 exp での写像は，$\bar{D}$ を $\{w | 0<|w|<\rho\}$ の上に写し，F からの全単射となっている．

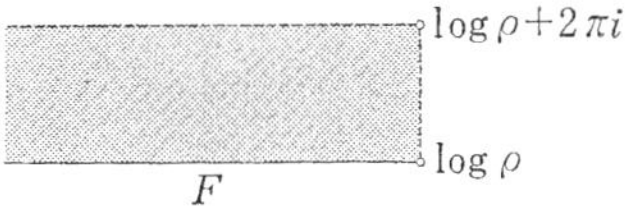

図 7.3

7.2　普遍被覆リーマン面による一意化

A.　任意のリーマン面 S に対し，その普遍被覆リーマン面 $(\hat{S}, \sigma, S)$ が存在して同値の意味でただ 1 つに決まる．$\hat{S}$ は単連結であるので，一意化定理（定理 3.7）によって $W=\hat{\mathbb{C}}$ または $\mathbb{C}$ または $\{z | |z|<1\}$ のどれか，しかもその 1 つのみの上に等角写像できる．被覆変換はこれらの領域の自己等角写像となるが，そのようなものが 1 次（分数）変換

$$g(z)=\frac{az+b}{cz+d}, \qquad ad-bc\neq 0$$

の W への制限に限られることは，よく知られたことである．g は $g(W)=W$ をみたすが，このことを g は W を**不変** (invariant) にするという．

g の全体を G とおく．$\tilde{S}$ や，そこから W への等角写像のとり方によって別の G' が得られるとしても，6.3.**E** に述べたように（いまは $h=\mathrm{id}$ を考える），等角写像 $\tilde{h}: W\to W$ によって $G'=\tilde{h}G\tilde{h}^{-1}$ が成り立つ．そして，いまは，$\tilde{h}$ は 1 次変換でなければならない．

なお，普遍被覆面は分岐しないから，恒等写像以外の各 $g\in G$ は W に不動点を持たない．

以上まとめると

定理 7.2 任意に与えられたリーマン面 S は，リーマン球面の領域

$$(E) \quad W=\hat{\mathbb{C}}$$

$$(P) \quad W=\mathbb{C}$$

$$(H) \quad W=\{z \mid |z|<1\}$$

のどれかと，W を不変にして恒等写像以外は W に不動点を持たない1次変換から成る，W で固有不連続な群 G による

$$W/G$$

と等角同値である．S に対して W は一意的に決まり，また G はつぎの意味で一意的である：他の G' による W/G' が S と等角同値ならば，W を不変にする1次変換 t によって

$$G'=tGt^{-1}$$

が成り立つ．

(E), (P), (H) に応じて，S の普遍被覆リーマン面は，それぞれ，**楕円型**，**放物型**，**双曲型**であるという（S 自身の放物型・双曲型（3.6. **B**）と混同してはいけない）．

こうして，任意のリーマン面が一意化可能であることは証明された．

しかし議論はこれで終るわけではない．与えられたリーマン面 S は，どのような W（上記以外のものも込めて）のどのような G で一意化できるか，逆に与えられた W の G の W/G はどのようなリーマン面であるか，など，多種多様の問題が発生する．

B． $W=\hat{\mathbb{C}}$ の場合，恒等写像以外の1次変換は必ず $\hat{\mathbb{C}}$ に不動点を持つから，恒等写像以外に被覆変換は存在しない．したがって普遍被覆リーマン面は単葉，つまり $\hat{\mathbb{C}}$ から S の上に等角写像が存在する．

逆に S が $\hat{\mathbb{C}}$ と等角同値なら，単連結だから，$\hat{\mathbb{C}}$ は普遍被覆リーマン面である．

つまり，リーマン面 S がリーマン球面 $\hat{\mathbb{C}}$ と等角同値なとき，しかもそのときに限って，S の普遍被覆リーマン面は楕円型である．

C． $W=\mathbb{C}$ の場合，G の元 $g(z)=(az+b)/(cz+d)$ は，$\hat{\mathbb{C}}$ では不動点を ∞ 以外に持てないので

$$g(z)=z+l$$

の形をしていなければならない．$l=g(0)$ であり，その全体

$$G(0)=\{g(0)\,|\,g\in G\}$$

は $\mathbb{C}$ に集積点を持たない（G の固有不連続性に基づいて性質 (7.1) があるから）．$g_1\circ g_2(0)=g_1(0)+g_2(0)$ であるので，$G(0)$ は加法群 $\mathbb{C}$ の部分群で

$$g\longmapsto g(0)$$

は G から $G(0)$ の上への同型である．

$G\neq\{\mathrm{id}\}$ のとき，$g(0)\neq 0$ であるような $|g(0)|$ の最小値をとる $g\in G$ を 1 つとって，g_0 と表す．このとき，$g_0(0)$ の実数倍であるような $g(0)$ は，$g_0(0)$ の整数倍でなければならない．なぜなら，もし整数でない t による $g(0)=tg_0(0)$ をみたす $g\in G$ が存在したとき，必要なら g^{-1} を考えなおすことによって $0<t$ と仮定してよいが，$n<t<n+1$ であるような $n\in\mathbb{Z}$ を考えれば，$g(0)-ng_0(0)\in G(0)$ は $0<|g(0)-ng_0(0)|<|g_0(0)|$ という矛盾を生じるからである．こうして

$$G(0)\cap\{tg_0(0)\,|\,t\in\mathbb{R}\}=\{ng_0(0)\,|\,n\in\mathbb{Z}\}$$

ということがわかった．右辺を $\mathbb{Z}g_0(0)$ と表す．

$G(0)\neq\mathbb{Z}g_0(0)$ のとき，$g(0)\notin\mathbb{Z}g_0(0)$ であるような $|g(0)|$ の最小値をとる $g\in G$ を 1 つとって g_1 と表す．このとき，任意の $g(0)\in G(0)$ は適当な $m,n\in\mathbb{Z}$ によって $g(0)=mg_0(0)+ng_1(0)$ と表されなければならない．実際，$g_0(0)$ と $g_1(0)$ は（実係数で）1 次独立な複素数であるので実数 s,t によって $g(0)=sg_0(0)+tg_1(0)$ と表すことができるが，適当な整数 m',n' をとって $g^*(0)=g(0)-m'g_0(0)-n'g_1(0)\in G(0)$ が

$$g^*(0)=s'g_0(0)+t'g_1(0),\qquad 0\leqq s'<1,\qquad 0\leqq t'<1$$

をみたすようにできる．$g_0(0)$ のとり方から $t'=0$ なら $s'=0$，$g_1(0)$ のとり方から $s'=0$ なら $t'=0$ でなければならず，したがって s,t が整数でないならば $0<s'<1$，$0<t'<1$ が成り立たなければならない．ところが，いま $|g_0(0)|\leqq|g_1(0)|$ であり，4 点 0，$g_0(0)$，$g_1(0)$，$g_0(0)+g_1(0)$ を頂点とする平行四辺形の内点から，どれか 1 つの頂点までの距離は $|g_1(0)|$ より小さくなければなら

ないので，$g_1(0)$ のとり方に矛盾が生じる．こうして

$$G(0)=\{mg_0(0)+ng_1(0)|m, n\in\mathbb{Z}\}$$

ということがわかった．g_0 と g_1 の番号を入れかえて $\mathrm{Im}(g_1(0)/g_0(0))>0$ が成り立つようにできる；その代り $|g_0(0)|\leqq|g_1(0)|$ とは必ずしもいえなくなるが．

以上のようにして，$G=\{\mathrm{id}\}$，$G=(0)=\mathbb{Z}g_0(0)$，その他，のそれぞれの場合に対応して，$W=\mathbb{C}$ であるような G としては

(P_1) G は恒等変換から成る，

(P_2) 定数 $l\neq0$ が存在し，$g_n(z)=z+nl$ とおけば

$$G=\{g_n|n\in\mathbb{Z}\},$$

(P_3) 定数 ω_1, ω_2（ともに $\neq0$ で，$\mathrm{Im}(\omega_2/\omega_1)>0$）が存在し，$g_{mn}(z)=z+m\omega_1+n\omega_2$ とおけば

$$G=\{g_{mn}|m, n\in\mathbb{Z}\}$$

の3種がありうることがわかった．

以下の考察は，これらすべてが実在することを示す．

(P_1) は，楕円型の場合と全く同様に論じてわかるように，S が複素平面 $\mathbb{C}$ と等角同値のとき，しかもそのときに限る．

(P_2) の G は 7.1.**A** の例2と同様で，普遍被覆リーマン面

$$(\mathbb{C}, \sigma, \mathbb{C}-\{0\}),\qquad \sigma(z)=e^{2\pi iz/l}$$

の被覆変換群である（6.2.**F** の例2の（II）参照）．基本領域として幅が $|l|$ の帯状領域 $\{z|0<\mathrm{Re}(z/l)<1\}$ をとることができる．$\mathbb{C}/G$ は，l によらず，すべて $\mathbb{C}-\{0\}$ と等角同値である．

(P_3) の G は 7.1.**A** の例1で，すでに詳しくしらべたとおり，$\mathbb{C}/G$ は円環体と位相同型な，したがって種数が1の閉リーマン面である．これの逆が成り立つことがつぎの定理で示されるので，以上によって，放物型の普遍被覆リーマン面を持つリーマン面 S が，すべて決定できたことになる．

定理 7.3 種数が1の閉リーマン面 S は，適当な $\omega_1, \omega_2(\neq0, \mathrm{Im}(\omega_1/\omega_2)>0)$ による $T(\omega_1, \omega_2)$ と等角同値である．

D. （証明） 扱う曲線はすべて区分的に解析的なものとする．$P_0\in S$ を基点とする

標準切断 $\{\alpha_1, \beta_1\}$ (2.3.**B**) を1つとる．S の正則微分の成す空間 $A(S)$ は複素1次元であり，その基底をなす θ_1 で

$$\int_{\alpha_1}\theta_1=1$$

をみたすものが存在する (4.2.**E**)．ただ1つ存在し，

$$\tau=\int_{\beta_1}\theta_1$$

は $\mathrm{Im}\,\tau>0$ をみたす (4.2.**G**)．P_0 を基点とする任意の閉曲線 γ に対し，整数 m_1, n_1 が存在して

$$\int_\gamma\theta_1=m_1\int_{\alpha_1}\theta_1+n_1\int_{\beta_1}\theta_1=m_1+n_1\tau$$

が成り立つ (2.3.**E**)．

われわれの目的は，S が $T(1,\tau)$ と等角同値なことの証明である．$g_{mn}(z)=z+m+n\tau$ $(m, n=0, \pm1, \pm2, \cdots)$ から成る G に関する $z\in\mathbb{C}$ の同値類を，いままでどおり $[z]$ と表す．

$$\sigma : z\longmapsto[z]$$

は $\mathbb{C}$ から $T(1,\tau)=\mathbb{C}/G$ への射影である．

任意の $P\in S$ に対し，曲線 $\gamma=\overrightarrow{P_0P}$ をとって γ に沿う θ_1 の積分を，以下

$$\int_{P_0}^P\theta_1$$

と表す．もちろん γ のとり方によって値は異なるのであるが，以下の証明においては，かなり便利な表現である．

実際，積分路を変えても1と τ の整数部しか異ならないので，S から $T(1,\tau)$ の中への対応

$$h : P\longmapsto[z], \qquad z=\int_{P_0}^P\theta_1$$

が確定する．

この対応は単射でなければならない．もし異なる P, P' に同じ $[z]$ が対応したならば，適当な曲線 $\overrightarrow{PP'}$ に沿って

$$\int_P^{P'}\theta_1=0$$

が成り立たねばならない．ということは，すべての正則微分のこの曲線に沿う積分が0ということである．するとAbelの定理（定理4.13）によって，P に零点，P' に極を持ち，他には零点も極も持たない有理型関数が存在することになる．このような関数は S から $\hat{\mathbb{C}}$ の上への等角写像である（定理2.7参照）が，このことは S の種数が1ということと矛盾する．

つぎに，h が全射であることをいうために，P_0 と異なる1点 P_1 をとって固定する．P_1 の近傍 V (ただし $P_0\notin V$) を小さくとると，そこで θ_1 は完全形式である (1.4.**D**) か

ら，$P\in V$ に対して V 内の曲線に沿う積分を考える限り

$$f_V(P)=\int_{P_0}^{P}\theta_1$$

は V で1価正則な非定値の関数である．正数 δ を $\{\zeta||\zeta|<\delta\}\subset f_V(V)$ が成り立つようにとっておく．

さて，任意の $z\in\mathbb{C}$ を与える．これに対し自然数 k を $|z/k|<\delta$ であるようにとり，$P'\in V$ を $f_V(P')=z/k$ が成り立つようにとる；つまり曲線 $\gamma_0=\overrightarrow{P_1P'}\subset V$ をとって

$$\int_{\gamma_0}\theta_1=\frac{z}{k}$$

が成り立つようにするのである．つぎに Riemann-Roch の定理（定理 4.6）を因子

$$\boldsymbol{d}=kP'-kP_1+P_0$$

に対して適用すると，$\dim\boldsymbol{F}(\boldsymbol{d})\geqq 1$ を得るので非定値の $f\in\boldsymbol{F}(\boldsymbol{d})$ が存在する．$\boldsymbol{F}(\boldsymbol{d})$ の定義から，f は P' に k 位以下の極，P_0 に1位以下の極を持ち，P_1 に k 位以上の零点を持ち，他に零点はありうるが，極はありえない．一方，f の極と零点の個数は一致するから，f の因子（4.3.**A**）が

$$(f)=kP_1+P-kP'-P_0$$

をみたす点 $P\in S$ が存在（P は P_0, P_1, P' と一致することもありうる）しなければならない．

Abel の定理を用いると，P_1 から P' に至る k 個の曲線 $\gamma_1,\cdots,\gamma_k$ と，1個の $\overrightarrow{PP_0}=\gamma$ が存在して

$$\int_{\gamma_1}\theta_1+\cdots+\int_{\gamma_k}\theta_1+\int_{\gamma}\theta=0$$

が成り立つことがいえる．じっさい，上記の (f) に対して起こりうるのは $(f)=\partial(\gamma_1+\cdots+\gamma_k+\gamma)$ または $(f)=\partial(\gamma_1+\cdots+\gamma_{k-1}+\overrightarrow{P_1P_0}+\overrightarrow{PP'})$ であるが，後者のとき $\gamma_k=\overrightarrow{P_1P'}$ をもう1つとって $\gamma=\overrightarrow{PP'}\cdot\gamma_k^{-1}\cdot\overrightarrow{P_1P_0}$ とすると前者に帰する．

各 $j=1,\cdots,k$ に対して，θ_1 の γ_j に沿う積分と $\gamma_0=\overrightarrow{P_1P'}$ に沿う積分は，1と τ の整数倍の和しか違わないので，

$$z+m+n\tau+\int_{\gamma}\theta_1=0 \qquad (m,n\in\mathbb{Z})$$

すなわち

$$\int_{P_0}^{P}\theta=z+m+n\tau$$

となって，対応 $h: P\longmapsto[z]$ が全単射であることが示された．

h は，局所的には $P\longmapsto\int_{P_0}^{P}\theta_1$ と射影 $\sigma: z\longmapsto[z]$ の合成であるので，S から $T(1,\tau)$ の上への等角写像ということになる． ∎

注意 $z\in\mathbb{C}$ に対して

$$z=\int_{P_0}^{P}\theta_1$$

をみたす P が一意的に定まるが，写像 $\hat{\sigma}: z\longmapsto P$ によって定まる $(\mathbb{C},\hat{\sigma},S)$ は普遍被覆リーマン面である．

E． 種数 1 の閉リーマン面 S はすべて $T(\omega_1,\omega_2)$ の形に表せることがわかったが，ω_1,ω_2 は一意的に決まらない．どのようなものが同じ S に対応するか，に答えるのがつぎの定理である：

定理 7.4 リーマン面 $T(\omega_1,\omega_2)$ と $T(\omega_1{}',\omega_2{}')$ が等角同値であるための必要十分条件は

$$n_{11}n_{22}-n_{12}n_{21}=1$$

をみたす整数 $n_{11},n_{12},n_{21},n_{22}$ が存在して

$$\frac{\omega_2{}'}{\omega_1{}'}=\frac{n_{11}\omega_2+n_{12}\omega_1}{n_{21}\omega_2+n_{22}\omega_1}$$

が成り立つことである．

（証明） $T(\omega_1,\omega_2)=\mathbb{C}/G$ はいままで述べたとおりとし，$z\longmapsto z+m\omega_1{}'+n\omega_2{}'$ の全体 G' から $T(\omega_1{}',\omega_2{}')=\mathbb{C}/G'$ が定まっているとする．前者から後者の上への等角写像 h が存在すれば，それは普遍被覆リーマン面 $\mathbb{C}$ から $\mathbb{C}$ への等角写像 $\tilde{h}$ にリフトされ（6.2.**E** の（3）参照），$\tilde{h}$ はある同型対応 $\Phi: G\to G'$ に関して 6.3.**E** の条件 (♯♯) をみたす．等角写像 $\tilde{h}:\mathbb{C}\to\mathbb{C}$ は，必然的に

$$\tilde{h}(z)=az+b \qquad (a\neq 0)$$

の形をした 1 次変換でなければならない．Φ の存在することは，いまは，任意の $m,n\in\mathbb{Z}$ に対して $m',n'\in\mathbb{Z}$ が存在して

$$a(z+m\omega_1+n\omega_2)+b=(az+b)+m'\omega_1{}'+n'\omega_2{}'$$

が恒等的に成り立ち，しかも

$$(m,n)\longmapsto(m',n')$$

が 1 対 1 対応であることを意味する．

$(m,n)=(1,0)$ に対する (m',n') を (ν_{11},ν_{12}) とおき，$(0,1)$ に対するものを (ν_{21},ν_{22}) とおけば

$$a\omega_1=\nu_{11}\omega_1{}'+\nu_{12}\omega_2{}'$$
$$a\omega_2=\nu_{21}\omega_1{}'+\nu_{22}\omega_2{}'$$

が成り立ち，また一般の (m,n) に対応する (m',n') は行列

$$A=\begin{pmatrix}\nu_{11} & \nu_{21}\\ \nu_{12} & \nu_{22}\end{pmatrix}$$

によってつぎの式で与えられる：

$$\begin{pmatrix}m'\\ n'\end{pmatrix}=A\begin{pmatrix}m\\ n\end{pmatrix}.$$

A は1対1対応を与える整数行列だから，行列式 $\det A$ は ± 1 に等しく，さらに $\mathrm{Im}(\omega_2/\omega_1)>0$, $\mathrm{Im}(\omega_2'/\omega_1')>0$ という仮定から

$$\det A=1$$

であることが導かれる．

$$A^{-1}=\begin{pmatrix}n_{22} & n_{12}\\ n_{21} & n_{11}\end{pmatrix}$$

とすることによって，定理で述べた条件の必要性がわかる．

以上の議論を逆にたどれば，十分性が示される． ∎

注意 必ずしも定理の条件をみたさない一般の場合でも，$\mathbb{C}\to\mathbb{C}$ のアファイン写像

$$\tilde{h}(z)=\frac{(\omega_1'\bar{\omega}_2-\omega_2'\bar{\omega}_1)z+(\omega_2'\omega_1-\omega_1'\omega_2)\bar{z}}{2i\,\mathrm{Im}\,\omega_1\bar{\omega}_2}$$

は $\tilde{h}(z+\omega_k)=\tilde{h}(z)+\omega_k'$ $(k=1,2)$ をみたすので，位相写像

$$h:T(\omega_1,\omega_2)\to T(\omega_1',\omega_2')$$

のリフトとなっている．種数が1の閉リーマン面どうしであるから位相写像の存在すること自体は自明であるが，普遍被覆リーマン面のアファイン写像にリフトされるような位相写像の存在すること（さらにこの結果を種数が2以上の場合に一般化すること）は，リーマン面のモジュライの理論（下記の注意3）において重要である．

F. 種数が1の閉リーマン面 S に対し，それと等角同値な $T(\omega_1,\omega_2)$ を1つとって

$$\tau=\frac{\omega_2}{\omega_1}$$

とおく．τ は上半平面 $\mathbb{H}_+=\{z\in\mathbb{C}\,|\,\mathrm{Im}\,z>0\}$ の点である．定理7.4によって，同一の S に対応する τ と τ' の間には，

$$\tau'=\frac{n_{11}\tau+n_{12}}{n_{11}\tau+n_{22}}$$

の関係があることが必要十分ということがいえる．

一般に a,b,c,d が $ad-bc=1$ をみたす整数であるような1次（分数）変換

$$z\longmapsto\frac{az+b}{cz+d}$$

を（**楕円**）**モジュラ変換**という．これは $\mathbb{H}_+$ の自己等角写像である．モジュラ変換の全体から成る群 M を（**楕円**）**モジュラ群**という．

これらを用いると，これまでにわかったことをつぎのように表現することができる：群 M に関して同値（意味は定理 7.1 の証明中と同じ）な $\mathbb{H}_+$ の 2 点を同一視して得られる商位相空間を

$$\mathbb{H}_+/M$$

と表したとき，種数 1 の閉リーマン面の等角同値類の全体から成る集合から $\mathbb{H}_+/M$ の上へ

$$T(\omega_1, \omega_2) \longmapsto [\tau]$$

で定義される 1 対 1 対応が存在する．

注意 1 $\mathbb{H}_+$ の点 τ は種数 1 の閉リーマン面 S のみでは定まらず，S とその基本群の生成元の組を指定することによって（ω_1 と ω_2 を確定させて）定まる．このようなものに"等角同値類"を適当に定義すると，$\mathbb{H}_+$ の点との間に 1 対 1 対応が得られる．

注意 2 M は $\mathbb{H}_+$ で固有不連続なことが知られており，したがって $\mathbb{H}_+/M$ はリーマン面ということになる．

注意 3 種数 p が 2 以上の閉リーマン面に対しても，上記の $\mathbb{H}_+$ および $\mathbb{H}_+/M$ に相当するものが定義され，それぞれ **Teichmüller 空間**，**モジュライ空間**と呼ばれている．前者は複素 $3p$-3 次元の解析多様体である．この話題に関心のある読者は Bers [21, 23], Harvey [29] の中の C. J. Earle の論文，Lehto [41] などを見られたい．

G. 上の **B**, **C** で示されたもの以外のすべてのリーマン面（つまり種数 $\geqq 2$ の閉リーマン面，および $\hat{\mathbb{C}}-$（1 点），$\hat{\mathbb{C}}-$（2 点）のどちらとも等角同値でない開リーマン面）は，すべて双曲型の普遍被覆リーマン面 W を持つ．

W として前述のように

$$\text{単位開円板} \quad \mathbb{D} = \{z \mid |z| < 1\}$$

をとることが多いが，問題によっては，簡単な 1 次変換で移れる上半平面 $\mathbb{H}_+$ を用いた方が便利なときもある．

被覆変換群 G の元 g は，$W = \mathbb{D}$ とすると

(7.6)
$$g(z)=e^{i\theta}\frac{z-a}{1-\bar{a}z}$$

の形をしている；ここに θ は実数，a は $|a|<1$ であるような複素数である．また $W=\mathbb{H}_+$ なら，$ad-bc>0$ であるような実数 a,b,c,d による

$$g(z)=\frac{az+b}{cz+d}$$

である（以上，例えば，吉田 [70]，pp. 156, 157）.

前に 7.1.**D** で一般的に述べたように，W/G の関数 f は W における G に関する保型関数 $\tilde{f}$，すなわち

$$\tilde{f}\circ g=\tilde{f}\qquad（各 g\in G に対して）$$

をみたす関数 $\tilde{f}$ で表される；じっさい，σ を被覆写像 $W\to W/G$ としたとき $\tilde{f}=f\circ\sigma$ である．f が有理型［正則，調和］であることと，$\tilde{f}$ がそうであることとは同値である.

同じように，W/G の有理型［正則］微分 ω のすべては，群 G に関する保型形式 $\tilde{\omega}=\omega\circ\sigma$ によって表される．いま W を $\mathbb{C}$ の領域とすれば，それは

$$(\tilde{a}\circ g)\cdot g'=\tilde{a}\qquad（各 g\in G に対して）$$

をみたす関数と同一視される.

全く同じ理由で，リーマン面 W/G の2次微分，Beltrami 微分，計量（いずれも 1.3.**H** で定義した）は，$W\subset\mathbb{C}$ のとき，各 $g\in G$ に対して，それぞれ

$$(\tilde{q}\circ g)\cdot(g')^2=\tilde{q}$$

$$(\tilde{\mu}\circ g)\cdot\frac{\bar{g}'}{g'}=\tilde{\mu}$$

$$(\tilde{\rho}\circ g)\cdot|g'|=\tilde{\rho}$$

をみたす W の関数 $\tilde{q},\tilde{\mu},\tilde{\rho}$（ただし $\tilde{\rho}>0$）で表される.

とくに $W=\mathbb{D}$ の場合

$$\tilde{\rho}(z)=\frac{2}{1-|z|^2}$$

は正の値をとり $(\tilde{\rho}\circ g)\cdot|g'|=\tilde{\rho}$ をみたす；じっさい，(7.6) を用いると

(7.7)
$$1-g(z)\overline{g(z)}=\frac{1-|a|^2}{|1-\bar{a}z|^2}\cdot(1-|z|^2)$$

が計算でたしかめられる．この $\tilde{\rho}$ の定める $\mathbb{D}/G$ の計量

$$\rho|dz|$$

を **Poincaré 計量**という．これは，双曲型の普遍被覆リーマン面を持つ任意のリーマン面に導入されるわけである．

各点で曲率 $K=-\rho^2\Delta\log\rho$ が -1 であることが知られているので，そのようなリーマン面は“負の定曲率空間”ということになる．

注意 1 単位円における Poincaré 計量 $\rho(z)|dz|$ は，3.6.**E** で Robin 定数を用いた $c|dz|$ の 2 倍としても導入されている．双曲型のリーマン面 S（それはすべて双曲型の普遍被覆リーマン面を持つ）には Poincaré 計量 $\rho|dz|$ と 3.6.**E** の $2c|dz|$ と 2 種類の計量が存在することになる．これらは，一般には一致しないことが知られている．

注意 2 $W=\mathbb{H}_+$ の場合は $\tilde{\rho}(z)=1/\mathrm{Im}\,z$ が Poincaré 計量に対応する．

注意 3 放物型の普遍被覆リーマン面を持つ場合は，7.2.**C** の (P_1), (P_2), (P_3) のいずれも，$\mathbb{C}$ における $\tilde{\rho}(z)=1$ が S に計量 $\rho|dz|$ を定める．各点での曲率は 0 である．

7.3 Fuchs 群

A. 1 次変換を元とする群 G は，もしリーマン球面 $\hat{\mathbb{C}}$ の円（つまり $\mathbb{C}$ の円または直線に無限遠点を付け加えたもの）の片側 D を，各元 $g\in G$ が不動にし，しかも G が D で固有不連続なとき，（D を不変とする）**Fuchs 群**という．

われわれは，主として D が単位開円板 $\mathbb{D}$ のときを考える．一般の D は，簡単な 1 次変換 q で $\mathbb{D}$ に写像できるので，群 qGq^{-1} を $\mathbb{D}$ でしらべればよいことになる．

したがって D が上半平面 $\mathbb{H}_+$ の場合も $\mathbb{D}$ での議論に帰着するのではあるが，一方で，$\mathbb{D}$ で考えるより $\mathbb{H}_+$ で考えた方が便利な場合も多く，われわれもときどきこれを行うはずである．

$\mathbb{D}$ があるリーマン面の普遍被覆リーマン面であるとき，被覆変換群 G は Fuchs 群である．この Fuchs 群は id 以外の各元 $g\in G$ は $\mathbb{D}$ に不動点を持たないという特徴を持っている（必要十分条件である）．

与えられた Fuchs 群から，リーマン面 $\mathbb{D}/G$ はどのような性質を持つかを知るという大きな課題から，ごく限られた二，三の話題に触れることにする．

定義 単位開円板 $\mathbb{D}$ を不変にする Fuchs 群 G は，もし

$$\sum_{t\in G}(1-|t(0)|)<\infty$$

なら**収束型**，そうでなければ**発散型**という．

注意 t は (7.6) の形をしているので，(7.7) を参照すれば（なお $|g(0)|=|a|$ も注意），$z_0\in\mathbb{D}$ に対して

$$1-|t(z_0)|^2=\frac{1-|z_0|^2}{|1-z_0\overline{t(0)}|^2}\cdot(1-|t(0)|^2)$$

が成り立つことがわかる．よって，z_0 には依存するが t には依存しない定数が存在して $\mathrm{const}\cdot(1-|t(z_0)|)\leqq 1-|t(0)|\leqq \mathrm{const}\cdot(1-|t(z_0)|)$ となる．よって G が収束型であるということは，ある（または，すべての）$z_0\in\mathbb{D}$ に対して

$$\sum_{t\in G}(1-|t(z_0)|)<\infty$$

が成り立つことと同値である．

定理 7.5 (P. J. Myrberg) 単位円板 $\mathbb{D}$ を不変にする Fuchs 群 G が収束型であることと，リーマン面 $\mathbb{D}/G$ が双曲型であることは同値である．

このとき，$z=0$ の下にある点 Q を極とする $S=\mathbb{D}/G$ の Green 関数 $g(\cdot,Q)=g$ は，被覆写像 $\sigma:\mathbb{D}\to S$ と，$t(0)=0$ をみたす $t\in G$ の個数 m_0 を用いると，つぎの等式で表される：

$$g(\sigma(z))=\frac{1}{m_0}\sum_{t\in G}\log\frac{1}{|t(z)|}$$

（証明） G は $\mathbb{D}$ で固有不連続であるので，$t\in G$ に番号を付けて，$t_0=\mathrm{id}$，$t_1,t_2,\cdots$ とし，$|t_1(0)|\leqq|t_2(0)|\leqq\cdots$ が成り立つようにできる（定義および定理に現れている級数は正項級数であるので，並べかえは影響しない）．

$$t_n(z)=e^{i\theta_n}\frac{z-a_n}{1-\bar{a}_n z}$$

とおくと $|t_n(0)|=|a_n|$ である．また $a_0=\cdots=a_{m_0}=0$ であり，ほかの a_n も m_0 個ずつ一致している．

$\sum(1-|a_n|)<\infty$ ということは，容易にわかるように $\sum\log(1/|a_n|)<\infty$，すなわち

$$\sum_{n=m_0+1}^{\infty}\log\frac{1}{|t_n(0)|}<\infty \tag{7.8}$$

と同値である．

いま G は収束型と仮定する．正項級数

$$\sum_{n=m_0+1}^{\infty} \log \frac{1}{|t_n(z)|} = \sum_{n=m_0+1}^{\infty} \log \left| \frac{1-\bar{a}_n z}{z-a_n} \right| \tag{7.9}$$

は $z=0$ で収束している．Harnack の定理（その 2）(3.1.**B**) を，部分和を項とする関数列に対して用いれば，級数 $\sum_{n=N}^{\infty}$ は a_k ($k=N+1, N+2, \cdots$) を含まない任意のコンパクト集合で一様収束することが，任意の N ($\geqq m_0+1$) についていえる．したがって，(7.9) に $\sum_{n=0}^{m_0} \log(1/|t_n(z)|)$ を加えたものを

$$\tilde{g}_1(z)$$

とおくと，これは $\mathbb{D}-\{a_0, a_1, \cdots\}$ で調和で正値であり，各 a_k の近傍ではつぎの形をしている：

$$\tilde{g}_1(z) = m_0 \log \frac{1}{|z-a_k|} + (\text{調和関数}).$$

$\tilde{g}_1$ はさらに保型関数である；じっさい，任意の $s \in G$ に対し

$$\tilde{g}_1(s(z)) = \sum_{t \in G} \log \frac{1}{|(t \circ s)(z)|} = \sum_{t \in G} \log \frac{1}{|t(z)|} = \tilde{g}_1(z)$$

が成り立つ（第 2 の等号の成立は，$t \longmapsto t \circ s$ が G から G 自身の上への 1 対 1 対応であることに基づく）．よって，7.1.**D** で注意したように，$Q=\sigma(0)$ に対数的極を持つ S の正値調和関数 g_1 が存在して

$$\frac{1}{m_0} \tilde{g}_1 = g_1 \circ \sigma.$$

Green 関数の定義 (3.6.**B**) によって，Q を極とする S の Green 関数 g が存在する．そして $g \leqq g_1$，よって

$$m_0 \cdot (g \circ \sigma) \leqq \tilde{g}_1$$

が成り立つ．

逆に Q を極とする S の Green 関数 g が存在したと仮定する．$\mathbb{D}$ で $\tilde{g} = m_0 \cdot (g \circ \sigma)$ と級数 (7.9) の部分和を比べると

$$\sum_{n=m_0+1}^{N} \log \frac{1}{|t_n(z)|} \leqq \tilde{g}(z) - \sum_{n=0}^{m_0} \log \frac{1}{|t_n(z)|}, \tag{7.10}$$

ただし N は m_0 の倍数とする，を得る．

このことは一般的な（必ずしも連続でない）優調和関数の最小値の原理から自明なのであるが，以下で調和関数の最小値の原理のみを用いた証明を与えておく．$0<r<1$ を $\{z \mid |z|=r\} \cap \{a_1, a_2, \cdots\} = \phi$ であるように任意に与える．そして $N=N(r)$ を，$|a_n|<r$ ($n=1, \cdots, N$)，$|a_n|>r$ ($n=N+1, N+2, \cdots$) が成り立つようにとり（N は当然 m_0 の倍数である），

$$u_r(z) = \sum_{n=0}^{N(r)} \log \frac{1}{|t_n(z)|}$$

とおく．つぎに $r<r_1<1$ を $r_1<|a_n|$ ($n=N+1, N+2, \cdots$) であるようにとると，u_r は $r_1 \leqq |z| \leqq 1$ で調和であり，$|z|=1$ で $u_r=0$ であるので，有限な

$$M=\max_{r_1\leqq|z|<1} u_r(z)$$

が定まる．そのつぎに，Q 中心の座標円板 U_φ を，∂U_φ において $g>M/m_0$ が成り立つようにとる．必要なら U_φ を小さくとりなおし，$\sigma^{-1}(U_\varphi)$ の成分で a_n を含むもの $\tilde{U}_n$ の閉包 ($n=0,1,2,\cdots$) が互いに素で，$|z|=r_1$ と交らぬようにする（定理6.2の条件（b）参照）．すると $D_1=\mathbb{D}-\bigcup_{n=N+1}^{\infty}\bar{\tilde{U}}_n$ は領域であり，そこで

$$v_r=\tilde{g}-u_r$$

は調和である．任意の $z_0\in\partial D_1$ と $\lim z_\nu=z_0$ であるような $z_\nu\in D_1$ に対して，

$|z_0|<1$ なら $\tilde{g}(z_0)>M$，$u_r(z_0)\leqq M$ であり，

$|z_0|=1$ なら $\varliminf_{\nu\to\infty}\tilde{g}(z_\nu)\geqq 0$，$u_r(z_0)=0$ であるので，

つねに

$$\varliminf_{\nu\to\infty} v_r(z_\nu)\geqq 0$$

が成り立つ．よって，D_1 における調和関数 v_r は $\geqq 0$，つまり

$$\sum_{n=m_0+1}^{N(r)}\log\frac{1}{|t_n(z)|}\leqq\tilde{g}(z)-\sum_{n=0}^{m_0}\log\frac{1}{|t_n(z)|}$$

を得る．$r\to 1$ に応じて $N(r)\to\infty$ であり，また $D_1\to\mathbb{D}$ であるようにとれるので，正項級数 (7.9) の任意の部分和についての (7.10) が D で成り立つことの証明が完結する．

そこで，(7.10) に $z=0$ を代入する．$z\to 0$ に対して $\lim(\tilde{g}(z)+m_0\log|z|)<\infty$ であるので，(7.8) を得，G が収束型であることが示された．さらに (7.10) より $\tilde{g}_1\leqq\tilde{g}$ を得るので，前の結果とあわせて $\tilde{g}=\tilde{g}_1$，つまり

$$\tilde{g}(z)=\sum_{n=0}^{\infty}\log\frac{1}{|t_n(z)|}. \qquad \blacksquare$$

B. 恒等変換ではない1次変換

$$g: z\longmapsto\frac{az+b}{cz+d}\qquad(ad-bc=1)$$

において，$g(\zeta)=\zeta$ をみたす $\zeta\in\hat{\mathbb{C}}$ を g の**不動点**という．

容易にわかるように

$$g(\infty)=\infty \iff c=0$$

であり，またそれ以外に不動点を持たない1次変換は $a/d=1$，したがって0でない定数 l を用いて

(7.11) $$z\longmapsto z+l$$

と表される．さらに0と∞を不動点に持つ1次変換は，0とも1とも異なる定数 κ による

(7.12) $$z \longmapsto \kappa z$$

で尽くされる.

一般に $g \neq \mathrm{id}$ の不動点は1つまたは2つ存在する. 1つの場合 g は**放物型**であるという. 不動点 ζ が $\neq \infty$ のとき, 変換 $q: z \longmapsto 1/(z-\zeta)$ を考えると qgq^{-1} は (7.11) の形でなければならないので,

$$\frac{1}{g(z)-\zeta} = \frac{1}{z-\zeta} + l \qquad (l \neq 0)$$

を得る. この式を放物型変換 g の標準形という.

不動点が2つあるとき, それらを ζ_1, ζ_2 と表す. もしどちらも $\neq \infty$ なら, 変換 $z \longmapsto (z-\zeta_1)/(z-\zeta_2)$ を利用して (7.12) に戻れば, g の標準形

$$\frac{g(z)-\zeta_1}{g(z)-\zeta_2} = \kappa \frac{z-\zeta_1}{z-\zeta_2} \qquad (\kappa \neq 0, 1)$$

を得る. $\zeta_1 \neq \infty$, $\zeta_2 = \infty$ なら, 同様な考えで

$$g(z) - \zeta_1 = \kappa(z - \zeta_1)$$

を得る. いずれの場合でも, $|\kappa| = 1$ (ただし $\kappa \neq 1$), κ が正の実数 (ただし $\kappa \neq 1$) のとき, g を, それぞれ, **楕円型**, **双曲型**といい, κ がそれら以外 (ただし $\kappa \neq 0, 1$) ならば g を**斜航型** (loxodromic) という.

以上によって, 1次変換 ($\neq \mathrm{id}$) は4つの型に分類された. g の性質をしらべるとき (4.11), (4.12) に帰着させると考えやすいことが多い.

便宜上, 放物型のときは $\kappa = 1$ と約束すると, $g \neq \mathrm{id}$ ならばつねに

$$\kappa + \frac{1}{\kappa} = (a+d)^2$$

が成り立つ. g の係数から ($ad - bc = 1$ という仮定のもとに) 型を判定することができる. 例えばこのことより (あるいは直接しらべても簡単に), 仕意の1次変換 q に対して g と qgq^{-1} は同じ型を持つことがいえる.

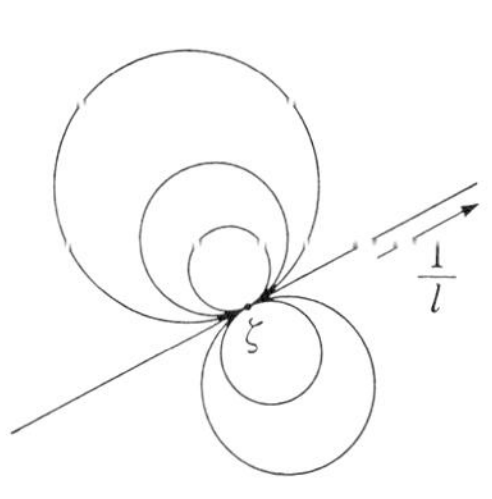

図 7.4

1次変換 g でそれ自身の上に写される $\hat{\mathbb{C}}$ の円を, g の**不動円** (fixed circle) という. 放物型変換 (7.11) においては, ベクトル l に平行な直線に ∞ を付け加えたものが不動円のすべてである. $\zeta \neq \infty$ のと

きは，変換 $z\mapsto 1/(z-\zeta)$ による像がそれで，ζ においてベクトル $1/l$ に平行な接線を持つ円である．

変換 (7.12) においては，楕円型ならば原点中心の同心円，双曲型ならば原点を通る直線（∞を付け加える）が不動円であり，斜航型ならば不動円は存在しないことが容易にわかる．一般の場合は (7.12) に帰着させてしらべるのであるが，詳細は読者にゆずることにする．

注意 双曲型と斜航型を併せて“斜航型”と呼んでいる文献もある．

C． $\hat{\mathbb{C}}$ の円の一方側 D を不変にする Fuchs 群 G においては，各元は ∂D を不動円としている．

したがって，Fuchs 群は斜航的変換を含まない．

含まれる放物型，双曲型変換の不動点はすべて ∂D の上にある．

含まれる楕円型変換の不動点 ζ は D に1つあり，他の1つはそれと ∂D に関して対称な点である（実際，$D=\mathbb{H}_+$ のとき，$g(\bar{z})=\overline{g(z)}$ が成り立つ）．$\zeta\in D$ の不動化群 $G_\zeta=\{g\in G\,|\,g(\zeta)=\zeta\}$ が有限群であって，ζ は被覆面 $\sigma: D\to D/G$ の分岐点で，分岐位数は $m=\mathrm{ord}\,G_\zeta$ であるということは，一般的に，定理 7.1 の証明の中で示されている．よって，ζ に不動点を持つ楕円的変換の標準形における κ の値は，1の m 乗根である．

とくに D があるリーマン面の被覆リーマン面，G が被覆変換群である場合には，楕円的変換は含まれない．

つぎに，Fuchs 群に含まれる放物的変換とリーマン面 D/G の関係について述べる．

定理 7.6 単位開円板 $\mathbb{D}$ を不変にする Fuchs 群 G に対し，つぎの (a), (b), (c) をみたすリーマン面 S^* と，$S=\mathbb{D}/G$ から S^* の中への等角写像 f が存在する：

(a) $S^*-f(S)$ は S^* の孤立点集合；

(b) G を被覆変換群とする被覆面 $(\mathbb{D},\sigma,S)$ において，各 $Q\in S^*-f(S)$ の近傍 U を適当にとると $\sigma^{-1}(U)$ は分岐点を含まない；

(c) 条件(a),(b)をみたす他の $\check{f}: S \to \check{S}^*$ があると

$$h \circ \check{f} = f$$

をみたす $\check{S}^*$ から S^* の中への等角写像 h が存在する.

このような S^*, f, および被覆写像 σ について，つぎのことがいえる：

(c) 各 $Q \in S^* - S$ 中心の座標円板 U を適当にとると，それは条件(b)をみたし，しかもそれと $\sigma^{-1}(U)$ の成分はすべて Q の上に対数的特異点(6.5.**F**)を定める；

(d) G に含まれる放物的変換の不動点 ζ に対して，$S^* - S$ の1点 Q が定まり，$z \in \mathbb{D}$ が半径および $\partial \mathbb{D}$ と直交する円弧に沿って ζ に近づくとき，$\lim f(\sigma(z)) = Q$；

(e) この対応

$$\zeta \longmapsto Q$$

は，G の放物的変換の不動的の全体から $S^* - S$ の上への写像で，ζ と ζ' が同一の Q に対応するための必要十分条件は，ζ と ζ' とが G で同値な（つまり $\zeta' = g(\zeta)$ をみたす $g \in G$ が存在する）ことである.

証明は**E**で与える.

注意 1　条件(c)は S^* が(a),(b)をみたすものの中で極大なもので，一意的に定まるということを示している.

注意 2　一般に(a)が成り立つとき，各 $Q \in S^* - S$ を穴(puncture)という．条件(b)をみたす穴を"近傍の上で分岐しない穴"という．$\mathbb{D}/G$ におけるこのようなものが G の放物的変換の不動点を特徴づけているということが，この定理の内容である.

D.　定理の証明に入る前に準備が必要である．始めに $\hat{\mathbb{C}}$ の円の一方側 D を不変にする Fuchs 群 G を考える．不動点が ζ $(\in \partial D)$ であるような放物型変換 $p \in G$ の不動円で，ζ 以外は D に含まれているものは，ζ において ∂D に接する円であるが，これを ζ における **horocycle** といい，その内部（D に含まれる側）を **horodisk** という．$D = \mathbb{H}_+$ のとき $\zeta = \infty$ における horocycle は実軸に平行な直線であり，それより上の半平面が horodisk である.

容易にわかることであるが，1次変換 q によって，$D'=q(D)$ における $G'=qGq^{-1}$ を考えたとき，ζ が放物的変換 $p\in(D)$ の不動点ならば，$q(\zeta)$ は放物的変換 $qpq^{-1}\in G'$ の不動点であり，前者の horodisk の q による像は後者のそれになっている．

以下の補題は，すべて単位開円板 $\mathbb{D}$ について述べるが，証明では $\mathbb{H}_+$ に変換して ∞ の horodisk を利用する．

なお，1次変換 g の反復 (iteration) を表す記号をつぎのように定める：
$g^1=g,\ \ g^0=\mathrm{id},\ \ g^n=g\circ g^{n-1},\ \ g^{-n}=(g^{-1})^n\ \ (n=1,2,\cdots)$.

補題 7.4　$\zeta\in\partial\mathbb{D}$ がある放物型変換 $p\in G$ の不動点ならば，不動化群

$$G_\zeta=\{g\in G\,|\,g(\zeta)=\zeta\}$$

は無限次巡回群で，id 以外の元はすべて放物型である．

（証明）　G_ζ が楕円型変換を含まないことは自明である．いま双曲的変換 $h\in G_\zeta$ が存在したとして矛盾を導くため，h のもう1つの不動点を ζ' とおき，1次変換 $q:\mathbb{D}\to\mathbb{H}_+$ で $q(\zeta)=\infty$, $q(\zeta')=0$ をみたすものをとる．そして，簡単のため $qGq^{-1}, qG_\zeta q^{-1}, qpq^{-1}, qhq^{-1}$ を G, G_∞, p, h と書きなおす．p と h は

$$p(z)=z+l \qquad (l\in\mathbb{R},\ \ l\neq0)$$
$$h(z)=\kappa z \qquad (\kappa\in\mathbb{R},\ \ \kappa>0,\ \ \kappa\neq1)$$

の形をしているが，$g_n=p\circ h^n\circ p^{-1}\circ h^{-1}$ を計算すると $g_n(z)=z+l(1-\kappa^n)$ となっている．$\kappa<1$ または $\kappa>1$ に応じて $n\to+\infty$ または $n\to-\infty$ とすると

$$\lim g_n(z)=z+l$$

を得る．したがって，$z_0\in\mathbb{H}_+$ の $g_n(z_0)$ が $\mathbb{H}_+$ の1点 z_0+l に集積することになるが，G の $\mathbb{H}_+$ における固有不連続性に矛盾する．

よって，G_ζ は id 以外は放物型変換から成ることがわかった．

そこで，改めて（上の背理法の議論でのものとは別に），1次変換 $q:\mathbb{D}\to\mathbb{H}_+$ で $q(\zeta)=\infty$ をみたすものを考える．$qG_\zeta q^{-1}$ の元はすべて $z\longmapsto z+b$ の形をしているが，$|b|>0$ の最小値を与える b_0 による $z\longmapsto z+b_0$ が生成元となることは 7.2.**C** でも論じたとおりである．つまり $qG_\zeta q^{-1}$ は $z\longmapsto z+nb_0$ $(n\in\mathbb{Z})$ から成る無限巡回群である．∎

補題 7.5　ζ が補題 7.4 と同じとき，ζ における horodisk Δ_ζ で，ちょうど G_ζ のみで不変なもの（意味は 7.1.**B**）が存在する．

（証明）（清水[59], pp. 42—43 による）G_ζ の生成元 p を 1 つとる．1 次変換 q：$\mathbb{D}\to\mathbb{H}_+$ で $q(\zeta)=\infty$，$q\circ p\circ q^{-1}(z)=z\pm 1$ をみたすものが存在する．以下

$$\Delta_\infty=\{z|\operatorname{Im} z>1\}$$

の q による逆像

$$\Delta_\zeta=q^{-1}(\Delta_\infty)$$

が求めるものであることを示したい．

必要なら p の代りに p^{-1} をとることによって，$qpq^{-1}(z)=z+1$ としてよい．前補題と同様に，簡単のため，qGq^{-1}, $qG_\zeta q^{-1}$, qpq^{-1} をそれぞれ G, G_∞, p と書きなおす；したがって

$$p(z)=z+1$$

である．

$g\in G_\infty$ に対して $g(\Delta_\infty)=\Delta_\infty$ が成り立つことは明白であろう．

つぎに $G-G_\infty$ に属する任意の

$$g(z)=\frac{az+b}{cz+d} \qquad (ad-bc=1, a, b, c, d\in\mathbb{R})$$

に対して

(7.14) $$|c|>1$$

が成り立つことをいう．$g_0=g$ として，$n=1, 2, \cdots$ に対して $g_n(z)=g_{n-1}\circ p\circ g_{n-1}{}^{-1}(z)=(a_nz+b_n)/(c_nz+d_n)$ を考えると，計算の結果 $a_n=1-a_{n-1}c_{n-1}$，$b_n=a_{n-1}{}^2$，$c_n=-c_{n-1}{}^2$，$d_n=1+a_{n-1}c_{n-1}$，よってとくに

$$c_n=-(c)^{2^n}$$

を得る．いま，もし $0<|c|<1$ ならば，$\lim c_n=0$ となる．また $M=\max(|a|, 1/(1-|c|))$ とおくと $|a|\leqq M$，$|a_1|\leqq 1+M|c|\leqq M$，帰納的に $|a_{n-1}|\leqq M$ より $|a_n|\leqq 1+M|c|\leqq M$ を得るので $|a_n|$ は有界となり，$\lim a_n=\lim(1-a_{n-1}c_{n-1})=1$，$\lim b_n=\lim a_{n-1}{}^2=1$，$\lim d_n=\lim(1+a_{n-1}c_{n-1})=1$ となって $\lim g_n(z)=z+1$ を得るが，これは（前補題の証中の議論と同様に）G の $\mathbb{H}_+$ での固有不連続性に反する．よって $|c|>1$ でなければならない．

このような g に対しては

$$\operatorname{Im} g(x+i)=\frac{1}{(cx+d)^2+c^2}\leqq\frac{1}{c^2}<1$$

が成り立つ．このことは $g(\Delta_\infty)\subset\mathbb{H}_+-\bar{\Delta}_\infty$ を表すので，

$$g(\Delta_\infty)\cap\Delta_\infty=\phi$$

が任意の $g\in G-G_\infty$ に対して成り立つことが示された． ∎

補題 7.6 $\zeta_n\in\partial\mathbb{D}$ $(n=1, 2, \cdots)$ はそれぞれ G に含まれる放物型変換の不動点で，G で互いに同値ではないとする．すると，各 n に対して，ちょうど

G_{ζ_n} のみで不変な ζ_n の horodisk $\varDelta_{\zeta_n}$ を，すべての $m\neq n$ に対して

$$G(\varDelta_{\zeta_m})\cap G(\varDelta_{\zeta_n})=\phi$$

が成り立つようにとることができる．

注意　記号 $G(E)$ は $\bigcup_{g\in G} g(E)$ を表す．

（証明）（今吉洋一氏による）　ζ_n ごとに補題 7.5 の証明で求めた $\varDelta_{\zeta_n}$ をとればよいことを示す．そのためには，容易にわかることであるが，任意の $m\neq n$ と $g\in G$ に対して

$$\varDelta_{\zeta_m}\cap g(\varDelta_{\zeta_n})=\phi$$

が成り立つことを示せばよい．

ζ_m を ζ と略記する．補題 7.5 で用いた $q:\mathbb{D}\to\mathbb{H}_+$ は，条件 $q(\zeta)=\infty$ および $q\circ p\circ q^{-1}(z)=z\pm 1$ のみでは確定しない．しかし，1つの q に正実数を加えることによってすべてが尽くされるので，

$$\varDelta_{\zeta}=q^{-1}(\varDelta_{\infty})$$

は一意的に定まっている．いま，実定数を適当に加えることによって，q は $q(g(\zeta_n))=0$ をみたすようにしておく．

$g(\zeta_n)$ を ζ' と略記する．構成法からみて $g(\varDelta_{\zeta_n})=\varDelta_{g(\zeta_n)}(=\varDelta_{\zeta'})$ が成り立つことが容易にわかる．$G_{\zeta'}$ の生成元の1つ p_1 は

$$q\circ p_1\circ q^{-1}(z)=\frac{z}{cz+1},\qquad c<0$$

の形をしている．仮定によって，これは $qG_{\zeta}q^{-1}$ には含まれないので，(7.14) により，$c<-1$ でなければならない．

そこで，$\mathbb{H}_+\to\mathbb{H}_+$ の1次変換 $r:z\longmapsto 1/cz$ を考える．$r\circ q:\mathbb{D}\to\mathbb{H}^+$ は ζ' を ∞ に対応させ，$(r\circ q)\circ p_1\circ(r\circ q)^{-1}(z)=z+1$ をみたすので，$\varDelta_{\zeta'}=(r\circ q)^{-1}(\varDelta_{\infty})$，よって

$$q(\varDelta_{\zeta'})=r^{-1}(\varDelta_{\infty})=\left\{\frac{1}{cz}\,\middle|\,\mathrm{Im}\,z>1\right\}$$

ということがわかる．$y>1$ のとき

$$\mathrm{Im}\,\frac{1}{cz}=\frac{-y}{c(x^2+y^2)}\leqq\frac{1}{|c|y}<1$$

であるので，$q(\varDelta_{\zeta'})\cap\varDelta_{\infty}=\phi$，よって

$$\varDelta_{\zeta}\cap\varDelta_{\zeta'}=\phi$$

を得る．　▮

E.　（定理 7.6 の証明）　G が放物的変換を含まなければ，$S^*=\mathbb{D}/G$ について，(c) を除いて，すべて自明である．

放物的変換を含むとき，それらの不動点で互いに G で同値でないもの全体（可算個）

をとって ζ_n $(n=1,2,\cdots)$ とする．これらに補題7.6を適用して，$G(\varDelta_{\zeta_n})$ どうしが互いに素であるように，ちょうど G_{ζ_n} のみで不変な ζ_n における horodisk $\varDelta_{\zeta_n}$ $(n=1,2,\cdots)$ をとっておく．

1つの ζ_n を ζ と略記して $\varDelta_\zeta$ を考える．G_ζ は $\varDelta_\zeta$ を不変にするが，G_ζ（の $\varDelta_\zeta$ への制限）を被覆変換群とする被覆リーマン面

$$(\varDelta_\zeta, \sigma_\zeta, \varDelta_\zeta/G_\zeta)$$

についてつぎのことがいえる：$\varDelta_\zeta/G_\zeta$ から $\{w|0<|w|<1\}$ の上への等角写像 h_ζ が存在し，$z\in\varDelta_\zeta$ が ζ に $\mathbb{D}$ の半径および $\partial\mathbb{D}$ と直交する円弧に沿って近づくとき

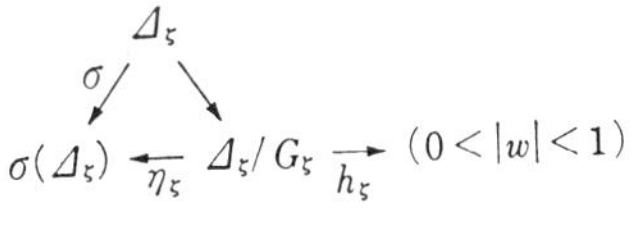

$$\lim h_\zeta\circ\sigma_\zeta(z)=0.$$

このことは，$\mathbb{D}$ を上半平面に，ζ を ∞ に写す1次変換で写して得られる被覆リーマン面 $(\mathbb{H}_+, \sigma, (0<|w|<1))$，ただし $\sigma(z)=\exp(2\pi iz/l)$，$l$ は0でない実数，をしらべれば容易にわかる（**7.1.A** の例2と大体同じものである）．

一方，$\varDelta_\zeta$ はちょうど G_ζ のみで不変，したがって $\varDelta_\zeta$ の2点 z, z' について

$$\sigma_\zeta(z)=\sigma_\zeta(z')\Longleftrightarrow\sigma(z)=\sigma(z')$$

が成り立つ．よって $\varDelta_\zeta/G_\zeta$ から $\sigma(\varDelta_\zeta)$ の上への等角写像 η_ζ で $\sigma=\eta_\zeta\circ\sigma_\zeta$ をみたすものが存在する．

いま，単位円板 $\{w||w|<1\}$ のレプリカを ζ_n と同数個用意して D_n $(n=1,2,\cdots)$ と表す．そして，等角写像 $\Phi:\bigcup\sigma(\varDelta_{\zeta_n})\to\bigcup D_n$ を，$\sigma(\varDelta_{\zeta_n})$ への制限が $h_{\zeta_n}\circ\eta_{\zeta_n}^{-1}$ となっているように定義する（$\sigma(\varDelta_{\zeta_n})$ どうしは互いに素であることに注意）．この Φ による接着で得られるリーマン面

$$S^*=S\cup_\Phi(\bigcup D_n),$$

D_n の中心 Q_n（$w=0$ に対応），S から S^* の中への自然な等角写像（定理1.8の p_1 に相当する，ただしいまの S をそこの S_1 とみて）f について，定理の主張（a），（b），（d）が成り立つことは，もうあきらかであろう．また，（e）も，対応 $\zeta\longmapsto Q$ が“上への写像”であることを除いて，証明されている．

つぎに，条件（b）をみたす $Q\in S^*-f(S)$ を任意にとり，それが必然的にある ζ_n に対応するものであることを示す（以下の証明は，Ahlfors [19]，pp. 416—417 による）．近傍 U は Q 中心の（S^* における）座標円板 U_ψ で，$\psi(U_\psi)=\{w||w|<1\}$ であるものと仮定しても，一般性を失わない．$(f\circ\sigma)^{-1}(U_\psi)$ の成分 D を1つとり，$\sigma|D$ をも記号 σ で表す．

被覆面

$$(D, f\circ\sigma, U_\psi-\{Q\})$$

は分岐のない限界のない被覆面であるので，**6.5.F** の意味で，(D, U_ψ) は Q の上に孤立特異点を定める．いまは，そこで述べた（I）型の特異点にはなりえず，したがって対数

特異点でなければならない．よって $\psi: U_\psi-\{Q\}\to\{w|0<|w|<1\}$ のリフト

$$\tilde{\psi}: D\to\hat{\Omega}=\{\zeta|\mathrm{Re}\,\zeta<0\}$$

が存在して，$\exp\circ\tilde{\psi}=\psi\circ(f\circ\sigma)$ をみたす．

D の不動化群を G_D と表す；すなわち

$$G_D=\{g\in G|g(D)=D\}.$$

$\tilde{\psi}G_D\tilde{\psi}^{-1}$ は被覆面 $(\hat{\Omega}, \exp, (0<|w|<1))$ の被覆変換群に等しく，後者は $\zeta\longmapsto\zeta+2\pi i$ で生成される無限次巡回群である（7.1.**A**，例2）．よって G_D も無限巡回群でなければならない．生成元を g_0 と表し，つぎにそれが放物型であることを示す．

D には分岐点がないので，g_0 が楕円型でないことはあきらかであるから，以下，g_0 が双曲型であるとして矛盾を導く．そのために，g_0 の不動点を0と∞に，$\mathbb{D}$ を $\mathbb{H}_+$ に写す1次変換 q をとって，$qg_0q^{-1}: \omega\longmapsto\kappa\omega$ $(\kappa\neq 0, 1)$ と等角写像 $\omega=q\circ\tilde{\psi}^{-1}(\zeta)$ を考える．

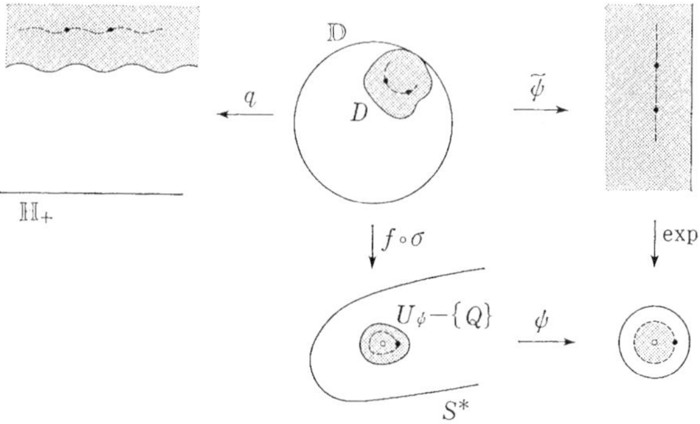

図 7.5

まず，点 ζ と $\zeta+2\pi i$ を結ぶ線分 L の像は，ζ の像 ω と $\kappa\omega$ を結ぶ曲線でなければならないので，$\zeta=\xi+i\eta$ として，

$$\int_L\frac{|\omega'|}{|\omega|}d\eta\geqq|\log|\kappa||.$$

一方，任意の点 $\zeta\in L$ について，それを中心として半径が $|\xi|$ の開円板を考える．$q\circ\tilde{\psi}^{-1}$ はここで正則単葉で，像は $\mathbb{H}_+$ に含まれるので，Koebe-(1/4) 定理（下記の注意参照）によると，ζ の像点 $\omega(\zeta)$ から0までの距離は $|\omega'(\zeta)||\xi|/4$ 以上である．よって，L 上の各点 ζ において $4/|\xi|\geqq|\omega'(\zeta)|/|\omega(\zeta)|$ を得，上の不等式に代入して

$$2\pi\cdot\frac{4}{|\xi|}\geqq|\log|\kappa||>0$$

が成り立つことがわかる．ξ は任意であるので，$\xi\to-\infty$ として矛盾が生じる．

g_0 が放物型であることがわかったいま，その不動点を ζ とし，改めて $q(\zeta)=\infty$ であるような1次変換

$$q: \mathbb{D}\to\mathbb{H}_+$$

を考えると，qg_0q^{-1} は $\omega\longmapsto\omega+l$（$l$ は 0 でない実数）の形をしていなければならない．ζ 平面で，点 ξ_0（<0）を通り虚軸に平行な直線の $\omega=q\circ\phi^{-1}(\zeta)$ による像は（図 7.6 を再び参照），ξ_0 から $\xi_0+2\pi i$ までの線分の像を $\omega\longmapsto\omega+nl$（$n\in\mathbb{Z}$）で変換したものの合併であるので，その上の点の実軸からの距離は有界である．よって，$\mathbb{H}_+$ の ∞ における horodisk $\{\omega|\mathrm{Im}\,\omega>\tau_0\}$ が $q(D)$ に含まれるような τ_0 が存在する．これの q^{-1}-像は，$\mathbb{D}$ の ζ における horodisk Δ_ζ であって，$G_D=G_\zeta$ が成り立つ．この ζ と同値な ζ_n に，始めに与えた Q がちょうど対応していることは，あきらかであろう．以上で（e）の証明が完結した．

（c）の証明：任意の $\check{Q}\in\check{S}^*-\check{f}(S)$ に対し，上の議論を，$f\circ\sigma$ の代りに $\check{f}\circ\sigma$ に適用して ζ_n を得，それに対応する $Q\in S^*-f(S)$ を対応させる．これによって $f\circ\check{f}^{-1}$ は $\check{S}^*$ から S^* の中への連続写像に拡張され，除去可能性によって，等角写像 h となる．▌

注意　Koebe-(1/4) 定理は，“$\mathbb{D}$ で正則単葉で $F(0)=1-F'(0)=0$ をみたす F の $\partial F(\mathbb{D})$ の 0 からの距離は 1/4 以上である”（小松 [37]，p. 161）というのが基本の形であるが，適当に変数変換をすると “$|z-a|<r$ で正則単葉な F の像領域の境界までの $F(a)$ からの距離は $|F'(a)|\cdot r/4$ 以上である” という命題が得られる．

F． Fuchs 群について論ずべき話題は極めて多いし，さらに Klein 群は，もっと興味ある話題に富んでいる．しかし定められた紙数もかなり超過しているので，あとは興味ある読者のために参考書を挙げるにとどめたい．一般的なものとして Harvey [29]（入門的講義録集）の中の Beardon, Greenberg の論文，Beardon [20] がある．Bers [22] は概観的な論説，Krushkal 等 [40] は異色のある本であり，Fuchs 群に限れば，Siegel [13] の第 II 巻と辻 [68] は重要である．

付章　Jordan 閉曲線について

A.　本文の中の議論に用いた，Jordan 閉曲線（複素平面 $\mathbb{C}$ 上の単純ループのこと，1.4.**A**）のいくつかの性質を説明しておく．

まず，最も有名なものとしてつぎのものがある：

（I）（Jordan の曲線定理）　γ が Jordan 閉曲線のとき，$\mathbb{C}-|\gamma|$ は 2 つの互いに素な領域から成り，$|\gamma|$ はそれぞれの境界となっている．領域の一方は有界であり，他方は非有界である．

これの証明は本書では全く省略する．証明を知らなくてもこの定理の内容は理解しやすいことと思う．証明に興味ある読者は，例えば，河田敬義著 位相数学（基礎数学講座 21，共立出版）の 185 ページ以下を参照されたい．

定義 1　Jordan の曲線定理で述べられている 2 つの領域のうち，有界な方を γ の**内部**，非有界な方を γ の**外部**という．また，ある Jordan 閉曲線の内部となっている領域を **Jordan 領域**という．

B.　Jordan の曲線定理さえあれば，すべては自明であるというわけではないので，以下，Jordan 閉曲線の性質をいくつかとりあげて証明を与える．

定義 2　Jordan 閉曲線 γ において，端点は $|\gamma|$ にあり，その他の点は γ の内部にあるような単純弧を，γ の**横断曲線**（cross-cut）という．

γ を横断曲線 β によって 2 つの単純弧に分けることができる．すなわち，必要なら γ の基点を移動させ，助変数を入れかえることによって，β と始点，終点をそれぞれ共有する単純弧 γ_1, γ_2 をとって

（＊）
$$\gamma=\gamma_1\gamma_2^{-1}$$

が成り立つようにできる．

（II_1）　Jordan 閉曲線の内部は横断曲線によって 2 つの Jordan 領域に分けられる．すなわち，β が Jordan 閉曲線 γ の横断曲線のとき，上述の（＊）のように γ を表せば，

Jordan 閉曲線 $\gamma_j\beta^{-1}$ の内部 Ω_j $(j=1,2)$ は
$$\Omega_1\cap\Omega_2=\phi$$
をみたし，さらに γ の内部を Ω で表したとき
$$\Omega-|\gamma|=\Omega_1\cup\Omega_2.$$

(Ⅱ$_2$)　始点，終点をそれぞれ共有し，ほかに互いに交らない3つの単純弧 $\gamma_1,\gamma_2,\gamma_3$ において，ただ1つのもの ── 例えば γ_1 ── は残り2つから成る Jordan 閉曲線 $\gamma_2\gamma_3^{-1}$ の横断曲線である．

(Ⅱ$_3$)　始点，終点をそれぞれ共有し，ほかに互いに交らない4つの単純弧 $\gamma_0,\gamma_1,\gamma_2,\gamma_3$ において，$\gamma_j\gamma_0^{-1}$ の内部 Ω_j $(j=1,2,3)$ のうち2つは互いに交る．

(Ⅱ$_4$)　Jordan 閉曲線 γ の上の異なる2点に対し，それらを結ぶ横断曲線がつねに存在する．

以上の証明を**E**で与える．

注意　(Ⅱ$_4$)は，γ の内部の単位開円板への等角写像（Riemann の写像定理による）が閉包から単位閉円板への位相写像に接続できるという，Carathéodory の定理（例えば吉田[70]，p.186）を用いれば自明であろう．ところが，後者の証明に(Ⅱ$_4$)が使われる（ときには無意識に）ことが多いので注意しなければならない．**D**で述べる証明は，後者の証明のための準備として与えられた，Carathéodory (Math. Ann. 73 (1913), 305—320, の12節) によるものである．

C．以上の証明を与えるためにも，また Jordan 閉曲線の向きという概念を定義するためにも，閉曲線の回転数というものが有用である．

閉曲線（必ずしも単純ループとは限らない）
$$\gamma:[t_0,t_1]\to\mathbb{C},$$
および点 $a\notin|\gamma|$ が与えられたとする．区間 $[t_0,t_1]$ の分割 $t_0=t^{(0)}<t^{(1)}<\cdots<t^{(n)}=t_1$ を，十分細かくとり，$A_k=\{\gamma(t)\,|\,t^{(k-1)}\leqq t\leqq t^{(k)}\}$，$k=1,\cdots,n$ が，それぞれ，a を通る直線の定める半平面の片側に含まれるようにとる．そして，$\arg(\gamma(t^{(k)})-a)$ の値 $\theta^{(k)}$ $(k=0,1,\cdots,n)$ を順次につぎのように定める：$\theta^{(0)}$ は $\arg(\gamma(t^{(0)})-a)$ の任意の1つの価とし，$\theta^{(k-1)}$ まで決まったとき $\theta^{(k)}$ は
$$|\theta^{(k)}-\theta^{(k-1)}|<\pi$$
をみたす唯一のものとする；これは A_k を含む上述の半平面内の，$\gamma(t^{(k-1)})$ から $\gamma(t^{(k)})$ に至る（必ずしも γ の部分弧とは限らない）任意のなめらかな曲線に沿う $1/(z-a)$ の積分の虚部に等しい．$\theta^{(n)}$ も $\theta^{(0)}$ も $\arg(\gamma(t_0)-a)$ の値であるから，差 $\theta^{(n)}-\theta^{(0)}$ は 2π の

整数倍である.

この値は分割 $t_0=t^{(0)}<\cdots<t^{(n)}=t_1$ のとり方によらない. このことは, 他の分割が与えられたとき共通細分をとり, 上記のような $1/(z-a)$ の積分を援用すれば簡単にたしかめられる.

定義 3　複素平面の閉曲線 γ と点 $a\notin|\gamma|$ に対し, 上のようにして決まる整数

$$n(\gamma\,;\,a)=\frac{1}{2\pi}(\theta^{(n)}-\theta^{(0)})=\frac{1}{2\pi}\sum_{k=1}^{n}(\theta^{(k)}-\theta^{(k-1)})$$

を γ の a に関する**回転数** (winding number または index) という.

いくつかの簡単な性質を列挙する. 証明は容易であるので読者にゆずる. 点 a はすべて曲線上にないものとする.

(i)　閉曲線 γ の助変数をいれかえて, また基点を移動して得られる曲線 γ' について

$$n(\gamma\,;\,a)=n(\gamma'\,;\,a).$$

(ii)　閉曲線 γ に対し

$$n(\gamma^{-1}\,;\,a)=-n(\gamma\,;\,a).$$

(iii)　閉曲線または閉曲線 δ に対し

$$n(\delta\delta^{-1}\,;\,a)=0.$$

(iv)　同じ基点を持つ閉曲線 γ_1, γ_2 と $\gamma=\gamma_1\gamma_2$ に対し

$$n(\gamma\,;\,a)=n(\gamma_1\,;\,a)+n(\gamma_2\,;\,a).$$

(v)　閉曲線 γ と $a\notin|\gamma|$ を与えたとき, γ の十分近くにある閉曲線 γ' に対し

$$n(\gamma'\,;\,a)=n(\gamma\,;\,a).$$

(vi)　閉曲線 γ に対し $n(\gamma\,;\,a)$ は a の関数として連続であり, したがって $\mathbb{C}-|\gamma|$ の各成分で一定の値をとる.

(vii)　閉曲線 γ が $|\gamma|\subset\{z\,|\,|z|<|a|\}$ ならば $n(\gamma\,;\,a)=0$ である. したがって $\mathbb{C}-|\gamma|$ の非有界な成分に属するすべての a に対して $n(\gamma\,;\,a)=0$ である.

(viii)　閉曲線 γ が区分的になめらかなら

$$n(\gamma\,;\,a)=\frac{1}{2\pi i}\int_\gamma\frac{dz}{z-a}.$$

D.　そこで, Jordan 閉曲線に戻って,

(III)　γ が Jordan 閉曲線のとき, もし a が γ の内部にあれば

$$n(\gamma\,;\,a)=\pm 1\,;$$

a が γ の外部にあれば

$$n(\gamma\,;\,a)=0.$$

(証明)　後者は上述の (vii) より自明である. 前者は Jordan 曲線定理の証明の途中で

必要となる命題で，これ自体の証明は面倒なものではない．Ahlfors（笠原訳）[18] の p. 125 に問題 3（詳しいヒント付き）となっているから，読者自ら試みられたい．▌

定義 4 Jordan 閉曲線 γ は，内部にある点 a に関して

$$n(\gamma\,;\,a)=1$$

である（このことは上述の (vi) によって a に依存しない）とき**正の向き**（または内部を左に見る向き）を持つという．そうでないときは負の向き（または内部を右に見る向き）を持つという．

定義 5 Jordan 曲線 γ 上の異なる点 $\zeta_1, \cdots, \zeta_n$ が**正 [負] の向きに並んでいる**とは，γ と γ^{-1} のうち正 [負] 向きのものをとり，基点を ζ_1 に移動させたものを

$$\gamma^* : [t_0, t_1] \to \mathbb{C}$$

としたとき，$t_0=t^{(0)}<t^{(1)}<\cdots<t^{(n)}=t_1$ が存在して $\zeta_k=\gamma^*(t^{(k-1)})$ $(k=1, \cdots, n)$ となっていることである．

E．(Ⅱ$_1$)—(Ⅱ$_4$) の証明をする．

((Ⅱ$_1$) の証明）もし $\Omega_1 \subset \Omega$ でないなら，$\Omega_1-\Omega$ に含まれる点 z_0 が存在する．それが $|\gamma|$ に含まれるなら，近くにとりなおし，始めから z_0 は γ の外部にあるものと仮定してよい．∞ の近傍と z_0 を，γ の外部にある曲線で結ぶと，それは $\partial\Omega_1$ と交る．交点は $|\gamma_1| \cup |\beta| (\subset \bar{\Omega})$ に含まれることになり，矛盾が生じる．よって $\Omega_1 \subset \Omega$．同様に $\Omega_2 \subset \Omega$．

つぎに $\Omega_1 \cap \Omega_2 = \phi$ をいう．もし $\Omega_1 \cap \Omega_2$ に含まれる点 a が存在すると，

$$n(\gamma_1\beta^{-1}\,;\,a)+n(\beta\gamma_2^{-1}\,;\,a)=n(\gamma\,;\,a)$$

が成り立つことになるが，左辺は偶数で右辺は ± 1 という矛盾が生じる．

最後に，任意の $a \in \Omega-|\beta|$ に対して，上と同じ式をみると，右辺は ± 1 なので，左辺がともに 0 ということはありえない．つまり $a \in \Omega_1 \cup \Omega_2$．よって $\Omega-|\beta|=\Omega_1 \cup \Omega_2$．▌

((Ⅱ$_2$) の証明）Jordan 閉曲線 $\gamma_1\gamma_2^{-1}, \gamma_2\gamma_3^{-1}, \gamma_3\gamma_1^{-1}$ の内部をそれぞれ $\Omega_{12}, \Omega_{23}, \Omega_{31}$ と表す．どの曲線の上にもない a に対して

$$(**) \qquad n(\gamma_1\gamma_2^{-1}\,;\,a)+n(\gamma_2\gamma_3^{-1}\,;\,a)+n(\gamma_3\gamma_1^{-1}\,;\,a)=0$$

が成り立つ．

$\Omega_{12} \cap \Omega_{31}=\phi$ ならば，γ_1 は $\gamma_2\gamma_3^{-1}$ の横断曲線である．なぜならば，もしそうでないとすると，$\gamma_2\gamma_3^{-1}$ の外部の点で γ_1 の上にあるものが存在することになり，したがって $\gamma_2\gamma_3^{-1}$ の外部にあり，かつ $\gamma_1\gamma_2^{-1}$ の内部にあるような点 a をとることができる．これに対する式 (**) の左辺は第 1 項が ± 1，第 2 項が 0 なので，第 3 項が ∓ 1，つまり $a \in \Omega_{31}$ となる．このことから $a \in \Omega_{12} \cap \Omega_{31}$ という矛盾が生じる．

$\Omega_{12} \cap \Omega_{31} \neq \phi$ のときはどうか？ $\Omega_{12}=\Omega_{31}$ ではないから，$\Omega_{12} \not\subset \Omega_{31}$ または $\Omega_{12} \not\supset \Omega_{31}$ である．前者なら，$z_1 \in \Omega_{12} \cap \Omega_{31}$ と $z_2 \in \Omega_{12}-\Omega_{31}$ を Ω_{12} 内で結ぶ曲線の $\partial\Omega_{31}$ との交点は，$|\gamma_3| \cap \Omega_{12}$ に含まれることになり，したがって γ_3 は $\gamma_1\gamma_2^{-1}$ の横断曲線という

ことがわかる．（このときは（II_1）によって $\Omega_{13}\cap\Omega_{23}=\phi$ である.）$\Omega_{12}\not\supset\Omega_{31}$ なら，同様に，γ_2 が $\gamma_1\gamma_3^{-1}$ の横断曲線となる（そして $\Omega_{12}\cap\Omega_{23}=\phi$）.

横断曲線となるものがただ1つであるということは，$\Omega_{12},\Omega_{23},\Omega_{31}$ のうち，どの2つが交りどの2つが素かをみれば，あきらかであろう．∎

（（II_3）の証明）　もし $\Omega_1\cap\Omega_2=\phi$，$\Omega_2\cap\Omega_3=\phi$，$\Omega_3\cap\Omega_1=\phi$ だったとすると，（II_2）によって γ_0 は3つの Jordan 閉曲線 $\gamma_1\gamma_2^{-1}$，$\gamma_2\gamma_3^{-1}$，$\gamma_3\gamma_1^{-1}$ の横断曲線である．その一方，同じく（II_2）によって，$\gamma_1\gamma_2^{-1}$ の内部，$\gamma_2\gamma_3^{-1}$ の内部，$\gamma_3\gamma_1^{-1}$ の内部のどれか2つは互いに素でなければならない．これは不合理である．∎

（（II_4）の証明）　γ 上の異なる2点 ζ,ζ' が与えられたとして，横断曲線 $\overset{\frown}{\zeta\zeta'}$ の存在を示すのであるが，γ の内部の1点 a をとって，終点以外は γ の内部にあるような単純弧 $\overset{\frown}{a\zeta}$ を構成する．以下に示す構成法を適用すると，同様な $\overset{\frown}{a\zeta'}$ で $\overset{\frown}{a\zeta}$ と a 以外には共有点を持たないものを構成できるので，あわせて横断曲線 $\overset{\frown}{\zeta\zeta'}$ が得られる．

単純弧 $\overset{\frown}{a\zeta}$ を構成するのに，$\gamma:[t_0,t_1]\to\mathbb{C}$ において，$\gamma(t_0)=\zeta$ と仮定しても一般性を失わない．いま

$$0<r<\max\{|\gamma(t)-\zeta|\,|\,t_0\leqq t\leqq t_1\}$$

をみたす任意の r に対し，$\{t\,|\,|\gamma(t)-\zeta|=r\}\subset[t_0+\delta,t_1-\delta]$ をみたす $\delta>0$ が存在する．以下，このようなものの最小のものを δ と表すこととし，

$$m(r)=\min\{|\gamma(t)-\zeta|\,|\,t_0+\delta\leqq t\leqq t_1-\delta\}$$

とおく．あきらかに $0<m(r)\leqq r$ が成り立ち，また r が減少すれば $m(r)$ も減少する．

円周 $\{z\,|\,|z-\zeta|=r\}$ と γ の内部 Ω の共通部分は空集合ではない．しかし円周が Ω に全く含まれることもないので，共通部分は γ のいくつかの横断曲線

$$\beta_1,\beta_2,\cdots$$

から成る．この任意の1つ β_k は，（II_1）によって，Ω を2つの Jordan 領域 Ω_k',Ω_k'' に分ける．β_k の端点は ζ と異なるので，ζ は $\partial\Omega_k',\partial\Omega_k''$ の一方のみに含まれるが，以下，ζ を含むものの内部の方を Ω_k'' とする．$\gamma(t)\in\partial\Omega_k'$ なら $t\in[t_0+\delta,t_1-\delta]$ でないといけないので，$\partial\Omega_k'$ のすべての点は ζ より $m(r)$ 以上離れていなければならない．したがって，

$$|z-\zeta|<m(r)$$

をみたす $z\in\Omega$ は，すべての k に対して，

$$z\in\Omega_k''$$

でなければならない．

いま $b,c\in\Omega\cap\{z\,|\,|z-\zeta|<m(r)\}$ を Ω 内の折線（有限個の線分をつないで得られる区分的に解析的な曲線）で結ぶ．その折線上に ζ からの距離が r より大きい点が存在したとすると，1つの β_k と交らなければならない．b から c に向かって進んで β_k と初め

て交る点 b' と，最後に交る点 c' をとり，折線のその間の部分を β_k 上の弧 $\overrightarrow{b'c'}$ でおきかえる．この結果得られた区分的に解析的な曲線の上に，ζ からの距離が r より大きい点が存在すると，他の $\beta_l(l\neq k)$ と交らなければならないが，そこにおいて，上と同じことを行う．この操作を有限回くり返すと，b と c を区分的に解析的な曲線（有限個の線分と円弧をつないで得られる）で $\Omega\cap\{z\,|\,|z-\zeta|\leqq r\}$ 内で結ぶことができることがわかる．

そこで，正数列 $r_1>r_2>\cdots\downarrow 0$ を与え，つぎに点列 $z_1, z_2, \cdots\in\Omega$ を

$$|z_n-\zeta|<m(r_n),\qquad n=1, 2, \cdots$$

が成り立つようにとる．当然 $\lim z_n=\zeta$ である．

Ω 内の区分的に解析的な曲線で a と z_1 を結ぶ．もし自閉線が存在すれば（有限個），それを除いて，単純弧 $\overrightarrow{az_1}$ を得る．$n=1, 2, \cdots$ について，区分的に解析的な単純弧 $\overrightarrow{az_n}$ が得られたなら，つぎに z_n と z_{n+1} を $\Omega\cap\{z\,|\,|z-\zeta|\leqq r_n\}$ で結び，$\overrightarrow{az_n}$ につなぎ，自閉線をすべて除いて，区分的に解析的な単純弧 $\overrightarrow{az_{n+1}}$ を得る．こうして順次に延ばしていったものに ζ を付け加えると，求める単純弧 $\overrightarrow{a\zeta}$ が得られる．∎

F．Jordan 閉曲線の向きに関する性質を二，三述べる．

（Ⅳ$_1$）β が Jordan 閉曲線 γ の横断曲線であるとして，**B** の（＊）の $\gamma=\gamma_1\gamma_2^{-1}$ を考えたとき，もし γ が正［負］向きなら，$\gamma_1\beta^{-1}$ も正［負］向きである．

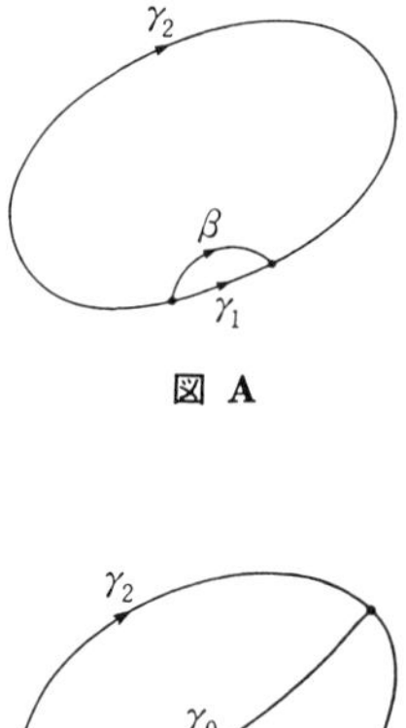

図 A

（証明）$\gamma_1\beta^{-1}$ 内部の a をとって $n(\gamma_1\beta^{-1}\,;\,a)+n(\beta\gamma_2^{-1}\,;\,a)=n(\gamma\,;\,a)$ をしらべると，右辺は 1 で，左辺第 2 項は 0 であるから，左辺第 1 項は 1 である．∎

（Ⅳ$_2$）始点，終点をそれぞれ共有し，それ以外には互いに共有点を持たない単純弧 $\gamma_0, \gamma_1, \gamma_2$ が与えられ，γ_0 が $\gamma_1\gamma_2^{-1}$ の横断曲線であるとき，もし $\gamma_0\gamma_2^{-1}$ が正［負］向きなら $\gamma_0\gamma_1^{-1}$ は負［正］向きである．

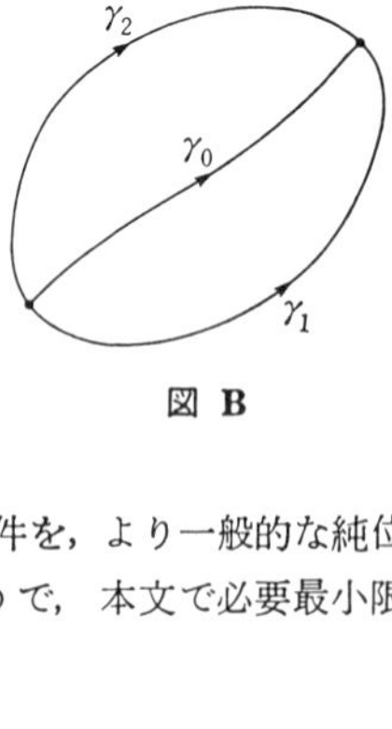

図 B

（証明）（Ⅳ$_1$）によって $\gamma_1\gamma_2^{-1}$ と $\gamma_1\gamma_0^{-1}$ は同じ向きであり，同様に $\gamma_0\gamma_2^{-1}$ とも同じ向きである．$\gamma_0\gamma_2^{-1}$ が正［負］向きであるならば，$\gamma_1\gamma_0^{-1}$ は正［負］向きとなる．∎

つぎの命題は “Jordan 領域の等角写像” という f に対する条件を，より一般的な純位相的な条件にゆるめることができるのであるが，手間がかかるので，本文で必要最小限なものにとどめる：

(Ⅳ$_3$)　正の向きを持った Jordan 閉曲線 γ とその内部は，1つの Jordan 領域 D に含まれているとし，f は D から領域 D' の上への等角写像とする．すると Jordan 閉曲線 $f\circ\gamma$ も正の向きを持つ．

（証明）　γ の内部の点 a を1つとる．γ の上に有限個の点をとり，それらを線分でつなぐと，区分的に解析的な閉曲線 γ^*（必ずしも Jordan 閉曲線とは限らない）を得る．点を十分密にとって，γ^* を γ に十分近くとると **C** の（v）で述べたように

$$n(\gamma\ ;\ a)=n(\gamma^*\ ;\ a),\qquad n(f\circ\gamma\ ;\ f(a))=n(f\circ\gamma^*\ ;\ f(a))$$

が成り立つ．

Jordan 領域 D の外点 b は，γ の外部にあるので，$n(\gamma\ ;\ b)=0$．このような b を1つとり，それに応じて γ^* をさらに γ に近くとりなおすと，$n(\gamma^*\ ;\ b)=0$ が成り立つ．∂D の外部は連結であるので，任意の $c\notin D$ に対して

$$n(\gamma^*\ ;\ c)=0$$

が成り立つ（γ^* は“0にホモローグ”という（Ahlfors（笠原訳）[18]，p. 151）．このような曲線 γ^* に対しては，つぎに用いるような留数定理の成立が知られている（上掲書，p. 162）：

$$n(f\circ\gamma^*, f(a))=\frac{1}{2\pi i}\int_{f\circ\gamma^*}\frac{dw}{w-f(a)}=\frac{1}{2\pi i}\int_{\gamma^*}\frac{f'(z)dz}{f(z)-f(a)}$$

$$=n(\gamma^*\ ;\ a)\cdot\operatorname*{Res}_{a}\frac{f'(z)}{f(z)-f(a)}=n(\gamma^*\ ;\ a).$$

以上により，$n(\gamma\ ;\ a)=1$ なら $n(f\circ\gamma\ ;\ a)=1$ ということがわかる．　∎

文　　献

日本語で書かれたリーマン面の本を発行順に挙げると,

[1] 楠　幸男：函数論（リーマン面と等角写像), 朝倉書店, 1973.

[2] 戸田暢茂：リーマン面, サイエンス社, 1976.

[3] 小平邦彦：複素解析 III, 岩波講座 基礎数学, 岩波書店, 1978.

[4] 中井三留：リーマン面の理論, 森北出版, 1980.

ほかに岩沢 [31], 河田 [35], 能代 [51] などもリーマン面の基礎を解説する章を含んでいる.

リーマン面を主題とした本は, 上記のほかに,

[5] Lars V. Ahlfors and Leo Sario : Riemann surfaces, Princeton Univ. Press, 1960.

[6] Alan F. Beardon : A primer on Riemann surfaces, Cambridge Univ. Press, 1984.

[7] Lipman Bers : Riemann surfaces, Lecture Notes, New York Univ., 1957—58.

[8] Herschel M. Farkas and Irwin Kra : Riemann surfaces, Grad. Texts Math., Springer-Verlag, 1981.

[9] Otto Forster : Riemannsche Flächen, Grad. Texts Math., Springer-Verlag, 1977, (英語訳, 1981).

[10] R. C. Gunning : Lectures on Riemann surfaces, Princeton Univ. Press, 1966.

[11] Rolf Nevanlinna : Uniformisierung, Springer-Verlag, 1953, (第 2 版, 1967).

[12] Albert Pfluger : Theorie der Riemannschen Flächen, Springer-Verlag, 1957.

[13] C. L. Siegel : Topics in complex function theory, Vol. I, Elliptic functions and uniformization theory, 1969, Vol. II, Automorphic functions and Abelian integrals, 1971, Wiley-Interscience.

[14] George Springer : Introduction to Riemann surfaces, Addison-Wesley, 1957.

[15] S. Stoïlow : Leçons sur les principes topologiques de la théorie des fonctions analytiques, Gauthier-Villars, 1938, (第2版, 1956).

[16] Hermann Weyl : Die Idee der Riemannschen Fläche, B. G. Teubner, 1913, (第2版, 1923, 第3版, 1955), (田村二郎訳, リーマン面, 岩波書店, 1974).

これらのうち[9], [10]は, 他の本と異なって, シーフ・コホモロジーという手法を用いている.

[13]は必ずしも"リーマン面の教科書"とはいえないのであるが, 重要な本であると思うのでここに挙げた. 第Ⅲ巻もある. ドイツ語からの英訳である.

リーマン面の歴史については, 専門の数学史家の書いた本があるか否か知らない. 代数学ないし代数幾何学の研究者による, 閉リーマン面や高次元多様体に力点をおいたものとしては, 岩沢[31]の緒言や, 飯高・上野・浪川共著の『デカルトの精神と代数幾何』(数学セミナー増刊, 日本評論社, 1980) は興味深い.

関数論の指導的研究者によって書かれたリーマン面の歴史としては, 30年ほど前のものではあるが,

[17] Lars V. Ahlfors : Development of the theory of conformal mapping and Riemann surfaces through a century, つぎの論文集に収録されている : Lars V. Ahlfors 他編 : Contributions to the theory of Riemann surfaces, Princeton Univ. Press, 1953.

以下に列挙する本や論文は, すべて本文の中で引用したものである.

[18] Lars V. Ahlfors 著, 笠原乾吉訳 : 複素解析, 現代数学社, 1982.

[19] Lars V. Ahlfors : Finitely generated Kleinian groups, Amer. J. Math., 86 (1964), 413—429, 87 (1965), 759.

[20] Alan F. Beardon : The geometry of discrete groups, Grad. Texts Math., Springer-Verlag, 1983.

[21] Lipman Bers : Quasiconformal mappings and Teichmüller's theorem, つぎの論文集に収録されている : Lars V. Ahlfors 他編 : Analytic functions, Princeton Univ. Press, 1960.

[22] Lipman Bers : Uniformization, moduli, and Kleinian groups, Bull. London Math. Soc., 4 (1972), 257—300.

[23] Lipman Bers : Finite dimensional Teichmüller spaces and generalizations, Bull. Amer. Math. Soc., 5 (1981), 131—172.

[24] Lennart Carleson : Selected problems on exceptional sets, Van Nostland, 1967.

[25] H. Cartan 著，高橋礼司訳：複素函数論，岩波書店，1965.
[26] Corneliu Constantinescu und Aurel Cornea : Idealränder Riemannscher Flächen, Springer-Verlag, 1963.
[27] W. Graeub : Über die schwächste Uniformisierende, Math. Z., 60 (1954), 66—78.
[28] R. C. Gunning and R. Narasimhan : Immersion of open Riemann surfaces, Math. Ann., 174 (1967), 103—108.
[29] W. J. Harvey 編：Discrete groups and automorphic functions, Academic Press, 1977.
[30] M. Heins : The conformal mapping of simply connected Riemann surfaces, Ann. Math., 50 (1949), 686—690.
[31] 岩澤健吉：代数函数論（増補版），岩波書店，1973（初版は 1952 年）.
[32] 一松　信：解析学序説（新版）（下巻），裳華房，1982（初版は 1963 年）.
[33] 一松　信：多変数解析函数論，培風館，1960.
[34] 伊藤清三：ルベーグ積分入門，裳華房，1963.
[35] 河田敬義：代数曲線論入門，至文堂，1968.
[36] 岸　正倫：ポテンシャル論，森北出版，1974.
[37] 小松勇作：等角写像論（上），共立出版，1944.
[38] C. Kosniowski 著，加藤十吉訳：トポロジー入門，東大出版会，1983.
[39] 倉持善治郎：リーマン面，共立全書，共立出版，1978.
[40] S. I. Krushkal′, B. N. Apanasov and N. A. Gusevskiĭ : Kleinian groups and uniformization in examples and problems, (英語訳) Amer. Math. Soc., 1986.
[41] Olli Lehto : Univalent functions and Teichmüller spaces, Grad. Texts Math., Springer-Verlag, 1986.
[42] Henrik H. Martens : Torelli′s theorem and a generalization for hyperelliptic surfaces, Comm. Pure Appl. Math., 16 (1963), 97—110.
[43] William S. Massey : Algebraic topology : Introduction, Grad. Texts Math., Springer-Verlag, 1967.
[44] 松本幸夫：トポロジー入門，岩波書店，1984.
[45] 水本久夫：多様体上の差分法，教育出版，1973.
[46] P. J. Myrberg : Über die analytische Fortsetzung von beschränkten Funktionen, Ann. Acad. Sci. Fenn., A-I, 58 (1949).
[47] 成田正雄：初等代数学，共立数学講座，共立出版，1966.
[48] 成田正雄：代数学，共立数学講座，共立出版，1976.
[49] Rolf Nevanlinna : Eindeutige analytische Funktionen（第 2 版），Sprin-

ger-Verlag, 1953,（初版は 1936 年．なお英語訳（1970 年）がある）．

[50] 二宮信幸：ポテンシャル論，共立講座 現代の数学，共立出版，1969.

[51] 能代　清：近代函数論，岩波書店，1954.

[52] 能代　清：解析接続入門，共立出版，1964.

[53] Makoto Ohtsuka : Dirichlet problem on Riemann surfaces and conformal mappings, Nagoya Math. J., 3 (1951), 91—137.

[54] Kôtaro Oikawa : Welding of polygons and the type of Riemann surfaces, Kōdai Math. Sem. Rep., 13 (1961), 37—52.

[55] T. Radó : Über eine nicht fortsetzbare Riemannsche Mannigfaltigkeit, Math. Z., 20 (1924), 1—6.

[56] Leo Sario and Mitsuru Nakai : Classification theory of Riemann surfaces, Springer-Verlag, 1970.

[57] Leo Sario and Kôtaro Oikawa : Capacity functions, Springer-Verlag, 1969.

[58] H. Seifert und W. Threlfall : Lehrbuch der Topologie, B. G. Teubner, 1934,（Chelsea 版，1947）．

[59] Hideo Shimizu : On discontinuous groups operating on the product of the upper half planes, Ann. Math., 77 (1963), 33—71.

[60] 高木貞治：代数学講義（改訂新版），共立出版，1965,（初版は 1930 年）．

[61] 竹内端三：函数概論（改訂版），共立出版，1967,（初版は 1934 年）．

[62] 田村一郎：トポロジー，岩波全書，岩波書店，1972.

[63] 田村二郎：解析函数，裳華房，1962.

[64] Jirô Tamura : A note on Riemann surfaces and analytic functions, Sci. Papers Coll. Gen. Educ., Univ. Tokyo, 2 (1952), 125—128.

[65] 田村二郎：Prüfer の例について，数学，19 (1967)，173.

[66] 遠木幸成：幾何学的函数論，現代数学講座，共立出版，1957.

[67] 辻　正次，小松勇作編：大学演習 函数論，裳華房，1954.

[68] Masatsugu Tsuji : Potential theory in modern function theory, 丸善, 1959,（Chelsea 版，1975）．

[69] K. I. Virtanen : Über die Existenz von beschränkten harmonischen Funktionen auf offenen Riemannschen Flächen, Ann. Acad. Sci. Fenn., A-I, 75 (1950).

[70] 吉田洋一：函数論（第 2 版），岩波全書，岩波書店，1965,（初版は 1938 年）．

索　　引

ク

ケ

コ

サ

シ

ス，セ

フ

ヘ

ホ

マ，ミ

メ，モ

ユ，ヨ

——著者略歴——

おい かわ こう た ろう
及川廣太郎

1953年　東京大学理学部数学科卒業
専　攻　複素函数論
　　　　東京大学教授　理学博士，Ph. D.

※本書内容の誤りなどに関しましては，著者が生前まとめた正誤表を
弊社ウェブサイトにて掲載しておりますので，ご参照ください．

検印廃止

復刊　リーマン面

1987年10月10日　初版1刷発行
2024年11月10日　復刊1刷発行

著　者　及川廣太郎

発行者　南條光章
東京都文京区小日向4丁目6番19号

NDC 413.52

発行所
東京都文京区小日向4丁目6番19号
電話　東京（03）3947-2511番（代表）
郵便番号112-0006
振替口座00110-2-57035番
www.kyoritsu-pub.co.jp
共立出版株式会社

印刷・藤原印刷／製本・ブロケード

Printed in Japan

一般社団法人
自然科学書協会
会員

ISBN 978-4-320-11571-2